五年制高职专用教材

计算机类专业

网络工程CAD制图

■ 主　编　王　彬　郭顺文
■ 副主编　赵婷婷　马阳阳　王　磊

中国教育出版传媒集团
高等教育出版社·北京

内容简介

本书为五年制高职教材，共 4 篇 6 个项目，在阐述了 AutoCAD 软件相关理论知识、技能技巧的基础上，将 AutoCAD 软件的应用与生产生活实例紧密结合，以项目-任务的形式展开。全书主要包括认识 AutoCAD 工作界面、绘制我的几何世界、修改工具综合应用、绘制建筑图纸、建筑空间平面图的识读与绘制、绘制网络布线技能大赛设计图 6 个项目。每个项目由若干个任务组成，每个项目都配有相应的综合练习，以巩固所学知识、操作技能。

本书配套教材课件、素材等辅教辅学资源，请登录高等教育出版社 Abook 新形态教材网（https://abooks.hep.com.cn）获取相关资源。详细使用方法见本书最后一页“郑重声明”下方的“学习卡账号使用说明”。

本书可作为各类职业院校计算机网络技术相关专业教材，同时可供 AutoCAD 制图爱好者自学使用。

图书在版编目（CIP）数据

网络工程 CAD 制图 / 王彬，郭顺文主编．--北京：高等教育出版社，2024.1

计算机类专业

ISBN 978-7-04-061281-3

Ⅰ．①网…　Ⅱ．①王…　②郭…　Ⅲ．①网络工程-高等职业教育-教材②计算机辅助设计-AutoCAD 软件-高等职业教育-教材　Ⅳ．①TP393②TP391.72

中国国家版本馆 CIP 数据核字（2023）第 191038 号

网络工程 CAD 制图

Wangluo Gongcheng CAD Zhitu

策划编辑　周海燕	责任编辑　周海燕	封面设计　李卫青	版式设计　马　云
责任绘图　邓　超	责任校对　高　歌	责任印制　赵　振	

出版发行	高等教育出版社	网　　址	http://www.hep.edu.cn
社　　址	北京市西城区德外大街 4 号		http://www.hep.com.cn
邮政编码	100120	网上订购	http://www.hepmall.com.cn
印　　刷	唐山嘉德印刷有限公司		http://www.hepmall.com
开　　本	889 mm×1194 mm　1/16		http://www.hepmall.cn
印　　张	17.5		
字　　数	360 千字	版　　次	2024 年 1 月第 1 版
购书热线	010-58581118	印　　次	2024 年 1 月第 1 次印刷
咨询电话	400-810-0598	定　　价	48.50 元

本书如有缺页、倒页、脱页等质量问题，请到所购图书销售部门联系调换

物 料 号　61281-00

出版说明

五年制高等职业教育（简称五年制高职）是指以初中毕业生为招生对象，融中高职于一体，实施五年贯通培养的专科层次职业教育，是现代职业教育体系的重要组成部分。

江苏是最早探索五年制高职的省份之一，江苏联合职业技术学院作为江苏五年制高职教育的办学主体，经过20年的探索与实践，在培养大批高素质技术技能人才的同时，在五年制高职教学标准体系建设及教材开发等方面积累了丰富的经验。“十三五”期间，江苏联合职业技术学院组织开发了600多种五年制高职专用教材，覆盖16个专业大类，其中178种被认定为“十三五”职业教育国家规划教材。学院教材工作得到国家教材委员会办公室认可并以“江苏联合职业技术学院探索创新五年制高等职业教育教材建设”为题编发了《教材建设信息通报》（2021年第13期）。

“十四五”期间，江苏联合职业技术学院依据“十四五”教材建设规划进一步提升教材建设与管理的专业化、规范化和科学化水平。一方面与全国五年制高职发展联盟成员单位共建共享教学资源，另一方面与高等教育出版社、凤凰职业教育图书有限公司等多家出版社联合共建五年制高职教材研发基地，共同开发五年制高职专用教材。

本套“五年制高职专用教材”以习近平新时代中国特色社会主义思想为指导，落实立德树人根本任务，坚持正确的政治方向和价值导向，弘扬社会主义核心价值观。本套教材依据教育部《职业院校教材管理办法》和江苏省教育厅《江苏省职业院校教材管理实施细则》等要求，注重系统性、科学性和先进性，突出实践性和适用性，体现职业教育类型特色；遵循长学制贯通培养的教育教学规律，坚持一体化设计，契合学生知识获得、技能习得的累积效应，结构严谨，内容科学，体例编排得当，适应五年制高职学生生理成长、心理成长、思想成长跨度大的特征，针对性强，是为五年制高职量身打造的专用教材。

江苏联合职业技术学院

教材建设与管理工作领导小组

2022 年 9 月

前　言

中国共产党第二十次全国代表大会报告指出“统筹职业教育、高等教育、继续教育协同创新，推进职普融通、产教融合、科教融汇，优化职业教育类型定位。”首次以马克思主义系统观、整体观阐发“三教”协同和“三融”发展思想；要求“加快建设国家战略人才力量”，首次明确将“大国工匠”和“高技能人才”纳入国家战略人才行列；提出“推进教育数字化，建设全民终身学习的学习型社会、学习型大国”，在就业优先战略的重要举措中提出“健全终身职业技能培训制度，推动解决结构性就业矛盾”。

为贯彻落实技能人才培养目标，发挥技能竞赛对人才培养的推动作用，本书以网络布线专业技能大赛为载体，将 AutoCAD 软件中涉及的知识和技能进行整合，把新知识、新技术、新工艺、新方法体现在教材编写上，注意培养创新精神、工匠精神和实践能力。在产教融合的大背景下，本书采用项目引领、任务驱动的结构，由校企合作单位南京神州数码有限公司、徐州维盛信息科技有限公司等企业进行项目案例的编写，保证本书中的案例贴合生活实际，符合工作规范，便于课堂教学的实施。

AutoCAD 是国际上广为流行的绘图工具，广泛应用于土木建筑、装饰装潢、城市规划、园林设计、机械设计、服装鞋帽、航空航天、轻工化工等诸多领域。为了帮助各院校学生和广大读者熟练使用 AutoCAD 进行计算机网络工程制图，尤其是绘制网络布线技能大赛涉及的相关技巧，我们在充分调研各院校关于该门课程教学改革情况的基础上，结合编者多年的教学经验和大赛经验编写了本书。

本书具有以下特点：

1. 落实课程思政，强调育人导向

本书将思政教育融入专业技能教学，将爱国信念、树立远大理想等与专业技能融合，旨在培养学生成为有责任、有担当、有理想、有抱负、知行合一、技能强国的全面人才，主动肩负起建设社会主义现代化强国的使命。

2. 项目引领，任务驱动

全书将传统的、较为琐碎的AutoCAD知识进行内容整合，以项目引领、任务驱动的方式把知识系统化、具象化，方便学生理解。全书以子任务为点，以项目为线，以任务为驱动，突出学生职业发展主线，符合职教特色。

全书按照“思维导图—学习目标—操作步骤—综合练习”的流程组织教学内容，激发学生的学习兴趣，对任务进行分析，介绍工具的使用功能；通过简单明了的操作步骤训练学生的动手能力。通过综合练习拓展和强化学生的操作技能，提高他们的应用能力。

书中的案例操作简单、针对性强，具有时代性和先进性，适合实际应用。

3. 资源丰富，便于教学和训练

本书配套的教学素材和相应的课件，并随书梳理了AutoCAD命令快捷键和常用图库等辅教辅学资源，请登录高等教育出版社Abook新形态教材网(https://abooks.hep.com.cn)获取相关资源。详细使用方法见本书最后一页“郑重声明”下方的“学习卡账号使用说明”。

本书由王彬、郭顺文担任主编，由赵婷婷、马阳阳、王磊担任副主编。其中，项目一、项目四由赵婷婷完成，项目二、项目三由王彬、王磊完成，项目五由马阳阳完成，项目六由郭顺文完成，最后由王彬统稿。本书编写团队包括4名技能大赛一等奖获奖老师、1名教学大赛一等奖获奖老师，编写团队均具有多年的AutoCAD教学经验，汇集了一些有代表性的经典案例和技能大赛相关案例，力求多面性、多层次、多角度地展现AutoCAD软件的使用范围和操作技法，为学习者提供广泛的参考资料和练习案例。本书注重实用性，内容翔实，图文并茂，深入浅出，易学易练。

由于编者的水平有限，书中难免存在疏漏和不妥之处，敬请广大读者批评指正，以便我们修改完善。读者意见反馈邮箱：zz_dzyj@pub.hep.cn。

编　者

2023年8月

目 录

第一篇 CAD 基础

第二篇　工程制图基本规范

第三篇　楼 宇 绘 制

第四篇　网络布线工程设计绘制

第一篇

CAD 基础

项目一　认识 AutoCAD 工作界面

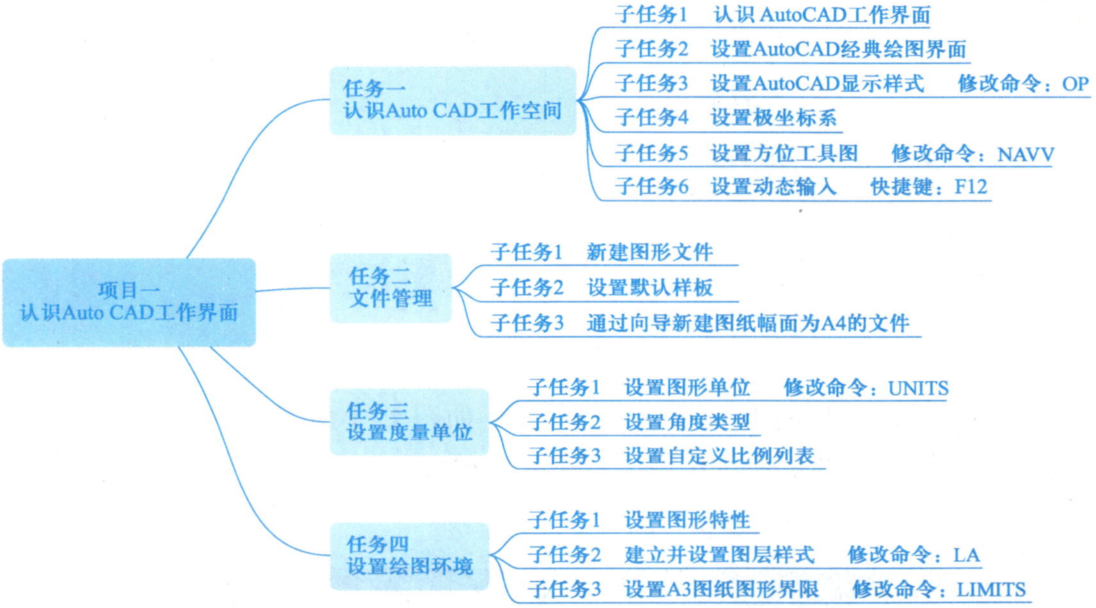

学习目标

（1）认识 AutoCAD 软件及工作界面。

（2）能够根据需要进行 AutoCAD 工作环境设置。

（3）掌握绘图环境的设置。

（4）掌握绘图单位的设置。

（5）掌握绘图界限。

任务一　认识 AutoCAD 工作空间

任务要点

（1）认识 AutoCAD 的工作界面。

（2）能够设置 AutoCAD 经典制图界面。

（3）熟知 AutoCAD 工作界面各个部分的划分以及功能。

子任务1　认识 AutoCAD 工作界面

绘制说明：

AutoCAD 默认的工作界面为草图与注释模式，如图 1-1 所示，从上到下分别是快速访问工具栏、菜单栏、工具栏、绘图区域、命令窗口和状态栏。

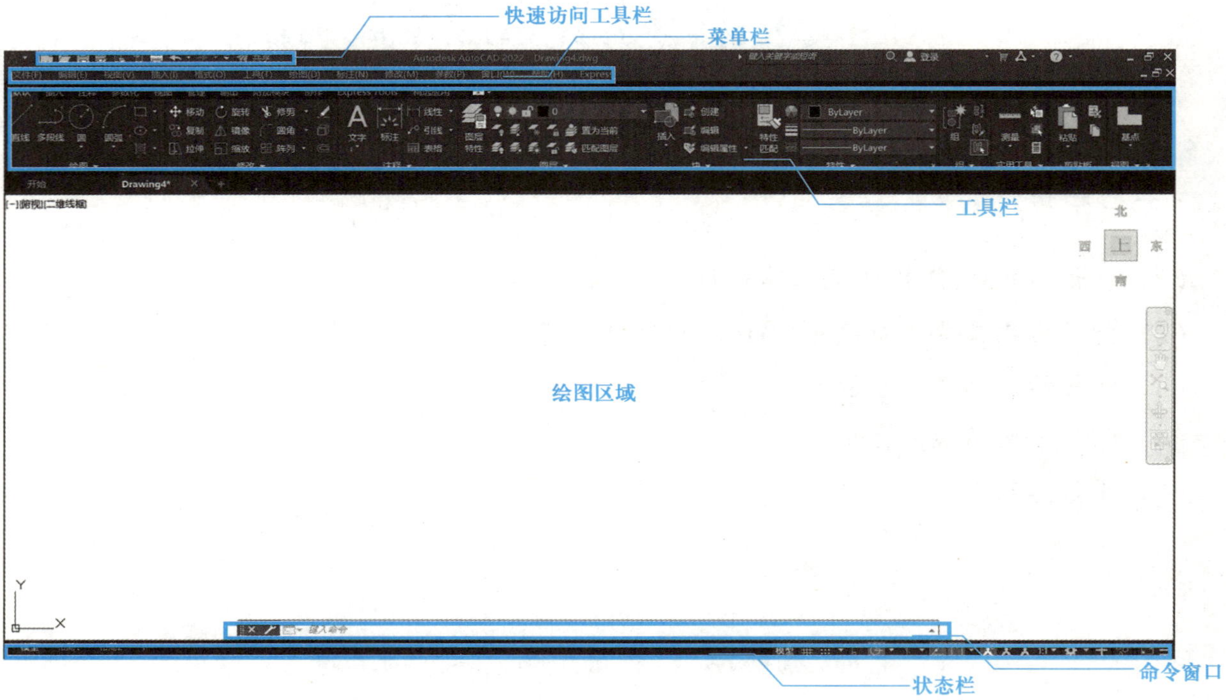

图 1-1　AutoCAD 默认工作界面

具体步骤如下：

（1）打开 AutoCAD 2022 软件，单击“新建”按钮，进入 AutoCAD 2022 初始界面，如图 1-2 所示。

图 1-2　AutoCAD 2022 初始页面

（2）单击快速访问工具栏的倒三角按钮，可以自行添加或取消在快速访问工具栏中出现的功能，如图 1-3 所示。

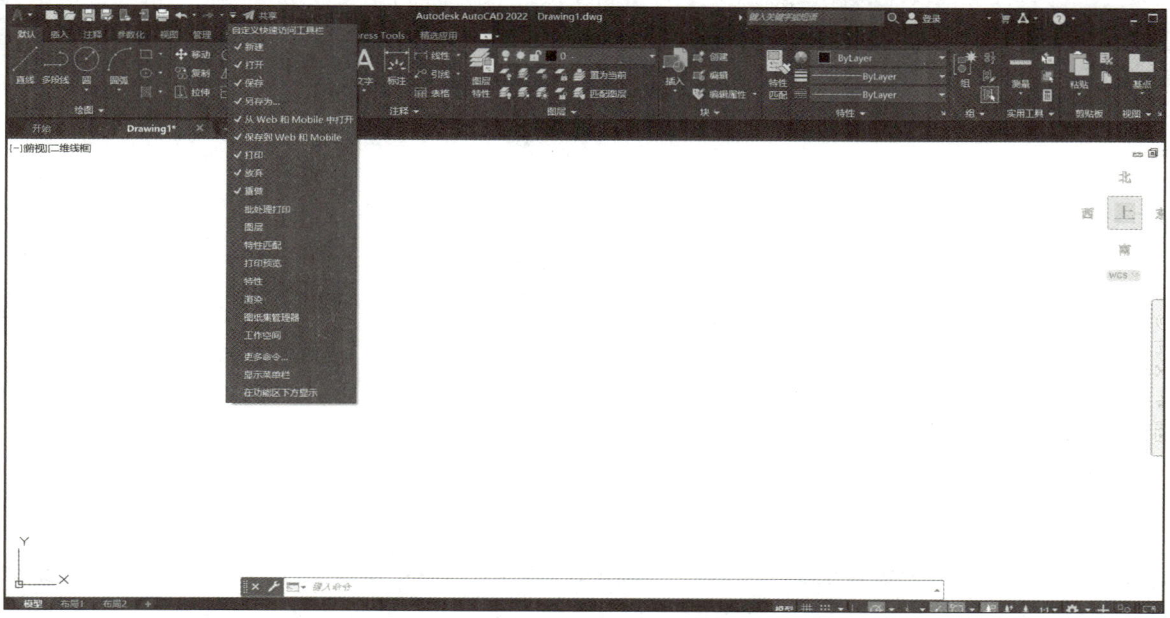

图 1-3　自定义快速访问工具栏

（3）右击菜单栏的功能区域，在“显示选项卡”菜单中可以自行添加或取消在菜单栏中显示的命令，如图 1-4 所示。

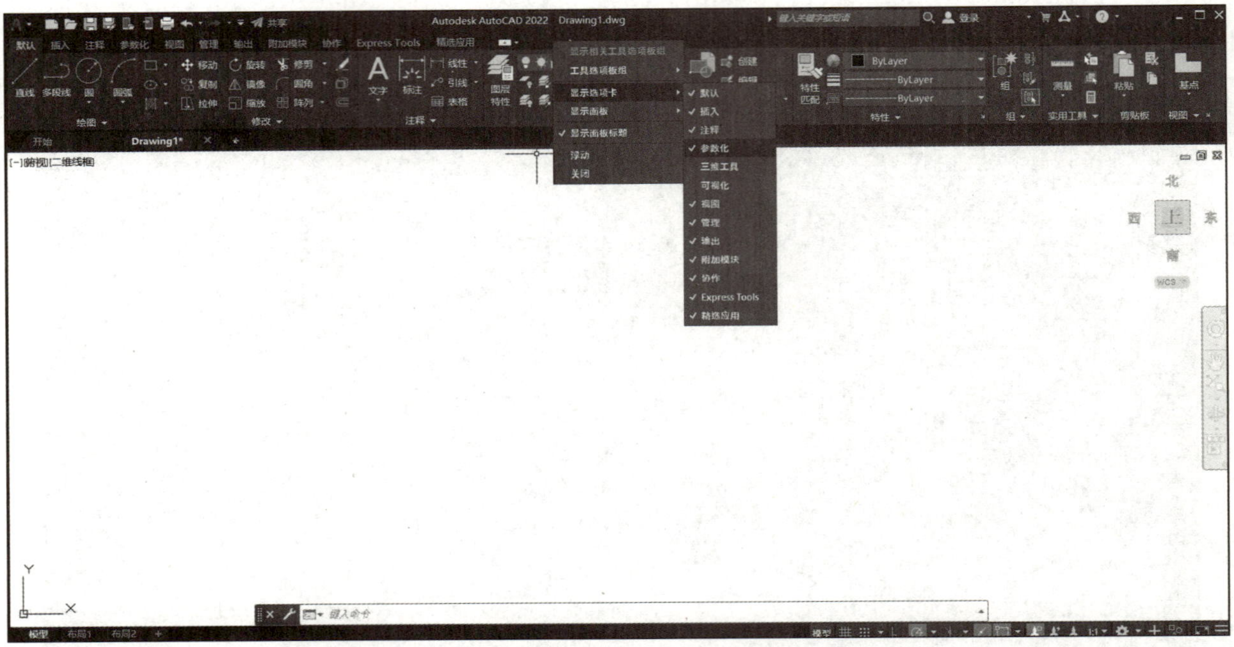

图 1-4 “显示选项卡”菜单

（4）右击菜单栏的功能区域，在“显示面板”菜单中可以自己添加或取消工具栏中显示的命令，如图 1-5 所示。

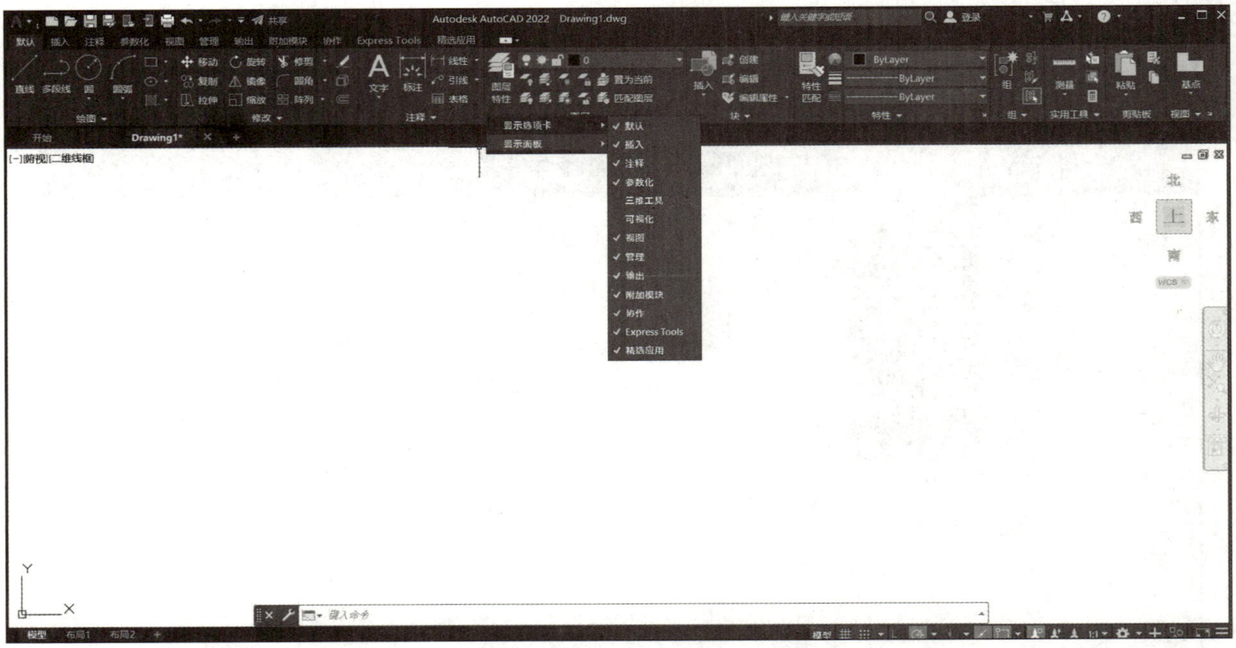

图 1-5 “显示面板”菜单

（5）单击状态栏右侧的“自定义”设置按钮☰，在弹出的面板中，可以自行勾选或取消状态栏中显示的命令，如图 1-6 所示。

图 1-6　自定义状态栏

注意：

按 Ctrl+9 组合键可以直接显示状态栏。

子任务2　设置 AutoCAD 经典绘图界面

绘制说明：

如图 1-7 所示为 AutoCAD 草图模式，是默认打开模式，为了日后方便软件操作，一般会将 AutoCAD 界面自行设置为图 1-8 所示的经典界面。

具体步骤如下：

（1）单击快速访问工具栏中的倒三角按钮，出现下拉菜单，如图 1-9 所示，在下拉菜单中可以选择需要显示的菜单栏。

（2）在菜单栏下方的显示面板中的空白处右击，从弹出的快捷菜单中选择“关闭”命令，如图 1-10 所示，即可关闭显示面板中的所有工具。

图 1-7　AutoCAD 草图模式

图 1-8　AutoCAD 经典界面

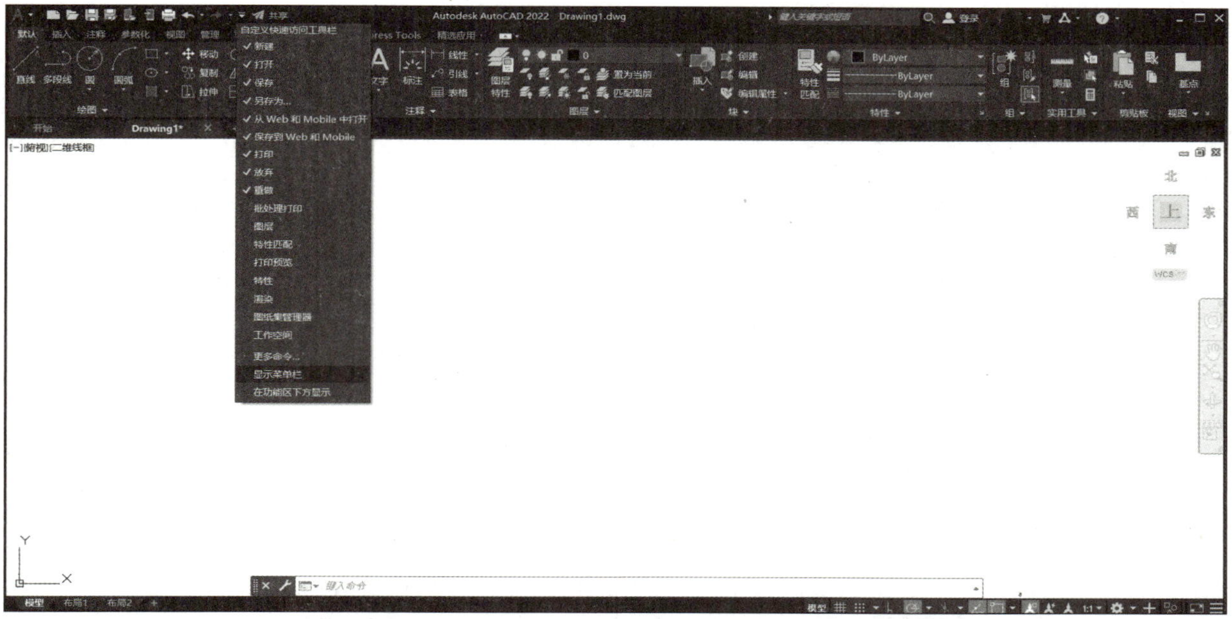

图 1-9　“自定义快速访问工具栏”下拉菜单

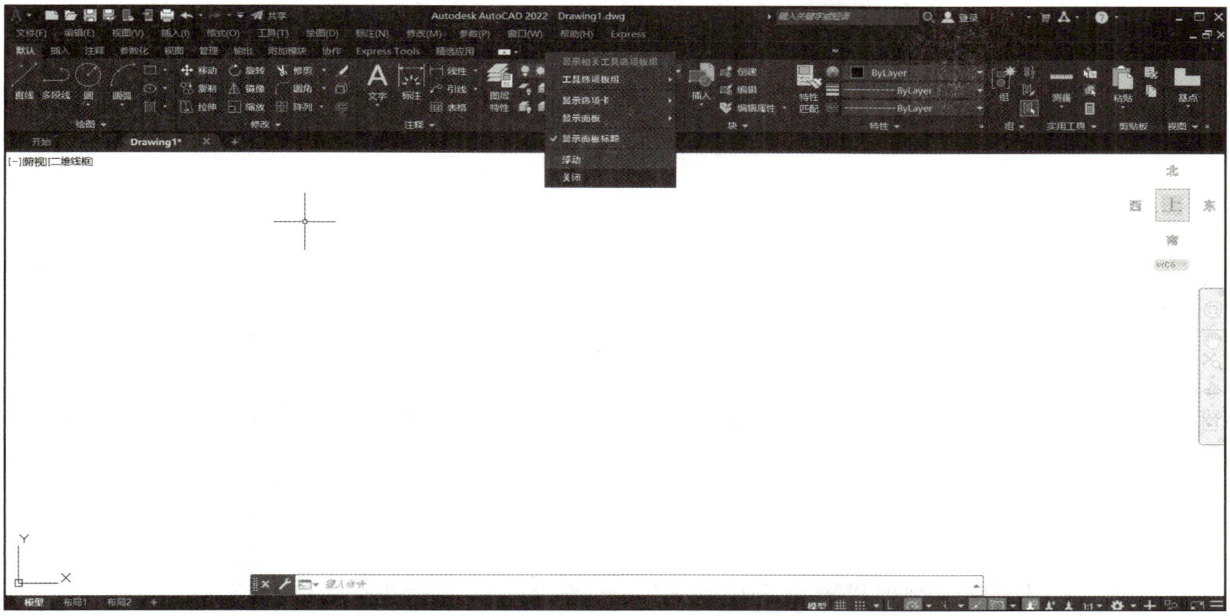

图 1-10　右击菜单栏空白处弹出的快捷菜单

（3）选择菜单栏中的“工具”命令，在其下拉菜单中选择“工具栏”菜单下的 AutoCAD 命令，在出现的下拉菜单中依次勾选“图层”“绘图”“标注”“特性”等常用工具栏从而方便日后进行操作，如图 1-11 所示。

（4）单击状态栏中的设置图标，在弹出的快捷菜单中选择“将当前工作空间另存为”命令，即可将设置好的页面保存为 AutoCAD 经典模式，如图 1-12 所示。在弹出的对话框中输入“经典模式”进行命名，如图 1-13 所示，即可完成 AutoCAD 经典模式的设置。

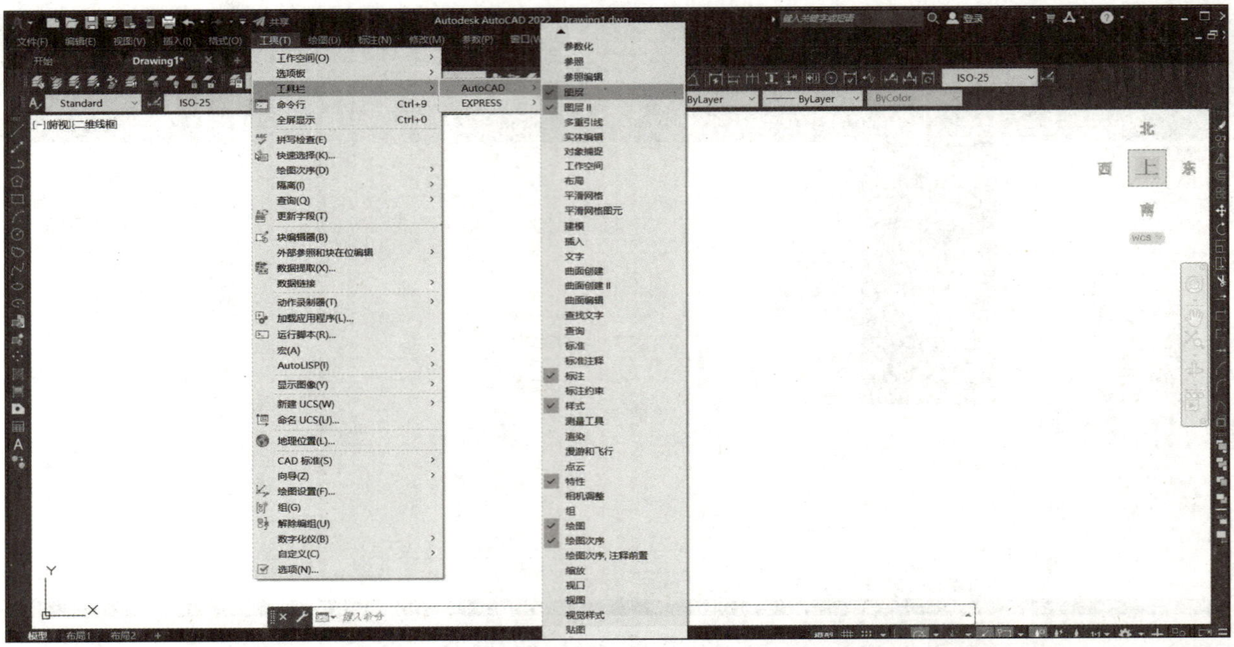

图 1-11　菜单栏“工具”命令

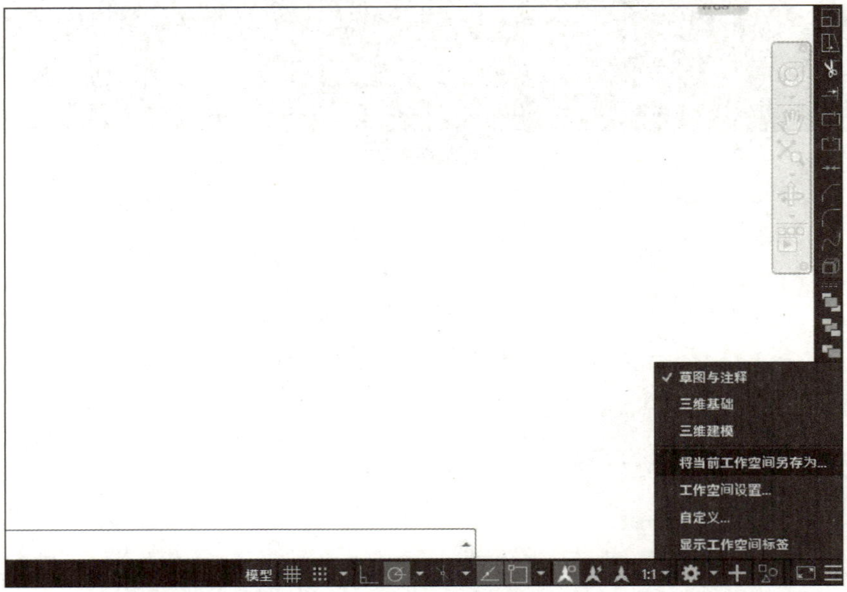

图 1-12　单击状态栏选择命令

图 1-13　为新工作空间命名

子任务3　设置 AutoCAD 显示样式

绘制说明：

打开 AutoCAD 2022 软件后，绘图区域默认为黑色，可以根据自己的作图喜好调整显示样式，如图 1-14 所示，本样式的绘图区域设置为白色底，十字光标布满整个界面。

新学命令：

OP

命令简介：

OP 命令是最常用的快捷命令之一，是“选项”工具的快捷命令，主要可以对 AutoCAD 软件中的显示样式进行修改，例如，十字光标大小、背景颜色等。

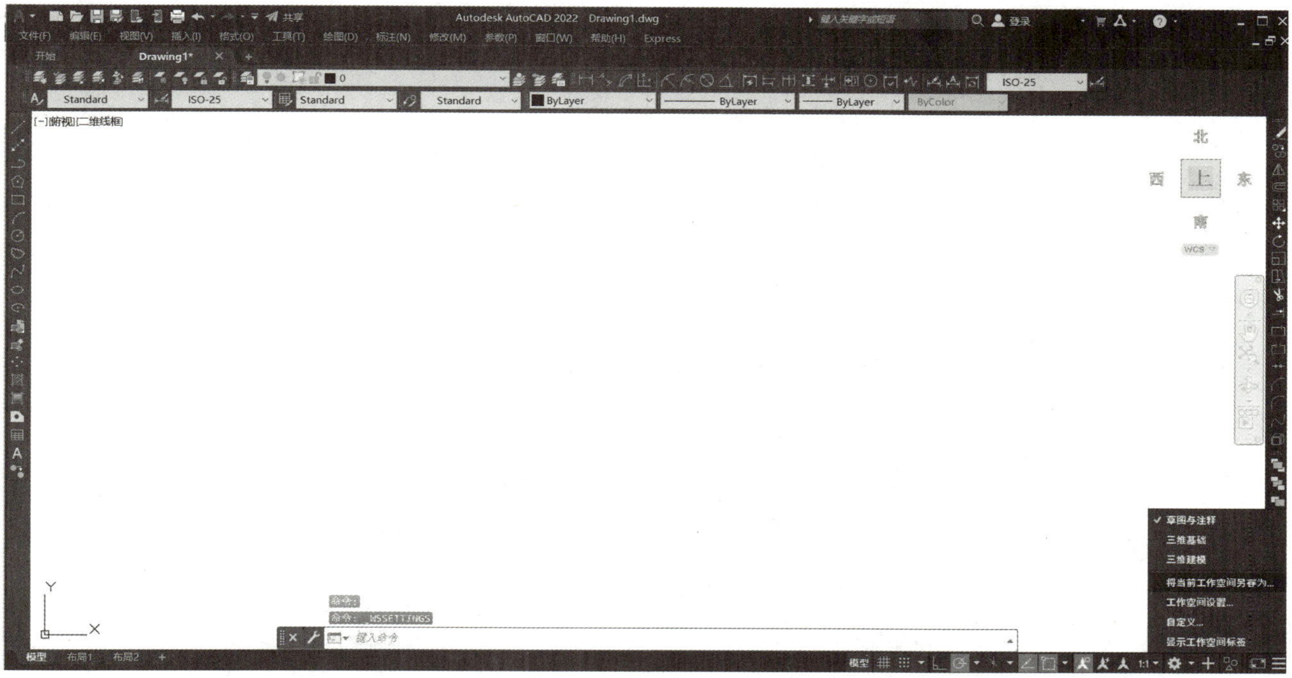

图 1-14　AutoCAD 2022 常用界面

具体步骤如下：

（1）在绘图区域，输入 OP 命令，会出现“选项”对话框，在该对话框中，单击“显示”选项卡，再单击“颜色”按钮，如图 1-15 所示；在“图形窗口颜色”对话框的“颜色”下拉列表中选择“白”选项，如图 1-16 所示。

（2）在“显示”选项卡中，拖动鼠标左键，将“十字光标大小”设置为 100，如图 1-17 所示。

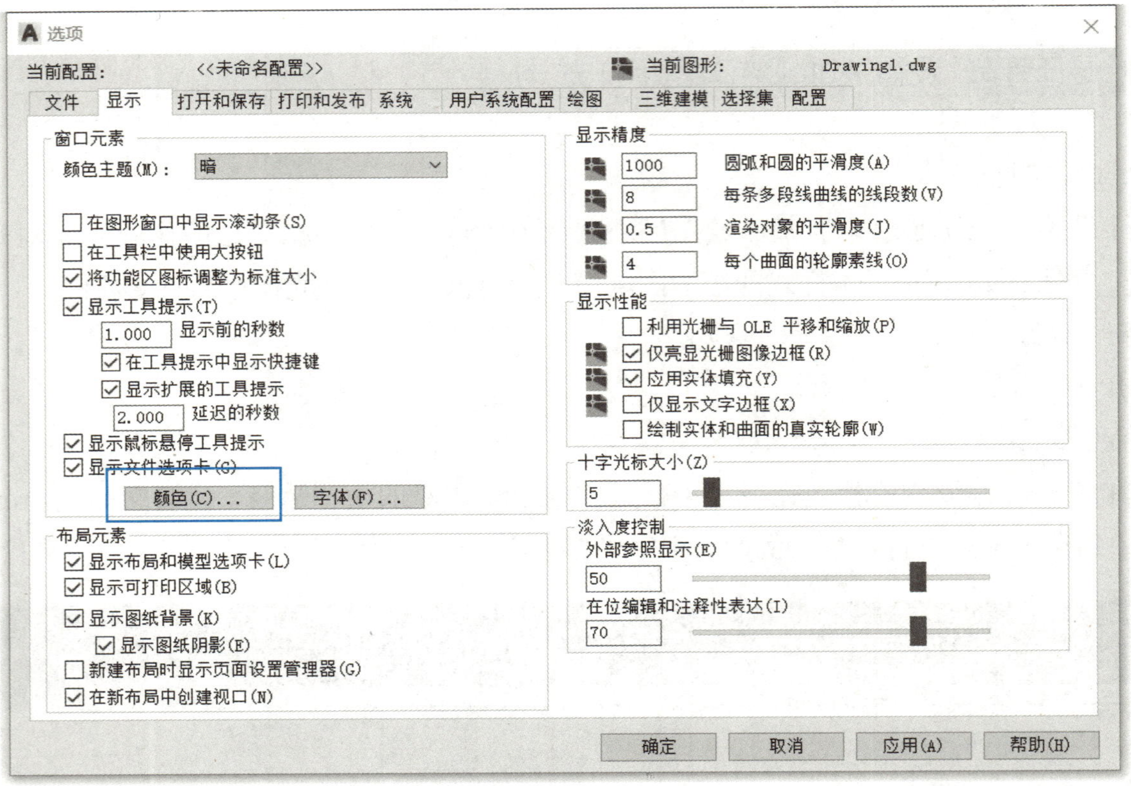

图 1-15　“显示”选项卡

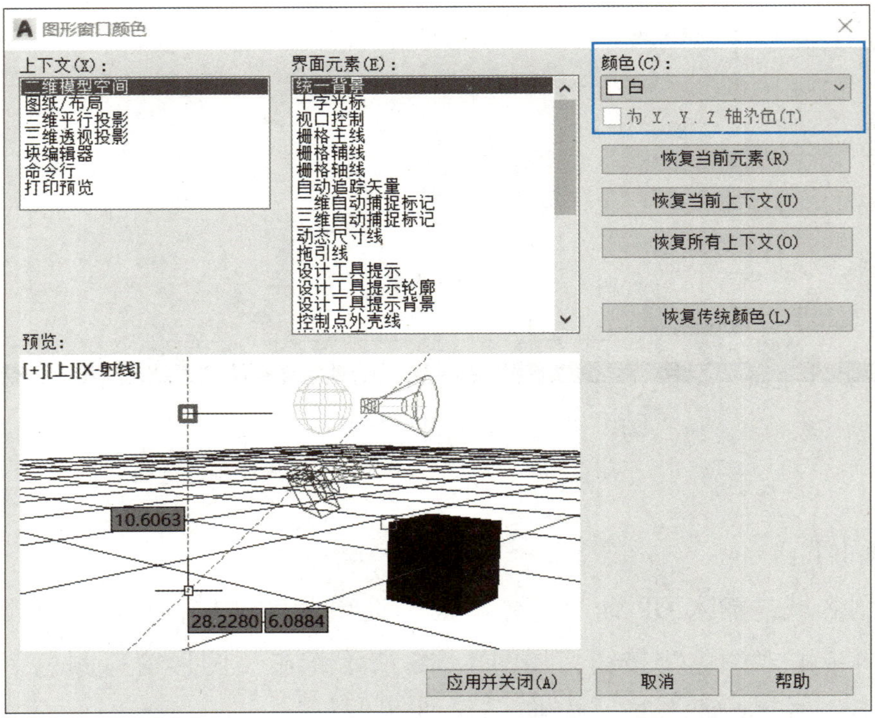

图 1-16　选择颜色

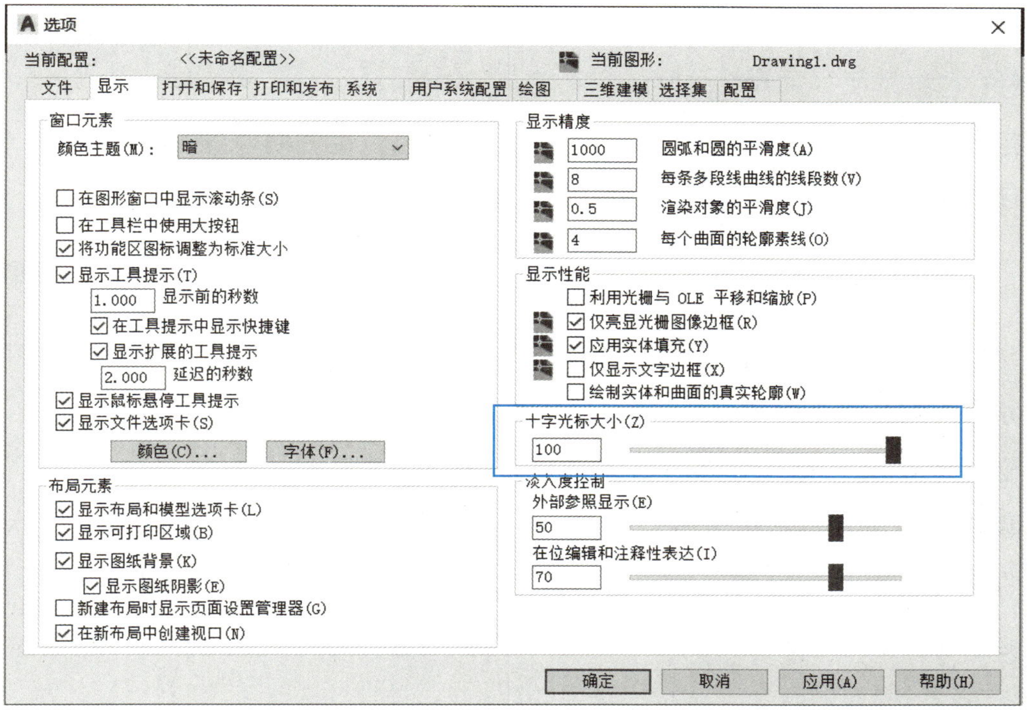

图 1-17　设置“十字光标大小”

（3）单击“绘图”选项卡，可以设置“自动捕捉标记大小”和“靶框大小”，如图 1-18 所示。

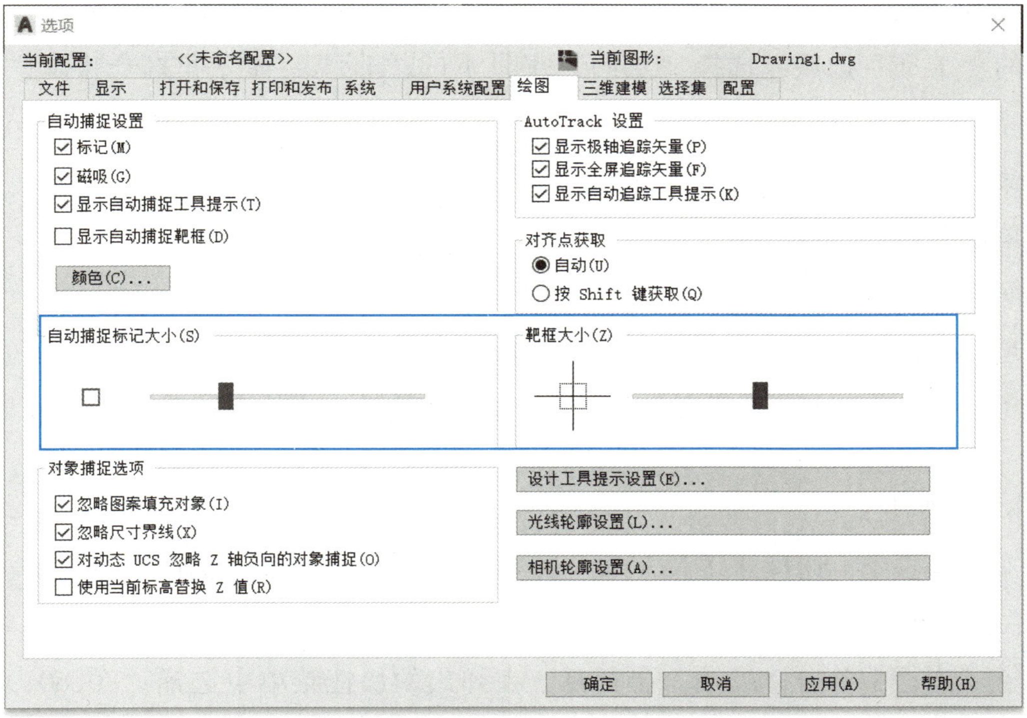

图 1-18　设置“自动捕捉标记大小”和“靶框大小”

注意：

打开 AutoCAD 2022 之后，默认界面是黑色的，用户可以根据需要通过 OP 命令进行调整，一般情况下，常用的背景颜色是黑色和白色。

AutoCAD 2022 的系统设置可通过“选项”对话框实现，可用以下 4 种方法打开该对话框，本任务介绍的是第四种方法。

（1）选择菜单栏中的“工具”→“选项”命令。

（2）单击菜单浏览器最下方的“选项”按钮。

（3）在命令行窗口或绘图区中右击，从弹出的快捷菜单中选择“选项”命令。

（4）运行命令为 OPTIONS，快捷命令为 OP。

子任务4　设置极坐标系

绘制说明：

图 1-19 所示为夹角 30°图形，本图水平直线为 120 mm，两条线的夹角为 30°，可以利用菜单栏中的“工具”选项，选择“绘图”工具下的“直线”命令和打开状态栏中的“极轴”坐标系进行绘制。

新学命令：

极轴单位设置

命令简介：

极轴是 AutoCAD 中的坐标系，是由一条射线的长度和射线的角度表示点的位置。打开极轴追踪功能，用户可以按设置好的角度选中不同角度的点来构造辅助线或其他线条。

具体步骤如下：

（1）在菜单栏中，选择“工具”命令，单击“绘图”工具，选择“直线”命令，在绘图区域空白处单击，拖动鼠标接着输入 120，绘制水平直线。

（2）在状态栏中单击“极轴”坐标系，在弹出的快捷菜单中选择“30,60,90,120…”命令，如图 1-20 所示。

（3）在状态栏中，单击“捕捉”坐标系，选择“端点”命令，如图 1-21 所示。

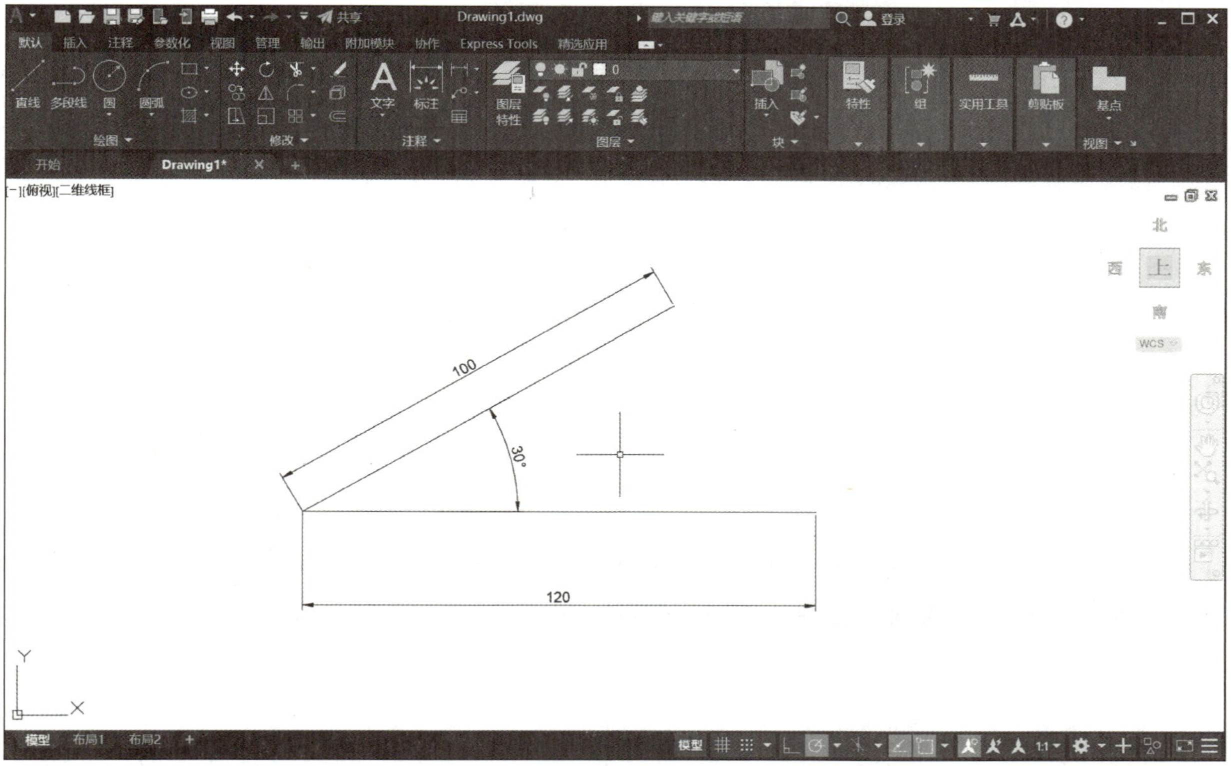

图 1-19　夹角 30°的图形

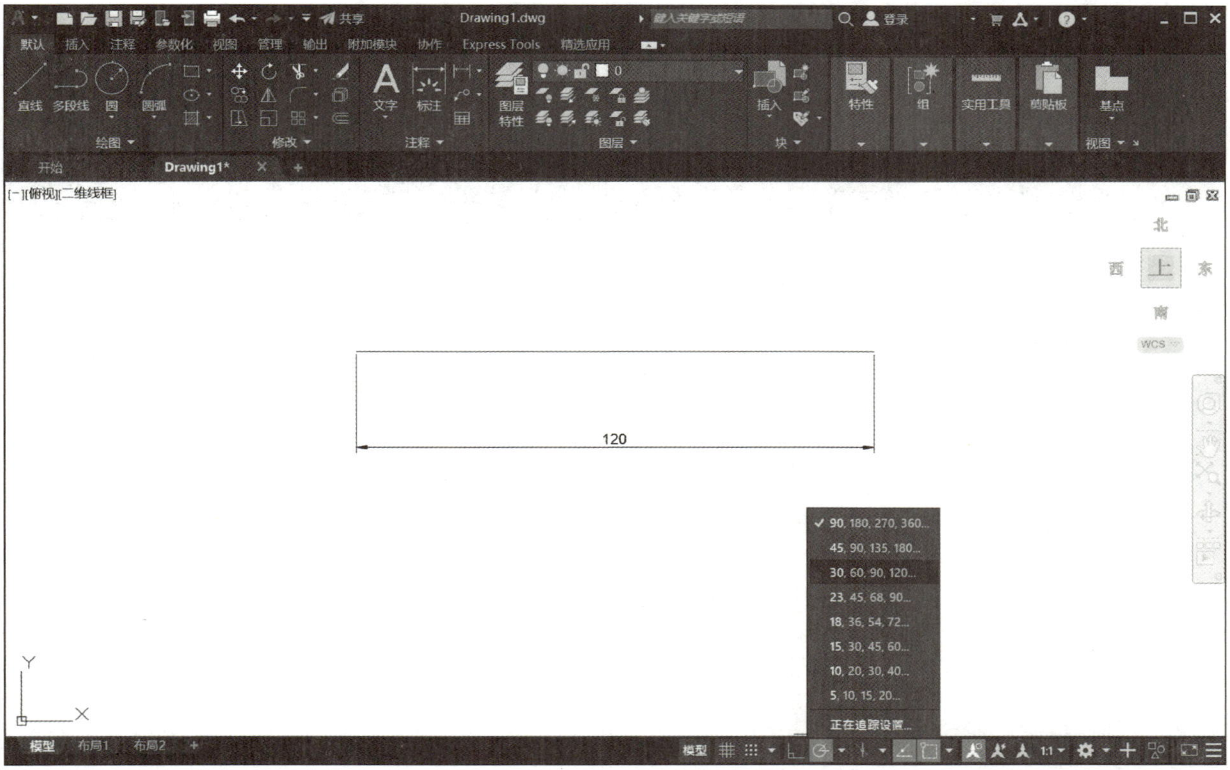

图 1-20　单击快捷菜单栏

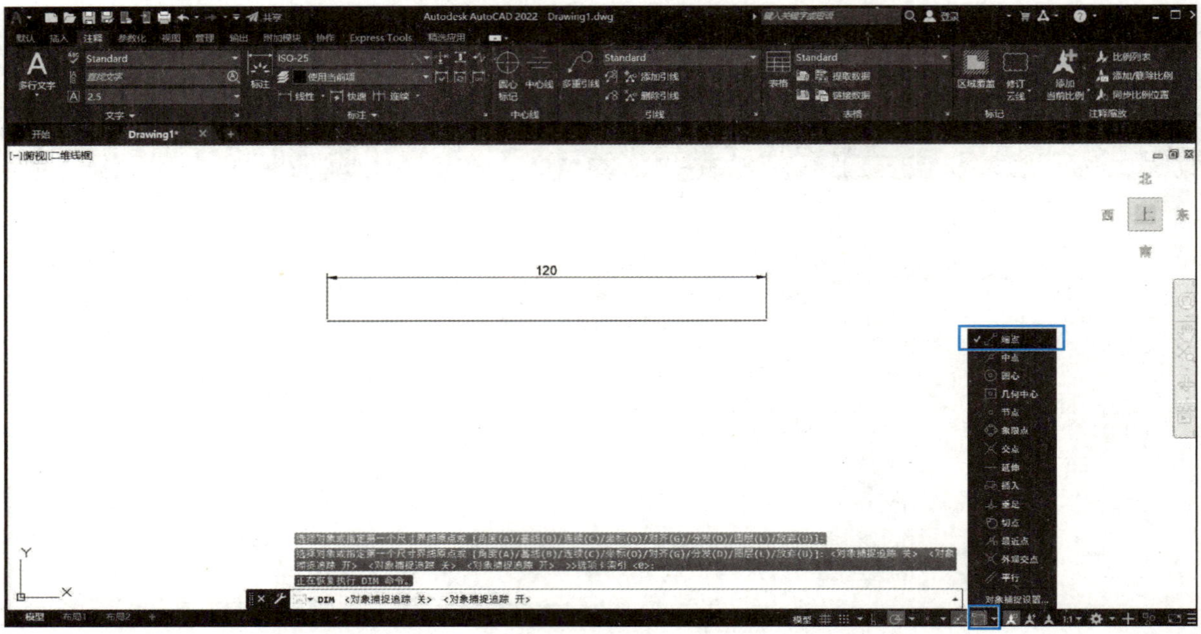

图 1-21　选择“端点”命令

（4）在菜单栏中，选择“工具”命令，在“绘图”工具下选择“直线”命令，对准直线端点单击，拖动鼠标形成 30°夹角后，输入 100，绘制与水平直线成 30°夹角的直线，如图 1-22 所示。

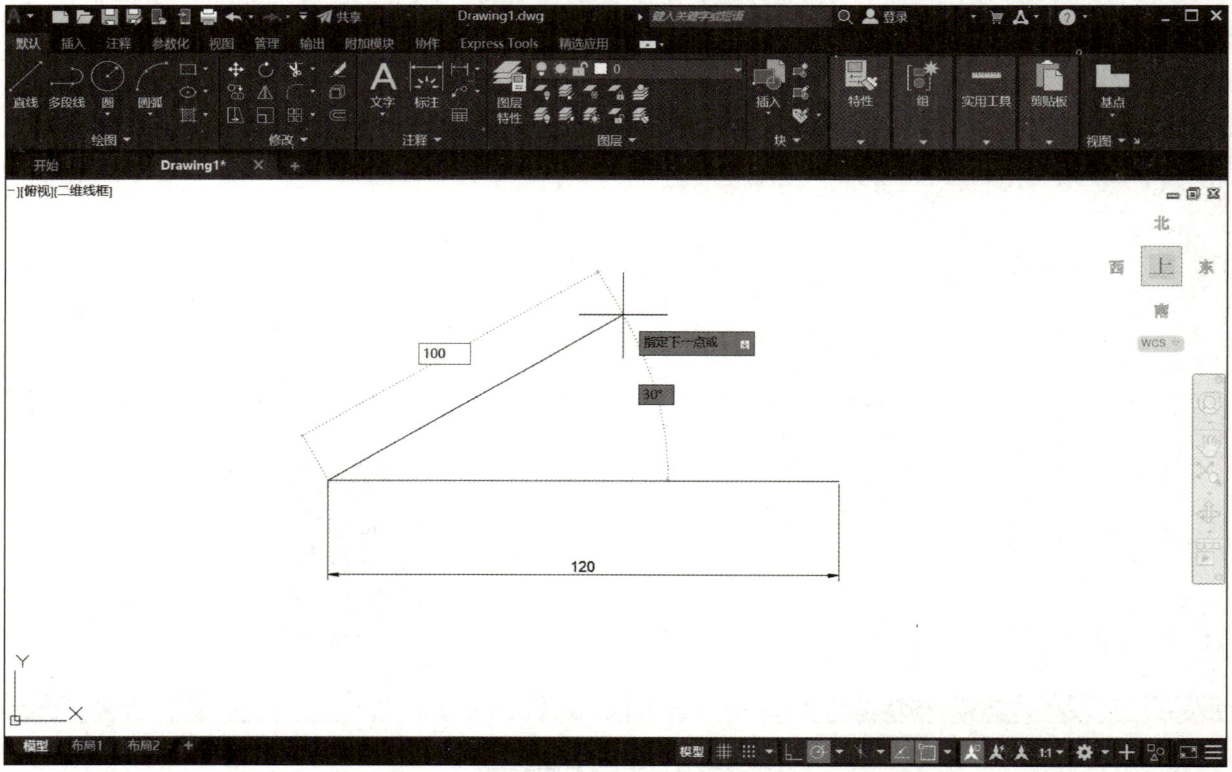

图 1-22　绘制与水平直线成 30°夹角的线段

注意：

在 AutoCAD 2022 中，状态栏中的极轴模式和正交模式只能开启一个，正交模式一般用于绘制直角图形，如图 1-23 所示，极轴模式可以自行设置绘制的角度。

图 1-23 正交模式

子任务5 设置方位工具图

新学命令：

NAVVCUBE

快捷命令：NAVV

命令简介：

NAVVCUBE 是方位指标，很多地理位置图都是需要标注方位的，绘图区域的右上角为方位图，如图 1-24 所示，不需要时可以用 NAVV 命令进行关闭。

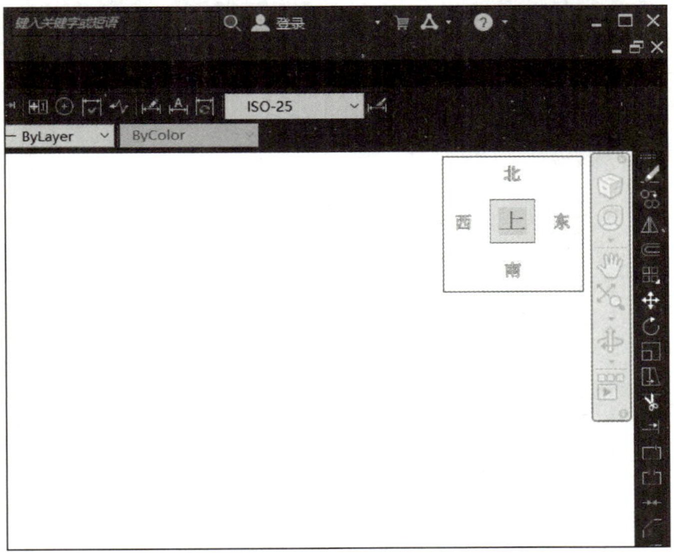

图 1-24 方位指标

具体步骤如下：

（1）在绘图区域，输入 NAVV 命令，如图 1-25 所示，按空格键，在弹出的对话框中选择“关闭”命令，右上角的方位图便会消失。

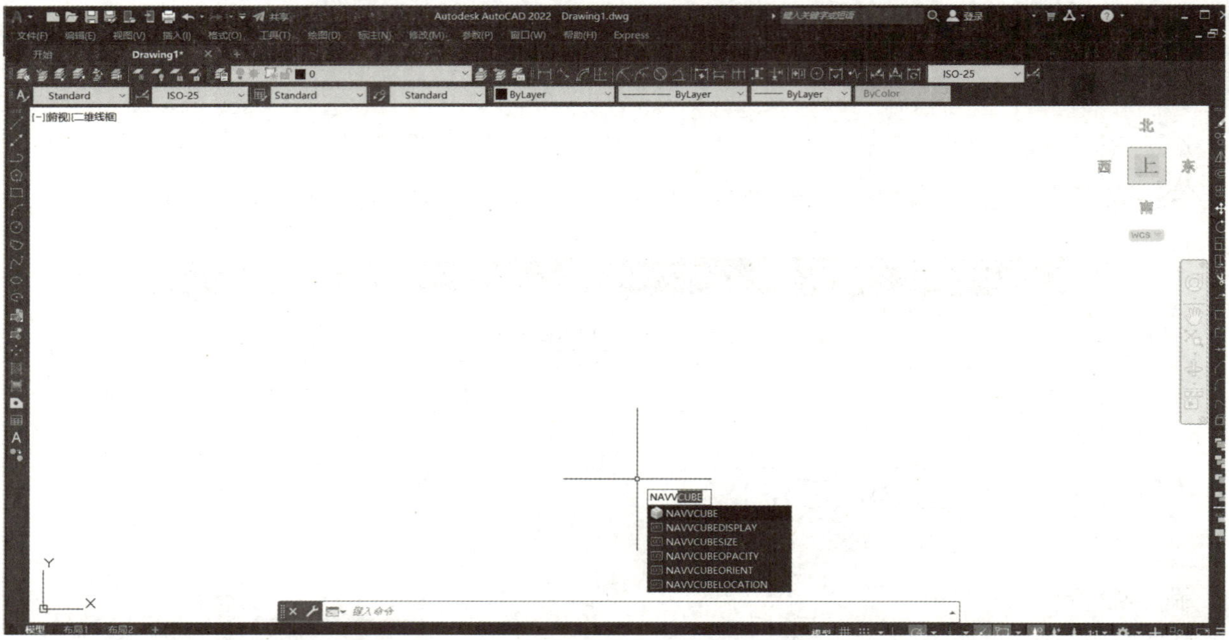

图 1-25　输入 NAVV

（2）单击界面右上角的“方位图”按钮，如图 1-26 所示，方位图可以再次显示。

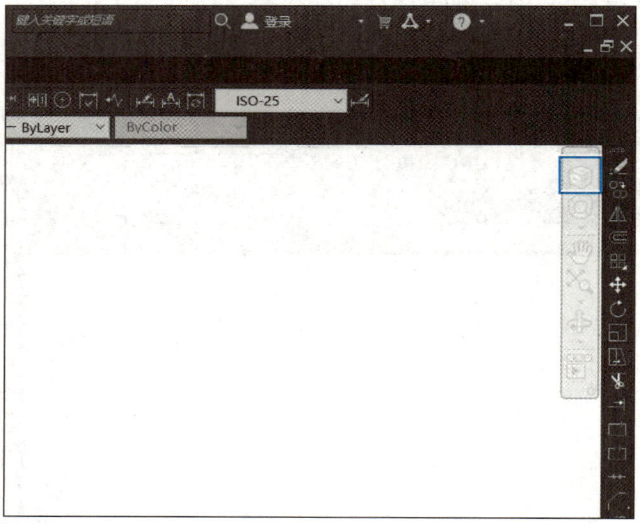

图 1-26　“方位图”按钮

子任务6　设置动态输入

绘制说明：

如图 1-27 所示，绘制半径为 50 mm 和半径为 30 mm 的同心圆，50 mm 和 30 mm 需要动态输入。使用“绘图”工具中的圆-半径命令以及对象捕捉命令。

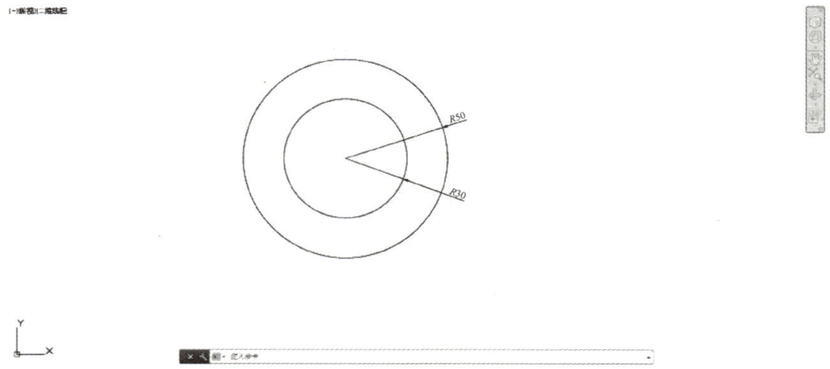

图 1-27　半径为 50 mm 和半径为 30 mm 的同心圆

新学命令：

F12

命令简介：

F12 是“DNY”的开关键。

具体步骤如下：

（1）在绘图区域，输入 C 命令，单击绘图区域空白处任意一点，输入动态命令 50，如图 1-28 所示。

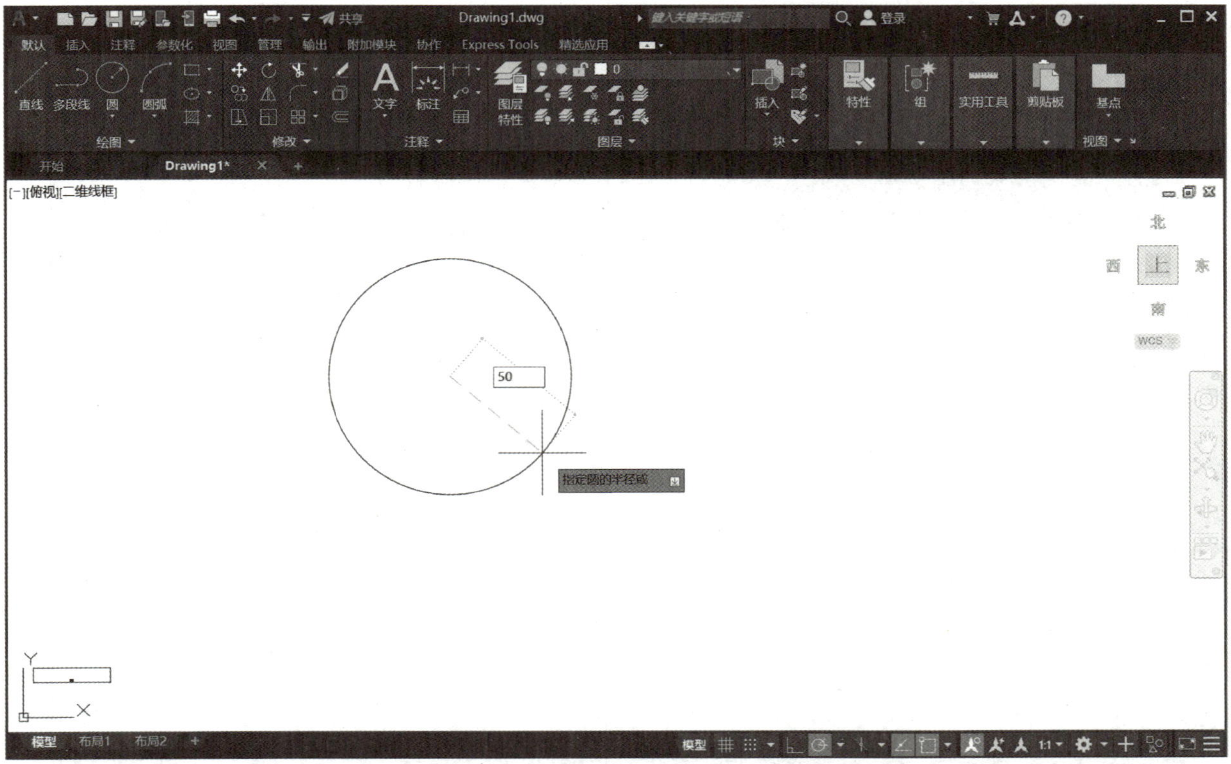

图 1-28　绘制半径为 50 mm 的圆

（2）单击状态栏中的“捕捉”坐标系，按 F3 键开启对象捕捉功能，选择“圆心”捕捉命令，如图 1-29 所示。

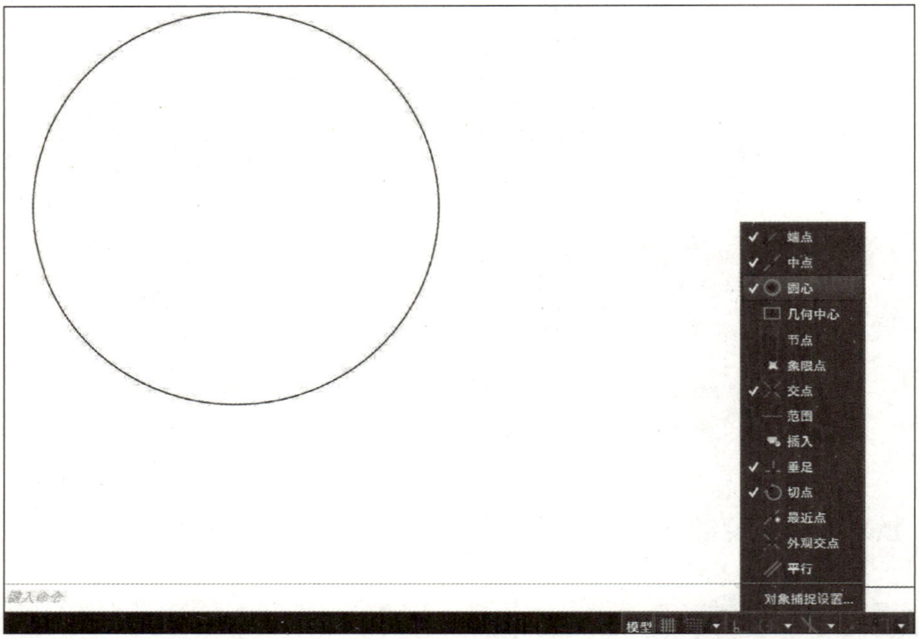

图 1-29　打开捕捉功能

（3）按空格键，对准圆心单击绘图区域，拖动鼠标输入动态命令 30，重复绘制一个半径为 30 mm 的圆形，从而形成同心圆，如图 1-30 所示。

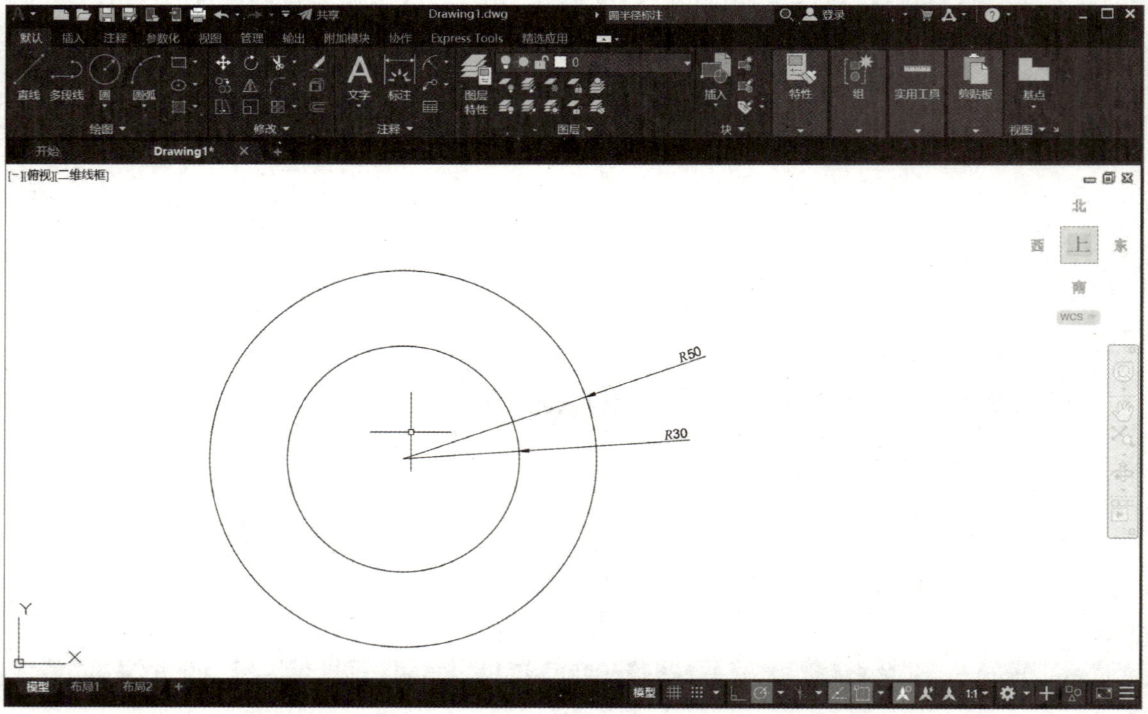

图 1-30　绘制半径为 30 mm 的圆形

注意：

动态输入功能是只输入命令、坐标或数值，在光标旁的工具提示框中显示输入的任何内容。该功能默认是开启状态，按 F12 键可以开启或者关闭动态输入功能。

动态输入功能可以避免在操作的过程中往下查看命令行，用户输入的命令、坐标或数值会优先显示在光标旁的工具提示框中，如图 1-31 所示。

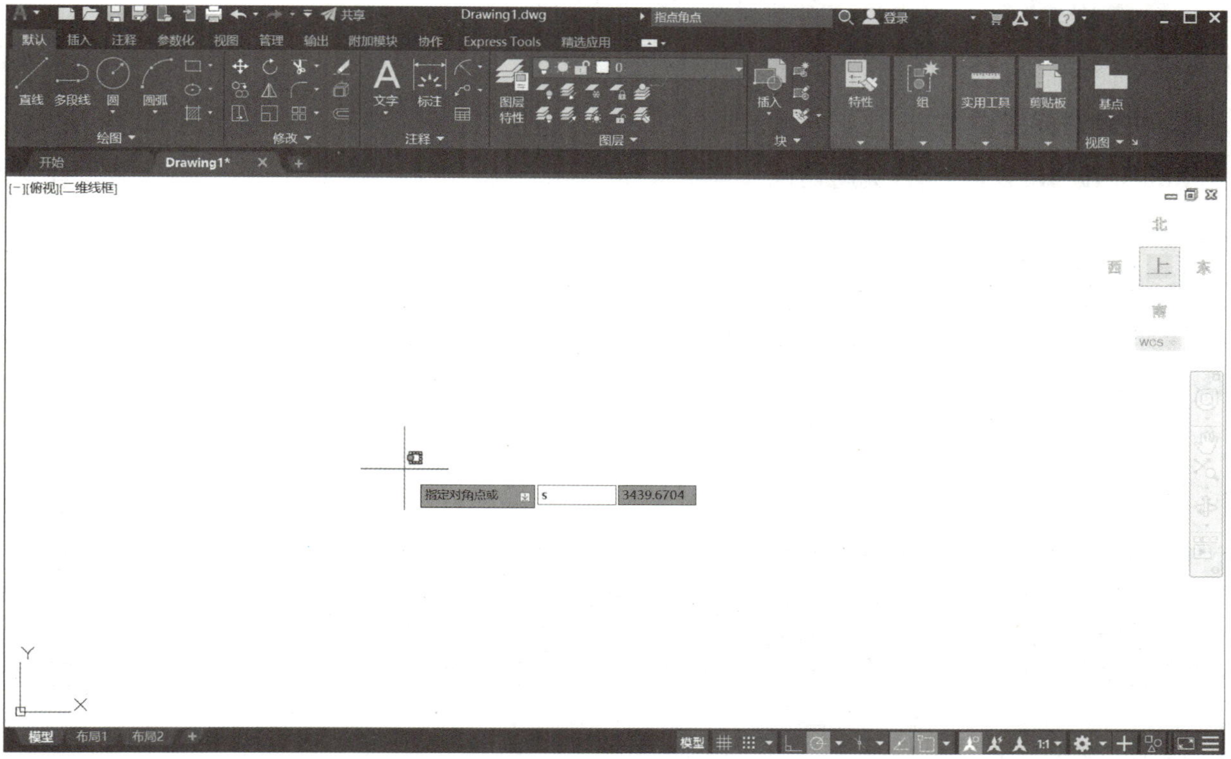

图 1-31　工具提示框

背景知识

1. 认识菜单浏览器

AutoCAD 的菜单浏览器包含了常用的命令，如“打开”“保存”“发布”等。单击位于界面左上角的菜单控制图标，可打开菜单浏览器，如图 1-32 所示。

在搜索栏中输入关键字可进行搜索，搜索范围包括菜单命令、基本工具提示、命令提示文字字符串或标记。例如，在搜索栏中输入“圆弧”关键字，将搜索出所有与圆弧相关的

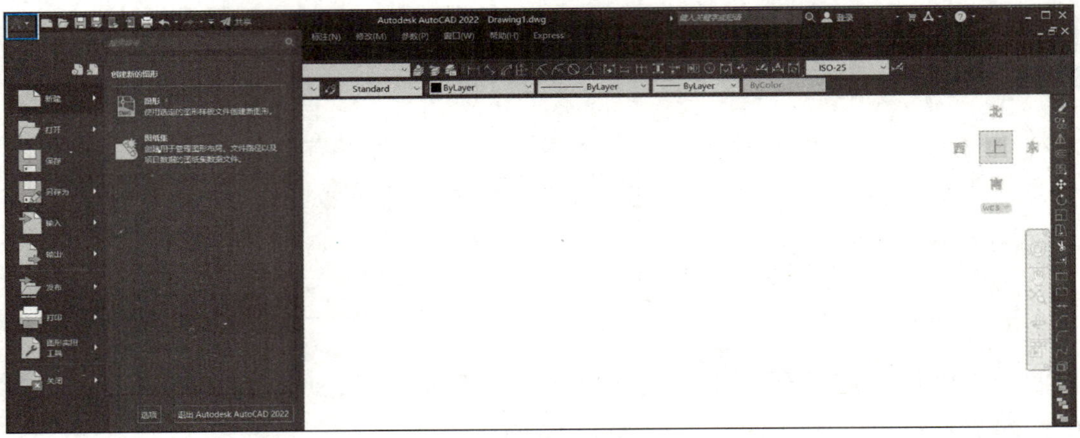

图 1-32　菜单控制图标

命令，包括绘制圆弧、椭圆等命令。

2. 快速访问工具栏

AutoCAD 2022 设计了快速访问工具栏，位于窗口的顶部。快速访问工具栏用于存储经常访问的命令，其中的默认命令按钮包括新建、打开、保存、打印、放弃、重做和工作空间快速切换。该工具栏可以自定义，其中包含由工作空间定义的命令集。

在快速访问工具栏上右击，在弹出的快捷菜单中选择“自定义快速访问工具栏”命令，如图 1-33 所示。弹出“自定义用户界面”对话框，并显示可用命令的列表。将想要添加的命令从“自定义用户界面”对话框的“命令列表”窗格中拖到快速访问工具栏上，即可添加该命令。

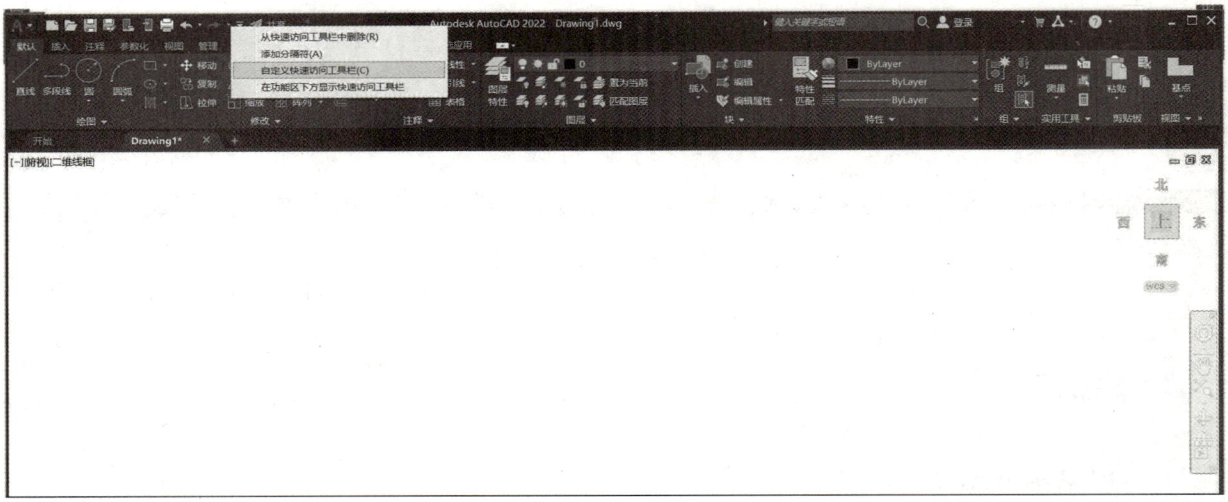

图 1-33　“自定义快速访问工具栏”命令

3. 功能区

功能区是和工作空间相关的，不同工作空间用于不同的任务种类，不同工作空间的功能区内的面板和控件也不尽相同。与当前工作空间相关的操作都简洁地置于功能区中。使用功能区时，无须显示多个工具栏，它通过紧凑的界面使应用程序显得简洁有序，同时使可用的工作区域最大化。

功能区由多个选项卡和面板组成，每个选项卡包含一组面板，如图 1-34 所示。

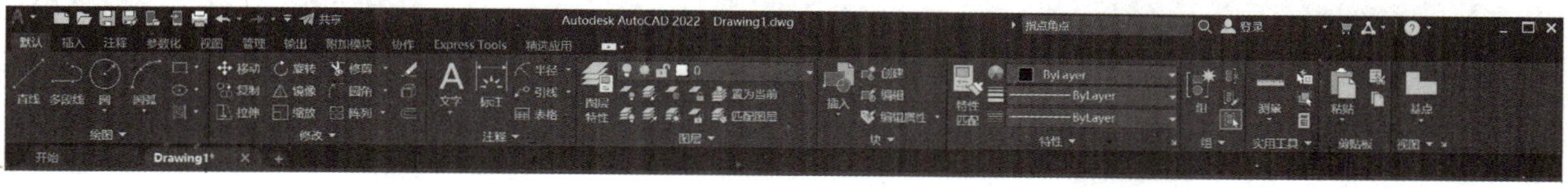

图 1-34　功能区

通过切换选项卡，可以选择不同功能的面板，例如，“注释”选项卡所集成的面板，如图 1-35 所示。

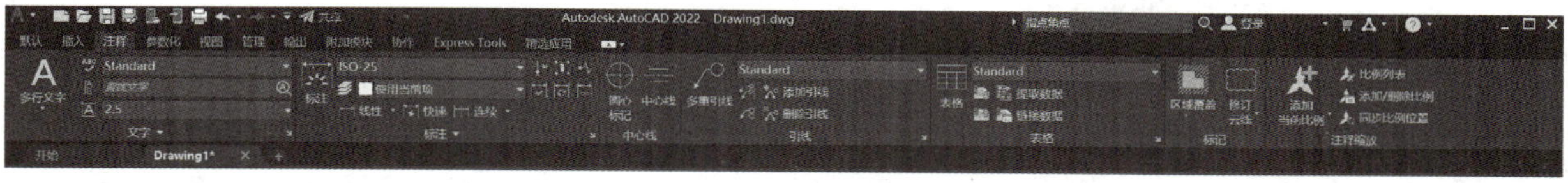

图 1-35　选项卡

默认状态下，功能区为水平显示，位于窗口的顶部。可通过拖动，将其垂直显示或显示为浮动选项板。

4. 菜单栏

启动 AutoCAD 2022 后，会发现经典界面的菜单栏为隐藏状态。此时可单击快速访问工具栏右侧的倒三角按钮，在弹出的快捷菜单中选择“显示菜单栏”命令，如图 1-36（a）所示，即可显示菜单栏。菜单栏包含了“文件”“编辑”“视图”“插入”“格式”“工具”“绘图”“标注”“修改”“参数”“窗口”和“帮助”共 12 项菜单，用户通过它几乎可以使用软件中的所有功能，如图 1-36（b）所示。

选择某个菜单标题，即会弹出对应的菜单，如选择“视图”菜单标题，即可弹出相应菜单。其中，某些带有实心小三角符号的项目，代表该菜单下包含多项子菜单，将鼠标移至其上便可打开子菜单，如图 1-37 所示。

5. 工具栏

在使用 AutoCAD 2022 进行绘图时，除了使用菜单，大部分的命令还可以通过工具栏来执行。在 AutoCAD 2022 中，只需将鼠标移至菜单栏中的“工具”菜单的“工具栏”选项进行工具栏内容的选择。它具有简明、便捷的特点，是最常用的执行命令方式，常用的设置有“修改”“图层”“文字”“标准”“标注”“样式”“特性”“绘图”和“绘图次序”，如图 1-38 所示。

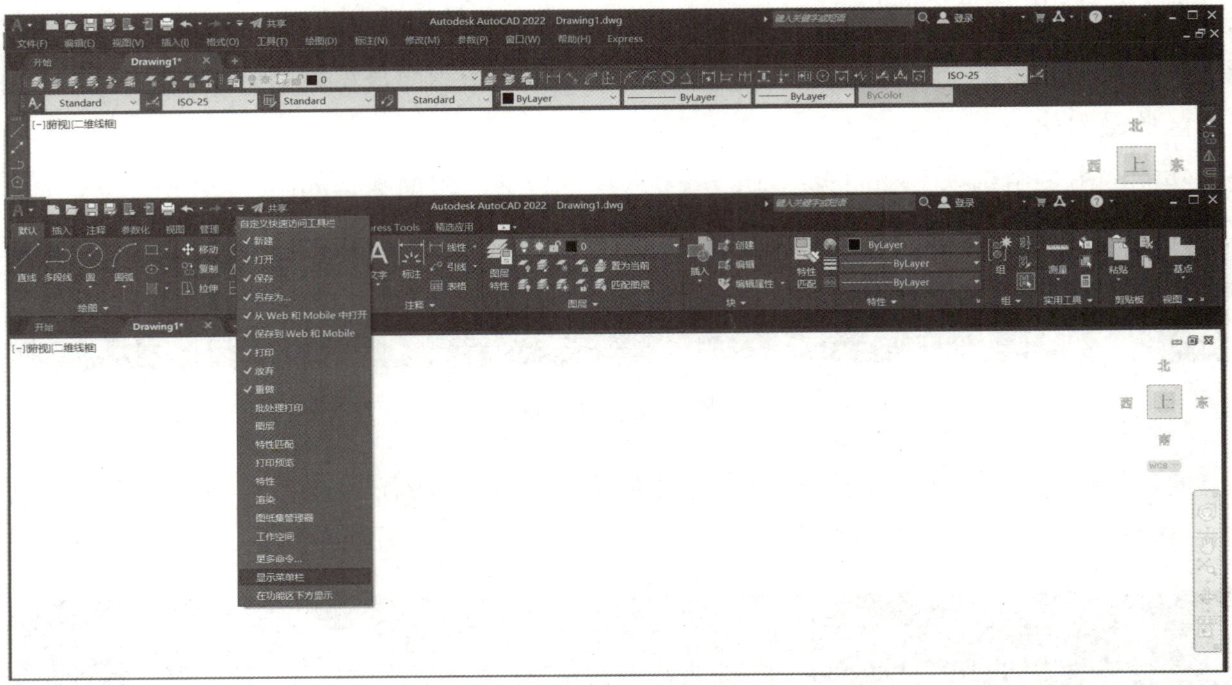

(a)“显示菜单栏”命令

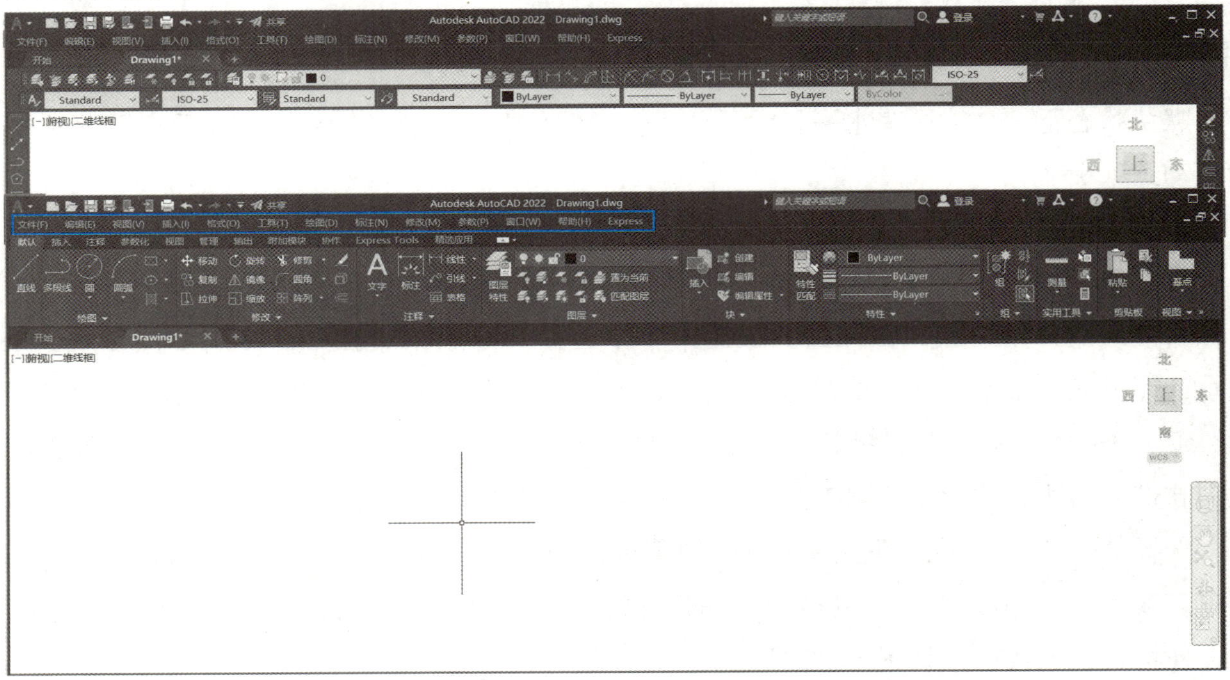

(b) 菜单栏包含的菜单

图 1–36　菜单栏

将鼠标置于工具栏上，按住左键并拖动就可以移动工具栏的位置。当拖动当前浮动的工具栏至窗口任意一侧时，会贴紧于窗口。

工具栏的可移动性无疑给设计工作带来了方便，但通常也会因操作失误，而将工具栏拖离原来的位置。

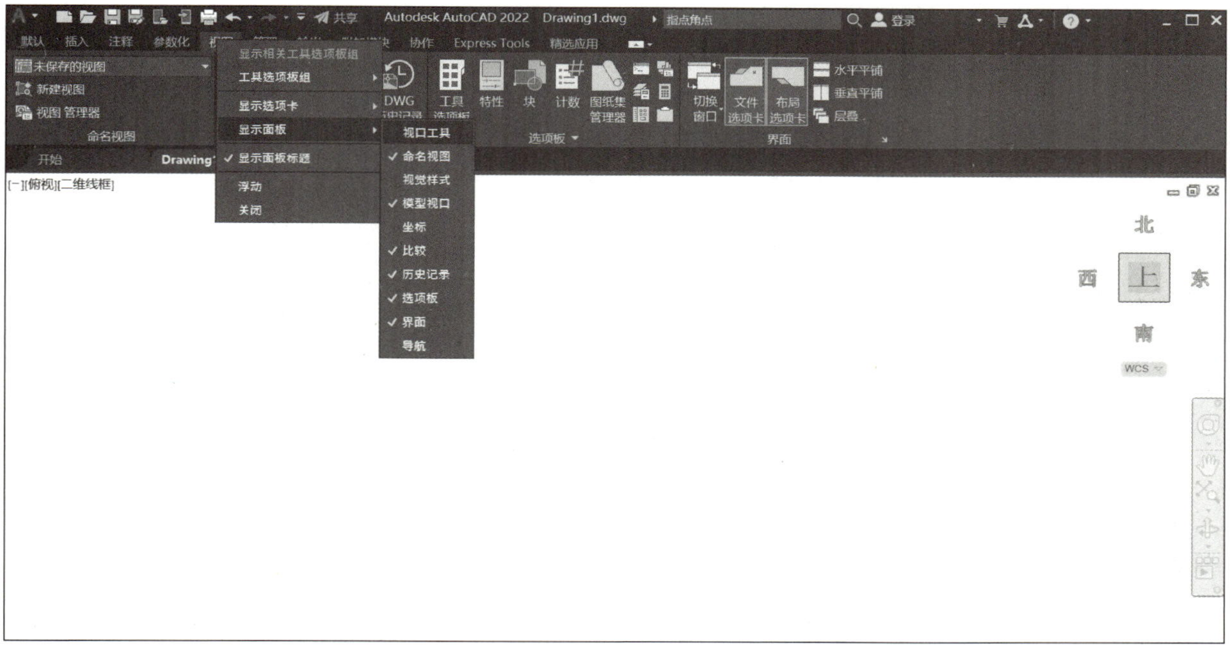

图 1-37 “视图”菜单

图 1-38 工具栏

6. 绘图区

绘图区是指图形文件所在的区域，是供用户进行绘图的平台，它占操作界面的大部分位置，在 AutoCAD 2022 中，绘图区的默认背景颜色为黑色。

在绘图区的左下方是用户坐标系（User Coordinate System，UCS），主要由指向绘图区上方的 *Y* 轴与指向绘图区右方的 *X* 轴组成，如图 1-39 所示。用户坐标系可以协助用户确定绘图的方向。

图 1-39　用户坐标系

另外，将鼠标指针移至绘图区中，即会变成带有正方小框的十字光标“+”，它主要用于指定点或者选择对象，但在不同的命令下会呈现不同的状态。

在状态栏提供了“模型”按钮、“布局”按钮，通过它们可以在模型空间与图纸空间之间进行切换。在默认状态下，绘图区为“模型”空间，如图 1-40 所示。若单击“布局”按钮，即进入整幅图纸的绘图模式，即“布局”空间，如图 1-41 所示，可见在布局空间的 UCS 图标与模型空间不同。

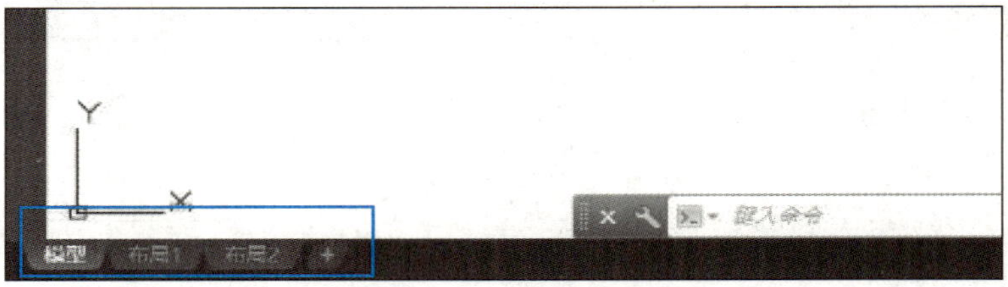

图 1-40　“模型”空间

图 1-41　“布局”空间

7. 命令窗口

命令窗口使得用户可以从键盘上输入命令信息，从而进行相关的操作，其效果与使用菜单及工具按钮相同，是在 AutoCAD 2022 中执行操作的另一种方法。在命令窗口中间有一条水平分界线，上方为历史命令记录，这里含有 AutoCAD 2022 启动后所有信息中的最新信息，用户可以通过窗口右侧的滚动条查看历史命令记录。分界线下方则是当前命令输入行，当输入某个命令后，要注意命令行显示的各种提示信息，以便准确快速地进行绘图。

此外，如图 1-42 所示，命令窗口的大小可由用户自定义，只要将鼠标移至该窗口的边框线上，然后按住左键并上下拖动，即可调整窗口的大小，如往上拖可放大窗口。

图 1-42　命令窗口

如果想快速查看所有命令记录，可以按 F2 键打开 AutoCAD 2022 文本窗口，该窗口是完全独立于 AuoCAD 2022 软件的，用户可以对其进行最大化、最小化、关闭及复制、粘贴等操作。

8. 状态栏

状态栏位于界面的底端，主要用于显示当前光标所处位置及软件的各种状态模式，其外观如图 1-43 所示。

图 1-43　状态栏

任务二　文件管理

任务要点

（1）能够设置新建图形文件。

（2）熟悉设置图形文件的几种方法。

子任务 1　新建图形文件

具体步骤如下：

（1）选择“文件”菜单中的“新建”命令，如图 1-44 所示，系统弹出如图 1-45 所示的“选择样板”对话框。

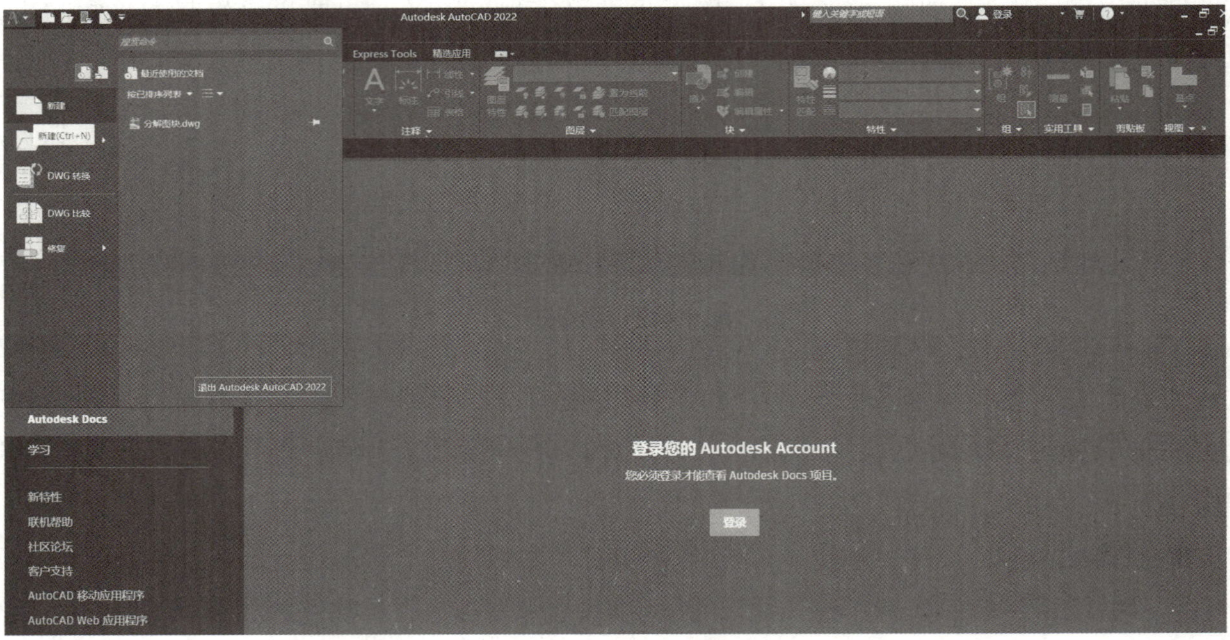

图 1–44　选择“新建”命令

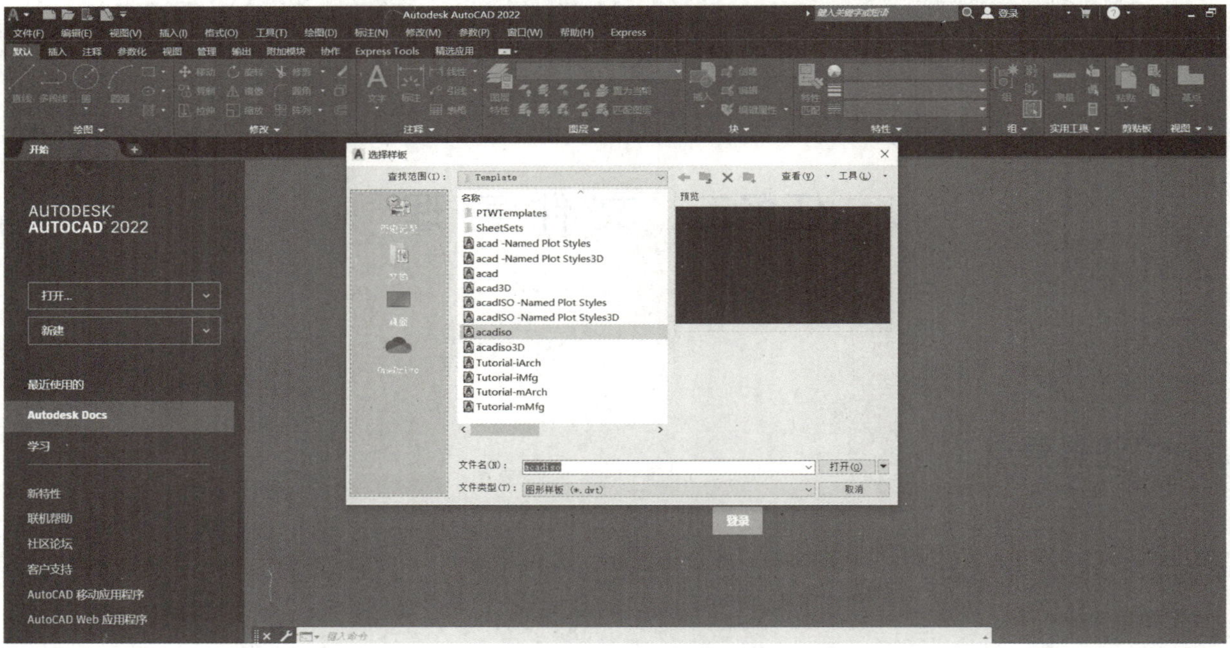

图 1–45　“选择样板”对话框

（2）单击“打开”按钮旁边的倒三角形按钮，在弹出的下拉菜单中选择“无样板打开–公制”命令，如图 1–46 所示，单击“确定”按钮，即可创建一个以公制为系统变量单位的新图形文件，如图 1–47 所示。

图 1-46　“无样板打开–公制”命令

图 1-47　新图形文件

子任务2　设置默认样板

具体步骤如下：

（1）在绘图区域，输入 OP 命令，在弹出的对话框中，单击“文件”选项卡，选择“样板设置”中的“快速新建的默认样板文件名”选项，单击“确定”按钮，如图 1-48 所示。

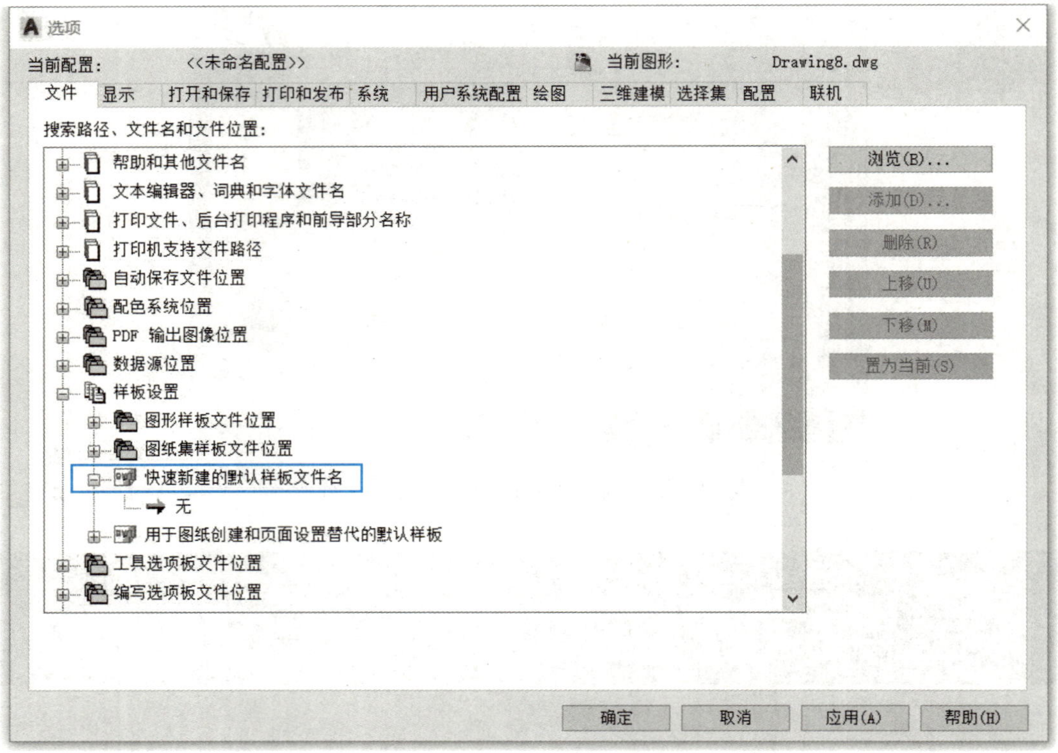

图 1-48　快速新建样板设置

（2）单击快速访问工具栏中的“开始”按钮，选择“新建”命令，再选择“图形”命令，选择任意一个系统自带的默认样板，如图 1-49 所示。

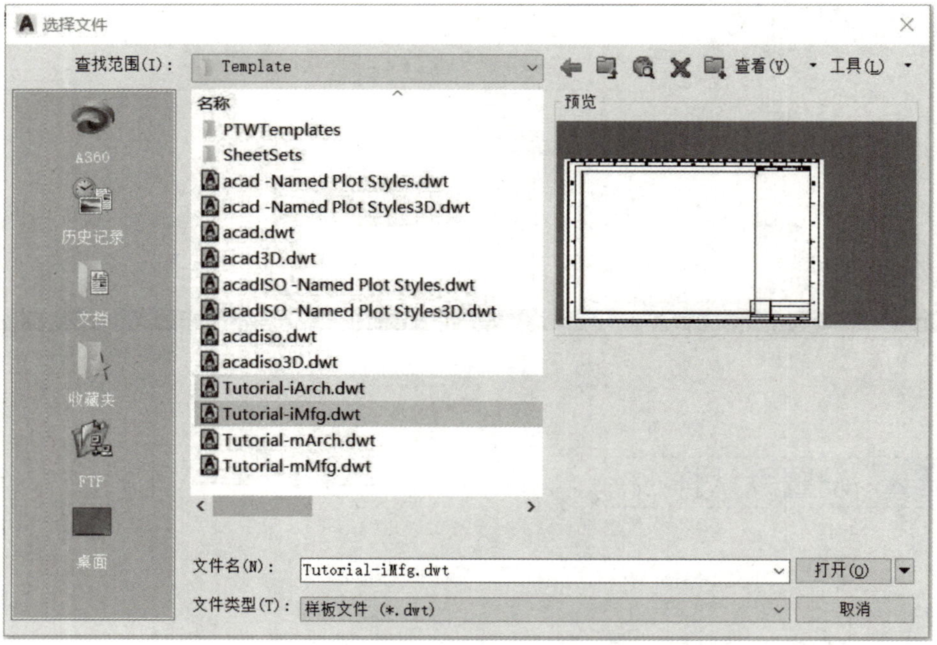

图 1-49　选择任意一个系统自带的默认样板

（3）完成上述操作后，将会出现刚刚设置的样板文件，如图 1–50 所示。

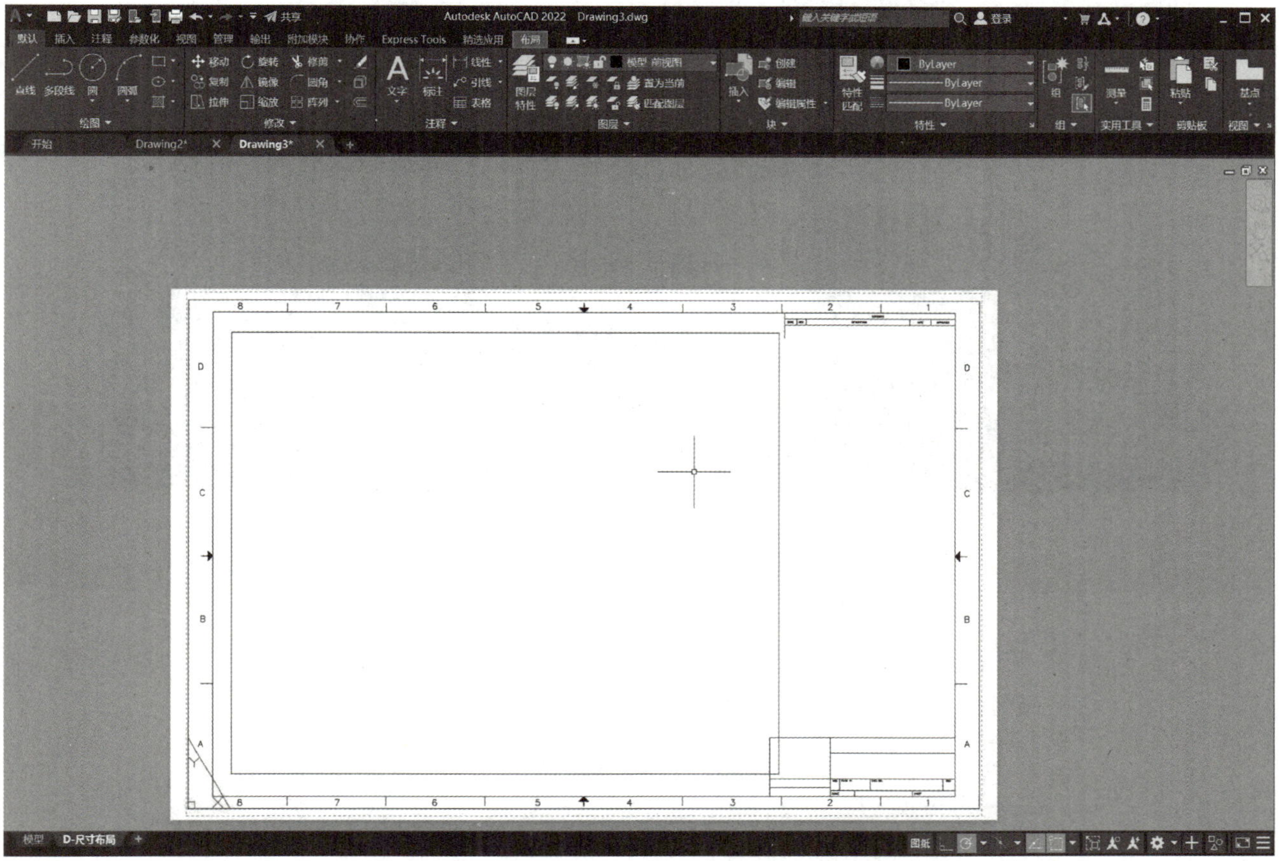

图 1–50　样板文件

子任务3　通过向导新建图纸幅面为 A4 的文件

具体步骤如下：

（1）运行 AutoCAD 2022，打开任意图形样式文件，在绘图区域，输入 STARTUP 命令，按空格键，输入数字 1。

（2）关闭 AutoCAD 2022，重新启动软件，单击“开始”按钮，选择“新建”命令，再选择“图形”命令，在弹出的对话框中选择“使用向导”文本框中“快速设置”选项，单击“确定”按钮，如图 1–51 所示。

（3）在弹出的“快速设置”对话框中，选择测量单位为“小数”，如图 1–52（a）所示，单击“下一页”按钮，选择合适的区域，设置宽度为“420”，长度为“297”，单击“完成”按钮，如图 1–52（b）所示。

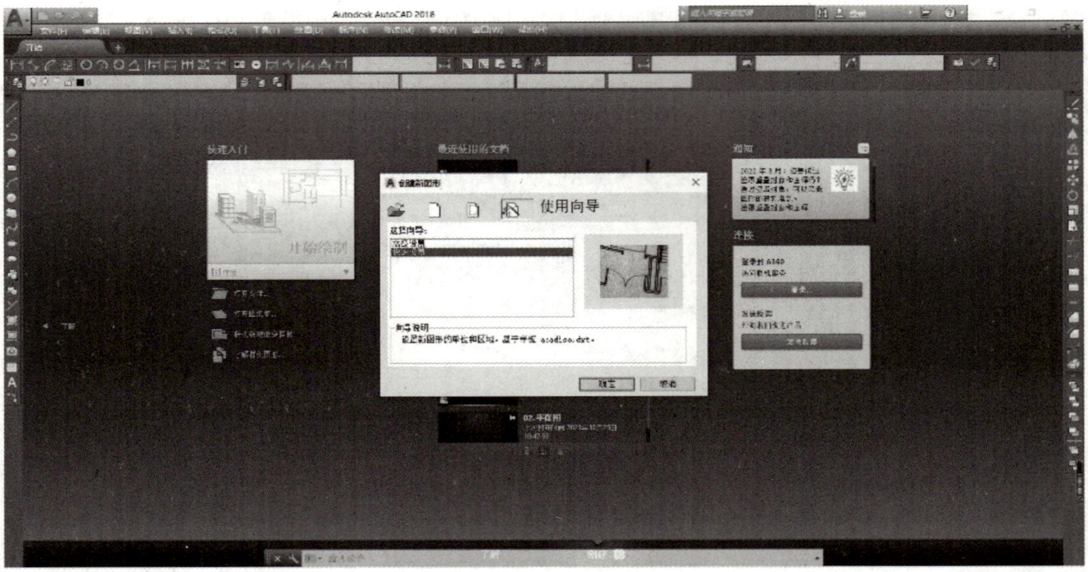

图 1-51　选择“快速设置”选项

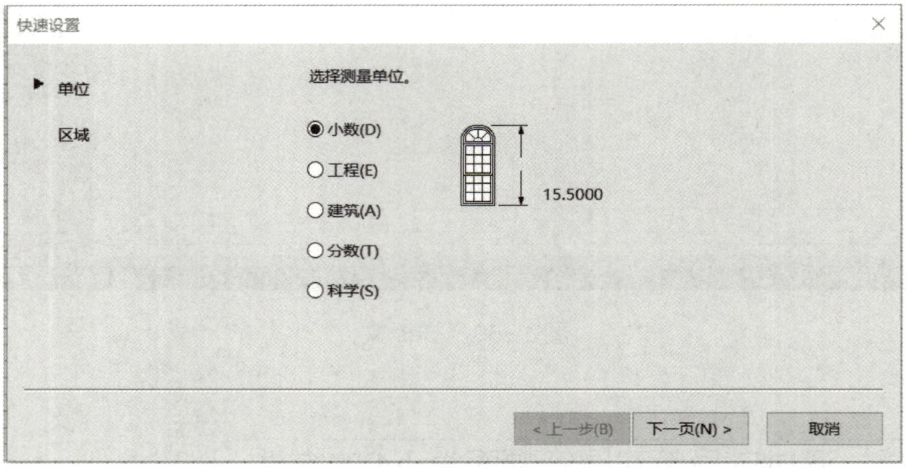

(a) 选择测量单位

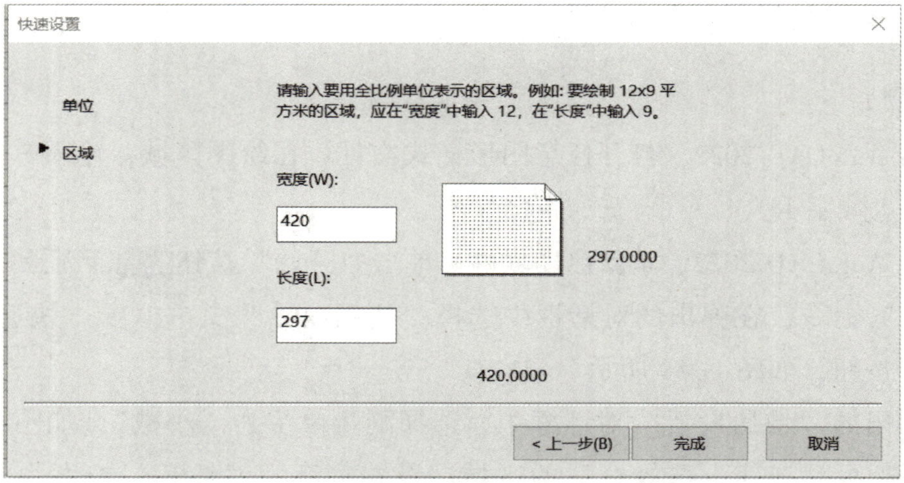

(b) 设置区域宽度和长度

图 1-52　选择测量单位及设置区域宽度和长度

注意：

（1）“创建新图形”对话框从左至右图标依次为“打开图形”“从草图开始”“使用样板”“使用向导”命令，如图 1-53 所示。

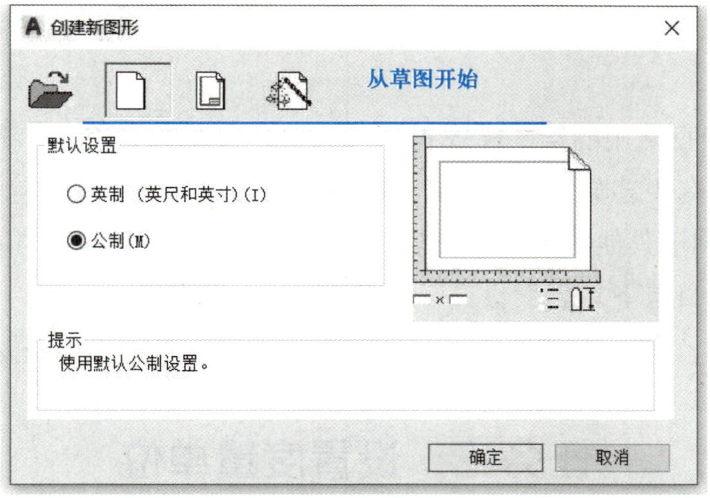

图 1-53　“创建新图形”对话框

（2）当系统变量 STARTUP 为 0 时，每次启动 AutoCAD 2022 都会自动新建一个文件；当系统变量 STARTUP 为 1 时，启动 AutoCAD 2022 就会弹出“使用向导”对话框。

背景知识

1. 使用草图

使用草图创建图形是 AutoCAD 2022 的默认创建图形方式，它提供了“英制”与“公制”两种创建方式，指定的设置决定系统变量要使用的默认值，而这些系统变量可以控制默认的线形、文字和标注等。

它们的含义分别如下。

（1）英制：使用英制系统变量创建新图形，默认图形边界（栅格界限）为 12 英寸×9 英寸，单位是英寸。英制单位不是我国的法定计量单位，1 英寸≈25. 40 mm。

（2）公制：使用公制系统变量创建新图形，默认图形边界（栅格界限）为 420 mm×297 mm，单位为毫米。公制是 AutoCAD 常用的单位。

初次创建的图形名称为 Drawing1. dwg，其后创建的图形名称编号将依次递增。

注意：

本书中所有项目的单位，如果没有特别说明，均是毫米（mm）。

2. 使用样板

AutoCAD 2022 根据常用的绘图模式提供了大量的样板以供套用，这些样板图形中存储了图形的所有设置，有些甚至包含已定义好的图层、标注样式和视图等。样板图形文件扩展名为“. dwt”，以区别于其他的图形文件，AutoCAD 2022 软件提供的样板文件通常保存在安装路径下的 Template 目录下。

任务三　设置度量单位

任务要点

（1）熟知 AutoCAD 2022 图形单位概念和设置方法。

（2）熟知 AutoCAD 2022 角度类型和设置方法。

（3）熟知 AutoCAD 2022 比例的设置方法。

子任务1　设置图形单位

新学命令：

UNITS

命令简介：

UNITS 是一个用于设置图形默认单位的命令，如常用毫米等作为建筑和机械制图的单位。其主要出现在新建文档中供用户选择。

具体步骤如下：

（1）打开 AutoCAD 2022，新建空白图形文件，在绘图区域输入 UNITS 命令，如图 1-54

所示。

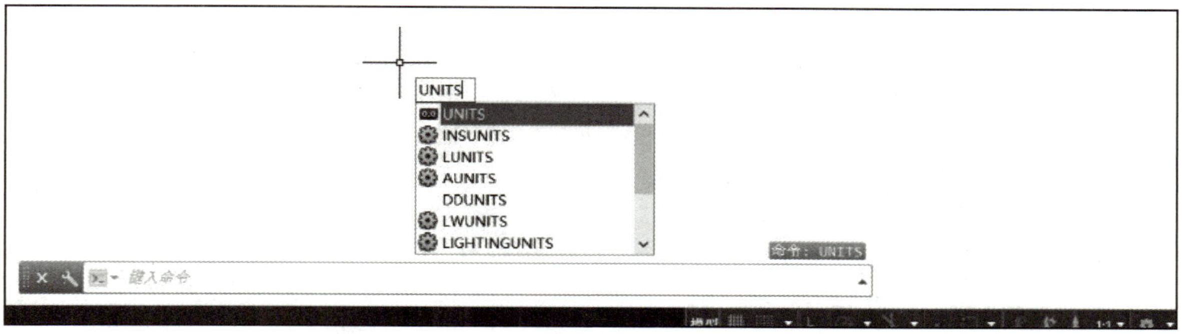

图 1-54　绘图区域输入 UNITS 命令

（2）在弹出的“图形单位”对话框中，选择“长度”组的“类型”下拉列表中的“小数”选项，单击“确定”按钮，如图 1-55 所示。

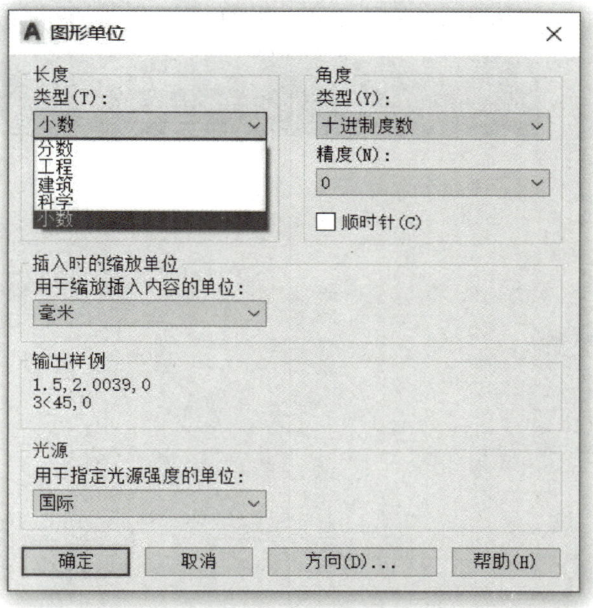

图 1-55　选择“小数”选项

背景知识

设 置 单 位

创建的所有对象都是根据图形单位进行测量的，然后据此创建实际大小的图形。例如，一个图形单位的距离通常表示实际单位的 1 毫米、1 厘米或 1 英寸、1 英尺。

通过以下 3 种方式，可打开“图形单位”对话框对图形的单位进行设置。

（1）选择菜单栏中的“格式”→“单位”命令。

（2）在菜单浏览器中选择“图形实用工具”→“单位”命令。

（3）运行命令：UNITS。

在“图形单位”对话框中，可对图形的长度类型、角度类型、精度进行设置。本任务使用的是第 3 种方法。

子任务2　设置角度类型

具体步骤如下：

（1）单击菜单栏，选择“格式”→“单位”命令，如图 1-56 所示。

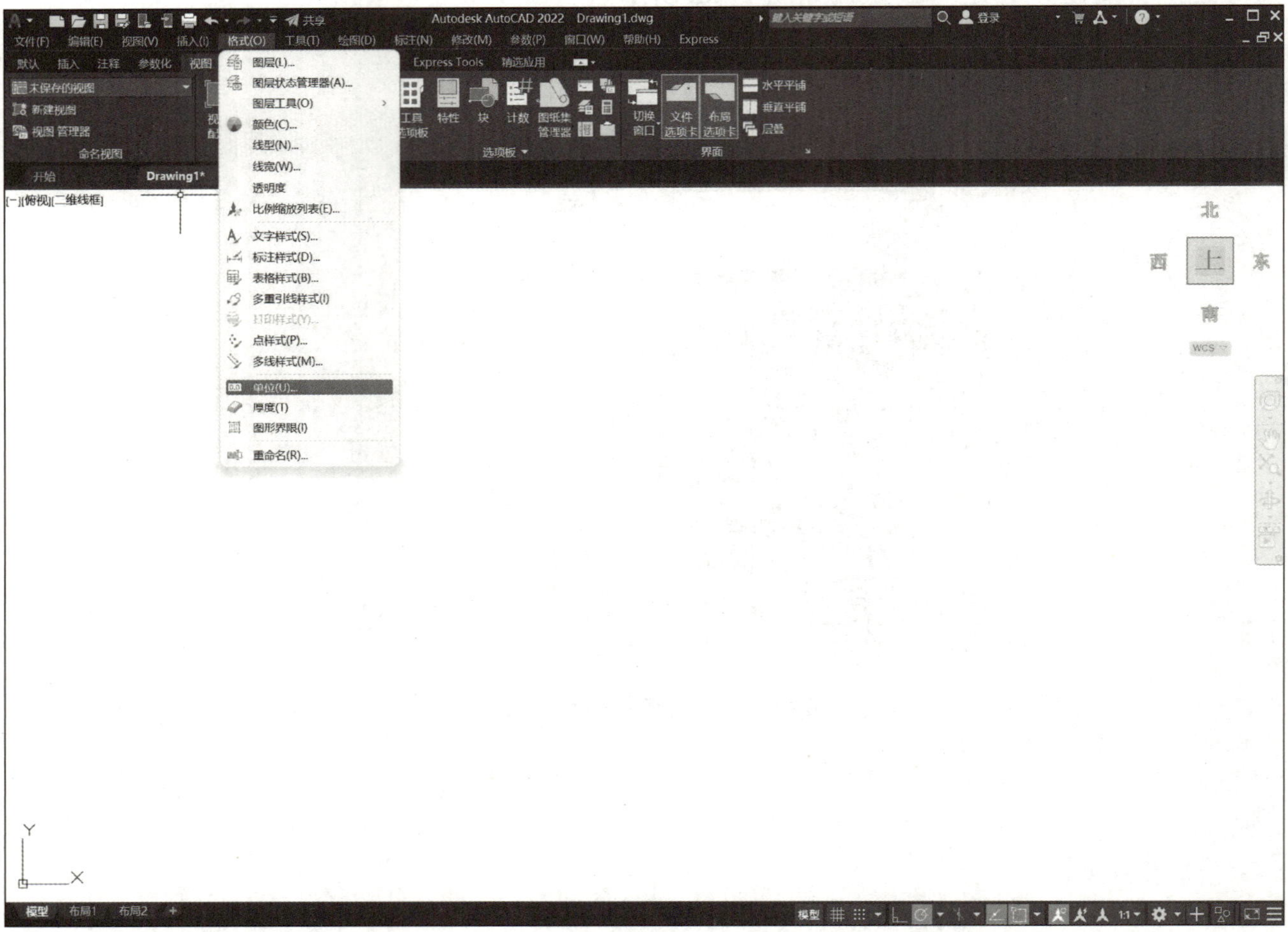

图 1-56　“格式”下拉菜单

（2）在“图形单位”对话框的“角度”组的“类型”下拉列表中选择“十进制度数”选项，单击“确定”按钮，如图 1-57 所示。

注意：

按照惯例，角度都是按逆时针方向递增的，以向右的方向为0°，也称东方。可以通过设置“图形单位”对话框中的“方向”选项来改变角度的度量方向。

要改变0°的方向，可以单击“图形单位”对话框中的“方向”按钮，打开如图1-58所示的“方向控制”对话框。在该对话框中可以将东西南北4个方向中的任何一个设定为0°，还可以选择“其他”选项，并在其文本框中输入任意角度值，或者通过单击“拾取角度”按钮，在屏幕上拾取两个用来指定角度的点。

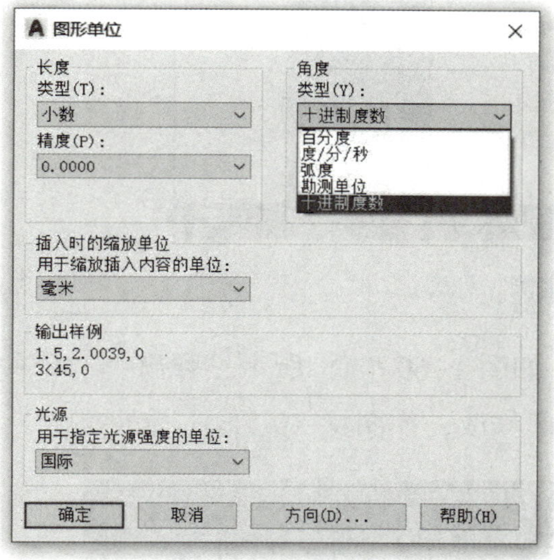

图1-57　选择“十进制度数”选项

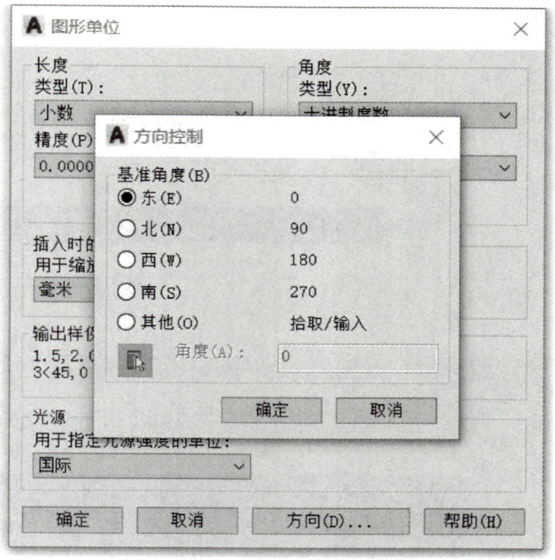

图1-58　“方向控制”对话框

对角度方向的更改会对输入角度以及显示坐标值产生影响，但不会改变依照用户坐标系设置的绝对坐标值。

如果使用动态输入功能，会发现动态输入工具栏提示中显示出来的角度值从来不会超过180，这个介于0至180的值代表的是当前点与0°角水平线之间在顺时针和逆时针方向上的夹角。

子任务3　设置自定义比例列表

三种设置自定义比例列表方法具体步骤分别如下：

（1）单击状态栏右侧的“注释比例”按钮 1:1，进行比例自定义修改，如图1-59所示。

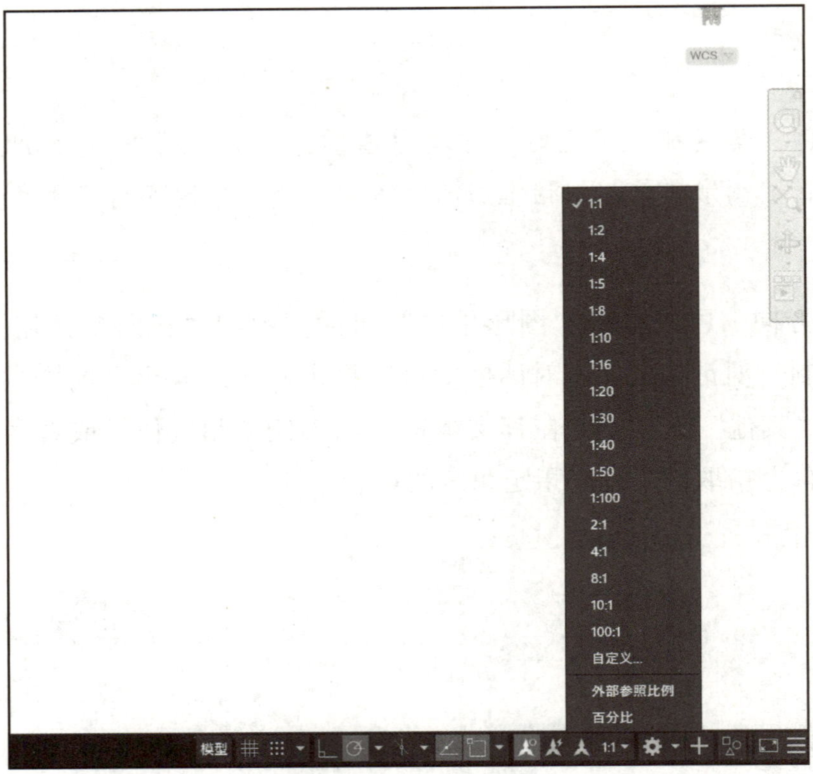

图 1-59 “注释比例”列表

（2）选择“开始”菜单中的“打印”命令，如图 1-60（a）所示，弹出“打印-模型”对话框，在“打印比例”组中可以进行比例参数的修改，如图 1-60（b）所示。

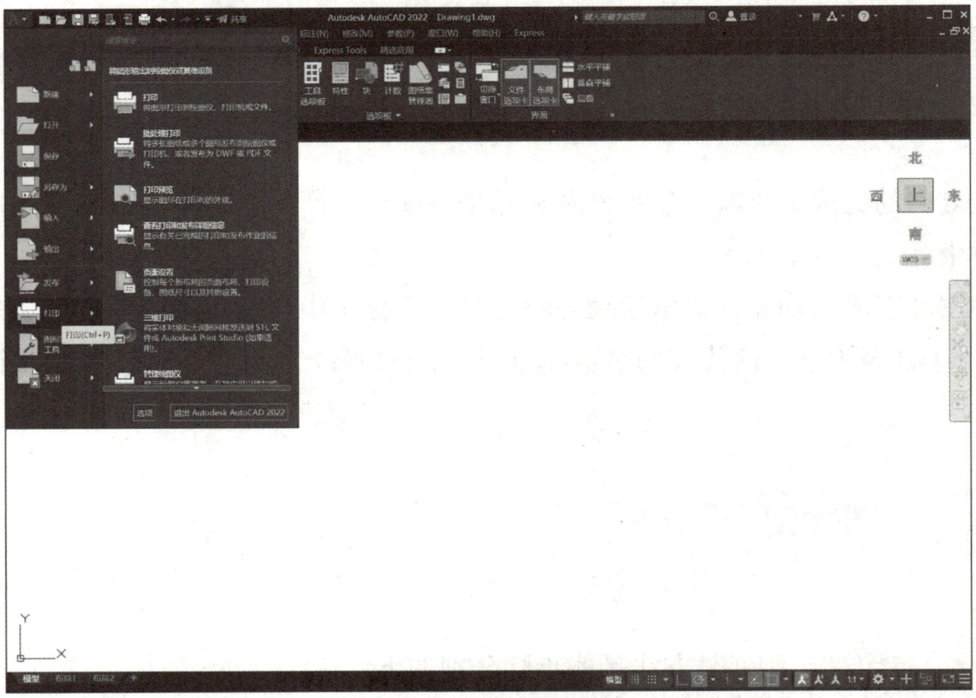

(a) 选择“打印”命令

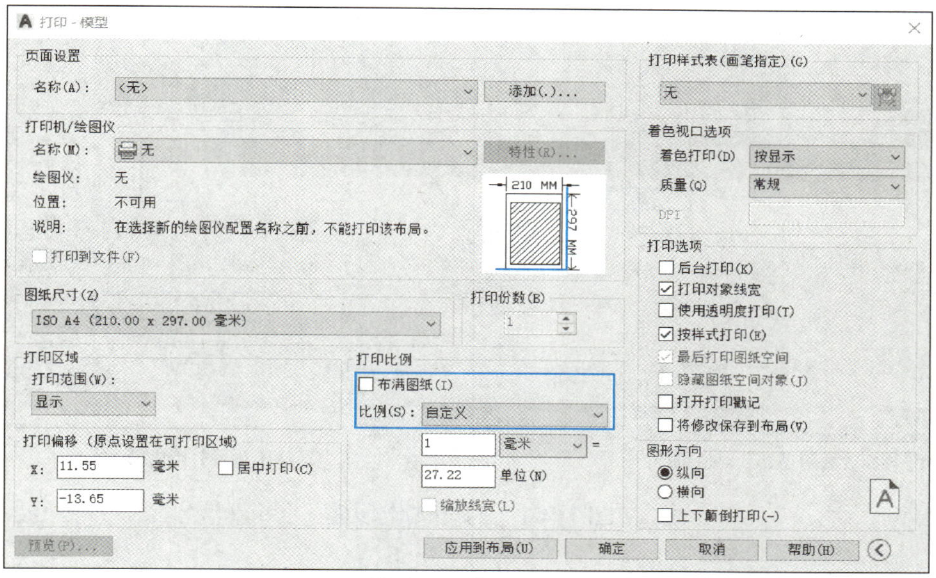

(b) “打印-模型”对话框

图 1-60　打印

（3）选择“文件”下拉菜单中的“页面设置管理器”命令，如图 1-61（a）所示，弹出“页面设置管理器”对话框，单击“修改”按钮，如图 1-60（b）所示，出现“页面设置-模型”对话框，在“打印比例”组中可以进行打印比例参数的设置，如图 1-61（c）所示。

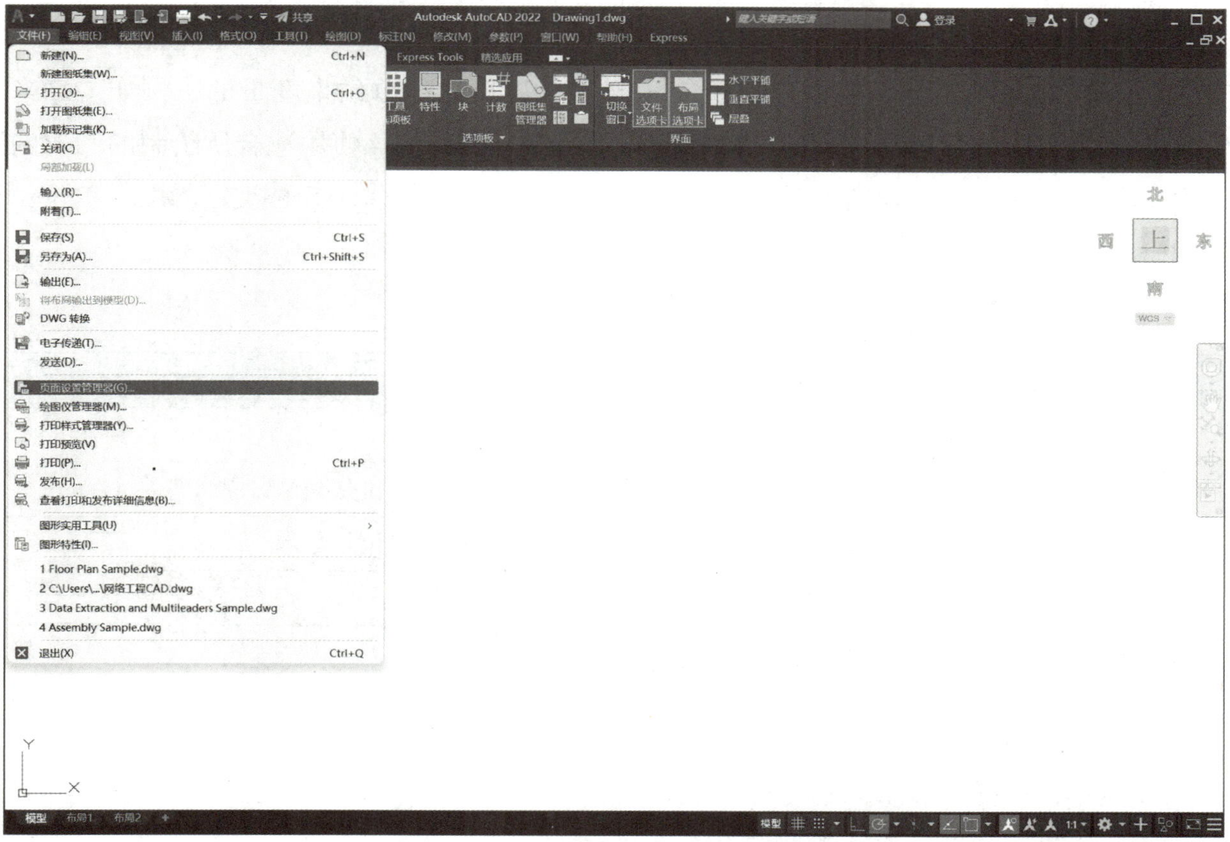

(a) 选择“页面设置管理器”命令

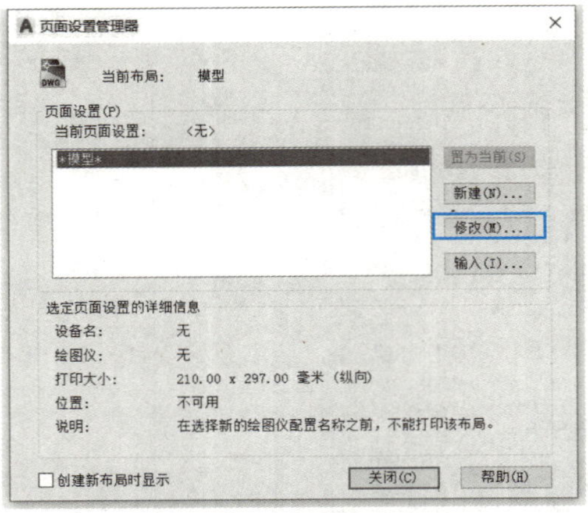

(b)“页面设置管理器”对话框

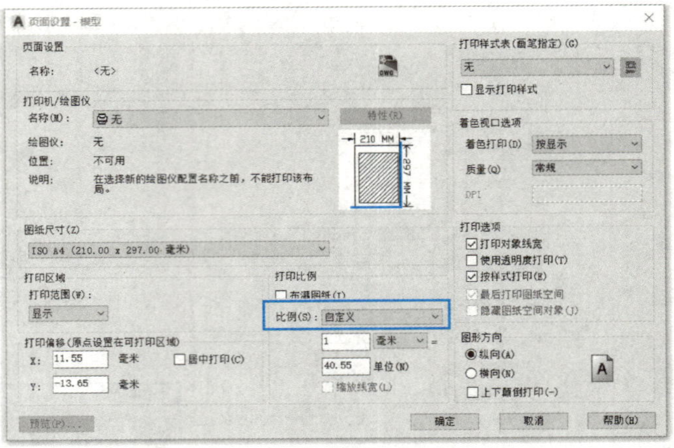

(c) 设置打印比例

图 1-61　打印比例设置

以上三种方法都可以进行自定义比例设置。

背景知识

1. 度量单位

设置绘图环境的第一步就是设定图形的度量单位的类型。度量单位规定了图形对象的度量方式，可以将设定的度量单位保存在样板中。

AutoCAD 2022 中的坐标值是使用能表示现实世界尺寸的单位来度量的，例如，毫米或者英寸。但是不同的学科有不同的度量单位表示习惯，因此应该使用适合所绘制的图形的度量单位，这可以保证同行业的人员能理解该图形。AutoCAD 提供了 5 种类型的度量单位，见表 1-1。

表 1-1　度 量 单 位

度 量 单 位	描　　述
小数	十进制整数位加小数
工程	英制单位是英尺和英寸，英寸部分含小数；公制单位是毫米、厘米等
建筑	英制单位是英尺和英寸，英寸部分含分数；公制单位是毫米、厘米等
分数	整数位加分数
科学	基数加幂指数

2. 设置角度类型

与度量单位一样，在不同的专业领域和工作环境中，用来表示角度的方法也是不同的。默认设置是十进制角度。角度类型见表 1-2。

表 1-2　角度类型

角度类型名称	描　　述
十进制度数	整数角度和小数部分角度
度/分/秒	度、分、秒
百分度	百分度数
弧度	弧度数
勘测单位	勘测（方位）单位

3. 认识比例

在绘制常规图纸时，打印图形就需要考虑到比例的问题。标准的图纸（以及大多数绘图仪的默认设置）都是横向的，其宽度值比高度值要大。为了将图形打印到一张标准的图纸上，在绘图阶段就需要将矩形图幅设置为与标准图纸一样的比例。另外，虽然是在打印时才设置打印比例，但是在绘图开始就需要考虑出图时使用的比例。

在地理信息系统中用于绘制整个国家地形图的比例与绘制房屋图纸的比例是不同的，与用于绘制机械制图的比例也是不同的。实际上，在机械制图时，如果绘制了一个非常小的物体，就必须放大它（也就是在出图时将图形放大）。

在绘图开始就确定比例的一个重要目的是确保图形中的注释或标注文字打印时清晰。应用比例绘图，即使对图形进行缩放，图形也是清晰可读的。同时，比例缩放还会对包括点线或虚线在内的线型产生影响。

有些图形是不需要进行比例缩放的。例如，电子或电路图、管道图以及铁路图等。这类图形表示电子或电路的连接情况，不需要与最终的物理实体一样。图形清楚、有序，可以是任意大小。

为了适应图纸图形的大小而确定比例时，要记住绘图仪不能在整张图纸上打印，它会在图纸的边缘留出一定的空白。不同的绘图仪留出的空白大小不同。一般可以假设在每边预留出半径为 12.7 mm 的距离，因此确定实际图形大小时需要在图纸的长度和宽度上减去 25.4 mm。公制的标准图纸尺寸见表 1-3。

表 1-3　公制标准图纸尺寸（单位：mm）

幅　面	宽　度	高　度	幅　面	宽　度	高　度
A0	1 189	841	A1	841	594
A2	594	420	A3	420	297
A4	297	210			

任务四　设置绘图环境

任务要点

（1）熟知 AutoCAD 2022 图形特性和设置方法。

（2）熟知 AutoCAD 2022 图层及图层样式的设置方法。

（3）熟知 AutoCAD 2022 图形界限的概念和使用方法。

子任务 1　设置图形特性

绘制说明：

图 1-62 所示为长 300 mm、宽 150 mm 的矩形，通过图形特性对其进行颜色、线型、线宽的修改，在绘图过程中，可以选择用“直线”命令和“动态输入”命令进行矩形绘制。

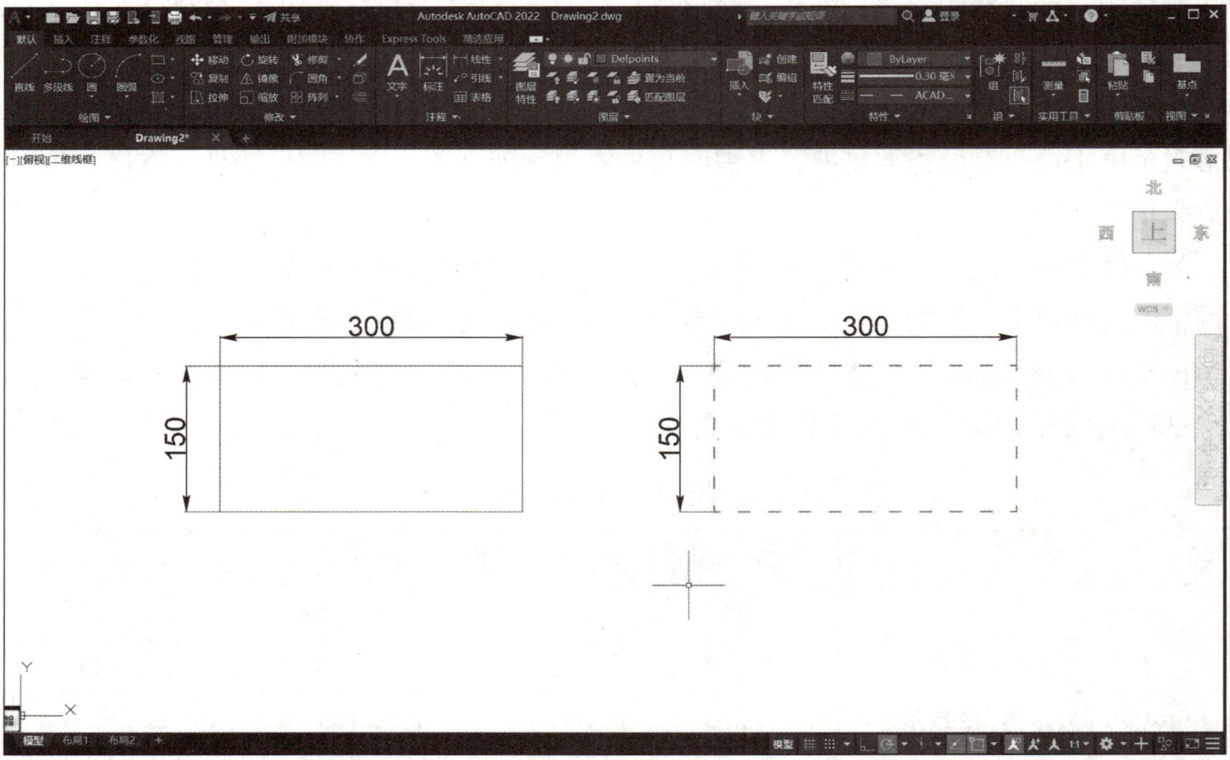

图 1-62　矩形图形

具体步骤如下：

（1）在菜单栏中选择“绘图”工具，选择“直线”命令，拖动鼠标，打开状态栏中的“正交”坐标系，绘制长 300 mm、宽 150 mm 的矩形，如图 1-63 所示。

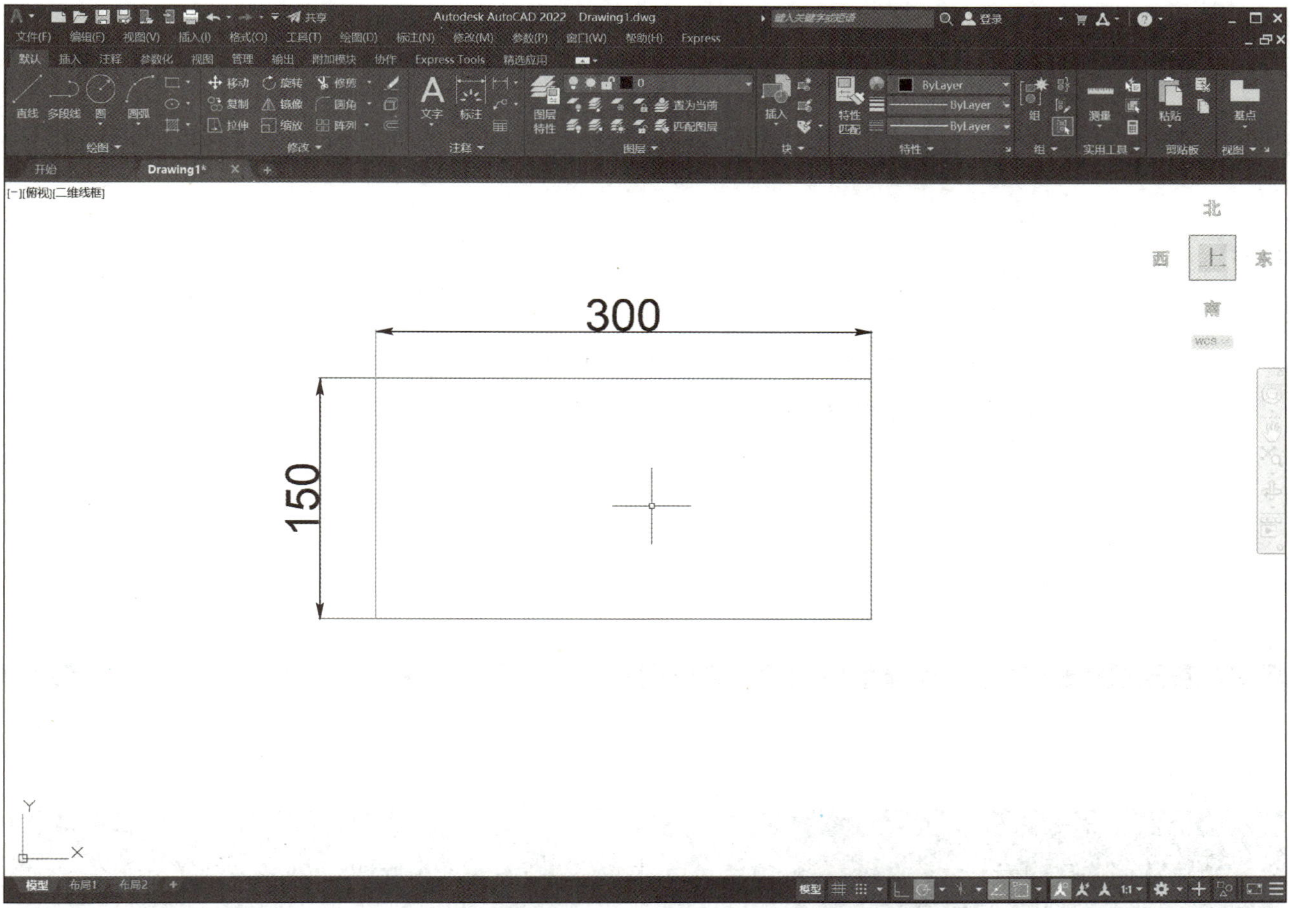

图 1-63 绘制矩形

（2）按住鼠标左键，从右至左拖动鼠标选择绘图区域中的矩形，如图 1-64 所示。

（3）在菜单栏中的“特性”面板，依次选择颜色、线型、线宽进行修改，如图 1-65 所示。

（4）在工具栏中的“特性”面板，单击“颜色”按钮，在弹出的下拉菜单中，选择“红色”选项，如图 1-66 所示。

（5）在工具栏中的“特性”面板，单击“线型”按钮，在下拉菜单中，选择“其他”命令，在弹出的对话框中，单击“加载”按钮，在弹出的对话框中，选择“ACAD_IS003W100”线型，单击“确定”按钮，如图 1-67 至图 1-69 所示。

（6）在工具栏中的“特性”面板，单击“线宽”按钮，在下拉菜单中，选择“0.30 毫米”选项，如图 1-70 所示。

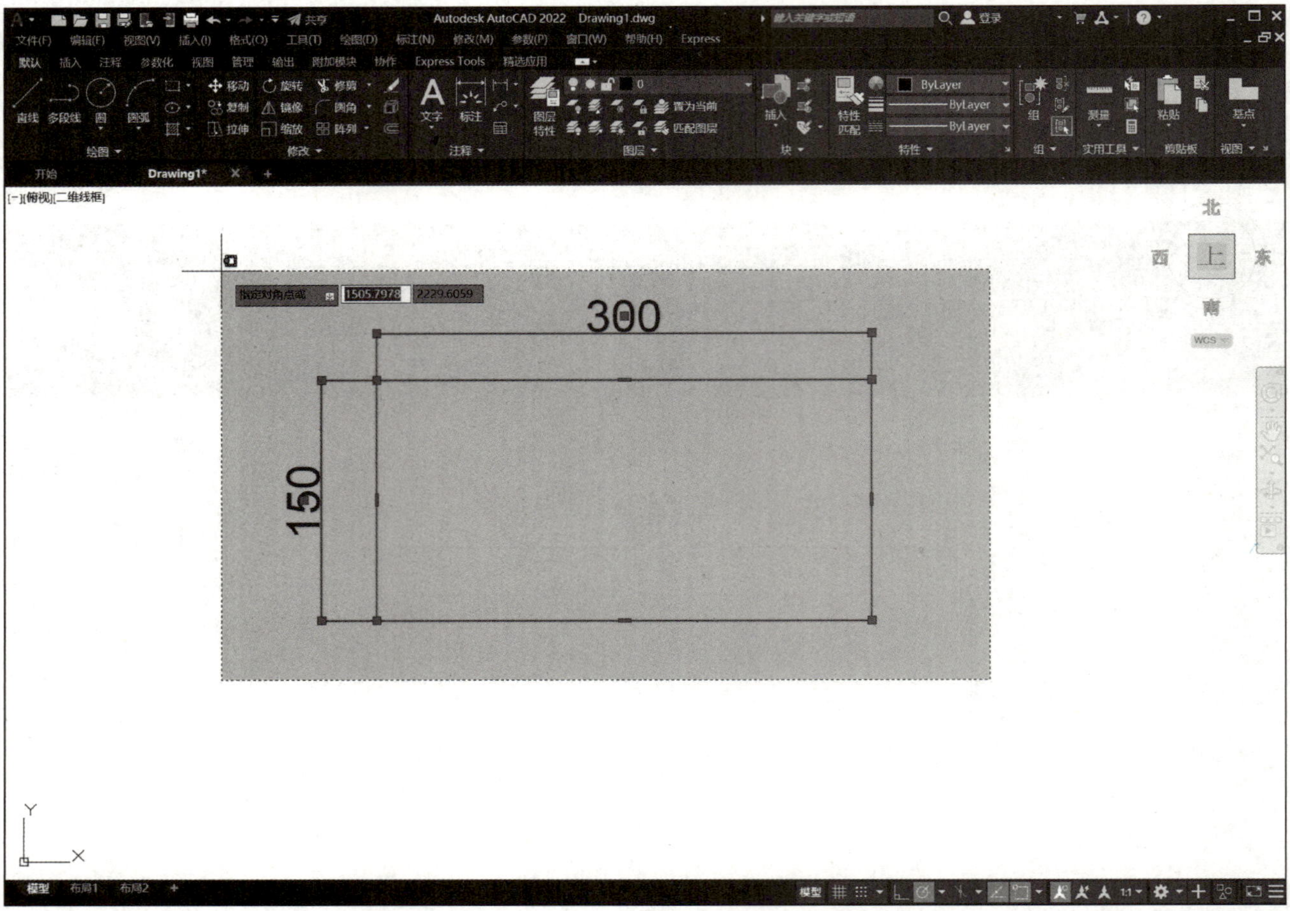

图 1–64　选择矩形

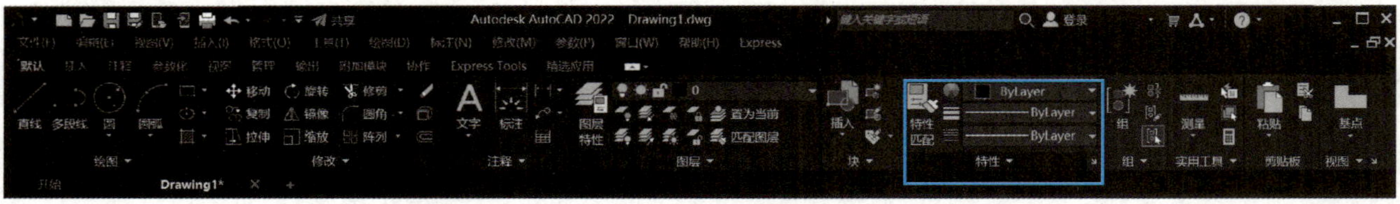

图 1–65　“特性”面板

注意：

绘制的每个对象都具有特性。某些特性是基本特性，大多数对象都有，如图层、颜色、线型和打印样式。有些特性是某些对象特有的，例如，圆的半径和面积、线段的长度和角度。

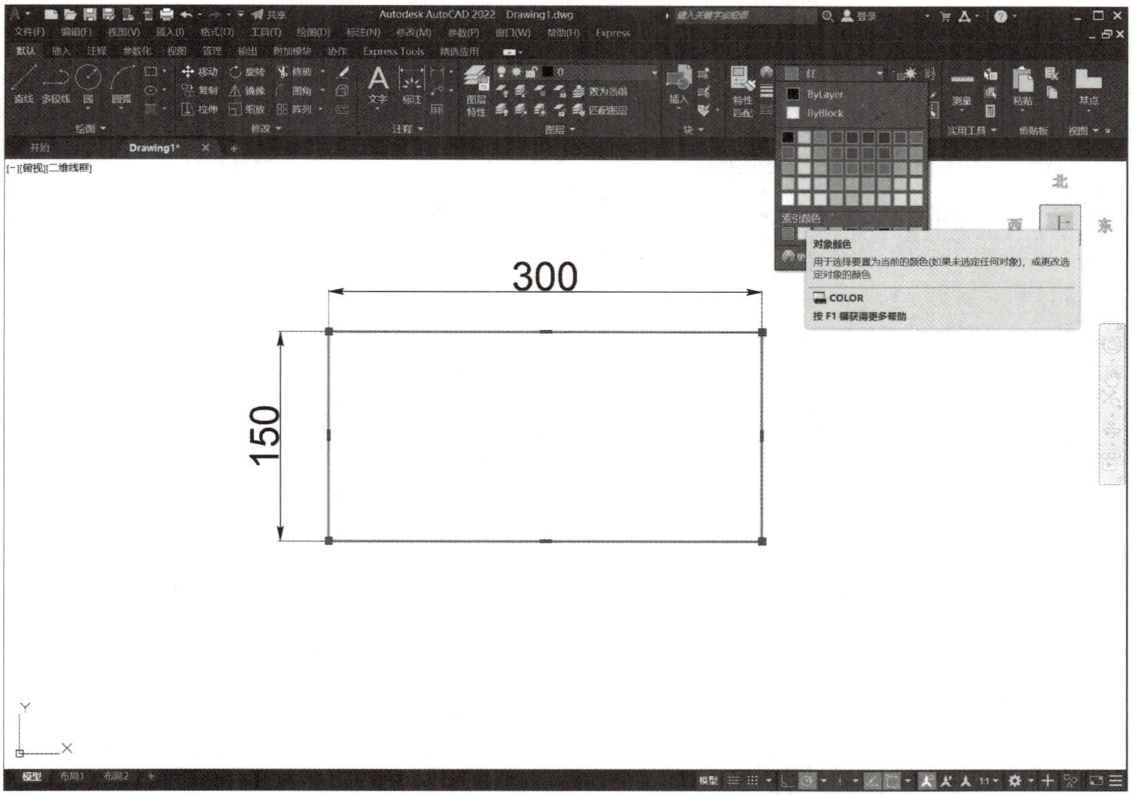

图 1-66　选择“红色”选项

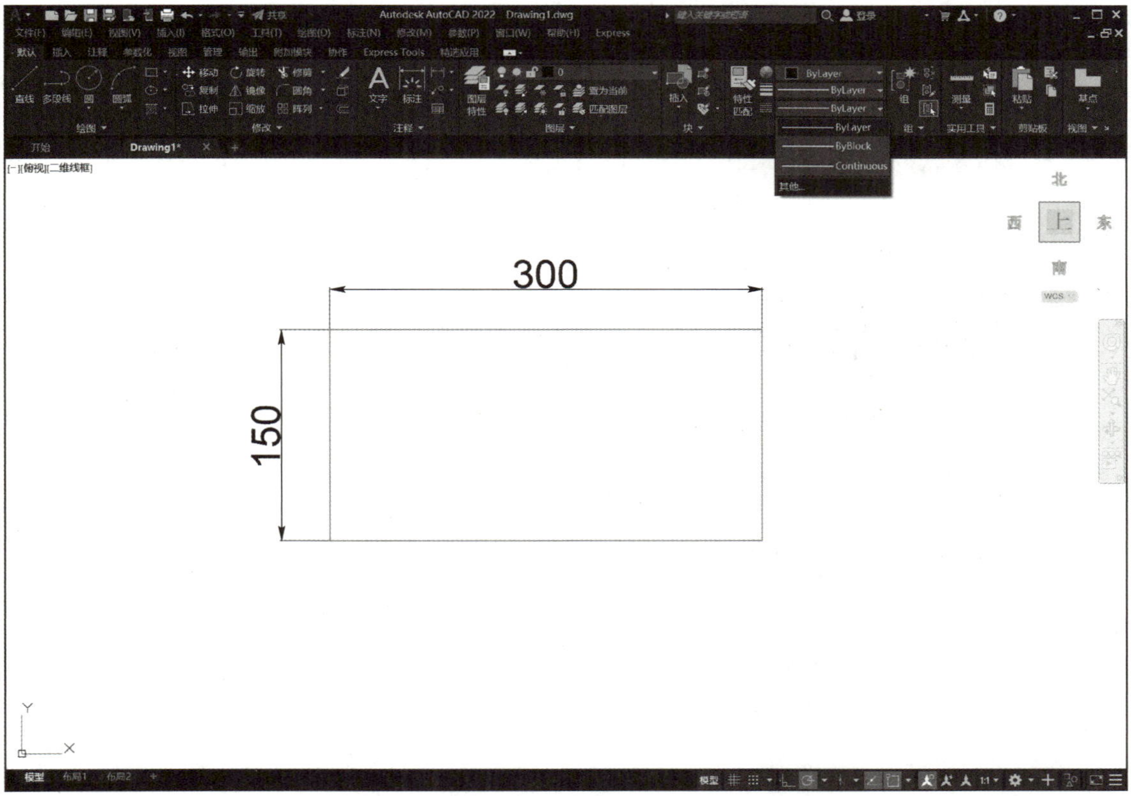

图 1-67　单击“线型”按钮

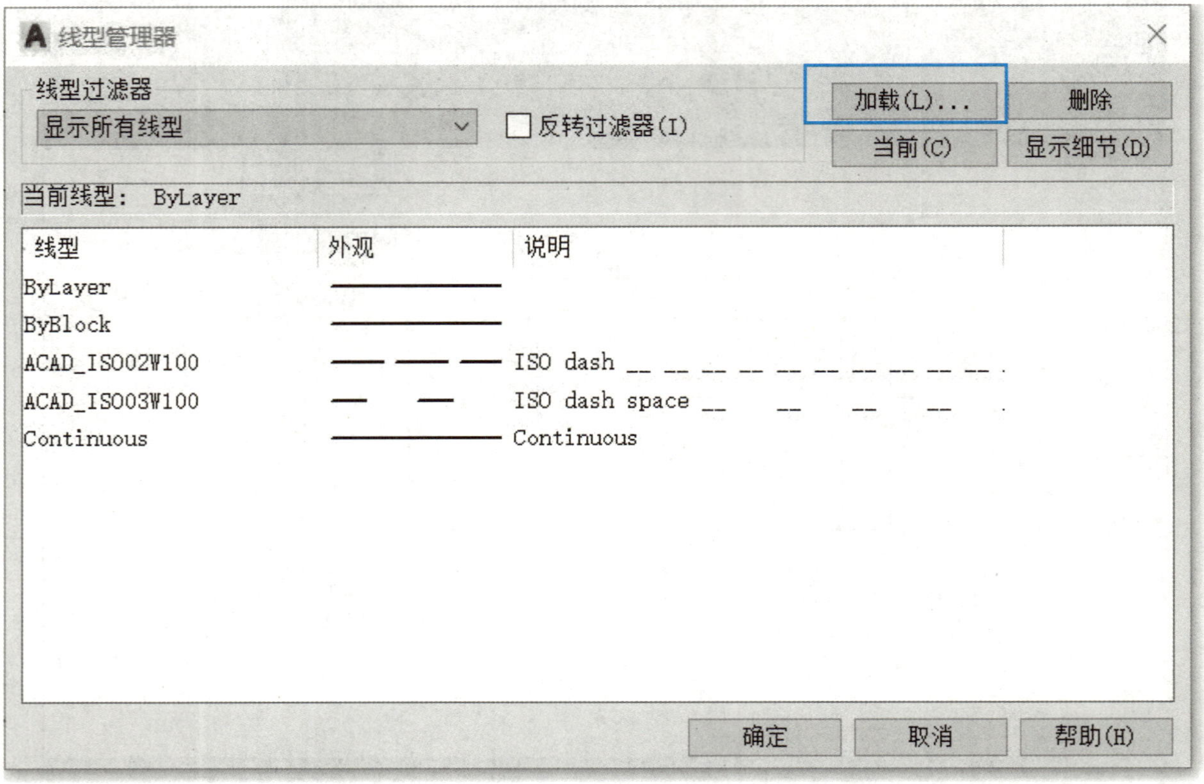

图 1-68　单击“加载”按钮

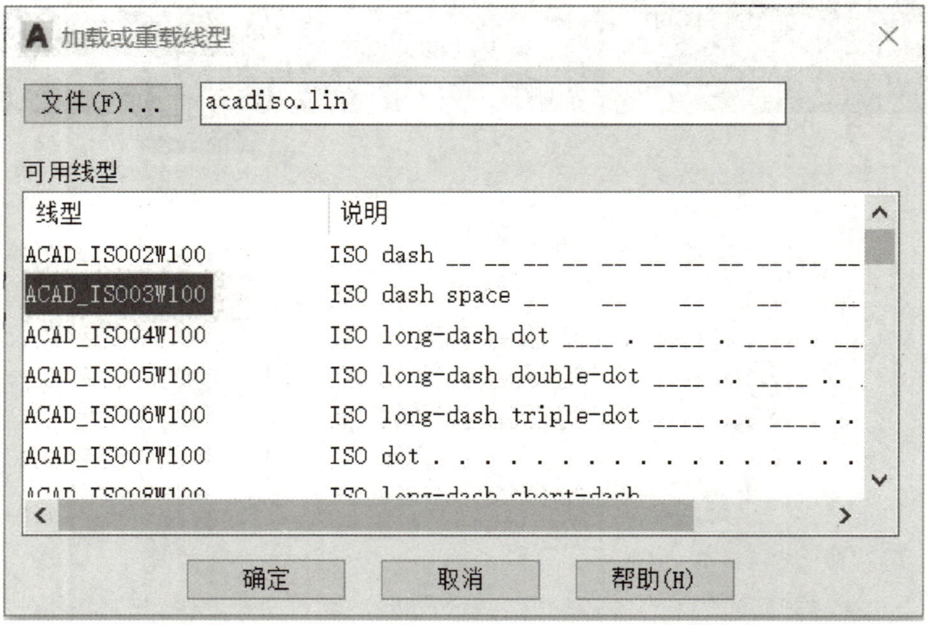

图 1-69　选择“ACAD_ISO03W100”线型

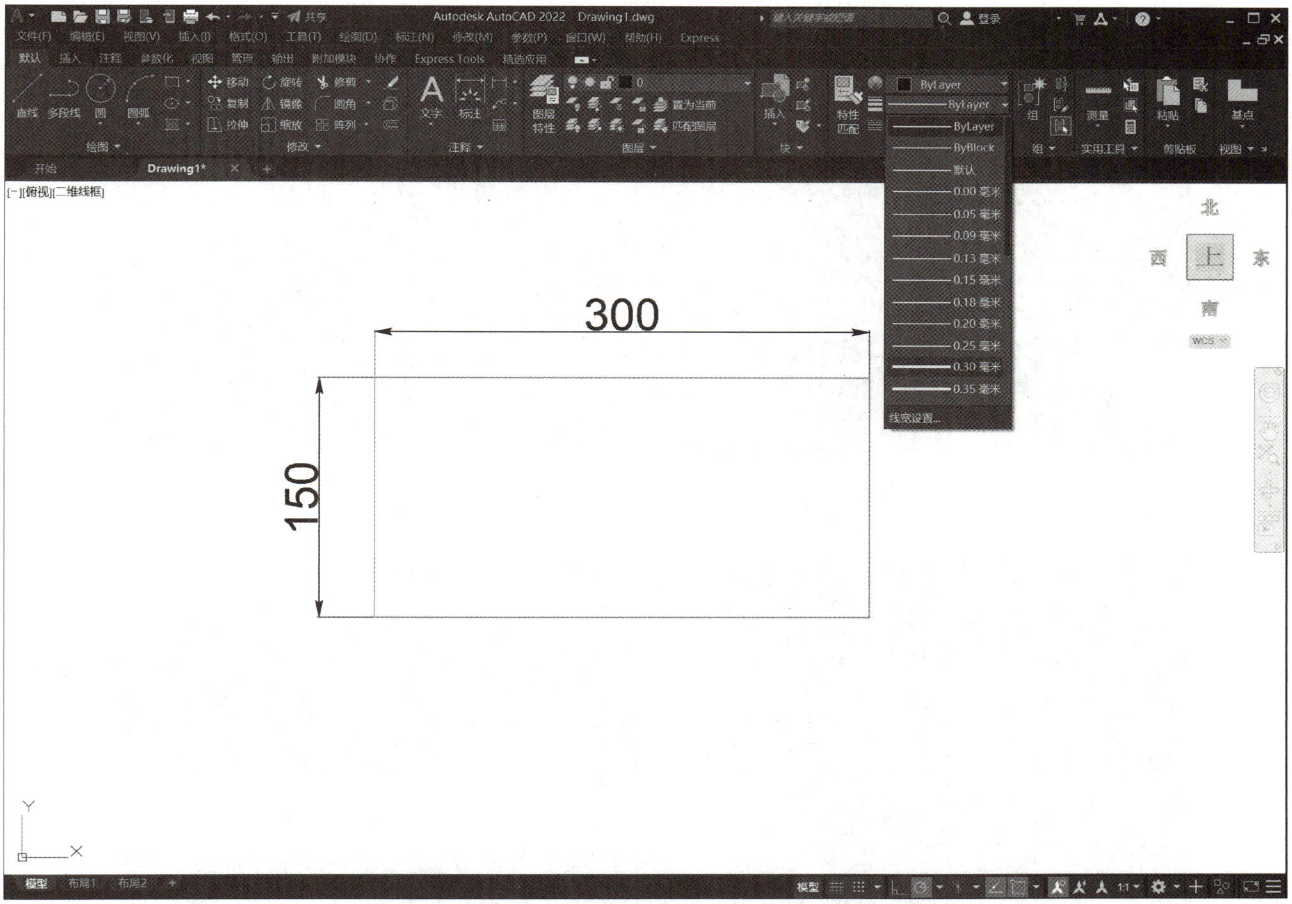

图 1-70　选择“线宽”

子任务2　建立并设置图层样式

新学命令：

LA

命令简介：

LA 是图层管理器的快捷命令，其主要用于建立自定义的图形图层并指定各图层的颜色与线型特性。

具体步骤如下：

（1）在绘图区域，输入 LA 命令，在图层界面中，单击“创建图层”按钮，双击图层名称将其重命名为轴线，如图 1-71 所示。

（2）单击“轴线”图层中的“颜色”选项，在打开的“选择颜色”对话框中设置轴线的颜色为红色，如图 1-72 所示。

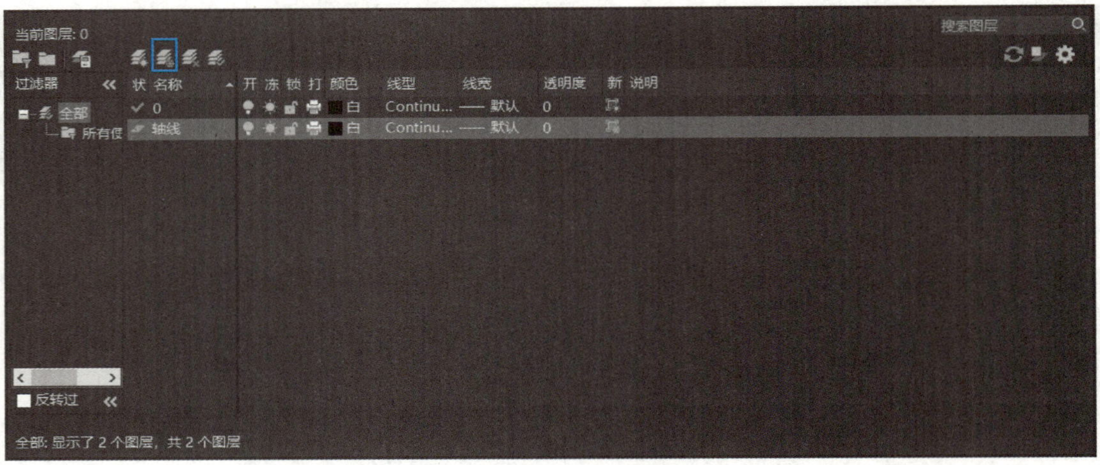

图 1–71　双击图层名称将其重命名为轴线

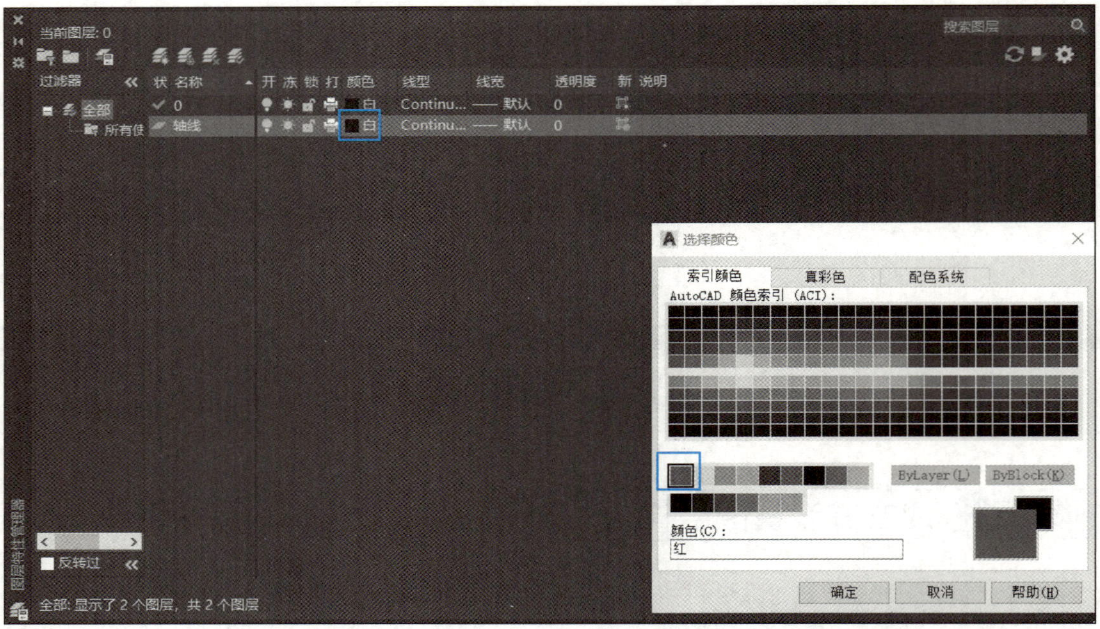

图 1–72　设置轴线的颜色为红色

（3）单击“线型”选项，打开“选择线型”对话框，单击“加载”按钮，如图 1–73 所示；打开“加载或重载线型”对话框，如图 1–74 所示，选择需要加载的 ACAD_ISO08W100 线型并确认，对选择的线型进行加载。

（4）单击“新建图层”按钮，依次新建名为“墙体”和“门窗”的图层，并进行颜色、线型、线宽的设置，如图 1–75 所示。

（5）创建“标注”图层，然后设置该图层的颜色为蓝色，线型和线宽为默认设置，如图 1–76 所示。

（6）选中“轴线”图层，单击“置为当前”按钮，将“轴线”图层设置为当前图层，如图 1–77 所示，然后关闭“图层特性管理器”。

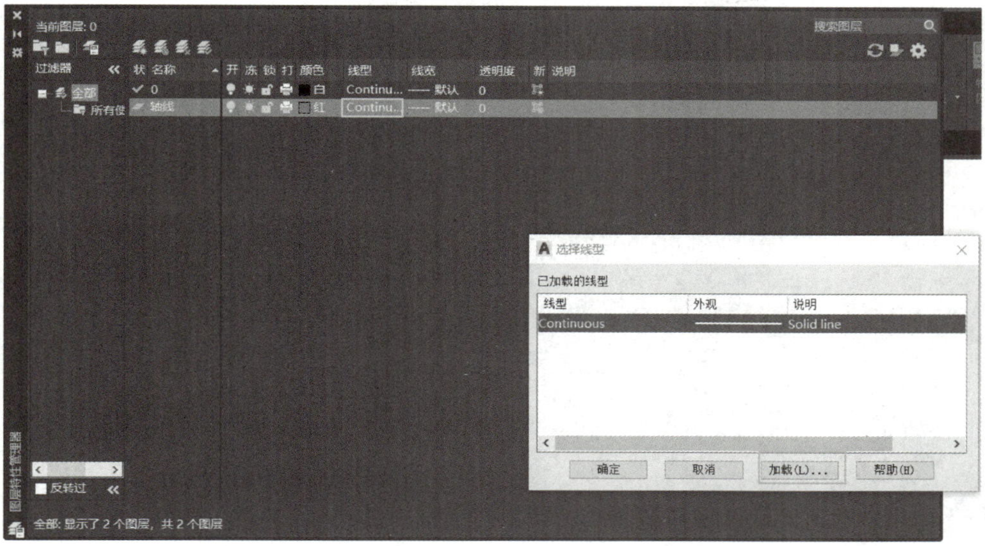

图 1-73　“选择线型”对话框

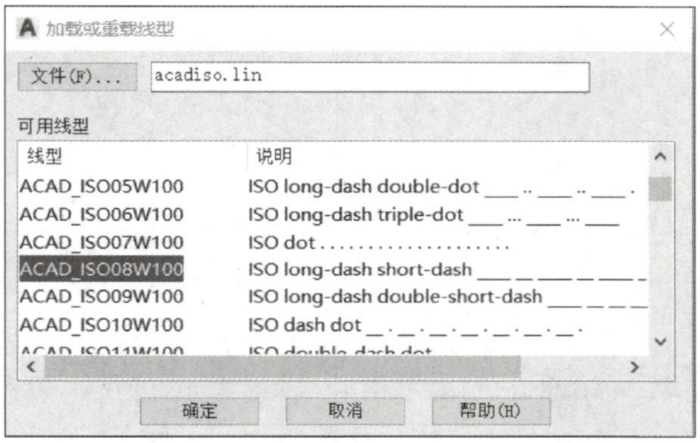

图 1-74　对选择的线型进行加载

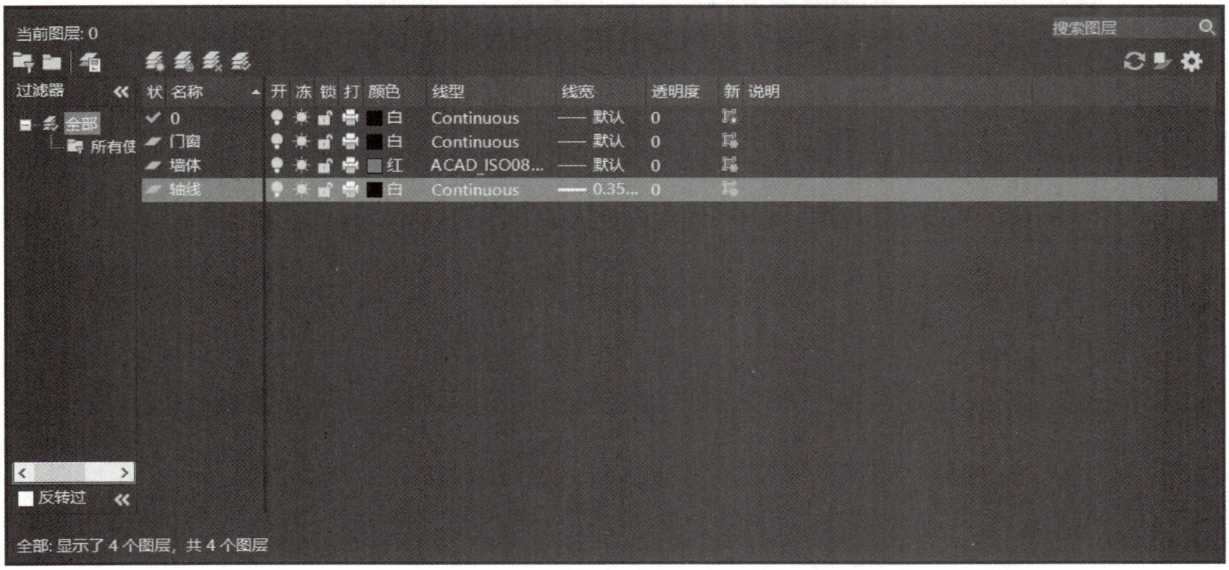

图 1-75　对“墙体”和“门窗”图层进行颜色、线型、线宽的设置

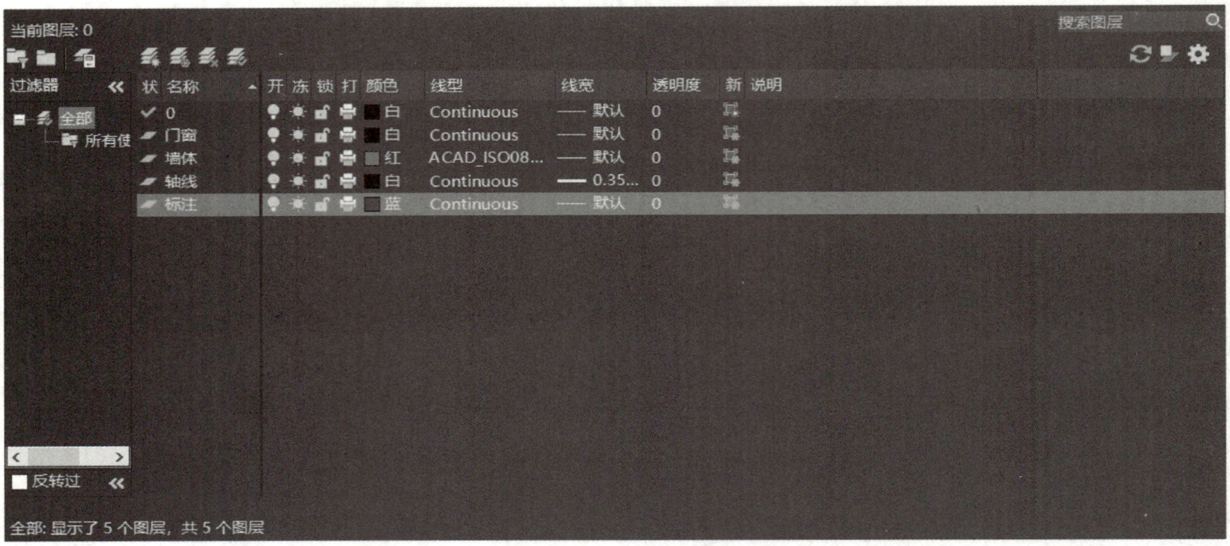

图 1-76　创建“标注”图层

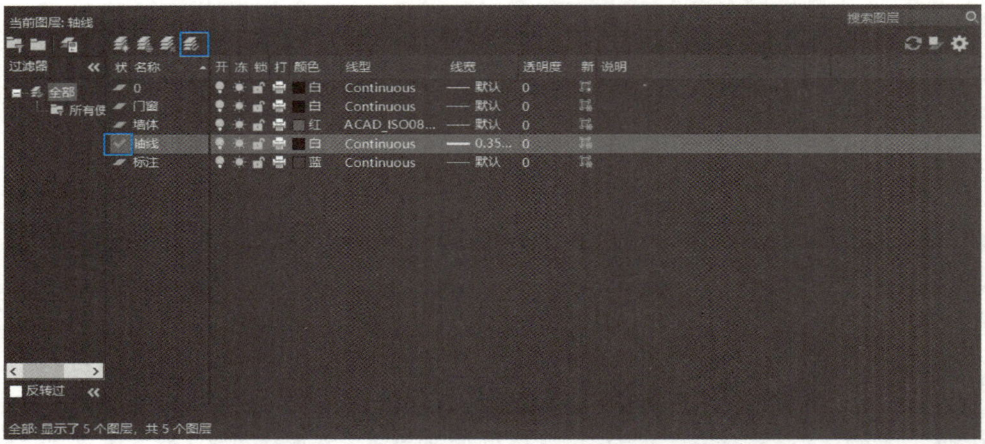

图 1-77　将“轴线”图层设置为当前图层

子任务3　设置 A3 图纸的图形界限

新学命令：

LIMITS

命令简介：

LIMITS 命令用于指定模型空间界限，也就是平时绘图用的区域的大小，如果超出这个区域将不能绘图。

具体步骤如下：

在绘图区域，输入 LIMITS 命令，如图 1-78 所示，将鼠标拖动至绘图区域的左下角后单击左下角空白区域，接着拖动鼠标至右上角，并输入“420,297”，如图 1-79 所示，这样就在 AutoCAD 中设置了一个 A3 图纸大小的页面。

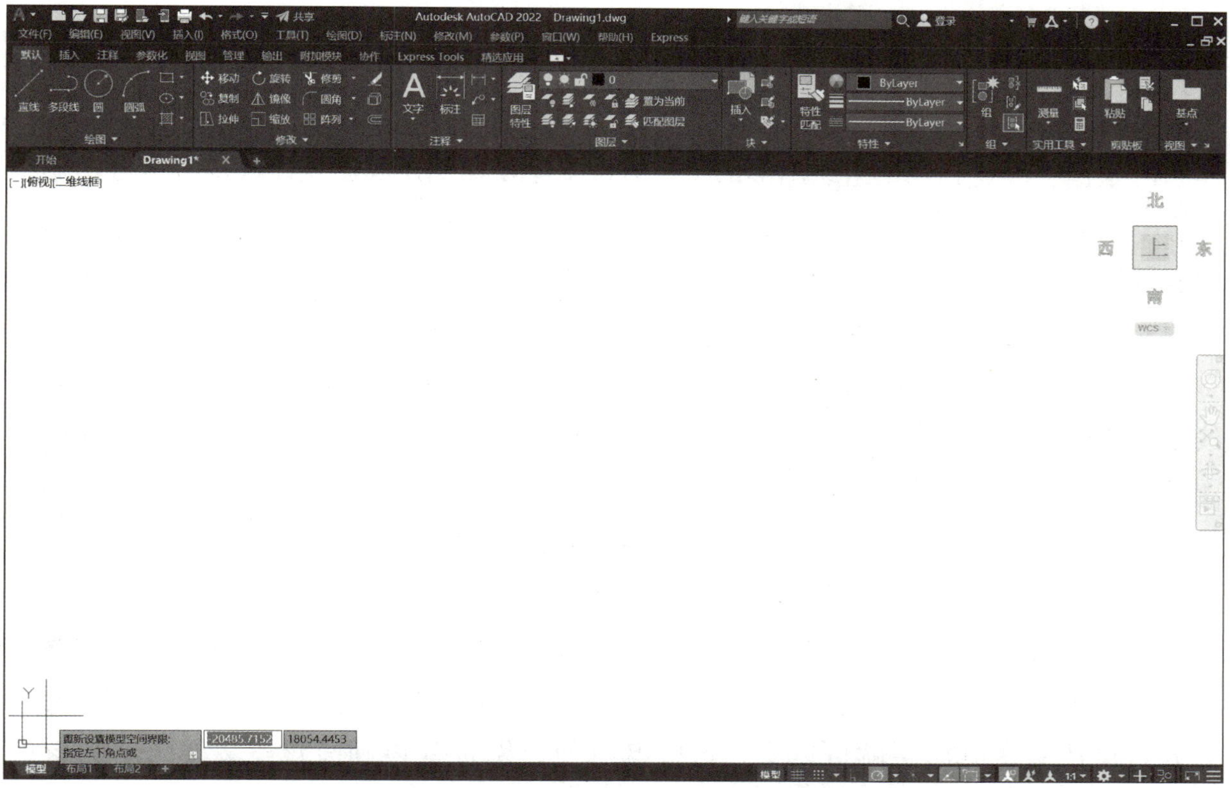

图 1-78　在绘图区域输入 LIMITS 命令

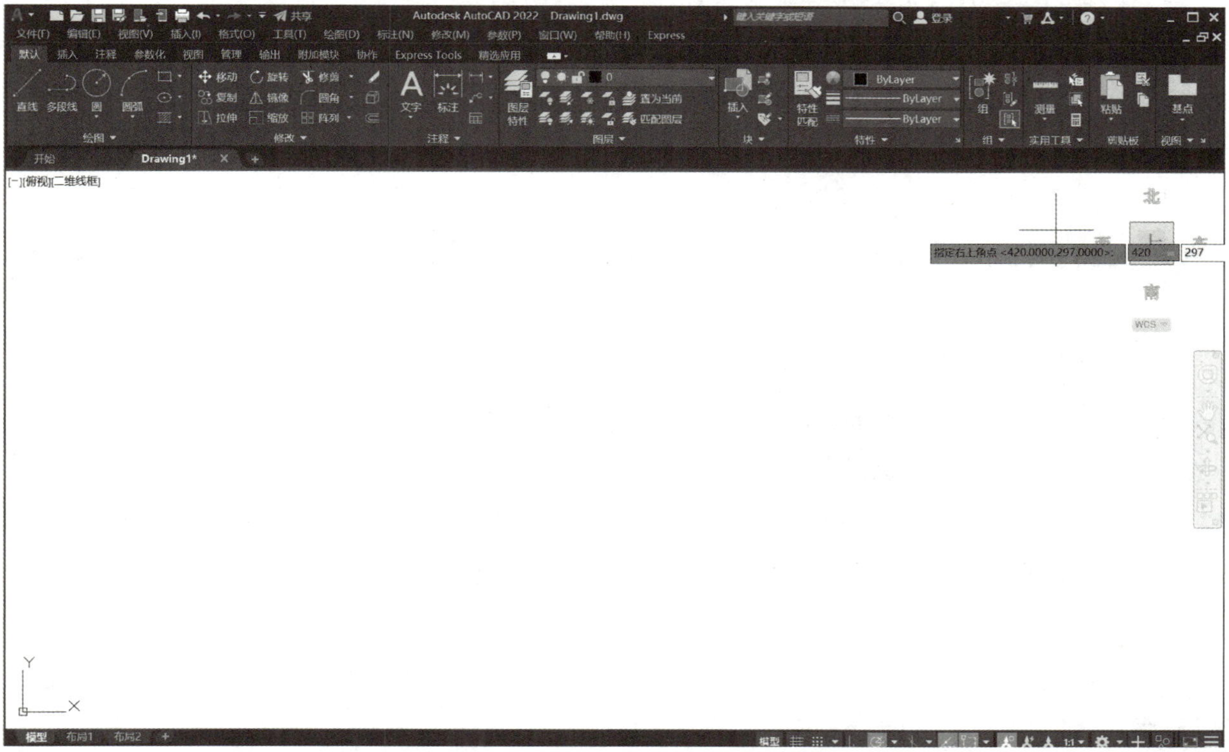

图 1-79　拖动鼠标至右上角输入“420，297”

背景知识

1. 图层

利用颜色、线宽和线型组织图形的最好方法就是使用图层。图层能够提供区分图形中各种各样不同成分的强大功能。例如，在建筑制图中，常见的图层有墙、门、窗户、管道、电路、固定标志、建筑元素、注解（文字）、标注等。在机械制图中可能使用中心线、隐藏线、填充图案、对象以及标题块等图层。

确定一个图形对象，除了必须给出它的几何数据（如确定位置和形状等），还要确定它的线型、线宽、颜色和状态等非几何数据，AutoCAD 2022 称图形所具有的这些非几何数据为图形的属性。为了根据图形的相关属性对图形进行分类，将具有相同属性的图形对象分在同一组，AutoCAD 引入了“图层”的概念，也就是把线型、线宽、颜色和状态等属性相同的图形对象放进同一个图层，便于用户对 CAD 图形进行管理。

引入“图层”概念之后，只要事先指定每个图层的线型、线宽、颜色和状态等属性，使具有与之相同属性的图形对象都放到该图层上。在绘制图形时，只需要指定每个图形对象的几何数据和其所在的图层就可以了。这样既可使绘图过程得到简化，又便于对图形进行管理。

图层的应用使用户在组织图形时拥有极大的灵活性和可控性。组织图形时，最重要的一步就是要规划好图层的结构。例如，图形的哪些部分放置在哪一个图层，总共需设置多少个图层，每个图层的命名、线型、线宽与颜色等属性如何设置。图层能够提供的组织图形的方法如下。

（1）为绘图仪中不同的画笔指定不同的颜色，从而以各种各样的颜色和线宽输出图形。

（2）控制图层的可见性。使某个图层不可见可以将注意力集中在需要绘制或编辑的对象上。

（3）控制打印哪些对象。

（4）锁定某个图层，以便使处于该图层上的对象不能被编辑。

所有图形都有一个默认图层，称为图层 0，图层 0 的颜色默认设置为黑色/白色，线型为实线，线宽为默认值 0.25 mm，在 AutoCAD 2022 中，除了图层 0，还有一个 Defpoints 图层，如图 1-80 所示。在后续的项目子任务中，一般情况下，不在图层 0 上进行绘制。

2. 图形界限

在 AutoCAD 2022 中绘图界限是无穷大的，为了使绘制的图形位于打印区域，需要设置图形界限。

图形界限即绘图区域中用户定义的矩形边界，当栅格打开时，界限内部将被点覆盖。在

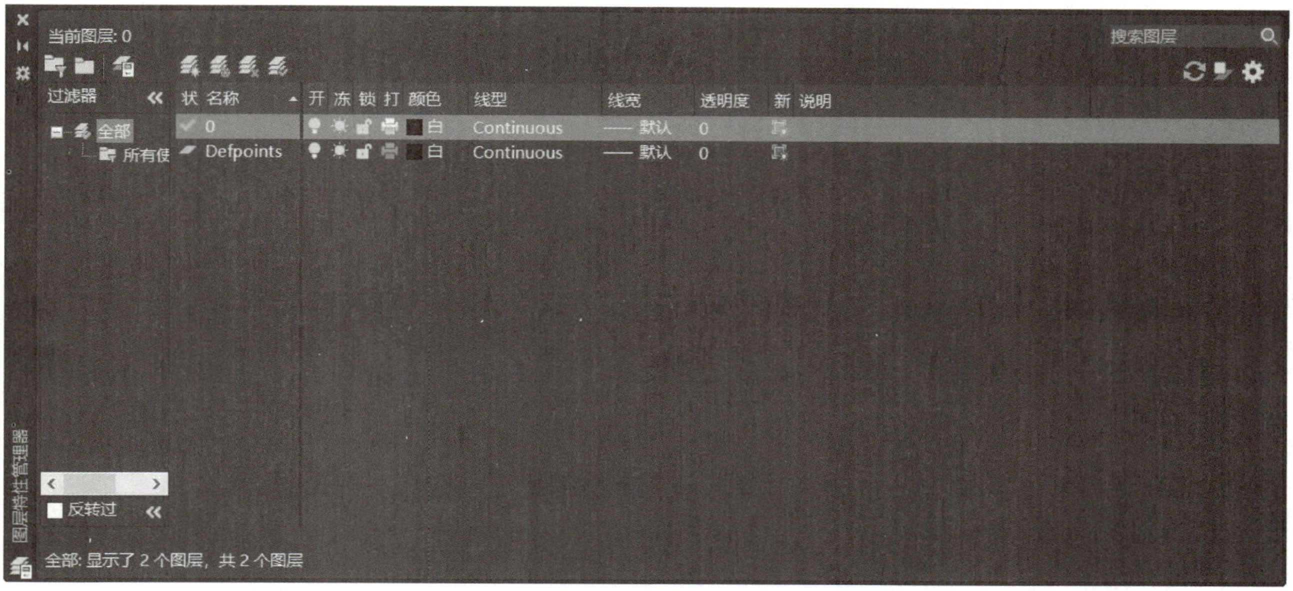

图 1-80　Defpoints 图层

AutoCAD 2022 中，通过指定绘图区域的左下角点和右上角点来确定图形界限，设置图形界限的方式如下。

（1）经典模式：选择菜单栏中的“格式”选项，在下拉菜单中选择“图形界限”命令。

（2）运行命令：LIMITS。

执行图形界限命令后，命令行提示：

指定左下角点或[开(ON)/关(OFF)]<0.0000,0.0000>：

此时可用鼠标指定绘图区域的左下角点或者用键盘输入左下角点的坐标值，默认为坐标原点。通过“开（ON)/关（OFF)”选项，可设置是否在图形界限以外指定或显示图形对象。

“开（ON)”选项：打开界限检查。当界限检查打开时，将无法输入栅格界限外的点。因为界限检查只测试输入点，所以对象（例如，圆形）的某些部分可能会延伸出栅格界限。

“关（OFF)”选项：关闭界限检查，可以在图形界限之外绘制或指定对象。

综合练习一

1. 绘制螺钉图形，效果如图 1-81 所示。

小提示：本图用到“动态输入”命令，需要开启极轴以及角度捕捉。

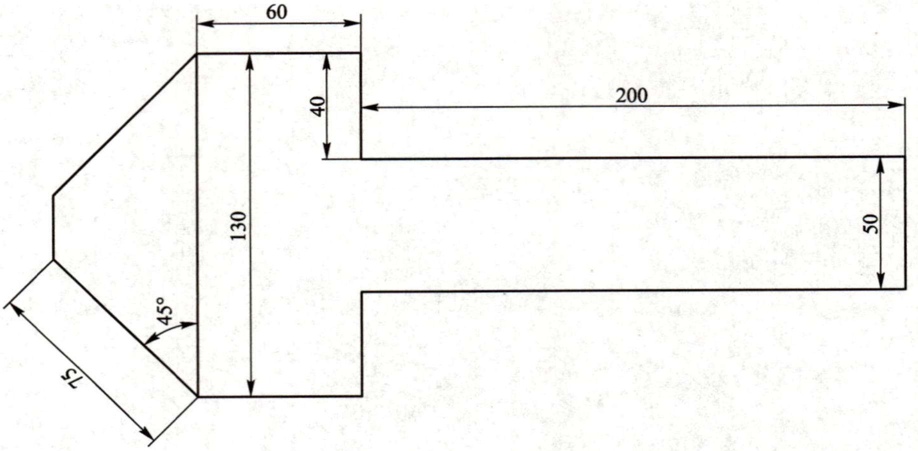

图 1-81　螺钉示例

2. 绘制射灯，效果如图 1-82 所示。

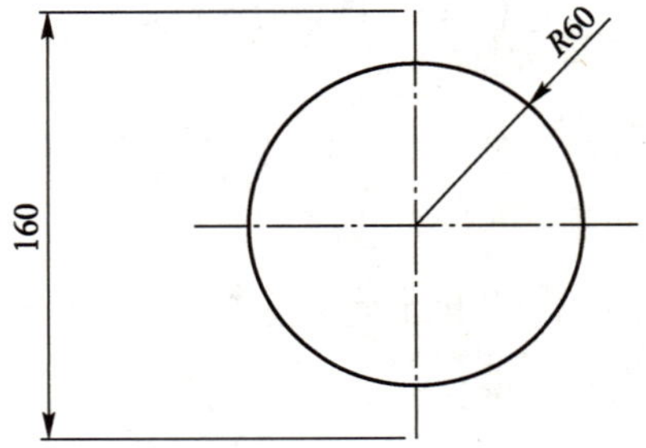

图 1-82　射灯示例

项目二　绘制我的几何世界

- 项目二 绘制我的几何世界
  - 任务一 绘制直线和圆
    - 子任务1　绘制几何题图形　绘图命令：C，L
    - 子任务2　绘制直线和圆相切　绘图命令：PO
    - 子任务3　绘制卡通小猪脸
      - 绘图命令：C(2P)，菜单命令：相切、相切、相切(A)
      - 修改命令：MI
    - 子任务4　绘制同心圆及圆的相切
      - 绘图命令：C(T)
      - 修改命令：TR
  - 任务二 绘制圆弧和矩形
    - 子任务1　绘制室内门　绘图命令：REC，A(C)
    - 子任务2　绘制水滴精灵　绘图命令：A(E，D)，H
  - 任务三 绘制多边形与修订云线
    - 子任务1　绘制蜂巢
      - 绘图命令：POL
      - 修改命令：CO，TR(F)
    - 子任务2　绘制大树　绘图命令：REVC，A(3点)，T
  - 任务四 绘制多段线
    - 子任务1　绘制交换机接口　绘图命令：PL
    - 子任务2　绘制一枝花　绘图命令：PL(W)
  - 任务五 绘制点与等分命令
    - 子任务1　绘制锯片　绘图命令：DIV
    - 子任务2　绘制校园操场中学生排队间距I　绘图命令：PE，ME
  - 任务六 绘制圆环
    - 子任务　绘制六环标志　绘图命令：DO
  - 任务七 绘制样条曲线
    - 子任务　绘制雨伞
      - 绘图命令：SPL
      - 修改命令：O
      - 其他命令：DDPTYPE，LW
  - 任务八 绘制椭圆和椭圆弧、构造线
    - 子任务　绘制洗手盆　绘图命令：EL，XL
  - 任务九 绘制多线
    - 子任务　绘制室内平面图
      - 绘图命令：ML
      - 其他命令：D，Q，MLSTYLE，MLEDIT

学习目标

（1）了解基本的几何概念。

（2）掌握绘图命令并熟悉应用场合。

（3）掌握部分修改命令并熟悉应用场合。

任务一　绘制直线和圆

任务要点

（1）掌握直线和圆等绘图命令。

（2）绘制直线和圆。

子任务1　绘制几何题图形

绘制说明：

如图 2-1 所示，线段 AB 为直径，值为 100，点 C、D 在圆上，AC 与 OD 交于点 E、$AE=EC$，$OE=ED$，BC 水平，$\angle ABC$ 为 60°，请绘制几何题图形。

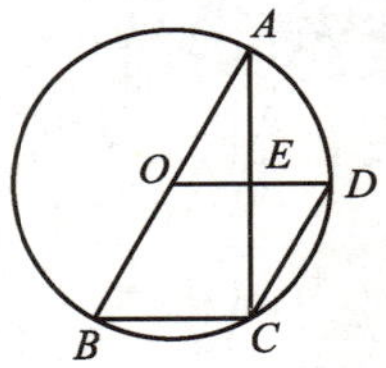

图 2-1　几何题图形

新学命令：

C、L

命令简介：

C 是 CIRCLE 的快捷命令，功能是绘制圆形，绘制方式多达 6 种，其中相切、相切、相切只有菜单命令。

L 是 LINE 的快捷命令，功能是绘制线段。

具体步骤如下：

（1）在命令框中，输入 C 命令，按空格键，在绘图区中任一点单击，输入半径 50。效果如图 2-2 所示。

（2）输入 L 命令，按空格键，绘制一条垂直的线段作为直径，并做标记点 A、B，如图 2-3 所示。

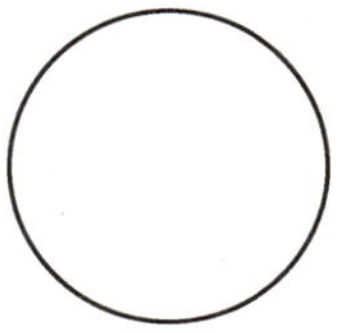

图 2-2　绘制圆形

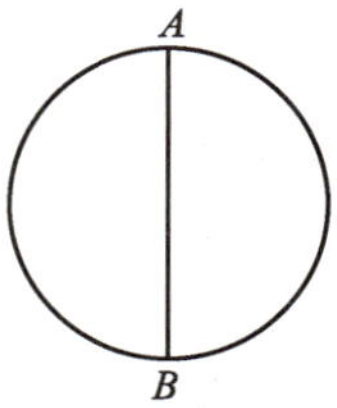

图 2-3　绘制直径

（3）选中直径 *AB* 旋转 30°操作。输入 RO 命令，按空格键，对准直径单击，基点选择圆心，输入-30，按空格键，如图 2-4 所示。

（4）输入 L 命令，按空格键，按 F8 键，进入正交限制模式，捕捉点 *A* 后单击；向下拖动鼠标，捕捉与圆的交点后单击，形成点 *C*。再次按空格键，连接 *B* 点和 *C* 点，绘制一个直角三角形，如图 2-5 所示。

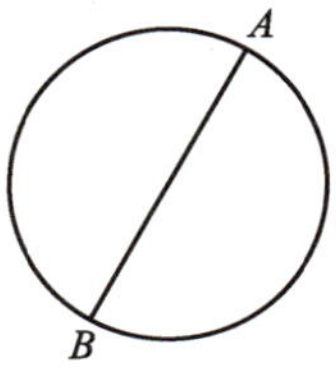

图 2-4　旋转直径

（5）输入 L 命令，按空格键，绘制直线，选择圆心 *O* 为第一个点，向右延伸，捕捉与圆的交点 *D* 后单击；再次按 F8 键，取消正交限制模式，捕捉点 *C*，并单击，绘制出平行四边形 *ODCB*，如图 2-6 所示。

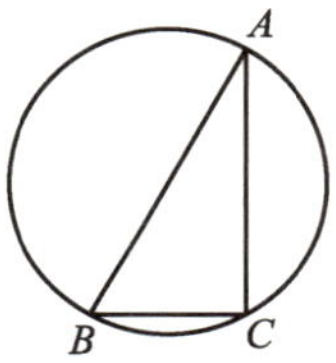

图 2-5　绘制直角三角形 *ABC*

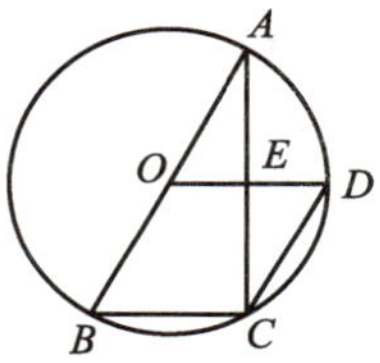

图 2-6　几何题图形

命令行提示与操作：

```
命令：C
CIRCLE
指定圆的圆心或［三点(3P)/两点(2P)/切点、切点、半径(T)］：
指定圆的半径或［直径(D)］<50.0000>：50
命令：L
LINE
指定第一个点：
指定下一点或［放弃(U)］：
指定下一点或［放弃(U)］：
RO 命令：RO
ROTATE
UCS 当前的正角方向：  ANGDIR=逆时针    ANGBASE=0
找到 1 个
指定基点：
指定旋转角度,或［复制(C)/参照(R)］<330>：  -30
命令：<正交 开>
```

命令：ROTATE
UCS 当前的正角方向：　ANGDIR=逆时针　ANGBASE=0
命令：L
LINE
指定第一个点：
指定下一点或［放弃(U)］：
指定下一点或［放弃(U)］：
指定下一点或［闭合(C)/放弃(U)］：
命令：LINE
指定第一个点：
指定下一点或［放弃(U)］：
指定下一点或［放弃(U)］：<正交 关>

注意：

在 CAD 中，规定逆时针为正，顺时针为负。故本题角 *ABC* 为 60°，实际需要顺时针旋转 30°，因此输入“-30”，请考虑如果输入正值，可以输入多少度呢？

子任务2　绘制直线和圆相切

绘制说明：

绘制直线和圆相切，如图 2-7 所示，圆心为 *O*，半径为 50，*A* 为圆外一点，绘制通过点 *A* 的两条切线，分别切圆于点 *B* 和点 *C*。

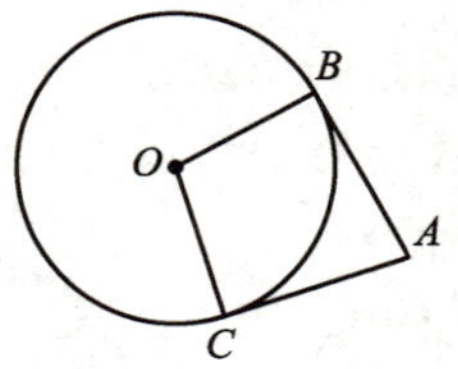

图 2-7　绘制直线和圆相切

新学命令：

PO

命令简介：

PO 是 POINT 的快捷命令，功能是绘制点。

具体步骤如下：

（1）在命令框中，输入 C 命令，按空格键，单击任一点，输入半径 50，如图 2-8 所示。

（2）输入 PO 命令，按空格键，在圆形外的适当位置单击，标记为点 *A*（要设置点样式，使 *A* 点可见，输入命令 DDPTYPE，按空格键，选择适当的点样式）。

（3）输入 L 命令，按空格键，捕捉点 *A* 后单击，捕捉切点 *B* 后单击。

（4）按空格键（重复 L 命令），单击点 *A*，捕捉切点 *C* 后单击。效果如图 2-9 所示。

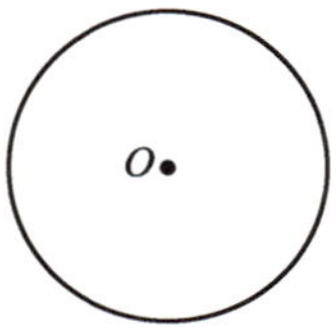

图 2-8　绘制圆形

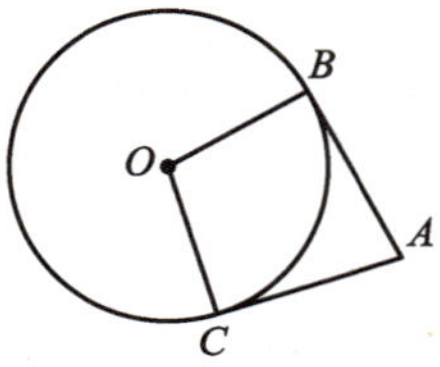

图 2-9　绘制直线 *AB* 和 *AC*

（5）按空格键（重复 L 命令），单击点 *O*，捕捉点 *B* 后单击。

（6）按空格键（重复 L 命令），单击点 *O*，捕捉点 *C* 后单击。效果如图 2-7 所示。

注意：

捕捉点 *B* 时，要提前设置好能捕捉切点。输入 DS 命令，在弹出的“草图设置”对话框中单击“对象捕捉”选项卡，单击“全部选择”按钮，如图 2-10 所示。

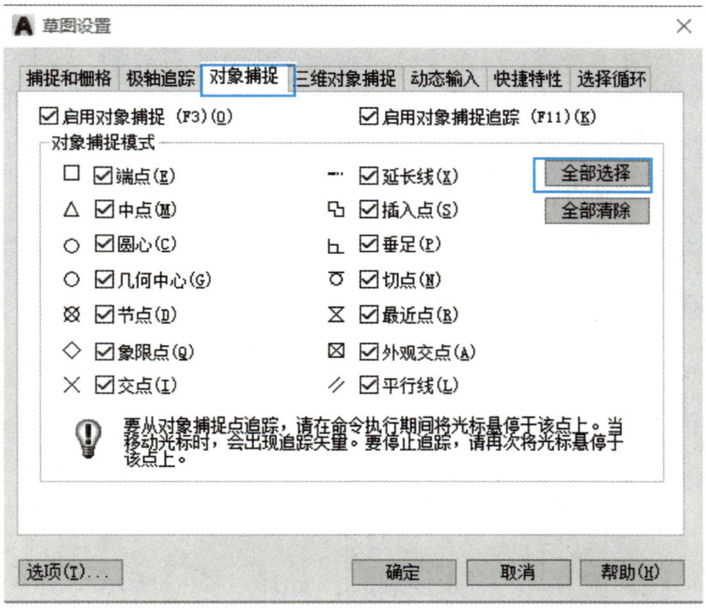

图 2-10　“对象捕捉”设置

命令行提示与操作：

命令：C
CIRCLE
指定圆的圆心或［三点(3P)/两点(2P)/切点、切点、半径(T)］：
指定圆的半径或［直径(D)］<50.0000>：50

```
命令：DDPTYPE                              //设置点样式
PTYPE 正在重生成模型。
正在重生成模型。
命令：PO
POINT
当前点模式：  PDMODE=35   PDSIZE=0.0000
指定点：
命令：L
LINE
指定第一个点：
指定下一点或［放弃(U)］：                  //单击点 A
指定下一点或［放弃(U)］：                  //在直线和圆大概相切的地方捕捉切点 B
命令：  LINE
指定第一个点：
指定下一点或［放弃(U)］：                  //单击点 A
指定下一点或［放弃(U)］：                  //捕捉点 C,在直线和圆大概相切的地方捕捉切点 C
LINE
指定第一个点：
指定下一点或［放弃(U)］：                  //单击点 O
指定下一点或［放弃(U)］：                  //捕捉点 B 后单击
命令：  LINE
指定第一个点：
指定下一点或［放弃(U)］：                  //单击点 O
指定下一点或［放弃(U)］：                  //捕捉点 C 后单击
```

子任务3　绘制卡通小猪脸

绘制说明：

绘制一个卡通小猪脸。它由 6 个圆形组成，如图 2-11 所示，其中，4 个圆形（除鼻孔外）之间均相切，半径分别是 5、15、25，线径为直径。具体尺寸标注如图 2-12 所示。

新学命令：

C（2*P*），MI，相切、相切、相切（A）

命令简介：

C 是 CIRCLE 的快捷命令，功能是绘制圆形，参数 2*P* 是指通过直径的两个端点绘制圆形。

MI 是 MIRROR 的快捷命令，功能是以镜像线为轴对称镜像相同的对象。

相切、相切、相切（A）是菜单命令，此种绘制圆形技巧，只有菜单命令，没有快捷命令。

图 2-11　卡通小猪脸

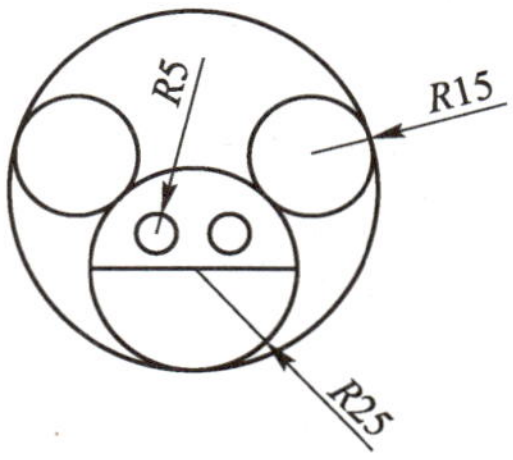

图 2-12　卡通小猪脸的尺寸标注

具体步骤如下：

（1）在命令框中，输入 C 命令，按空格键，单击任一点，输入半径 25。效果如图 2-13 所示。

（2）输入 L 命令，按空格键，捕捉圆心后单击，捕捉上象限点后单击，并做标记点 *O*、*A*。效果如图 2-14 所示。

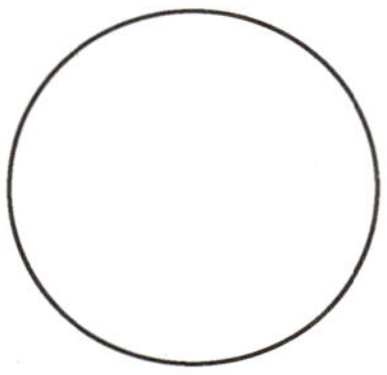

图 2-13　绘制圆形

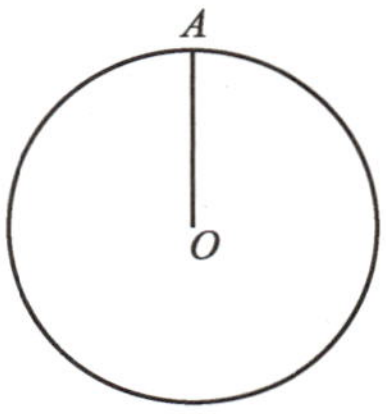

图 2-14　绘制半径 *OA*

（3）输入 RO 命令，按空格键，对准半径 *OA* 后单击，按空格键，捕捉圆心作为基点后单击，输入 45°，按空格键，做标记点 *B*。效果如图 2-15 所示。

（4）输入 C 命令，按空格键，输入参数 2P，捕捉点 *B* 作为直径的第一个端点后单击，直径沿头 *OB* 方向（显示 135°时），输入 30，按空格键。效果如图 2-16 所示。

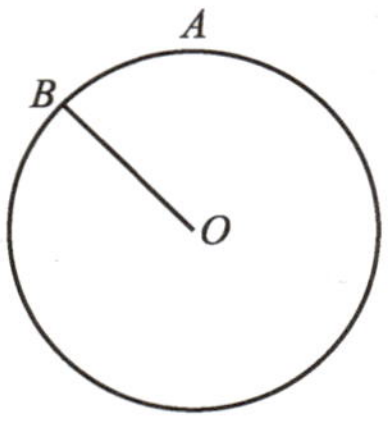

图 2-15　旋转半径 *OA* 为 *OB*

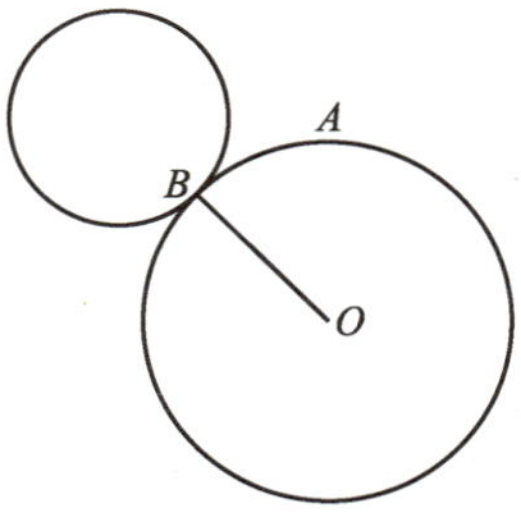

图 2-16　绘制切点 *B* 的圆形

（5）输入 C 命令，按空格键，捕捉半径 *OB* 的中点作为圆心，输入 5，按空格键。效果如图 2-17 所示。

（6）输入 MI 命令，按空格键，选中半径为 5 和 15 的两个圆形，按空格键，分别捕捉圆心 *O* 和点 *A* 作为镜像线的第一点和第二点，按空格键。效果如图 2-18 所示。

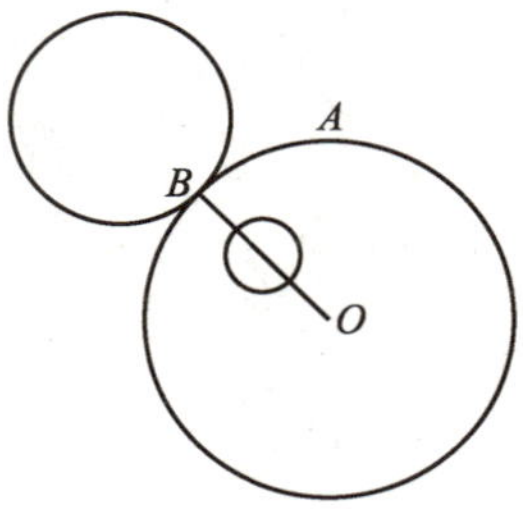

图 2-17　绘制过半径 *OB* 中点的圆形

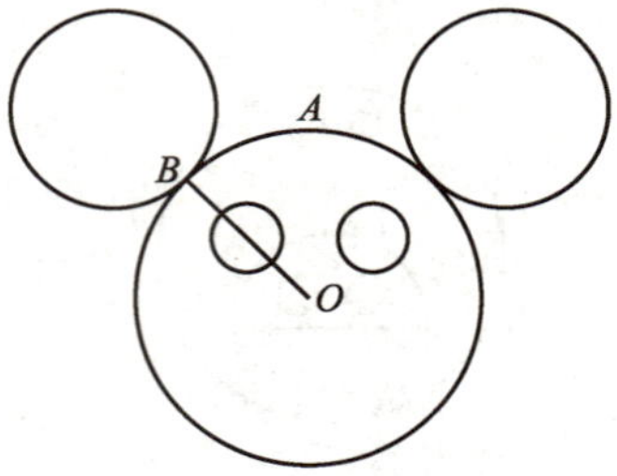

图 2-18　镜像圆形

（7）选择“绘图”→“圆”→“相切、相切、相切（A）”命令，分别捕捉三个圆的外部切线，删除标记和半径 *OB*，最终效果如图 2-11 所示。

子任务4　绘制同心圆及圆的相切

绘制说明：

绘制 3 个圆形，2 个圆弧（通过绘制圆形后修剪绘制），一个线段，如图 2-19 所示。圆心 O_1 和圆心 O_2 在同一水平线上，相距 50，圆心 O_3 和圆心 O_2 垂直相距 40，水平相距 23。上面弧线（圆修剪后的弧线）所在圆分别相切圆 O_1、圆 O_2 于点 *A*、*B*，下面弧线（圆修剪后的弧线）所在圆分别相切圆 O_1、圆 O_2、圆 O_3 于点 *E*、*F*、*G*，直线 *CD* 相切圆 O_3 于点 *D*，点 *C* 在圆 O_2 右侧象限点附近。具体尺寸标注如图 2-20 所示。

新学命令：

C(*T*)、TR

命令简介：

C 是 CIRCLE 的快捷命令，功能是绘制圆形，参数 *T* 是指通过相切、相切、半径绘制圆形。

TR 是 TRIM 的快捷命令，功能是修剪图形。

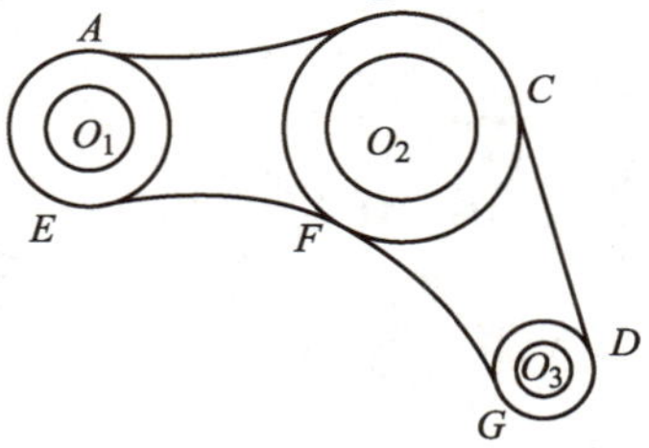

图 2-19　弧切圆

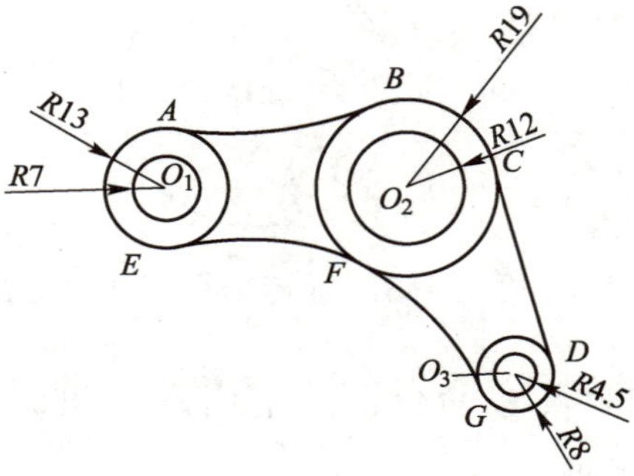

图 2-20　弧切圆的尺寸标注

具体步骤如下：

（1）在命令框中，输入 C 命令，按空格键，在绘制区单击任一点，标记为圆心 O_1，输入 7，按空格键，捕捉圆心 O_1，输入 13。效果如图 2-21 所示。

（2）输入 L 命令，按 F8 键，向右移动鼠标，输入 50，按空格键，标记为圆心 O_2，向下移动鼠标，输入 40，按空格键，再向右移动鼠标，输入 23，按空格键，标记为圆心 O_3。效果如图 2-22 所示。

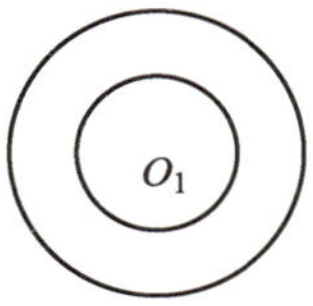

图 2-21　绘制同心圆 O_1

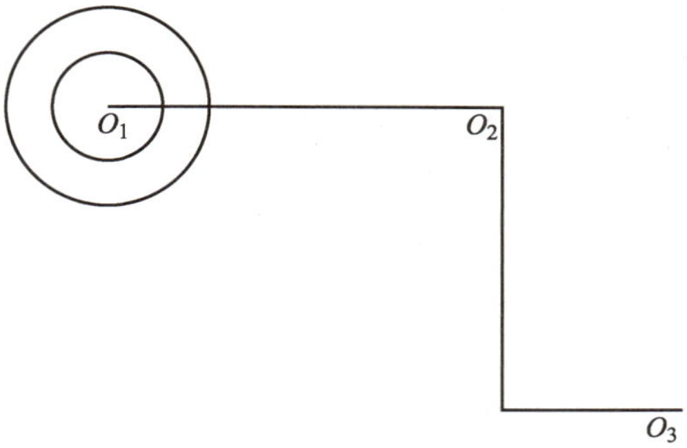

图 2-22　绘制直线

（3）输入 C 命令，按空格键，再捕捉圆心 O_2，输入 12，按空格键，再次捕捉圆心 O_2，输入 19；按空格键，重复使用圆命令，捕捉圆心 O_3，输入 4.5，按空格键，再次捕捉圆心 O_3，输入 8，并标记点 A、B、C、D、E、F、G。效果如图 2-23 所示。

（4）输入 C 命令，输入 T（选择切点、切点、半径命令）绘制圆形，捕捉圆 O_1 上切点 A 后单击，捕捉圆 O_2 上切点 B 后单击，半径输入 80；输入 L 命令，捕捉圆 O_2 上点 C（在圆 O_2 右侧象限点附近）后单击，捕捉圆 O_3 上切点 D 后单击；选择“绘图”→“圆”→“相切、相切、相切（A）”命令，捕捉圆 O_1 上切点 E 后单击，捕捉圆 O_2 切点 F 后单击，捕捉圆 O_2 切点 G，并标记 H、J。效果如图 2-24 所示。

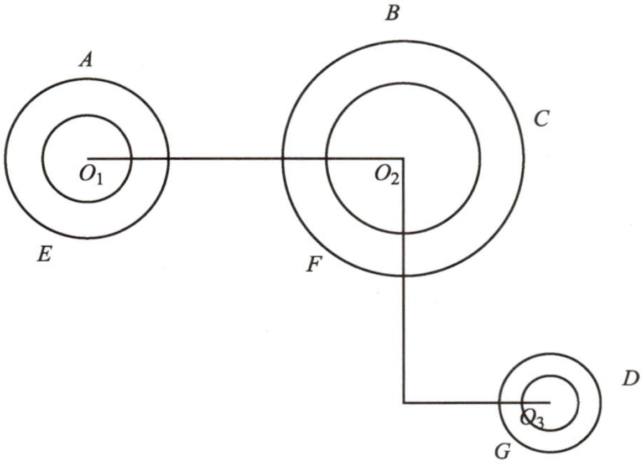

图 2-23　绘制同心圆 O_2 和 O_3

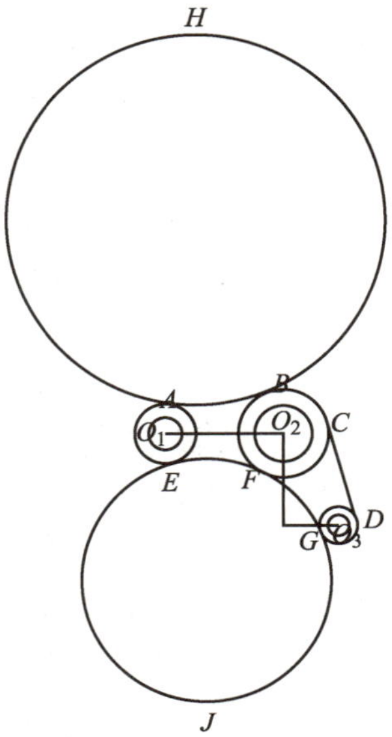

图 2-24　绘制相切圆

（5）删除所有标记，输入 TR，连续按两次空格键，选择要修剪的对象弧 *AHB* 后单击，选择弧 *EJG* 后单击。效果如图 2-19 所示。

命令行提示与操作：

命令：C
CIRCLE
指定圆的圆心或［三点(3P)/两点(2P)/切点、切点、半径(T)］：
指定圆的半径或［直径(D)］：7
CIRCLE
指定圆的圆心或［三点(3P)/两点(2P)/切点、切点、半径(T)］：
指定圆的半径或［直径(D)］：13
命令：L
LINE
指定第一个点：
指定下一点或［放弃(U)］： <正交 开> 50
指定下一点或［放弃(U)］：40
指定下一点或［闭合(C)/放弃(U)］：23
指定下一点或［闭合(C)/放弃(U)］：
命令：C
CIRCLE
指定圆的圆心或［三点(3P)/两点(2P)/切点、切点、半径(T)］：
指定圆的半径或［直径(D)］<13.0000>：12
命令： CIRCLE
指定圆的圆心或［三点(3P)/两点(2P)/切点、切点、半径(T)］：
指定圆的半径或［直径(D)］<12.0000>：19
命令：CIRCLE
指定圆的圆心或［三点(3P)/两点(2P)/切点、切点、半径(T)］：
指定圆的半径或［直径(D)］<19.0000>：4.5
命令： CIRCLE
指定圆的圆心或［三点(3P)/两点(2P)/切点、切点、半径(T)］：
指定圆的半径或［直径(D)］<4.5000>：8
命令：C
CIRCLE
指定圆的圆心或［三点(3P)/两点(2P)/切点、切点、半径(T)］：T
指定对象与圆的第一个切点：
指定对象与圆的第二个切点：
指定圆的半径<8.0000>：80
命令：L
LINE
指定第一个点：

```
指定下一点或［放弃(U)］:
指定下一点或［放弃(U)］:
命令：TR
TRIM
当前设置:投影=UCS,边=无
选择剪切边...
选择对象或<全部选择>:
选择要修剪的对象,或按住 Shift 键选择要延伸的对象,或
［栏选(F)/窗交(C)/投影(P)/边(E)/删除(R)/放弃(U)］:
选择要修剪的对象,或按住 Shift 键选择要延伸的对象,或
［栏选(F)/窗交(C)/投影(P)/边(E)/删除(R)/放弃(U)］:
```

任务二　绘制圆弧和矩形

任务要点

（1）掌握矩形、圆弧绘图命令。

（2）掌握绘制室内门的技巧。

（3）掌握绘制水滴精灵的技巧。

子任务1　绘制室内门

绘制说明：

绘制一扇门，如图 2-25 所示。左侧为矩形，尺寸大小为 30×1 000，右侧为圆弧（1/4 圆），半径为 1 000，圆心与矩形左下角重合。具体尺寸标注如图 2-26 所示。

新学命令：

REC、A(C)

命令简介：

REC 是 RECTANG 的快捷命令，功能是绘制矩形，方法和参数较多，都很常用。

A 是 ARC 的快捷命令，功能是绘制圆弧，方法和参数较多，都很常用。

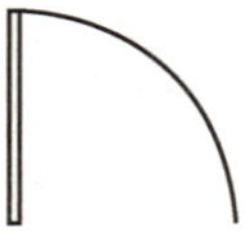

图 2-25　室内门

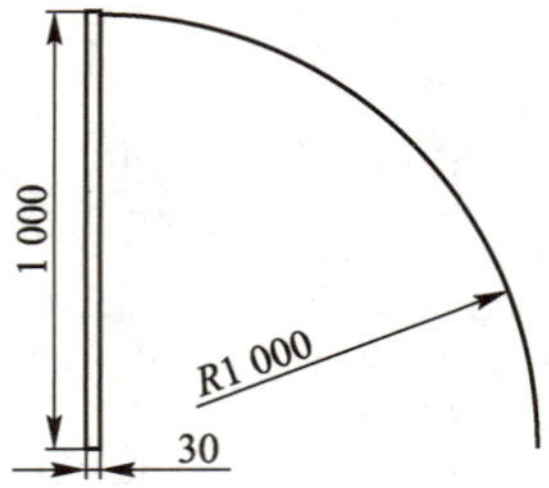

图 2-26　室内门的尺寸标注

具体步骤如下：

（1）在命令框中，输入 REC 命令，在绘图区中单击任一点，然后输入 30，按 Tab 键，继续输入 1 000。效果如图 2-27 所示。

图 2-27　绘制矩形

（2）输入 A 命令，圆弧起点捕捉矩形左上角，输入参数 *C*，选择左下角点为圆心，按住 Ctrl 键，进行逆向绘制至 0°后单击。效果如图 2-25 所示。

命令行提示与操作：

```
命令：REC
RECTANG
指定第一个角点或［倒角(C)/标高(E)/圆角(F)/厚度(T)/宽度(W)］：
指定另一个角点或［面积(A)/尺寸(D)/旋转(R)］：@30,1000

命令：A
ARC
指定圆弧的起点或［圆心(C)］：                    //起点选中矩形左上角
指定圆弧的第二个点或［圆心(C)/端点(E)］：C
指定圆弧的端点：                                 //圆心捕捉矩形左下角
指定圆弧的中心点(按住 Ctrl 键以切换方向)或［角度(A)/方向(D)/半径(R)］：
```

子任务2　绘制水滴精灵

绘制说明：

绘制一个水滴精灵，如图 2-28 所示。由 3 个半圆弧和 1 个小圆组成，大外圆弧半径为 50，中圆弧半径为 25，小圆半径为 6.25。具体尺寸标注如图 2-29 所示。

新学命令：

A(E,D)、H

命令简介：

A 是 ARC 的快捷命令，功能是绘制圆弧，本子任务是通过参数 *E*、*D* 完成圆弧绘制。

H 是 HATCH 的快捷命令，功能是图案填充。

图 2-28　水滴精灵

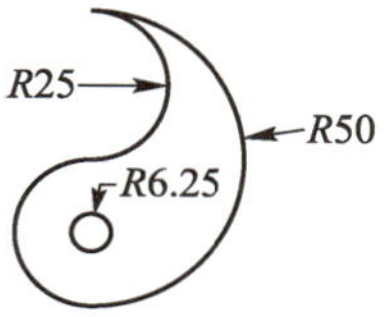

图 2-29　水滴精灵的尺寸标注

具体步骤如下：

（1）在命令框中，输入 L 命令，按空格键，在绘制区中单击任一点，输入 100，绘制辅助线段 *AB*。效果如图 2-30 所示。

（2）输入 A 命令，圆弧起点选择点 *A*，输入参数 *E*，选择点 *B* 作为第二个端点，输入参数 *D*，按 F8 键，打开正交限制光标，调整圆弧的相切方向向右为 0°后单击，并标记线段 *AB* 中点为点 *C*。效果如图 2-31 所示。

（3）输入 A 命令，圆弧起点选择点 *A*，输入参数 *E*，选择点 *C* 作为第二个端点，输入参数 *D*，调整圆弧的相切方向向右为 0°后单击。效果如图 2-32 所示。

图 2-30　绘制辅助线段

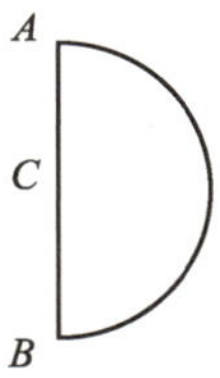

图 2-31　绘制大外圆弧

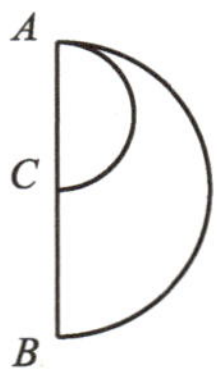

图 2-32　绘制上部右侧小圆弧

（4）按空格键重复绘制圆弧。圆弧起点选择点 *C*，输入参数 *E*，选择点 *B* 作为第二个端点，输入参数 *D*，调整圆弧的相切方向向左为 180°后单击。效果如图 2-33 所示。

（5）输入 C 命令，捕捉下圆弧圆心，输入 6. 25，绘制小圆；按空格键。效果如图 2-34 所示。

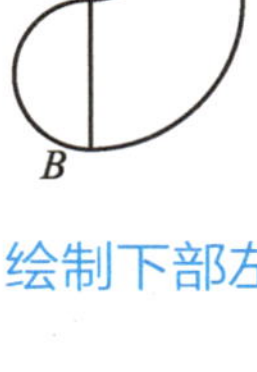

图 2-33　绘制下部左侧小圆弧

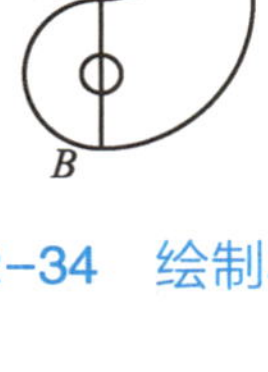

图 2-34　绘制小圆

（6）删除辅助线段 *AB* 和标记点，效果如图 2-35 所示；输入 H 命令，按空格键，弹出“图案填充和渐变色”对话框，如图 2-36 所示，在“图案填充”选项卡中单击“样例”选项，在“填充图案选项板”对话框中选择 SOLID 选项，如图 2-37 所示，单击“确定”按钮后，再在“图案填充和渐变色”对话框中单击“添加：拾取点”选项，如图 2-35 所示，在小圆内部单击任一点，选择要填充的区域后，连续按两次空格键。效果如图 2-28 所示。

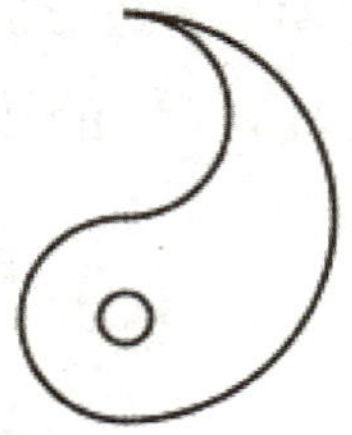

图 2-35　添加拾取点

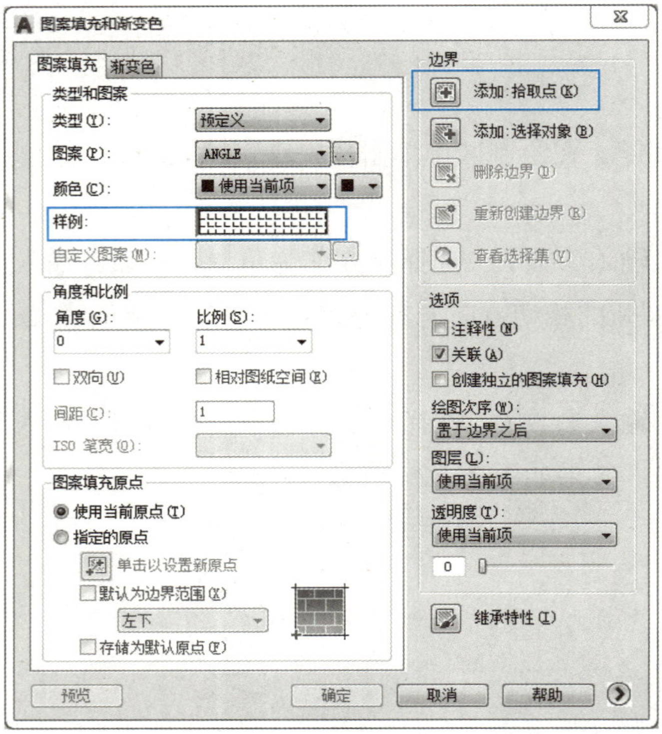

图 2-36　“图案填充”选项卡

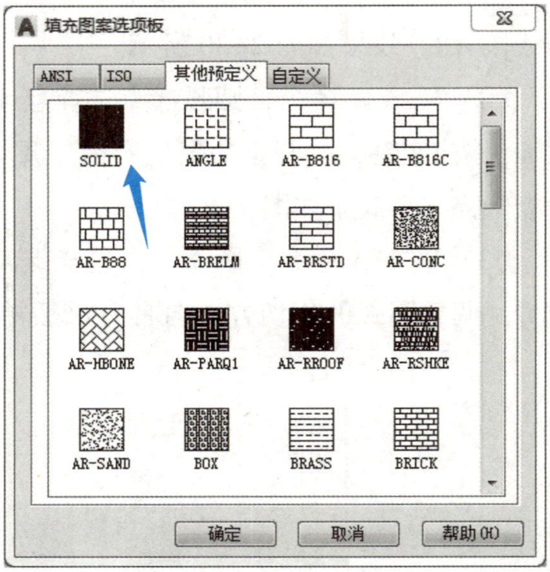

图 2-37　“填充图案选项板”对话框

任务三　绘制多边形与修订云线

任务要点

（1）掌握正多边形、修订云线等绘图命令。

（2）掌握修剪 TR 等修改命令。

（3）掌握绘制蜂巢的技巧。

（4）掌握绘制大树的技巧。

子任务1　绘制蜂巢

绘制说明：

绘制蜂巢，它由正六边形组成，如图 2-38 所示。正六边形边长是 10，圆的半径是 60，具体尺寸标注如图 2-39 所示。

新学命令：

POL，TR(F)

命令简介：

POL 是 POLYGON 的快捷命令，功能是绘制正多边形。

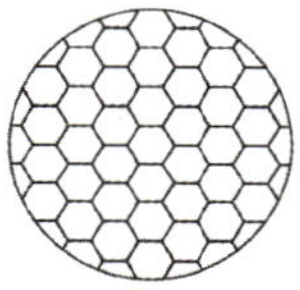

图 2-38　蜂巢

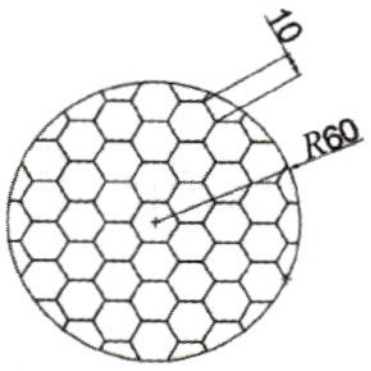

图 2-39　蜂巢的尺寸标注

具体步骤如下：

（1）在命令框中，输入 C 命令，在绘图区中单击任一点，输入半径 60，按空格键；输入 POL 命令，输入侧面数 6，捕捉圆心作为正多边形的中心，按空格键，选择内接于圆，输入半径为 10，按空格键，如图 2-40 所示。

（2）输入 POL 命令，输入侧面数 6，按空格键，输入参数 *E*，捕捉正六边形左上角顶点作为第一个点，再捕捉正六边形右上角顶点作为第二个点，按空格键，如图 2-41 所示。

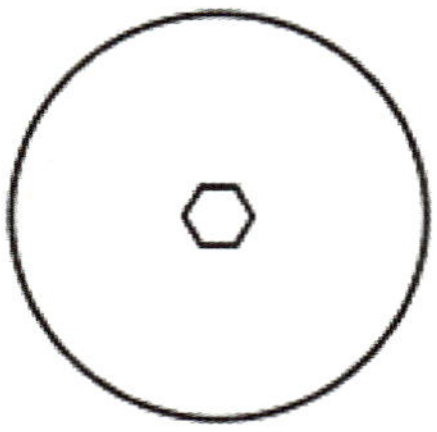

图 2-40　绘制圆和正六边形

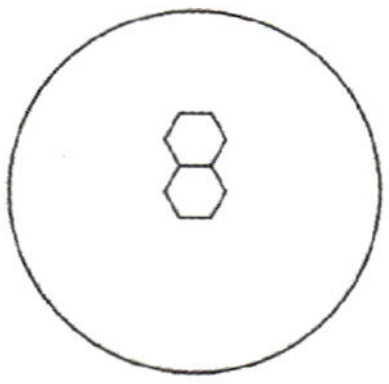

图 2-41　绘制六边形

（3）输入 POL 命令，在垂直方向继续绘制 9 个六边形，如图 2-42 所示。

（4）输入 CO 命令，分别在左侧和右侧复制，如图 2-43 所示。

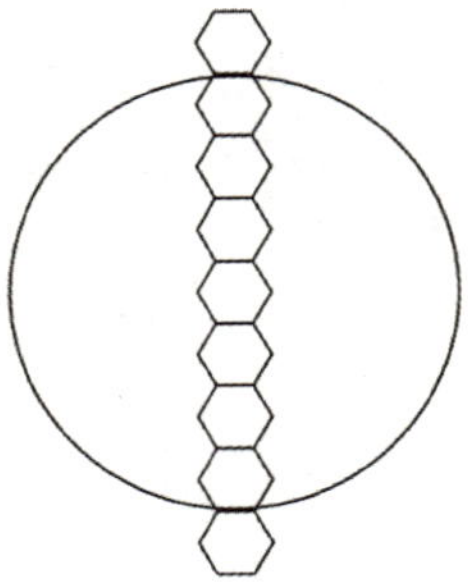

图 2-42　继续绘制六边形

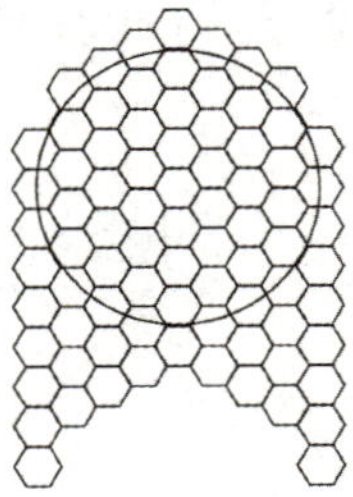

图 2-43　复制六边形

（5）输入 TR 命令，连续按两次空格键，输入参数 *F*，环形选择要修剪圆以外的部分进行修剪；删除多余的对象。效果如图 2-38 所示。

子任务2　绘制大树

绘制说明：

绘制一棵大树。树冠由一根修订云线绘制而成，树干由 3 根圆弧绘制而成，旁边的注释由一根修订云线包围，如图 2-44 所示。本子任务不假设具体尺寸，请读者根据适当比例进行绘制。

新学命令：

REVCLOUD，T

命令简介：

REVCLOUD 没有快捷命令，但在命令框中，输入 REVCL，一般情况下默认是 REVCLOUD，功能是绘制修订云线，可设置弧长后绘制多边形，也可以自由绘制。

T 是 TEXT 的快捷命令，功能是输入文字。

图 2-44　大树

具体步骤如下：

（1）在命令框中，输入 REVCL 命令，按空格键，输入参数 *F*，在绘图区中单击任一点，绘制云线，如图 2-45 所示。

（2）输入 A 命令，捕捉点 *A* 指定圆弧的起点，按空格键，捕捉点 *C* 指定圆弧的第二点，按空格键；同样的方法绘制右侧圆弧，如图 2-46 所示。

图 2-45　绘制树冠

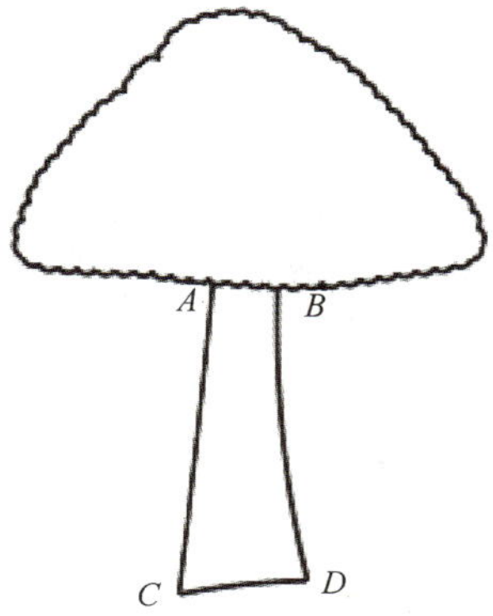

图 2-46　绘制树干

（3）在命令框中，输入 REVCL 命令，按空格键，输入参数 *R*，在绘图区中单击任一点，绘制四边形修订云线；输入 T 命令，按空格键，在四边形修订云线框内单击，向右下方拖动鼠标再单击，输入“大树是用云线 REVCL 命令，输入参数 *F* 徒手绘制的，树干是使用圆弧 A 命令绘制的”，如图 2-44 所示。

任务四　绘制多段线

任务要点

（1）掌握多段线、圆弧（3 点）等绘图命令。

（2）掌握 MI 等修改命令。

（3）掌握绘制互联网设备交换机接口的技巧。

（4）掌握绘制花瓣的技巧。

（5）掌握绘制花叶的技巧。

子任务1　绘制交换机接口

绘制说明：

请使用 PL 命令绘制互联网设备交换机接口（俗称“水晶头”），如图 2-47 所示。具体尺寸如图 2-48 所示。

新学命令：

PL

命令简介：

PL 是 PLINE 的快捷命令，功能是绘制多段线，绘制的图形是一个整体。

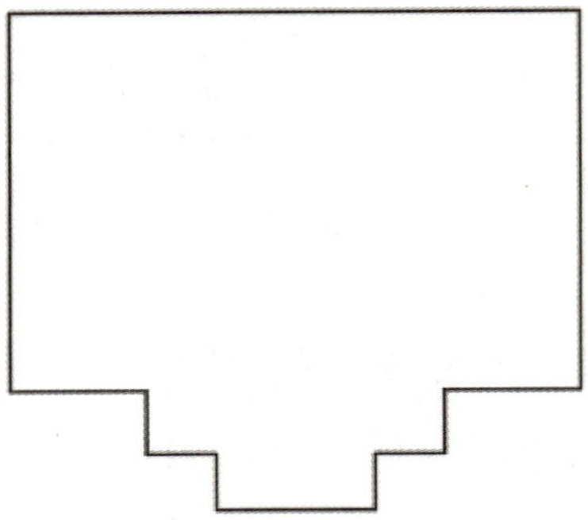

图 2-47　水晶头

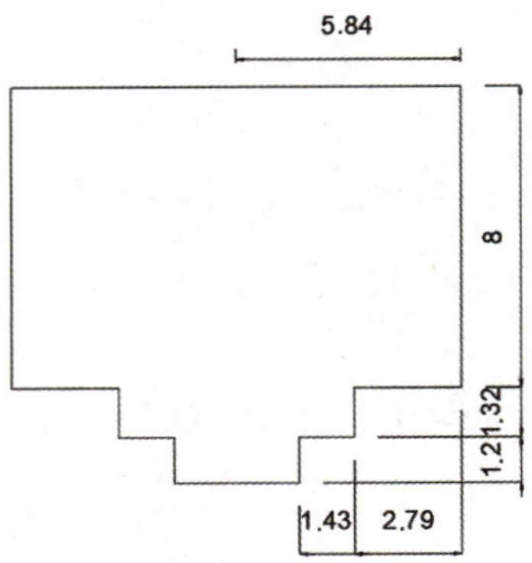

图 2-48　水晶头尺寸标注

具体步骤如下：

（1）在命令框中，输入 PL 命令，按 F8 键进入正交限制模式，在绘图区中单击任一点，向右拖动鼠标输入 5.84，按空格键向下拖动鼠标输入 8，按空格键向左拖动鼠标输入 2.79，按空格键向下拖动鼠标，输入 1.32，按空格键，向左拖动鼠标输入 1.43，按空格键向下拖动鼠标输入 1.2，按空格键向左拖动鼠标输入 1.62，连续按两次空格键，并作标记点 *A*、*B*。效果如图 2-49 所示。

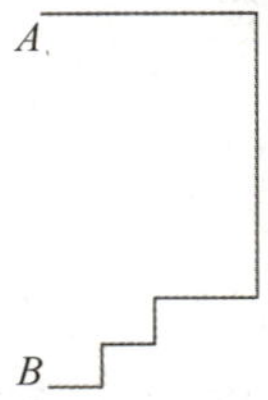

图 2-49　绘制多段线

（2）输入 MI 命令，单击多段线任一点后单击选中该多段线，捕捉端点 *A* 后单击，作为镜像线第一点，捕捉端点 *B* 后单击，作为镜像线第二点，在弹出的菜单中，输入 N 或按空格键。效果如图 2-47 所示。

注意：

请再使用 L 命令绘制互联网设备交换机接口，对比一下 L 和 PL 命令的区别。

子任务2 绘制一枝花

绘制说明：

绘制一枝花，如图 2-50 所示。它由 6 个圆弧、3 个多段线和 1 个圆形组成。其中 5 个圆弧的花瓣是根据内接于圆的正五边形绘制而成，半径为 100，花蕊半径为 10；3 个多段线的起始宽度分别是 8、6、4，终点宽度分别是 1、1、1。具体尺寸标注如图 2-51 所示。

新学命令：

PL(*W*)

命令简介：

PL 是 PLINE 的快捷命令，功能是绘制多段线，本子任务主要通过设置 PL 宽度、弧度和颜色，完成一枝花的绘制。

图 2-50 一枝花

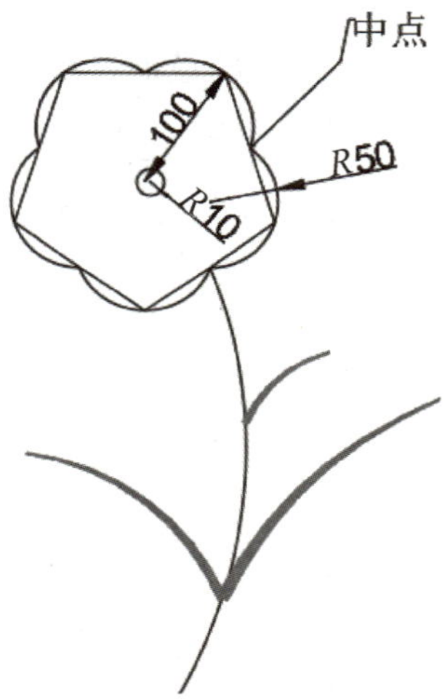

图 2-51 花的尺寸标注

具体步骤如下：

（1）在命令框中，输入 POL 命令，输入侧面数 5，按空格键，在绘图区中单击任一点，按空格键，选择默认“内接于圆（I）”命令，输入圆的半径 100。效果如图 2-52 所示。

（2）输入 RO 命令，按空格键，对准正五边形后单击，按空格键，捕捉中心作为基点后单击，输入 36°，按空格键。效果如图 2-53 所示。

注意：

为什么输入 36°？正五边形任意两点和中心连线的夹角是 72°，选择 36°主要是美观的考虑，当然也可以输入36°左右的度数。

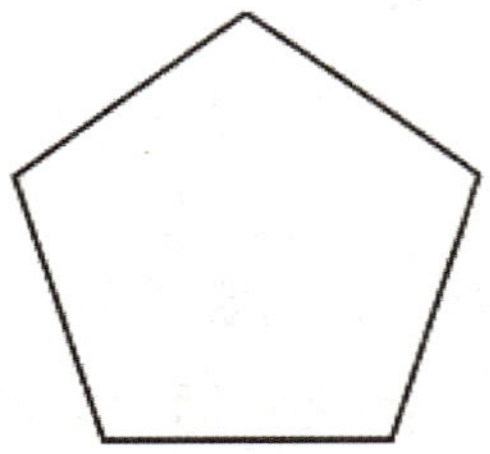

图2-52　绘制五边形

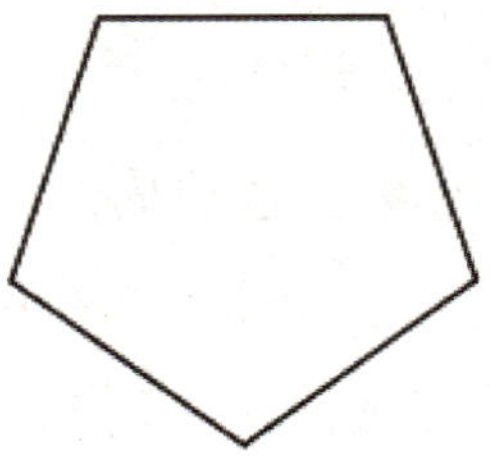

图2-53　旋转五边形

（3）输入A命令，按空格键，选择一边中点作为圆弧起点，捕捉1个相邻顶点后单击，再捕捉相邻边的中心后单击（A命令，通过起点、第二个点、端点绘制圆弧）。效果如图2-54所示。

（4）输入A命令，按空格键，捕捉点*A*作为圆弧起点后单击，捕捉点*B*后单击，捕捉点*C*后单击（点*B*、点*C*选择在适当位置）。效果如图2-55所示。

（5）输入PL命令，按空格键，捕捉弧*BC*中点附近后单击，输入参数*W*，输入起始线段宽度8，按空格键，输入终止线段宽度1，在适当位置单击，按空格键。效果如图2-56所示。

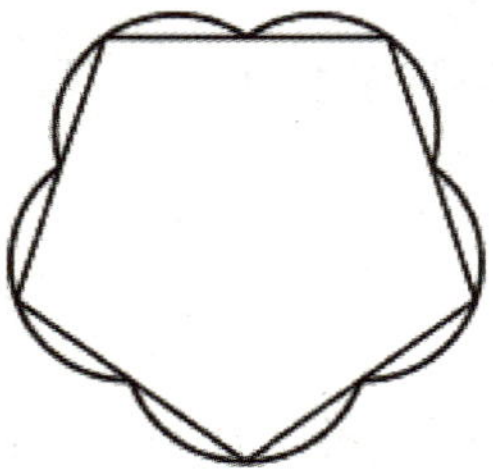

图2-54　绘制圆弧

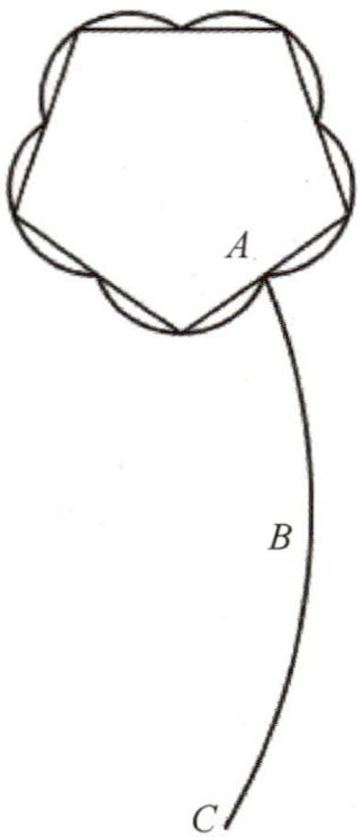

图2-55　绘制花枝

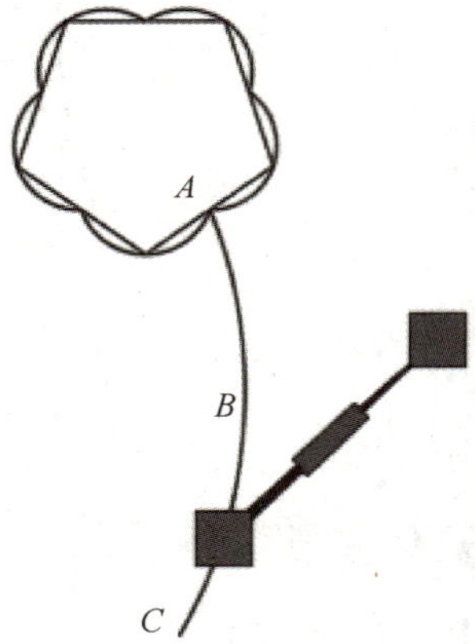

图2-56　绘制叶子（多段线）

（6）鼠标悬停在中间蓝色点上方，弹出菜单含有3个子命令，向下拖动鼠标，选择“转换为圆弧”命令，向上移动鼠标至适当位置后单击。效果如图2-57所示。

（7）输入PL命令，按空格键，捕捉上一个多线段弧起点后单击，输入参数*W*，输入起始线段宽度6，按空格键，输入终止线段宽度1，在适当位置单击，按空格键；鼠标悬停在中间蓝色点上方，弹出菜单含有3个子命令，向下拖动鼠标，选择“转换为圆弧”命令，向上移动鼠标至适当位置后单击。效果如图 2-58 所示。

（8）输入 PL 命令，按空格键，捕捉弧 *ABC* 适当位置后单击，输入参数 *W*，输入起始线段宽度 4，按空格键，输入终止线段宽度 1，在适当位置单击，按空格键；鼠标悬停在中间蓝色点上方，弹出菜单含有 3 个子命令，向下拖动鼠标，选择“转换为圆弧”命令，向上移动鼠标至适当位置后单击。效果如图 2-59 所示。

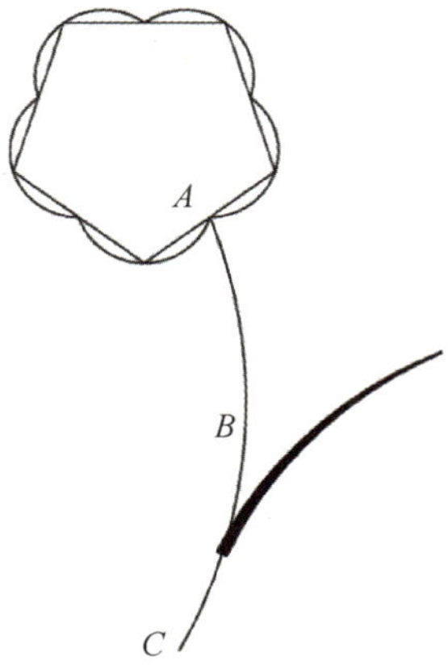

图 2-57　多段线转换为圆弧

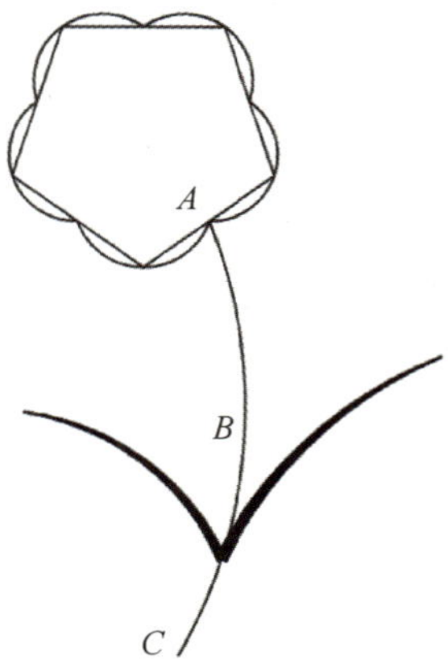

图 2-58　绘制叶子（左侧）

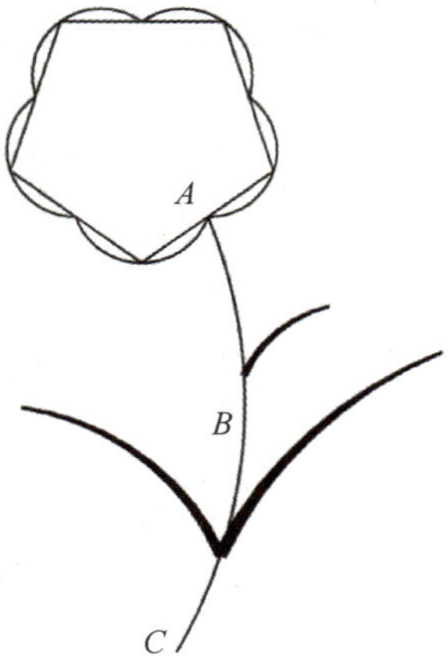

图 2-59　绘制叶子（右上）

（9）设置多段线颜色为绿色。效果如图 2-50 所示。

任务五　绘制点与等分命令

任务要点

（1）掌握定数、定距等分、多线段编辑等绘图命令。
（2）掌握阵列等修改命令。
（3）掌握绘制锯片的技巧。
（4）掌握绘制操场的技巧。

子任务1　绘制锯片

绘制说明：

绘制 24 齿锯片，如图 2-60 所示。由 3 个圆形组成，半径分别是 20、180、200，外围 2 个圆通过 DIV 定数 24 等分，通过 PL 多段线按要求连接各点。具体尺寸标注如图 2-61 所示。

新学命令：

DIV

命令简介：

DIV 是 DIVIDE 的快捷命令，功能是将对象按指定的数量进行等分。

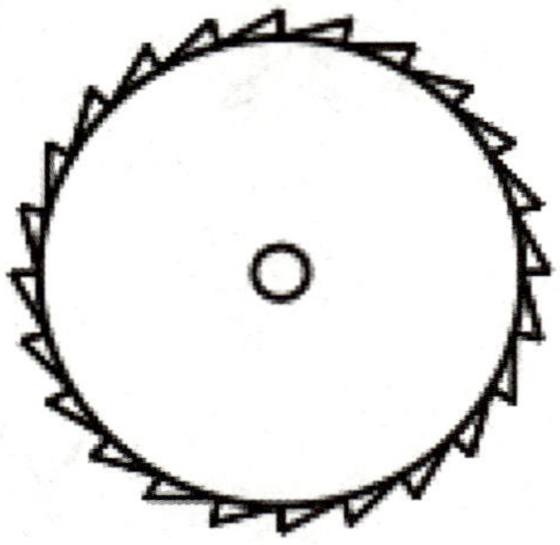

图 2-60　24 齿锯片

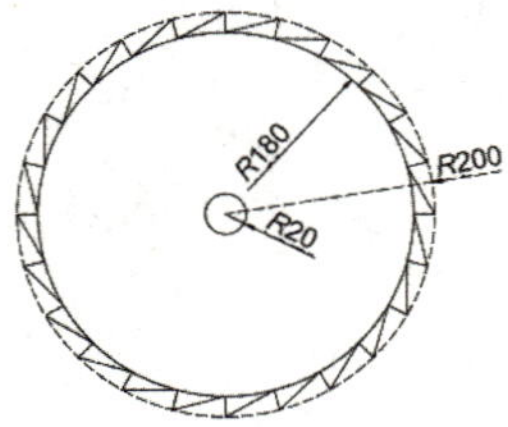

图 2-61　锯片的尺寸标注

具体步骤如下：

（1）在命令框中，输入 C 命令，绘制 3 个同心圆，半径分别是 20、180、200。效果如图 2-62 所示。

（2）输入 DDPT 命令，按空格键，在“点样式”对话框中选择相应的样式。

（3）输入 DIV 命令，选中中间圆，输入线段数目 24，按空格键两次，输入 DIV 命令，选中外圆，输入线段数目 24，按空格键。效果如图 2-63 所示。

（4）标记点 *A*、*B*、*C*、*D*、*E*；输入 PL 命令，捕捉点 *A* 后单击，再捕捉点 *B* 后单击，以此类推，按规律连接各点。效果如图 2-64 所示。

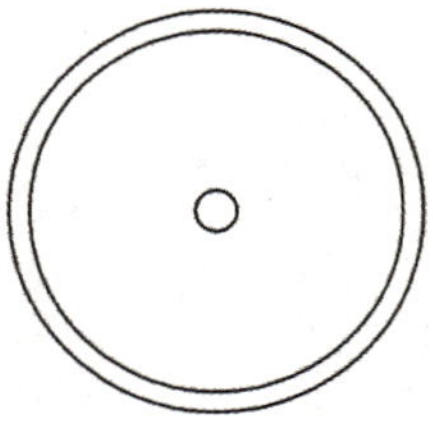

图 2-62　绘制同心圆

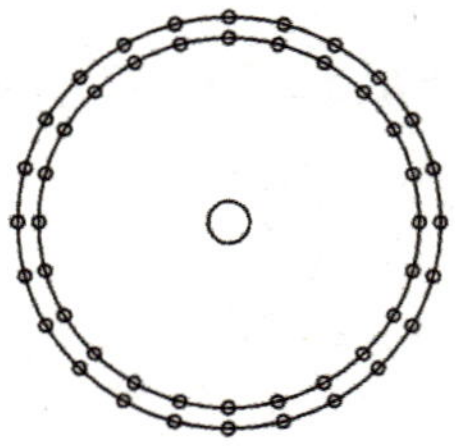

图 2-63　绘制 24 点

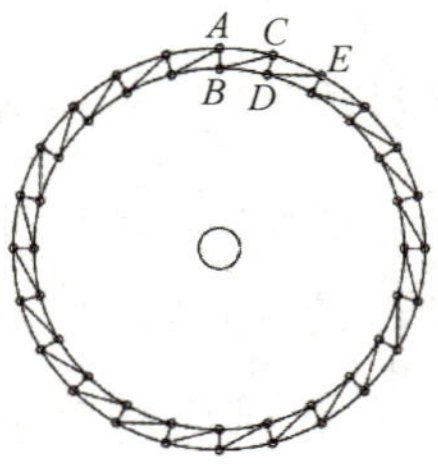

图 2-64　连接 24 点

（5）删除多余辅助线，如图 2-60 所示。

注意：

本子任务的完成效果还可以有更简便的方法，简单的重复操作都可以使用 AR、CO、MI 等命令来完成，例如，本子任务围绕圆心重复操作，可使用 AR 命令，通过极轴来绘制，由于不是本子任务所讲内容，请读者参考后面的内容来绘制锯片。

子任务2　绘制校园操场中学生排队间距 Ⅰ

绘制说明：

在校园操场中绘制学生排队间距，图 2-65 所示是一个 4000 dm 标准操场，由直线和半圆弧组成。直线长为 843.9 dm，两个最小半圆半径为 365 dm，跑道划分为 8 条直道和弯道，道宽为 12.2 dm。左下侧为进口，由志愿者引导师生进入操场，间隔 1 m 排队等待，左下角为检录处，检录结束由志愿者引导从出口离开。检录处为矩形区域，宽 50 dm，长 97.6 dm。学校要求在第 1、3、5、7 跑道排队检录，请按照 1∶100 比例绘制校园操场学生排队间距示意图。具体尺寸标注如图 2-66 所示。

新学命令：

PE、ME

命令简介：

PE 是 PEDIT 的快捷命令，功能是编辑多段线。

ME 是 MEASURE 的快捷命令，功能是将对象按指定距离等分。

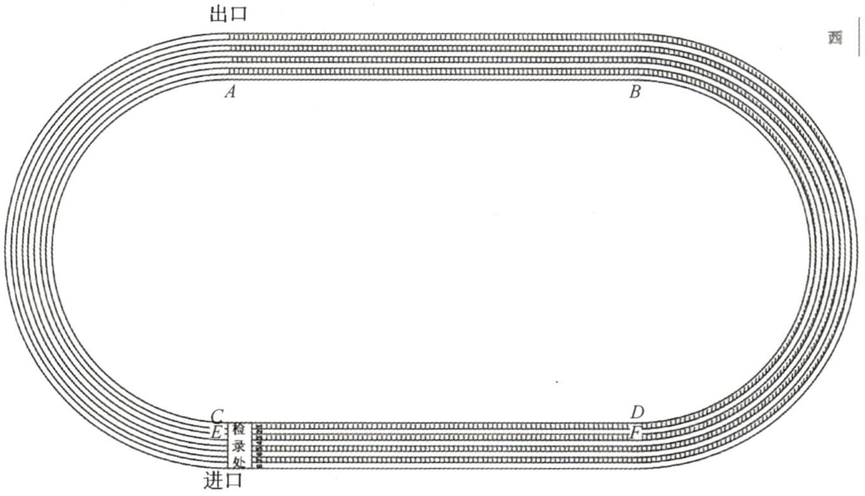

图 2-65　操场

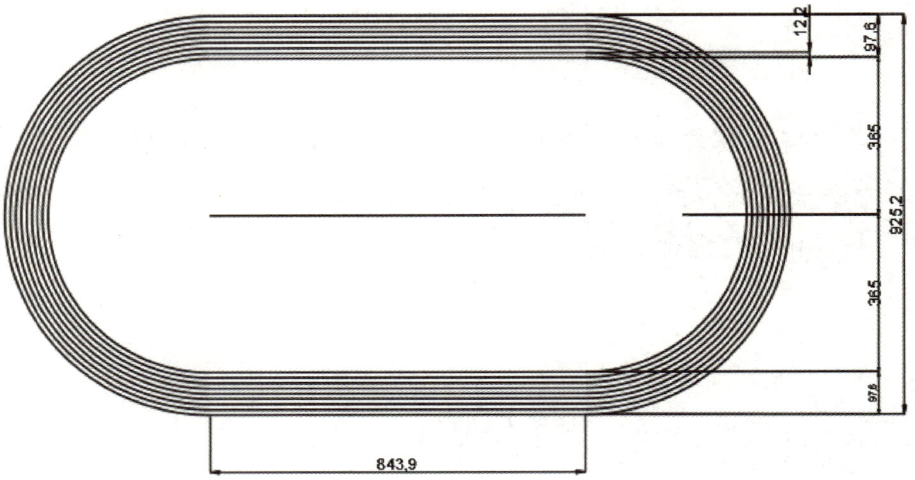

图 2-66　操场的尺寸标注

具体步骤如下：

（1）在命令框中，输入 L 命令，按 F8 键，进入正交限制模式，在绘图区中单击任意一点，向右拖动鼠标，输入 843.9，按空格键；输入 CO 命令，选中线段，按空格键，基点指定线段中点，输入参数 *A*，阵列的数目输入 9，按空格键，指定第二个点时，直接输入 12.2，按空格键。效果如图 2-67 所示。

图 2-67　绘制 9 条线段

（2）标记点 *A*、*B*，输入 O 命令，输入偏移距离 365，按空格键，如图 2-68 所示；输入 MI 命令，选中线段 *AB* 及上面的所有线段，按空格键，指定下面偏移线段的两端点分别作为镜像线的两个点，按空格键确认后，标记点 *C*、*D*、*E*、*F*。效果如图 2-69 所示。

图 2-68　绘制镜像线

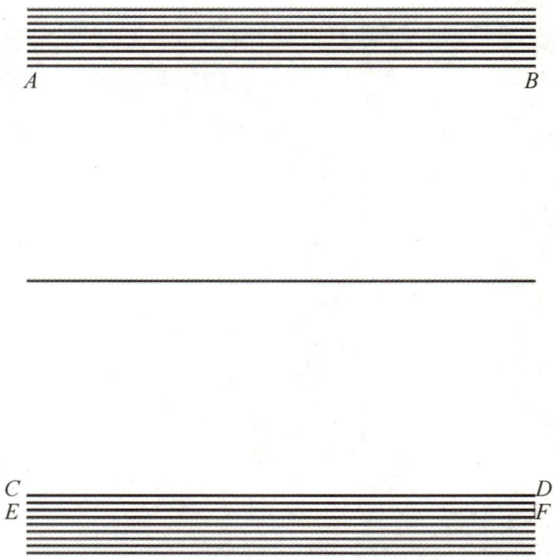

图 2-69　镜像 9 条线段

（3）输入 A 命令，按空格键，捕捉点 *B* 后单击，输入参数 *E*，捕捉点 *D* 后单击，作为圆弧的第二个点，输入参数 *D*，向右上拖动鼠标，直至切线角度为 0°；以此类推，选中上下对应线段绘制圆弧。效果如图 2-70 所示。

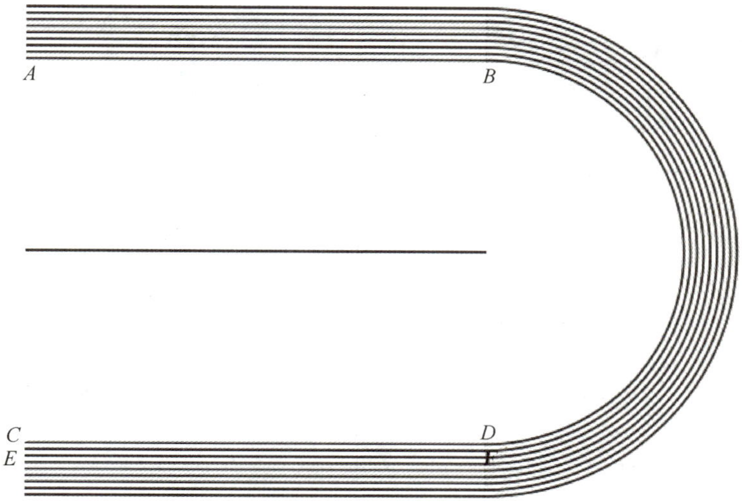

图 2-70　绘制圆弧

（4）输入 MI 命令，按空格键，选中右侧所有圆弧，按空格键，捕捉线段 *AB* 中点后单击，作为镜像线的第一点，捕捉线段 *CD* 中点后单击，作为镜像线的第二点，按空格键。结果如图 2-71 所示。

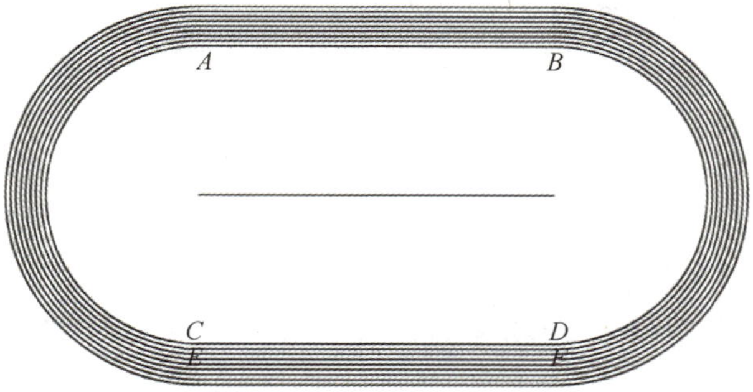

图 2-71　镜像圆弧

（5）绘制 A 区域，输入 REC 命令，按空格键，捕捉点 *C* 后单击，输入参数 *D*，矩形长度输入 50，按空格键，矩形宽度输入 97.6，按空格键，在点 *C* 右下角再次按空格键；输入 TR 命令，连续按两次空格键，绘制检录处，效果如图 2-72 所示。

（6）输入 PE 命令，按空格键，选中线段 *EF*，在“是否将其转换为多段线（Y）”中输入 Y，按空格键，在弹出的菜单中输入 J；按空格键，选择逆时针相连的圆弧，按空格键，在弹出的菜单中输入 J；按空格键，选择逆时针相连的线段，按空格键，在弹出的菜单中输入 J；以此类推，将其他相连的线段、圆弧、线段转换为多段线，最后连续按两次 Esc 键退出 PE 命令，并标记跑道 1 至 8。效果如图 2–73 所示。

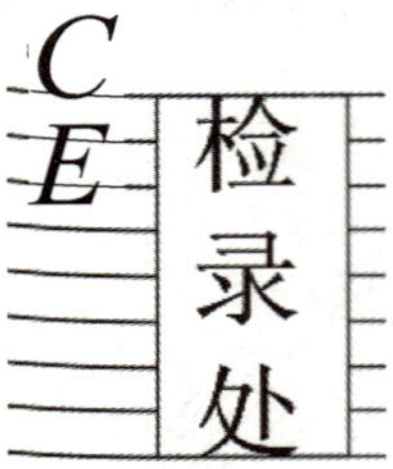

图 2–72　绘制检录处

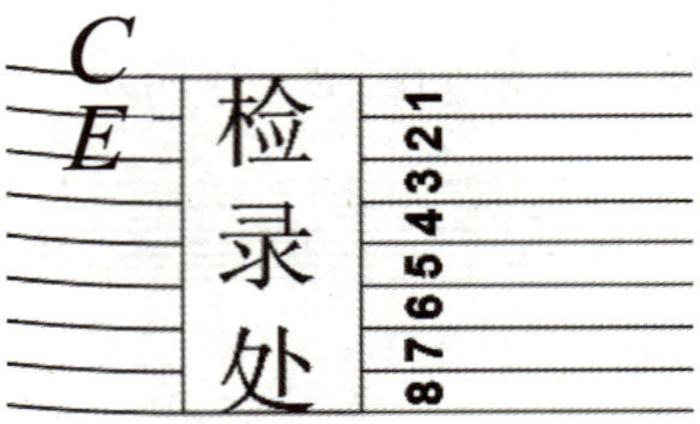

图 2–73　标记跑道

注意：

J 是 JION 的快捷命令，功能是合并为多段线，在本步骤操作中，也可以使用 J 命令，更简便一些。

（7）输入 DDPT 命令，按空格键，在“点样式”对话框中，设置“点大小”为 3%，如图 2–74 所示。

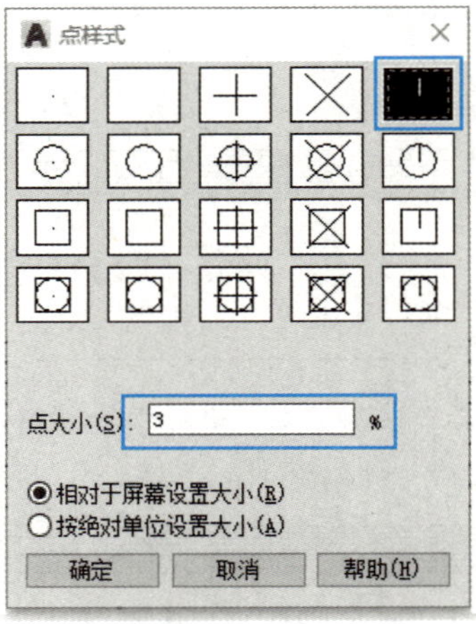

图 2–74　“点样式”对话框

（8）输入 ME 命令，选中第 1 跑道下沿多段线（从内向外数第二根），输入指定的长度为 10，按空格键；以此类推，分别设置第 3、5、7 跑道下沿多段线。效果如图 2–65 所示。

注意：

为什么要将线段 *EF* 及逆时针相连的圆弧和线段转换为多段线？是因为 ME 定距等分只能选择一个对象，而绘制校园操场时使用的是 L 命令和 A 命令，按要求要使用的间隔区域是 3 个对象相连的，因此要将这 3 个对象合并成一个多段线，即合并成一个连续的对象。

任务六　绘制圆环

任务要点

（1）掌握圆环等绘图命令。

（2）掌握绘制圆环标志技巧。

子任务　绘制六环标志

绘制说明：

图 2-75 所示是某组织的六环标志。圆环内圈半径单位为 1，外圈半径单位为 1.2；圆环的圆心正好处在以 1 为单位的正六边形的顶点上，中间两个顶点在一条垂直线上。本子任务取圆环内圈半径为 100，外圈半径为 120，因此正六边形边长也是 100。在 CAD 中，圆环由 DO 命令绘制，圆环本质上是多段线，不能标注内环和外环半径，但能捕捉圆心。本子任务通过先绘制正六边形，再捕捉顶点绘制圆环的技巧来绘制六环标志。颜色设置为索引颜色，从上部顶点顺时针标号分别为 1 至 6。具体尺寸标注如图 2-76 所示。

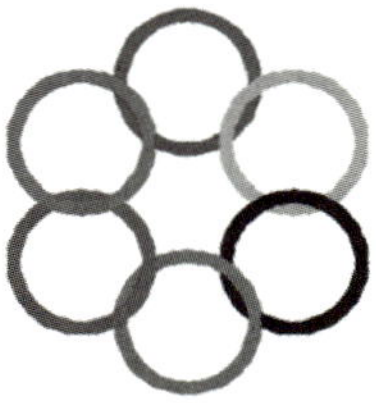

图 2-75　六环标志

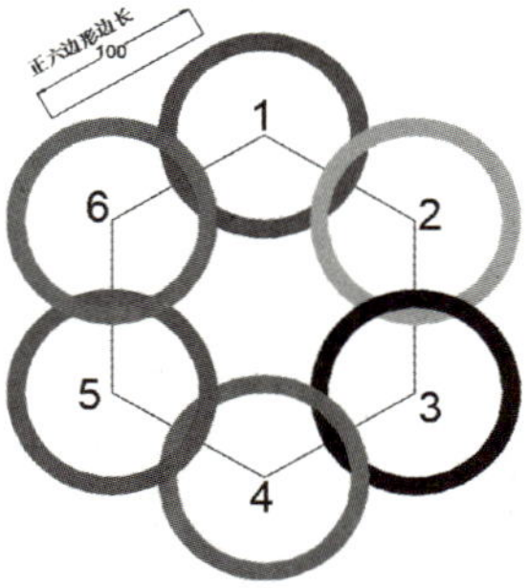

图 2-76　六环标志的尺寸标注

新学命令：

DO

命令简介：

DO 是 DONUT 的快捷命令，功能是绘制圆环，圆环本质上是多段线。

具体步骤如下：

（1）在命令框中，输入 POL 命令，按空格键，输入侧面数为 6，按空格键，在绘图区中单击任一点，选择“内接于圆”，按 F8 键，向上拖动鼠标，输入 100，按空格键；输入 RO 命令，选择正六边形，选取几何中心为基点，输入 90，按空格键，效果如图 2-77 所示。

（2）将图 2-77 绘制正六边形并旋转 90°后的 6 个顶点，标记为顶点 1 至 6，效果如图 2-78 所示。

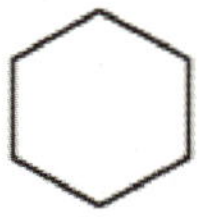

图 2-77　绘制正六边形并旋转 90°

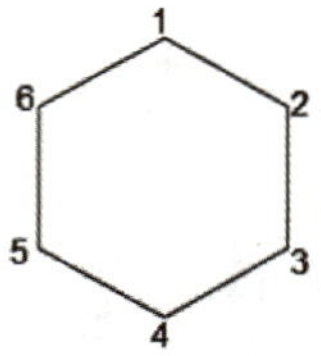

图 2-78　正六边形顶点标记

（3）键入 DO 命令，按空格键，输入内径 100，外径 120，分别捕捉顶点 1、2、3、4、5、6，按空格键，绘制 6 个圆环，效果如图 2-79 所示。

（4）选中第一个圆环，单击图 2-80 中的“属性”下拉框，在弹出的“颜色设置”下拉框中，选择“选择颜色”选项，弹出“选择颜色”对话框，单击“真彩色”选项卡，如图 2-81 所示，在“RGB 颜色”中输入 RGB 数值(0,129,200)；依次选择余下的 5 个圆环，选择时注意按一下 Esc 键，以避免再次选择之前操作过的圆环，同样的操作分别输入(252,177,49)、(0,0,0)、(0,166,81)、(238,51,78)；选择最后一个圆环，直接设置索引颜色为 6 号（洋红），如图 2-82 所示。

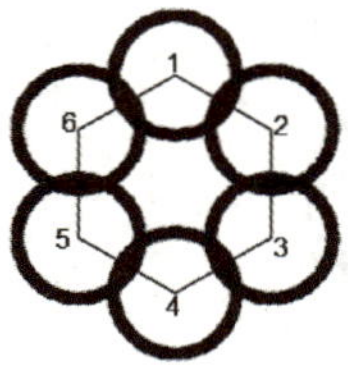

图 2-79　绘制圆环

图 2-80　“属性”下拉框

（5）删除所有辅助线和标记，效果如图 2-75 所示。

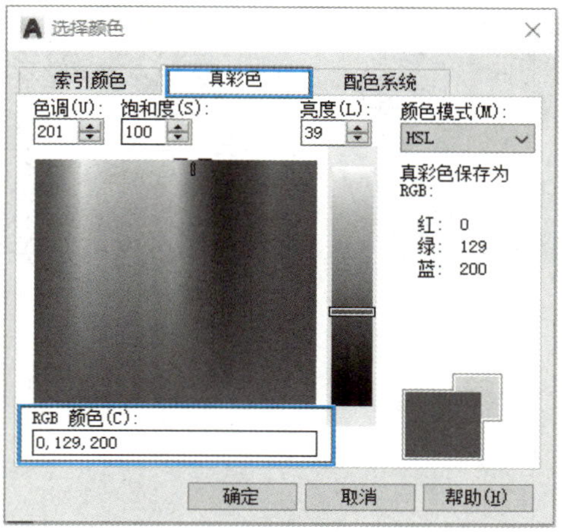

图 2-81　“真彩色”选项卡

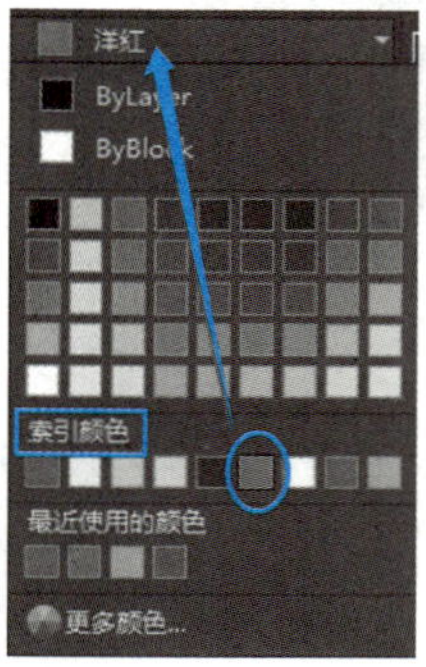

图 2-82　设置索引颜色

注意：

圆环本质上是多段线，不能像圆一样捕捉圆心和四个象限点，请读者仔细体会，另外，请读者通过绘制同心圆的技巧来绘制六环标志。具体颜色和尺寸比例同本子任务，本子任务取基本单位为 100 进行绘制，故内径为 100，内外径为 120。

背景知识

命令详解

圆环可以看作两个同心圆组成的图形，实质上是一个多段线，可以为两个同心圆相差部分设置颜色。

（1）执行方式。

① 命令行：DO（DONUT）。

② 菜单栏：选择“绘图”→“圆环”命令。

（2）参数详解。

无参数。

（3）能力扩展。

① 若指定内径为 0，则绘出实心填充圆环，如图 2-83 所示。

② 先执行 FILL 命令，选择参数“ON”，将填充圆环；选择参数“OFF”，将不填充圆环，对比图如图 2-84 所示。

图 2-83　实心填充圆环

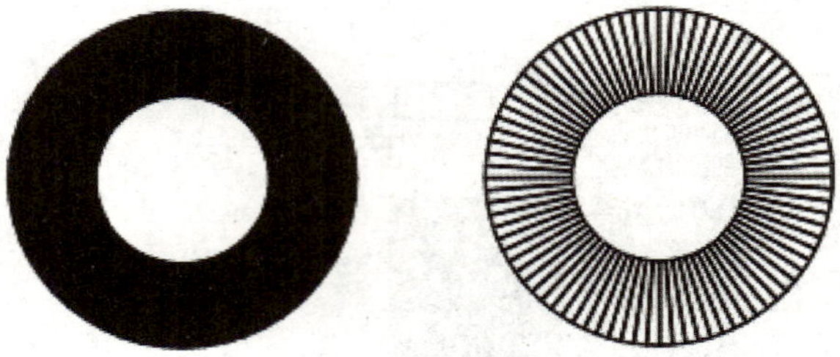

图 2-84　填充圆环与不填充圆环

任务七　绘制样条曲线

任务要点

（1）掌握样条曲线等绘图命令。

（2）掌握偏移 O 等修改命令。

（3）掌握 DDPTYPE、LW 等命令。

（4）掌握绘制雨伞骨架的技巧。

（5）掌握绘制雨伞手柄的技巧。

子任务　绘制雨伞

绘制说明：

绘制一把雨伞，如图 2-85 所示。上半部分是一个半圆弧，直径为 1 050，雨伞柄露出部分长度为 600，手柄是半径为 60 的半圆弧，雨伞下沿由样条曲线 SPL 命令绘制，雨伞骨架由圆弧 A 命令绘制。具体尺寸标注如图 2-85 所示。

新学命令：

DDPTYPE、O、SPL、LW

命令简介：

DDP 是 DDPTYPE 的快捷命令，功能是设置点样式。

O 是 OFFSET 的快捷命令，功能是偏移，如果是封闭图形，比如圆、矩形等，具有缩放功能；如果是直线，仅仅具有位置偏移功能。

SPL 是 SPLINE 的快捷命令，功能是绘制样条曲线。

LW 是 LWEIGHT 的快捷命令，功能是设置线宽。

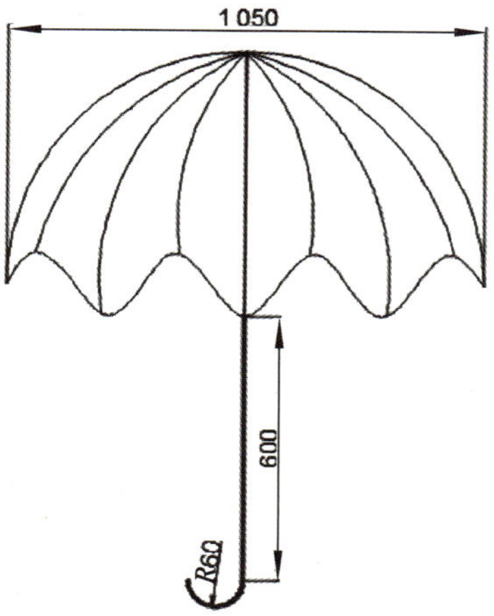

图 2-85　伞及尺寸标注

具体步骤如下：

（1）在命令框中，输入 L 命令，按 F8 键，在绘图区中单击任一点，然后输入 1 050，两端分别标记为点 *A*、*B*。效果如图 2-86 所示。

（2）输入 A 命令，圆弧起点捕捉点 *A*，输入参数 *E*，选择点 *B* 作为第二个点，输入参数 *D*，拖动鼠标调整切线向上 90°后单击。效果如图 2-87 所示。

图 2-86　绘制直线

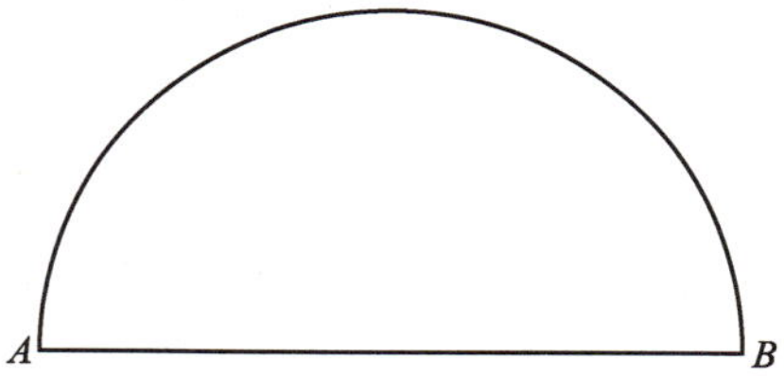

图 2-87　绘制圆弧

（3）输入 O 命令，选择偏移线段 *AB*，分别向上和向下偏移 70。效果如图 2-88 所示。

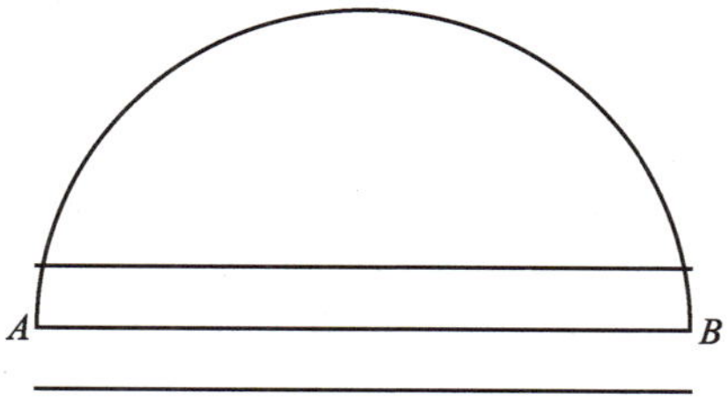

图 2-88　镜像线段 *AB*

（4）输入 DDPT 命令，按空格键，在“点样式”对话框中选择相应的样式，对话框如图 2-89 所示。

（5）输入 DIV 命令，选择线段 *AB*，输入参数 7，将线段 *AB* 等分为 7 段，在线段 *AB* 上会显示 6 个点。效果如图 2-90 所示。

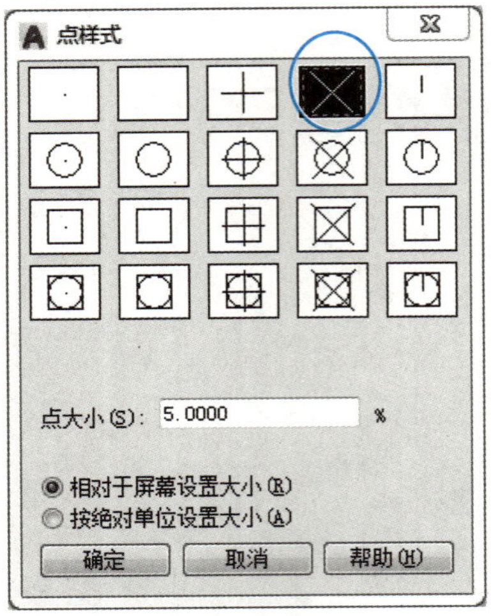

图 2-89　“点样式”对话框

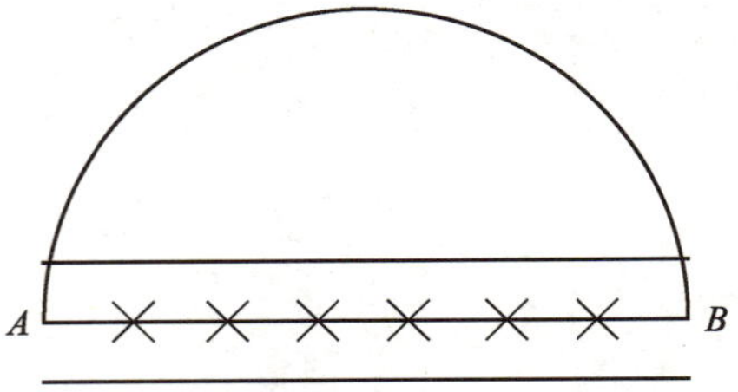

图 2-90　绘制等分点

（6）按 F8 键，取消正交限制模式。

（7）输入 SPL 命令，捕捉点 *A* 作为样条曲线 SPL 的第一个点，然后捕捉上偏移线的 *C* 点（大约是线段 *AD* 中点的对应位置），类似的，选择下偏移线的点，以此类推（注意点 *M* 是下偏移线的中点），最后选择点 *B*，按空格键，结束样条曲线 *SPL* 的绘制，效果如图 2-91 所示。删除所有辅助线，效果如图 2-92 所示。

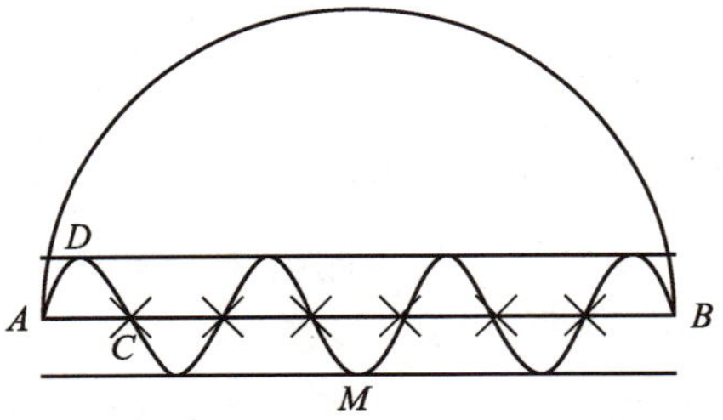

图 2-91　绘制样条曲线

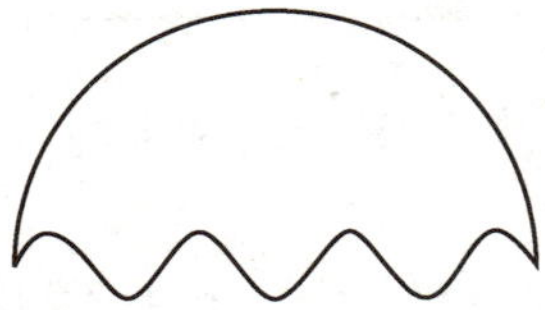

图 2-92　删除所有辅助线

（8）输入 A 命令，在圆弧起点捕捉上象限点，输入参数 *E*，选择点 *D* 作为第二个点，输入参数 *D*，拖动鼠标调整切线到左下适当位置，绘制圆弧，以此类推，绘制圆弧（注意中间线为直线，过中间线后切线方向为右下）。效果如图 2-93 所示。

（9）按 F8 键，进入正交限制模式。输入 L 命令，捕捉点 *M* 为起点，输入 600，向左拖动鼠标，输入 120 后单击；输入 A 命令，圆弧起点捕捉点 *H*，输入参数 *E*，选择点 *G* 作为第二个点，输入参数 *D*，拖动鼠标调整切线向下 90°后单击，注意方框内的图形。效果如图 2-94 所示。

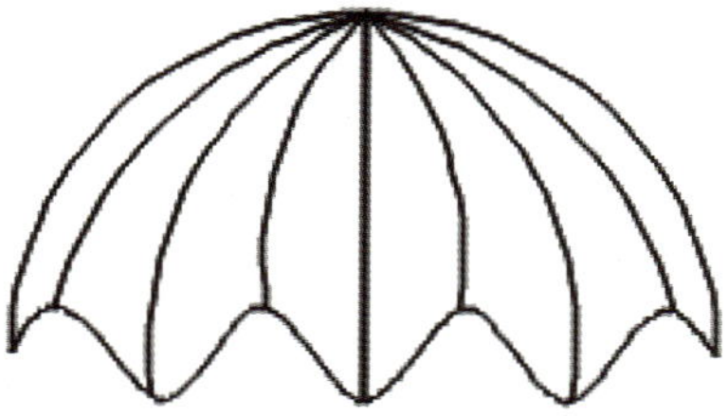

图 2-93　绘制伞骨

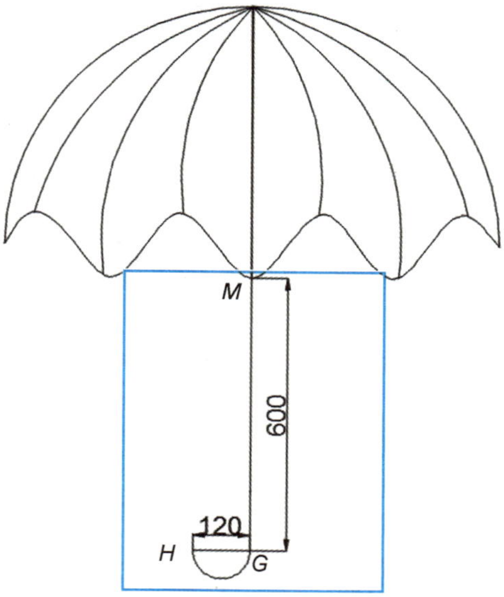

图 2-94　绘制伞柄

（10）选中线段 *MG* 和圆弧 *HG*，设置线宽为 0.3。输入 LW 命令，在“线宽设置”对话框中，勾选“显示线宽”复选框，如图 2-95 所示。效果如图 2-96 所示。

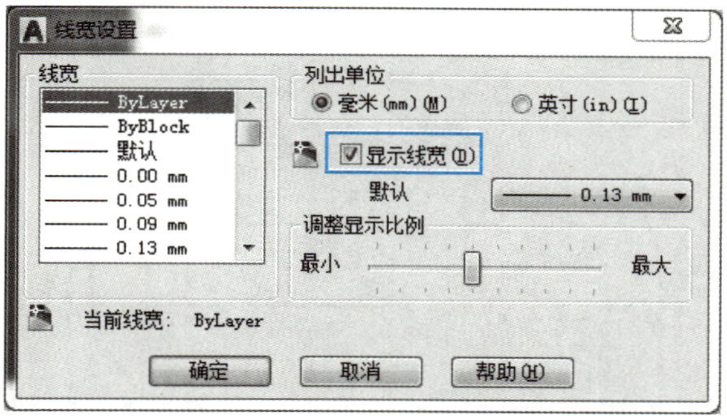

图 2-95　线宽设置

图 2-96　伞柄尺寸标注

（11）删除多余对象并标注。最终效果如图 2-85 所示。

任务八　绘制椭圆和椭圆弧、构造线

任务要点

（1）掌握椭圆、椭圆弧等绘图命令。

（2）掌握绘制洗手盆的技巧。

（3）掌握设置辅助线的技巧。

子任务　绘制洗手盆

绘制说明：

绘制一个洗手盆，如图 2-97 所示。外部椭圆短轴为 320，半长轴为 220；内部椭圆短轴为 280，半长轴为 180，其被相距 65 的一条线段切割，上半部分和一个圆弧相连；水龙头由一个梯形和半圆弧组成，开关由两个同心圆和相交十字组成。具体尺寸标注如图 2-98 所示。

新学命令：

EL、XL

命令简介：

EL 是 ELLIPSE 的快捷命令，功能是绘制椭圆。

XL 是 XLINE 的快捷命令，功能是绘制无线长度辅助线，可能理解为参照线。

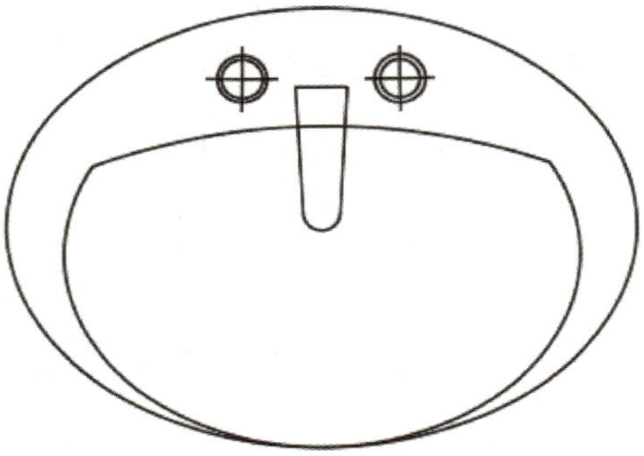

图 2-97　洗手盆

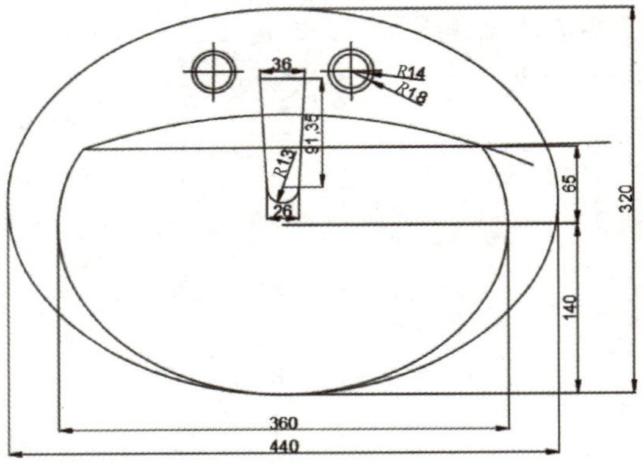

图 2-98　洗手盆的尺寸标注

具体步骤如下：

（1）在命令框中，输入 EL 命令，在绘图区中单击任一点，按 F8 键，向上拖动鼠标，输入短轴长度 280，向右拖动，输入半长轴 180，按空格键。再次按空格键重复绘制椭圆，捕捉下象限点，向上拖动鼠标，输入短轴长度 320，向右拖动，输入半长轴 220，按空格键。效果如图 2-99 所示。

（2）输入 L 命令，捕捉左象限点后单击，再捕捉右象限点，按空格键。选中长轴，输入 O 命令，向上偏移，输入 65。效果如图 2-100 所示。

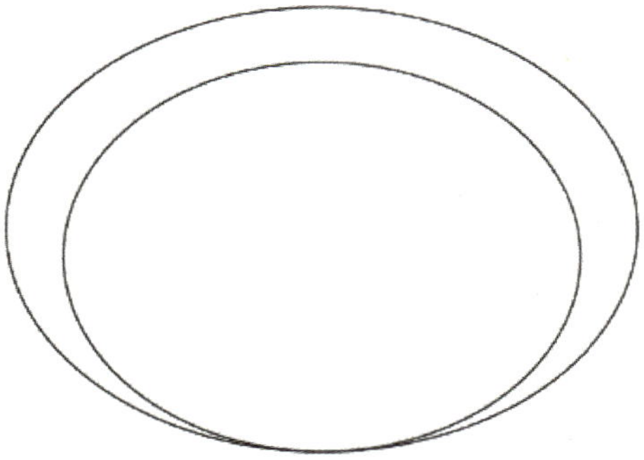

图 2-99　绘制椭圆

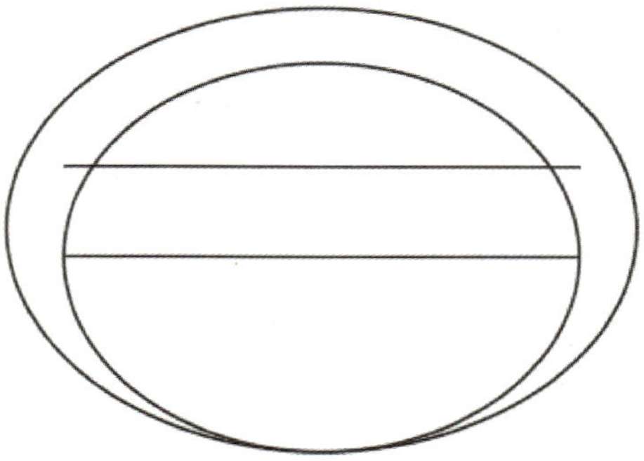

图 2-100　绘制长轴及偏移

（3）输入 TR 命令，连续按两次空格键，修剪内部圆弧的上部分，删除长轴，标记点 *A*、*B*。效果如图 2-101 所示。

（4）输入 A 命令，捕捉点 *A* 后单击，捕捉点 *B* 后单击，按 F8 键，取消正交限制模式，向右下方拖动鼠标，切线和水平夹角约 22°，按空格键，效果如图 2-102 所示。输入 TR 命令，连续两次按空格键进行修剪。效果如图 2-103 所示。

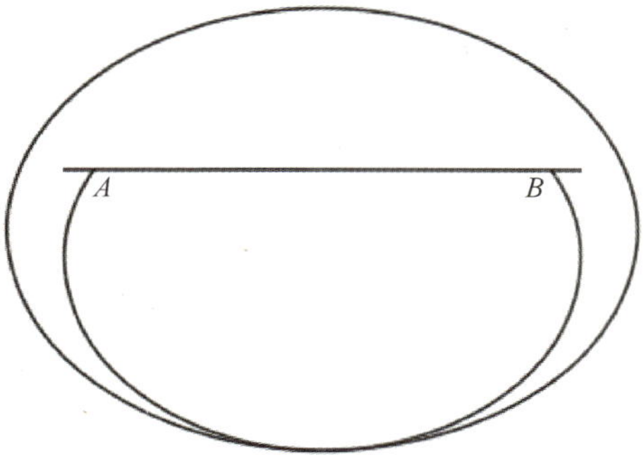

图 2-101　删除圆弧和辅助线

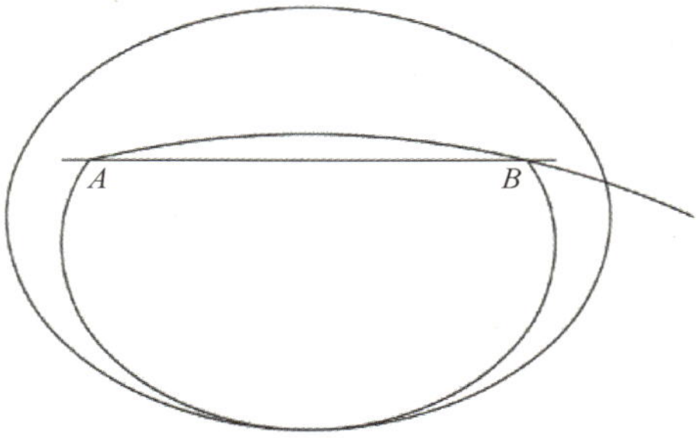

图 2-102　绘制圆弧

（5）输入 XL 命令，在起点捕捉下象限点，然后捕捉线段 *AB* 中点，按空格键绘制构造线。按 F8 键，进入正交限制模式，输入 L 命令，捕捉线段 *AB* 中点，向上拖动鼠标，输入 72，再向左拖动鼠标，输入 18，按空格键，标记终点为点 *C*。捕捉线段 *AB* 中点，向下拖动鼠标，输入 19.35，再向左拖动鼠标，输入 13，按空格键，标记终点为点 *D*。效果如图 2-104 所示。

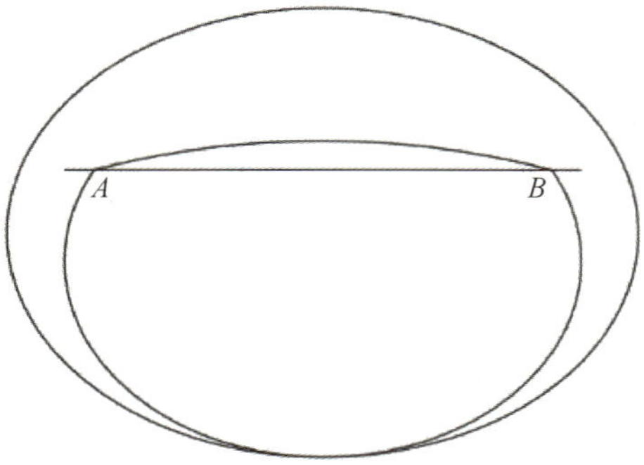

图 2-103　删除多余圆弧

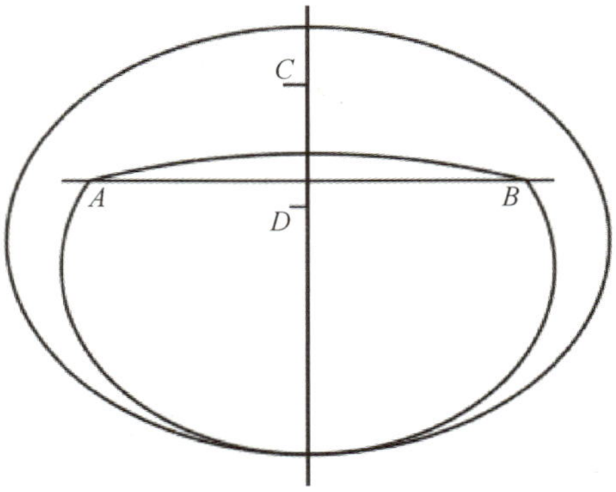

图 2-104　绘制构造线及线段

（6）输入 L 命令，第一个点捕捉点 C，第二个点捕捉点 D，按空格键。选中线段 CD 以及相连的两个线段，输入 MI 命令，轴线选择构造线，按空格键，点 C、D 的镜像点分别标记为点 E、F。效果如图 2–105 所示。

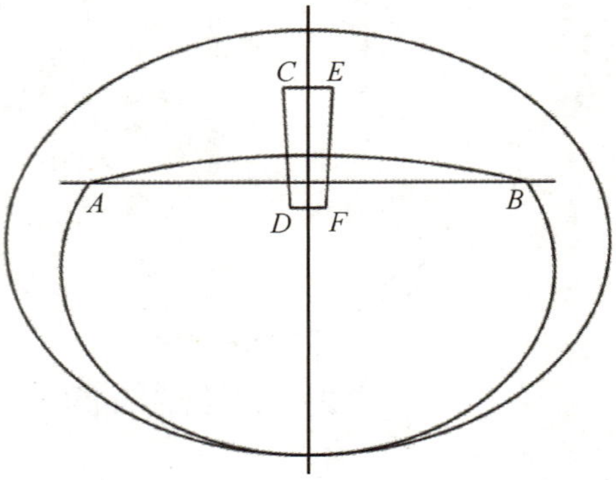

图 2–105　绘制线段 *CD* 和 *EF*

（7）输入 L 命令，捕捉线段 AB 中点，向上拖动鼠标，输入 75，再向左拖动鼠标，输入 60，按空格键，标记终点为点 G。输入 C 命令，捕捉 G 点作为圆心，输入 14，按空格键；再次按空格键，捕捉 G 点作为圆心，输入 18，按空格键；再次按空格键，输入参数 2P，捕捉 D 点，作为直径的第一个端点，按空格键，捕捉点 F 作为直径的第二个端点，按空格键。效果如图 2–106 所示。

（8）删除多余对象和辅助线，如图 2–107 所示；输入 TR 命令，连续两次按空格键对水龙头出水口进行修剪；再绘制水龙头开关的十字图形。效果如图 2–108 所示。

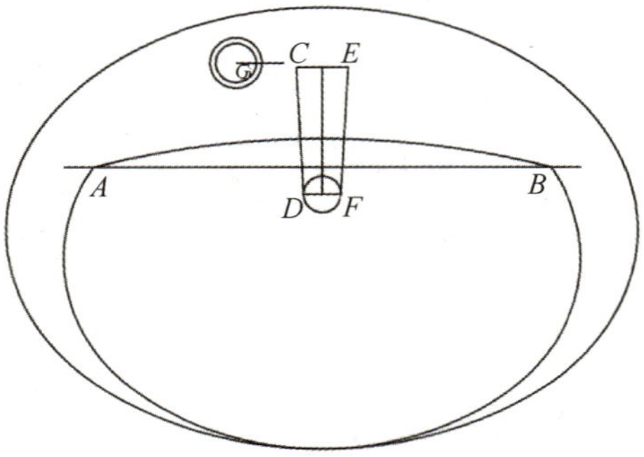

图 2–106　绘制同心圆

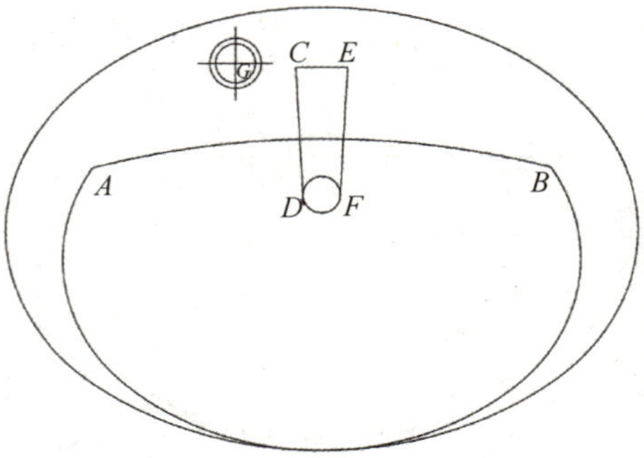

图 2–107　绘制十字开关并删除辅助线

（9）输入 MI 命令，选择左侧水龙头，按空格键确定，捕捉线段 CE 为镜像线第一点，再捕捉下象限点，按空格键。效果如图 2–109 所示。

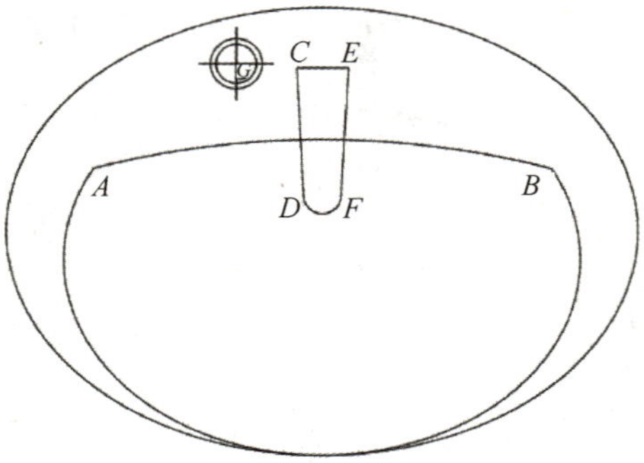

图 2–108　删除多余辅助线

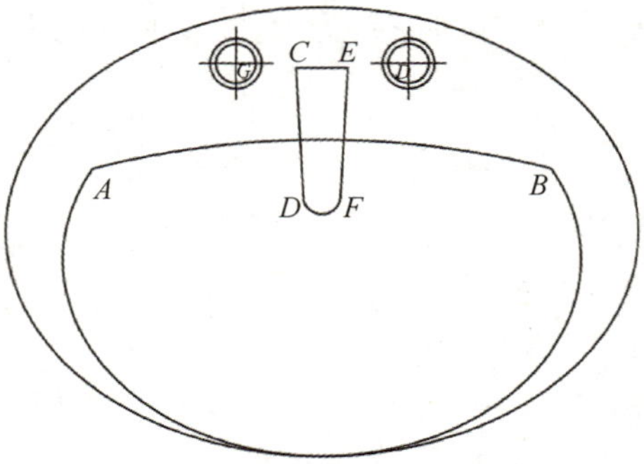

图 2–109　镜像水龙头

（10）删除多余对象。效果如图 2–97 所示。

任务九 绘制多线

任务要点

（1）掌握 ML、MLSTYLE、MLEDIT 等绘图命令。

（2）掌握标注样式、快速标注等命令。

（3）掌握轴线绘制的技巧。

（4）掌握墙体绘制的技巧。

（5）掌握标注绘制的技巧。

子任务 绘制室内平面图

绘制说明：

绘制一个居室平面图，如图 2-110 所示。轴线是红色，线型为 ACAD_ISO02W100。因为水平方向外墙尺寸是 11 540，将水平轴线尺寸定为 12 600；垂直方向外墙尺寸是 11 040，将垂直轴线尺寸定为 11 800。在 CAD 中墙体用多线 ML 命令绘制。墙体一般为 240 墙或 120 单砖墙。

新学命令：

O、Q、MLST、MLED、ML

命令简介：

O 是 OFFSET 的快捷命令，功能是将非封闭对象偏移，将封闭对象放大或缩小一定距离。

Q 是 QDIM 的快捷命令，功能是快速标注，它可以同时选择几个圆形快速标注半径。

MLST 是 MLSTYLE 的快捷命令，功能是修改多线样式。

MLED 是 MLEDIT 的快捷命令，功能是编辑多线的交点。

ML 是 MLINE 的快捷命令，功能是绘制多线。

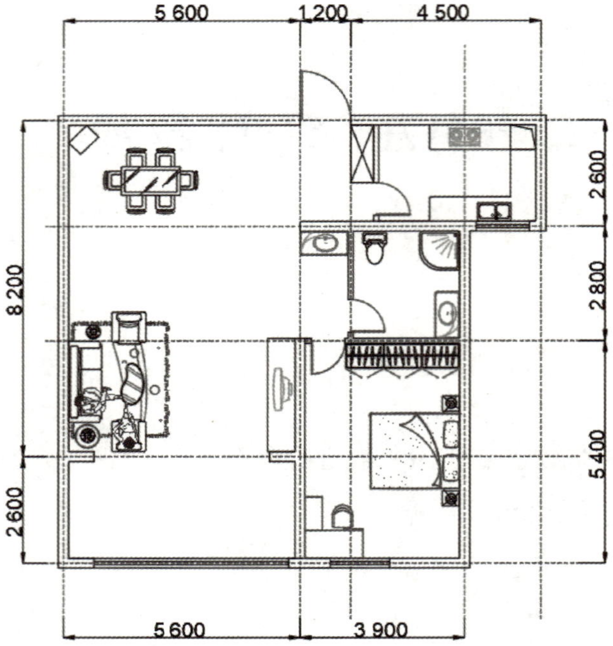

图 2-110 一个居室平面图

具体步骤如下：

1. 绘制轴线

（1）设置线型颜色为红色，线型选择“ACAD_ISO02W100”，如图 2-111 所示；在“线型管理器”对话框中，单击“当前”按钮，设置“全局比例因子”为 10，如图 2-112 所示。

图 2-111 属性下拉框

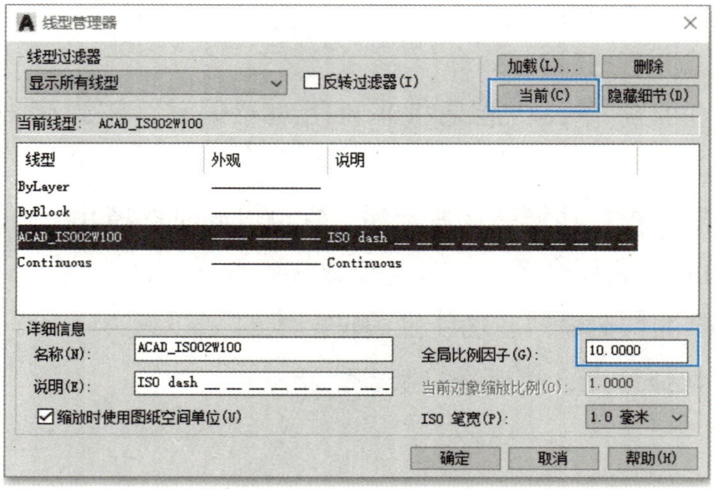

图 2-112 “线型管理器”对话框

（2）在命令框中，输入 L 命令，在绘图区中单击任一点，按 F8 键，进入正交限制模式，向右拖动鼠标，输入 12 600（基于房子的外墙宽度是 11 540），按空格键，两端标记点 *A*、*B*；输入 O 命令，输入 8 200，按空格键，选中线段 *AB*，向下拖动鼠标，按空格键，选中刚绘制的线段，按空格键，输入 2 600，连续按两次空格键，线段分别标记为 2、3，如图 2-113 所示。

（3）输入 Q 命令，选中线段 1、2、3，按空格键，向左拖动鼠标，在适当位置按空格键，但标注文字根本看不到，如图 2-114 所示。

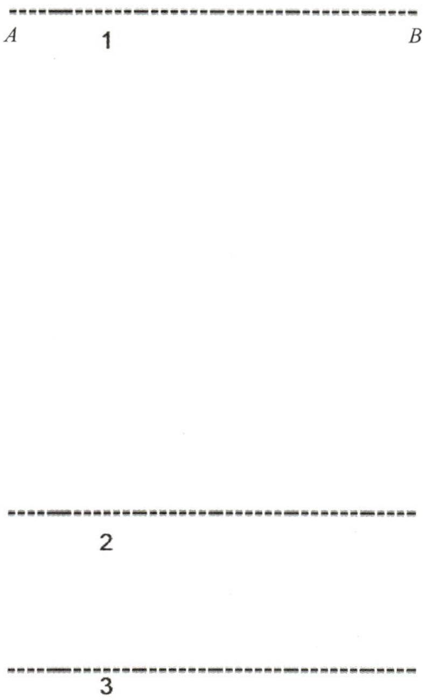

图 2-113　绘制横线轴线（左侧）

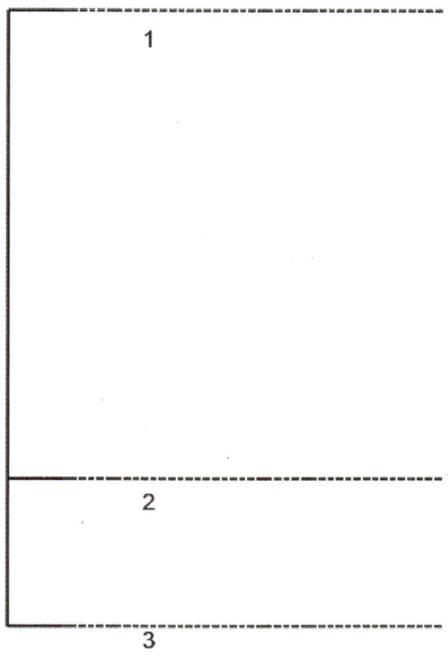

图 2-114　标注横向轴线（左侧）

（4）输入 D 命令，按空格键，弹出“标注样式管理器”对话框，如图 2-115 所示；单

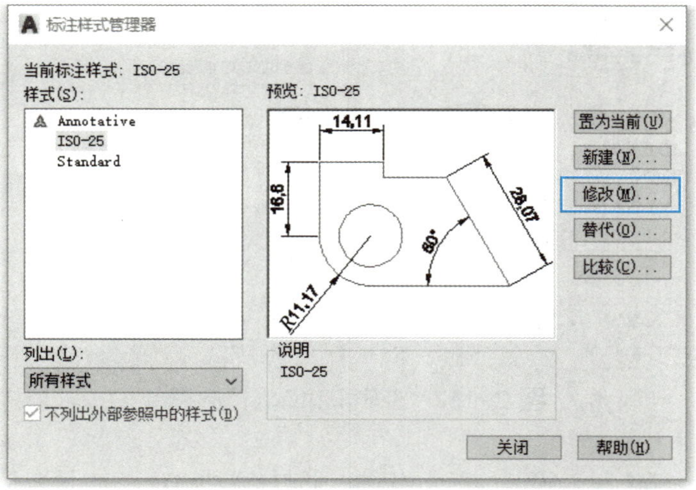

图 2-115　“标注样式管理器”对话框

击“修改”按钮，弹出“修改标注样式”对话框，单击“文字”选项卡，设置“文字高度”为 360，如图 2-116 所示；单击“符号和箭头”选项卡，设置“符号大小”为 260，如图 2-117 所示；上面设置完成后，轴线由图 2-114 所示变成图 2-118 所示。

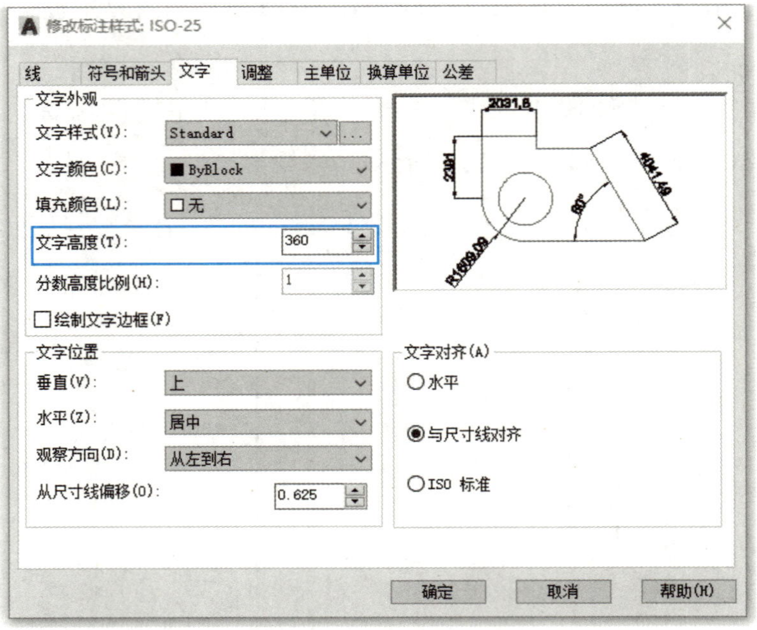

图 2-116　“文字”选项卡

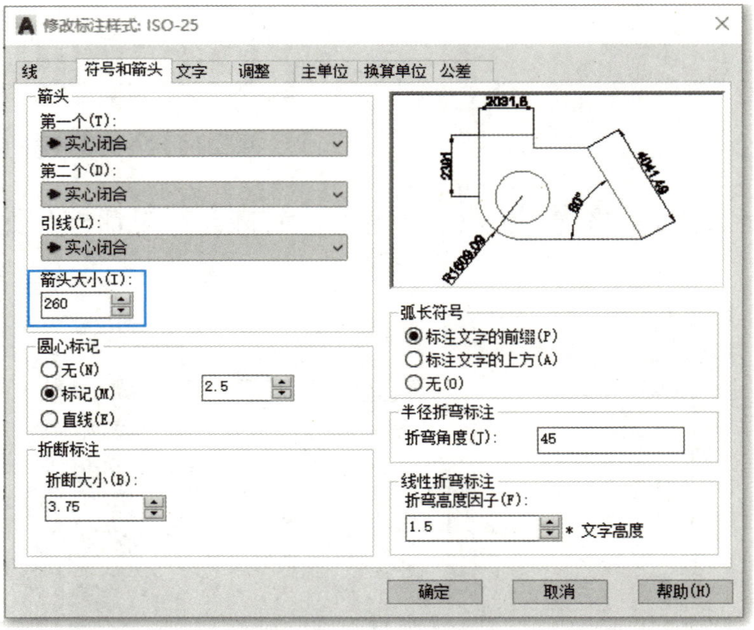

图 2-117　“符号和箭头”选项卡

（5）输入 O 命令，输入 2 600，按空格键，选中线段 *AB*，向下拖动鼠标，按空格键，选中刚绘制的线段，按空格键，输入 2 800，连续按两次空格键，线段分别标记为 4、5。

（6）输入 QDIM 命令，选中线段 1、4、5、3，按空格键，向右拖动鼠标，在适当位置按空格键；设置标注线型为实线、颜色为黑色。效果如图 2-119 所示。

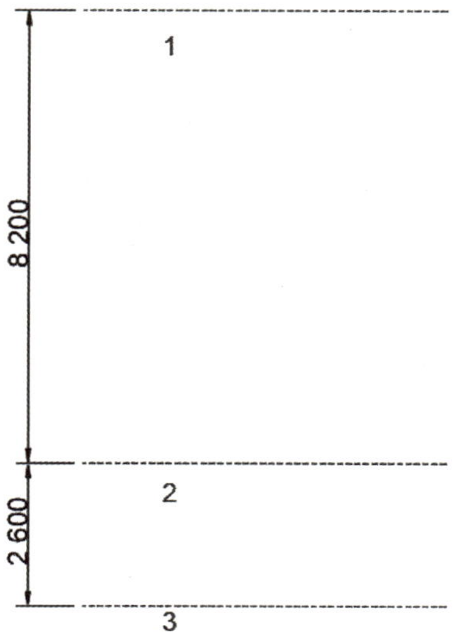

图 2-118 调整后结果

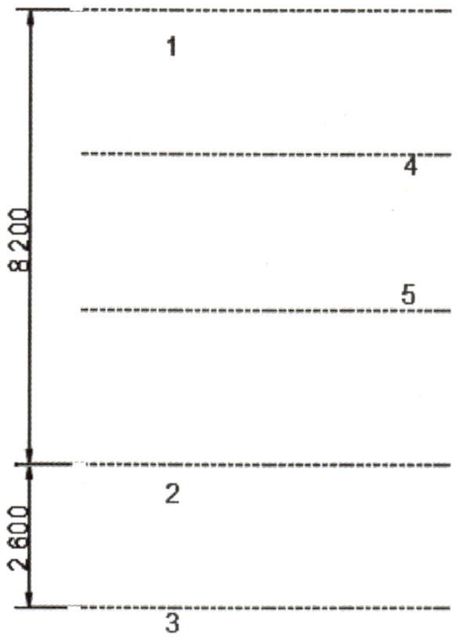

图 2-119 偏移横线轴线

（7）输入 L 命令，单击点 *C*，向下拖动鼠标，输入 11 800（基于房子的外墙宽度是 11 040），按空格键，两端标记点 *C*、*D*；输入 O 命令，输入 5 600，按空格键，选中线段 *CD*，向右拖动鼠标，按空格键，选中刚绘制的线段，按空格键，输入 1 200，向右拖动鼠标，按空格键，选中刚绘制的线段，按空格键，输入 4 500，连续按两次空格键，线段分别标记为 *J*、*K*、*L*、*M*，如图 2-120 所示。

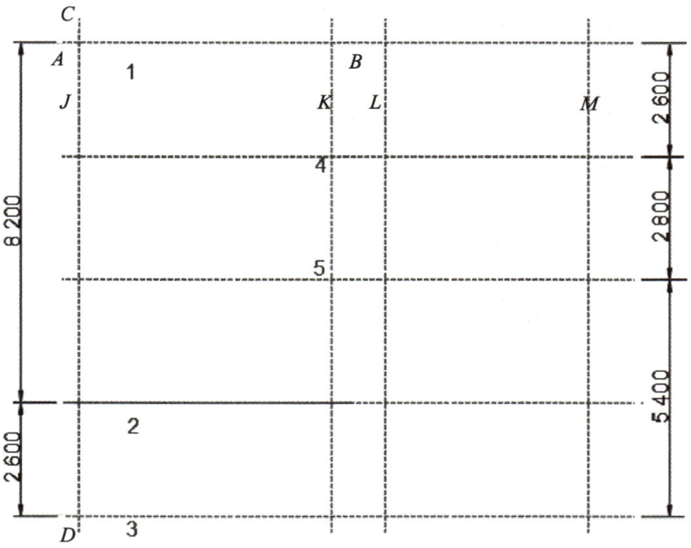

图 2-120 绘制纵向轴线和标注横向轴线（右侧）

（8）输入 QDIM 命令，选中线段 J、K、L、M，按空格键，向上拖动鼠标，在适当位置按空格键；设置标注线型为实线、颜色为黑色，如图 2-121 所示。

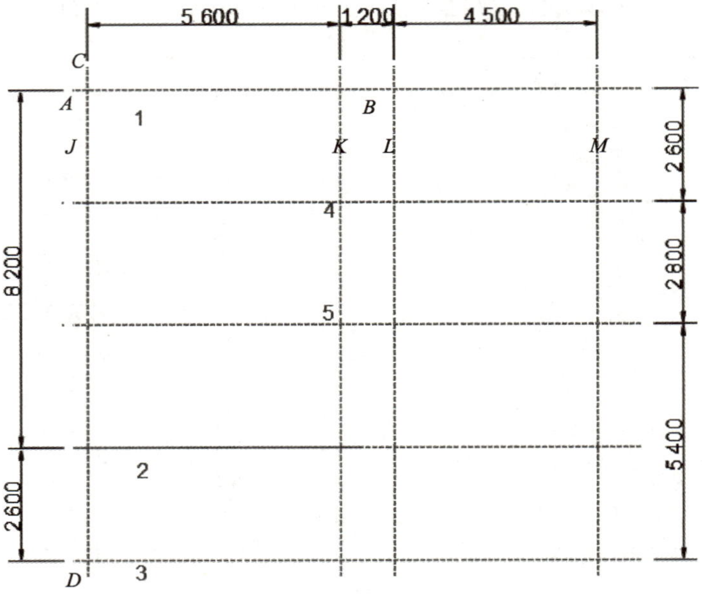

图 2-121　标注纵向轴线（上侧）

（9）输入 O 命令，输入 3 900，按空格键，选中线段 K，向右拖动鼠标，按空格键，连续按两次空格键，线段标记为 N。输入 QDIM 命令，选中线段 J、K、N，按空格键，向下拖动鼠标，在适当位置按空格键；设置标注线型为实线、颜色为黑色，如图 2-122 所示。

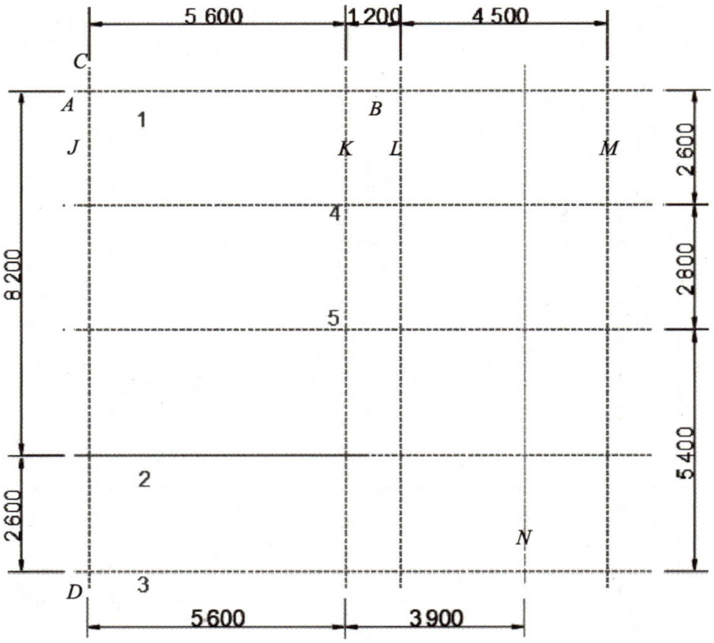

图 2-122　轴线及尺寸标注

2. 设置多线样式

（1）输入 MLSTYLE 命令，按空格键，在弹出的“多线样式”对话框中，单击“修改”按钮，如图 2-123 所示；在弹出的“修改多线样式”对话框中勾选“直线”的“起点”和“端点”复选框，如图 2-124 所示。

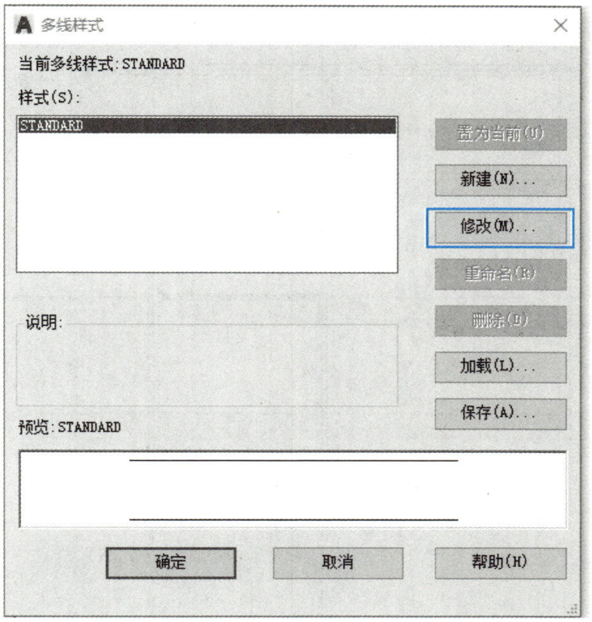

图 2-123　“多线样式”对话框

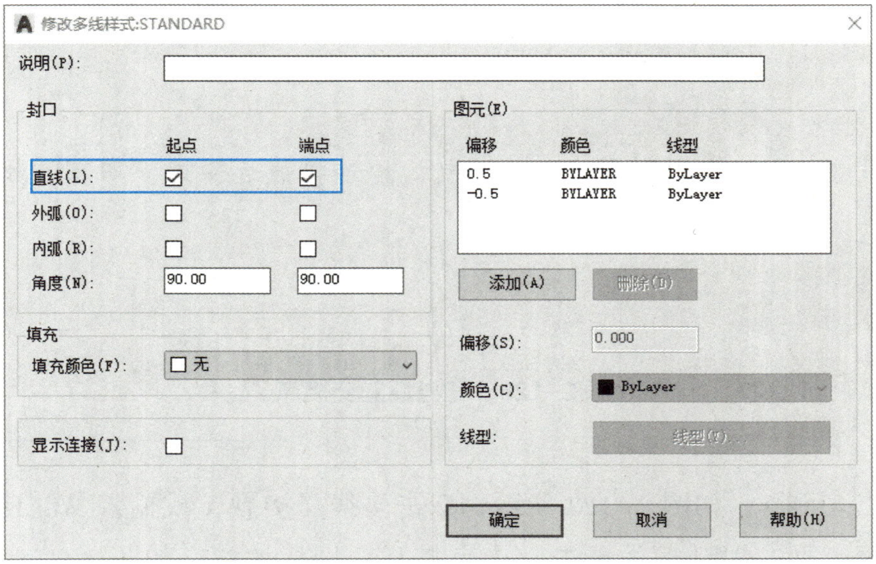

图 2-124　“修改多线样式”对话框

（2）输入 ML 命令，按空格键，输入比例参数 *S*，输入 240（两线距离 240）；输入对正参数 *J*，再输入 *Z*（多线的中间对正轴线），捕捉线段 *J* 和线段 1 的交点，按图 2-125 所示进行绘制。删除多余对象。

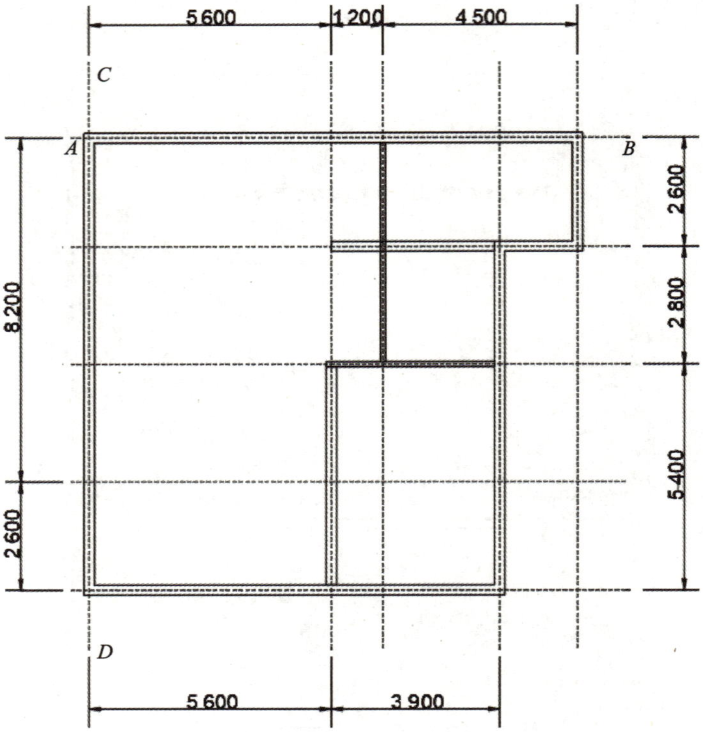

图 2-125　绘制墙体

注意：

在绘制墙与墙交接的接点时，后绘制的墙连接最近的墙面即可，如图 2-126 所示。

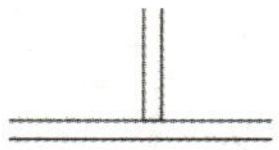

图 2-126　墙与墙的交接点

（3）标记点 *X* 和 *Y*，如图 2-127 所示，双击多线交接点 *X* 或输入 MLEDIT 命令，在弹出的“多线编辑工具”对话框中单击“十字打开”图标按钮，如图 2-128 所示，效果如图 2-129 所示。再依次双击点 *Y* 和其他需要美化的接点。

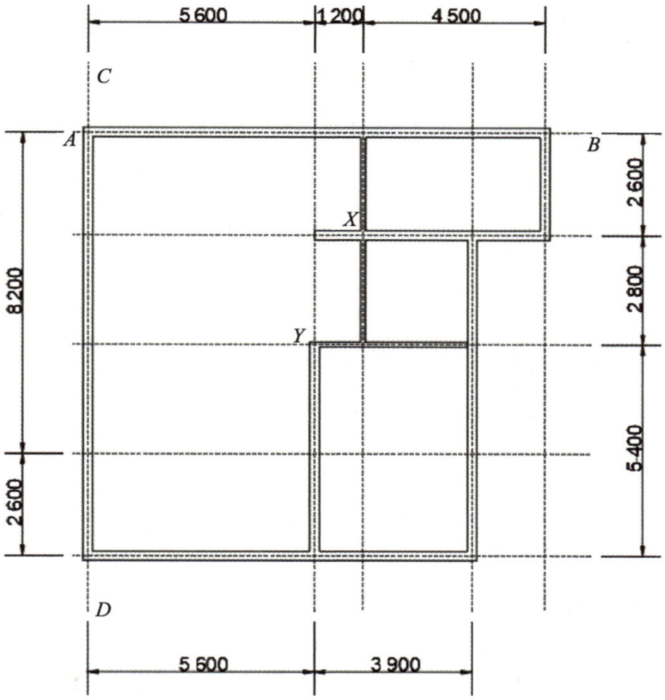

图 2-127　标记点 *X* 和 *Y*

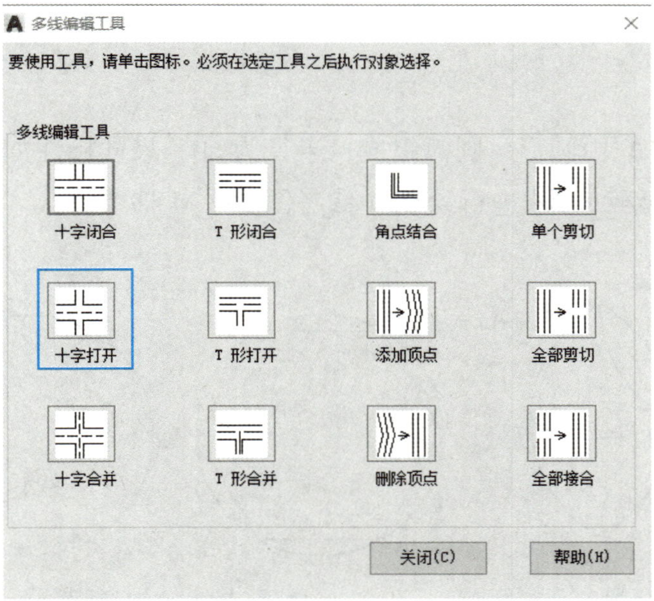

图 2-128　“多线编辑工具”对话框

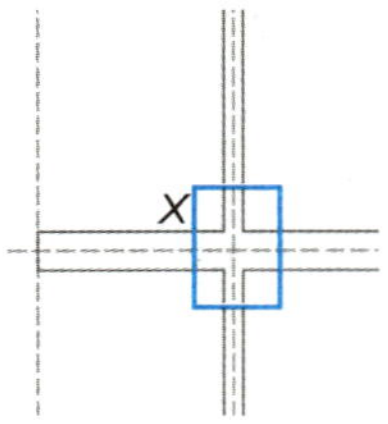

图 2-129　“十字打开”编辑效果图

综合练习二

1. 绘制茶杯垫 I

绘制茶杯垫 I，如图 2-130 所示。它由圆形、正六边形、圆弧、线段组成，正六边形内接于圆形，半径为 60，尺寸标注如图 2-131 所示。

图 2-130　茶杯垫 I

图 2-131　茶杯垫 I 尺寸标注

2. 绘制茶杯垫 II

绘制茶杯垫II，如图 2-132 所示。它由圆形、圆弧组成，半径为 60，尺寸标注如图 2-133 所示。使用正六边形辅助和定数等分两种方法进行绘制（参考图 2-134）。

图 2-132　茶杯垫 II

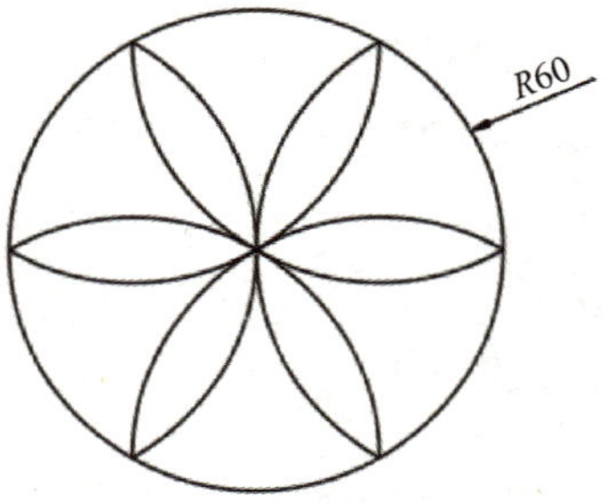

图 2-133　茶杯垫 II 尺寸标注

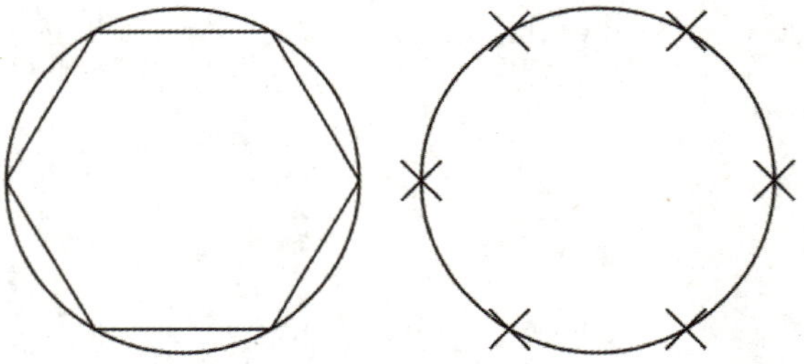

图 2-134　绘制参考图

3. 绘制足球

参照“任务三子任务 1　绘制蜂巢”，绘制足球，如图 2-135 所示；圆形半径为 21.5 cm，拼块全部正六边形边长为 10 cm，足球尺寸标注如图 2-136 所示。

图 2-135　足球

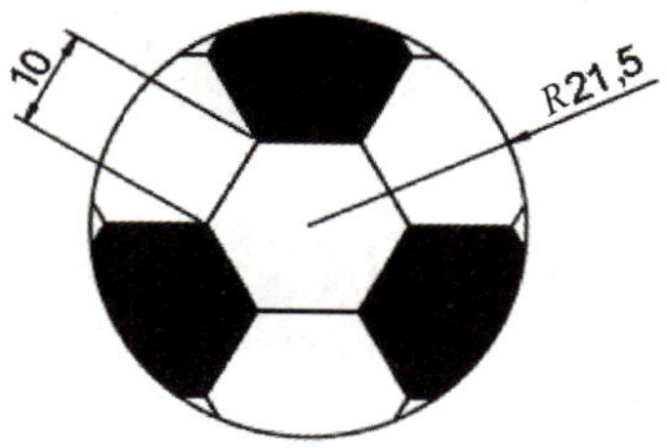

图 2-136　足球尺寸标注

注意：

足球是由 12 块黑色的正五边形材料和 20 块白色正六边形材料拼接而成的球体。足球规格是 1 至 5 号，本题要求绘制 5 号球。由于我们绘制的是平面图而非球体，因此绘制时要求圆形直径为 21.5 cm，正六边形的边长为 10 cm。

4. 绘制几何卡通飞鸟

绘制几何卡通飞鸟，如图 2-137 所示。它由圆形、圆弧、圆环、三角形、椭圆、矩形、线段组成，大椭圆、圆形、正三角形的几何中心在一条垂直线上，具体尺寸标注和对象位置如图 2-138 所示。

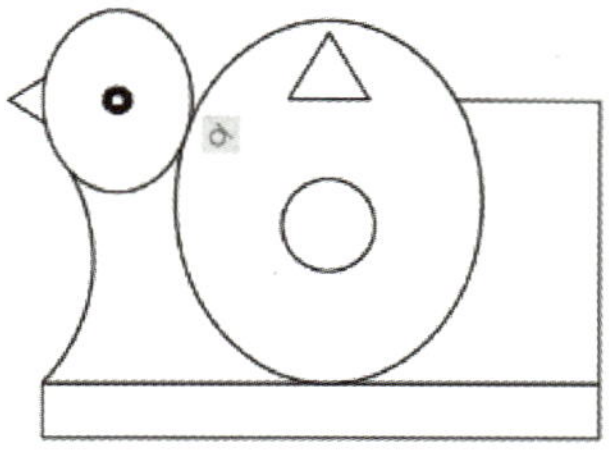

图 2-137　几何卡通飞鸟

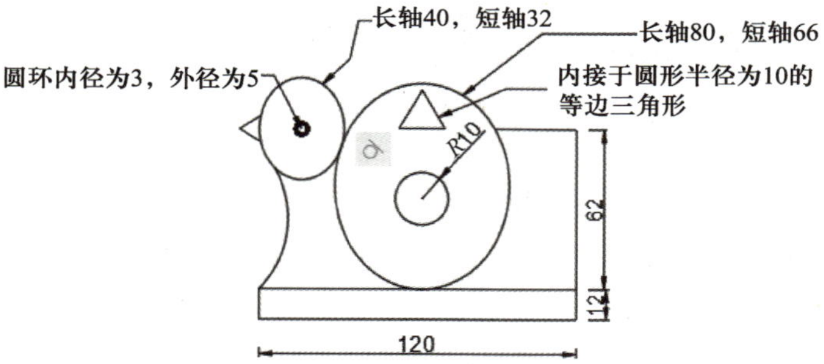

图 2-138　几何卡通飞鸟的尺寸标注

5. 绘制几何图形

如图 2-139 所示，它是 3 个梯形的叠加图形。请根据梯形的位置和角度绘制叠加的图形，具体尺寸标注和对象位置如图 2-140 所示。

6. 绘制圆弧组成的图形 I

绘制如图 2-141 所示的几何图形，它由 3 个圆弧组成，具体尺寸标注和对象位置如图 2-142 所示。

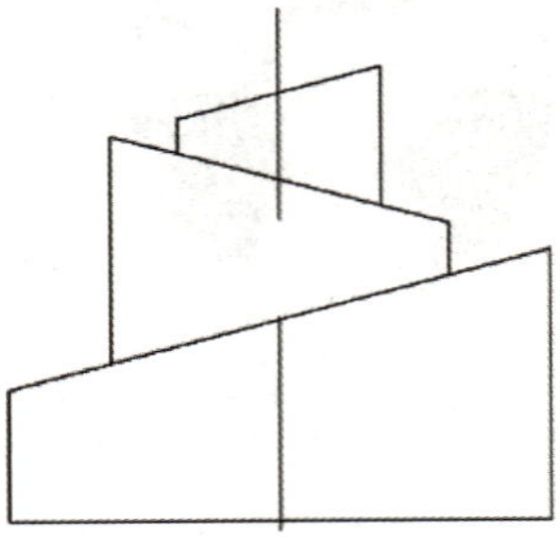

图 2-139　几何图 I

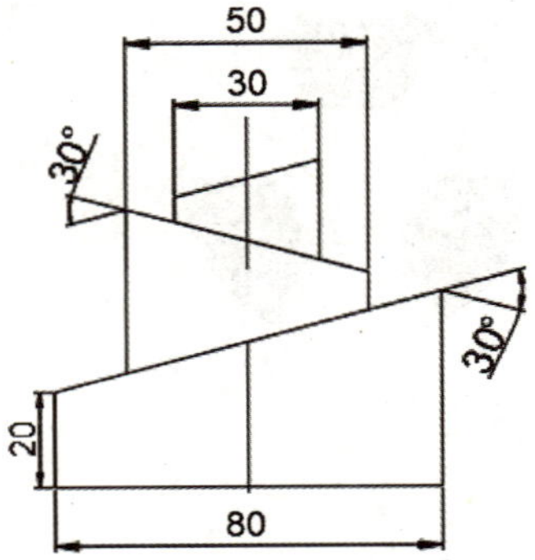

图 2-140　几何图 I 的尺寸标注

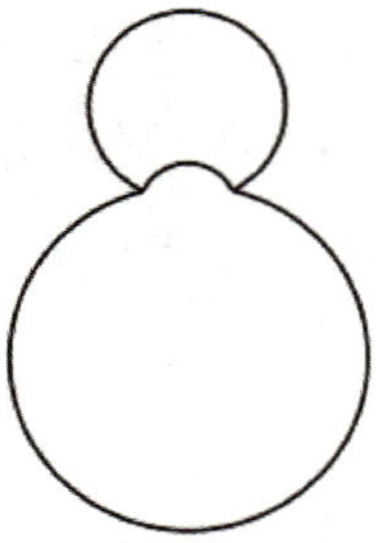

图 2-141　几何图 Ⅱ

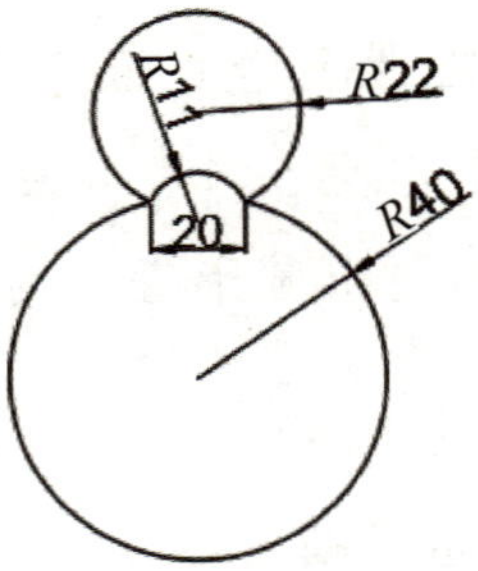

图 2-142　几何图 Ⅱ 的尺寸标注

注意：

绘制圆弧大于 180°时，需要按住 Ctrl 键，反方向进行绘制。

7. 绘制圆弧组成的图形

绘制如图 2-143 所示的几何图形，它由 3 个圆弧组成，具体尺寸标注和对象位置如图 2-144 所示。

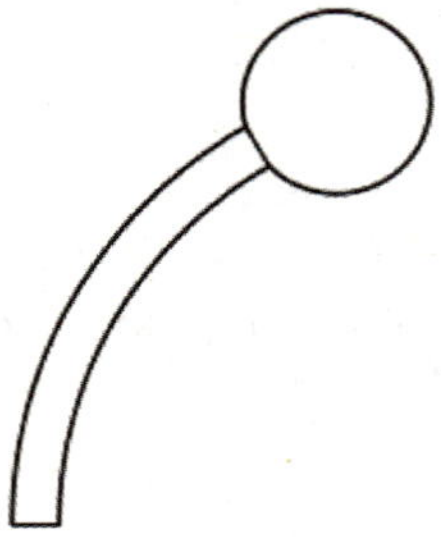

图 2-143　几何图 Ⅲ

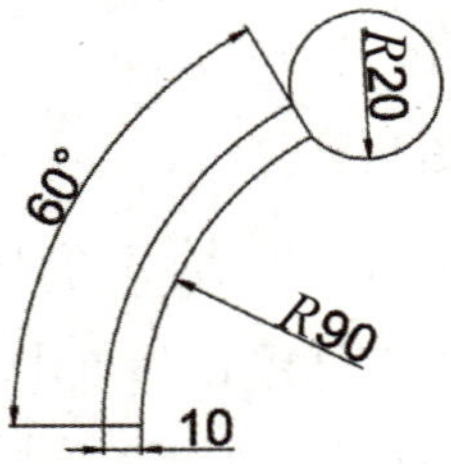

图 2-144　几何图 Ⅲ 的尺寸标注

8. 绘制双人床

绘制如图 2-145 所示的双人床，它由圆形、圆弧、光顺曲线、样条曲线、圆角矩形、线段以及 2 个图案填充组成。上面图案名是“JIS_LC_20A”，比例为 5；下面图案名是

“STARS”，比例为 5，间距为 5。具体尺寸标注和对象位置如图 2-146 所示。

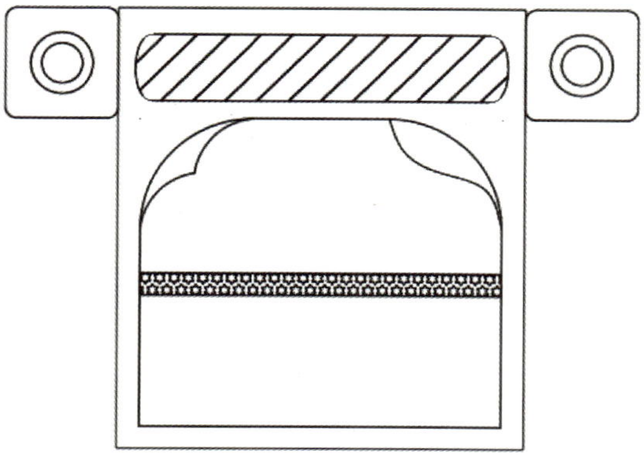

图 2-145　双人床

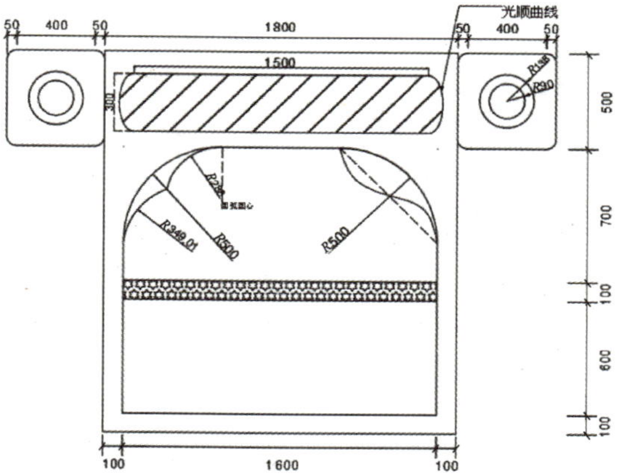

图 2-146　双人床的尺寸标注

9. 绘制几何图形

绘制几何图形，如图 2-147 所示，它由矩形、圆形、圆弧组成。具体尺寸标注和对象位置如图 2-148 所示。

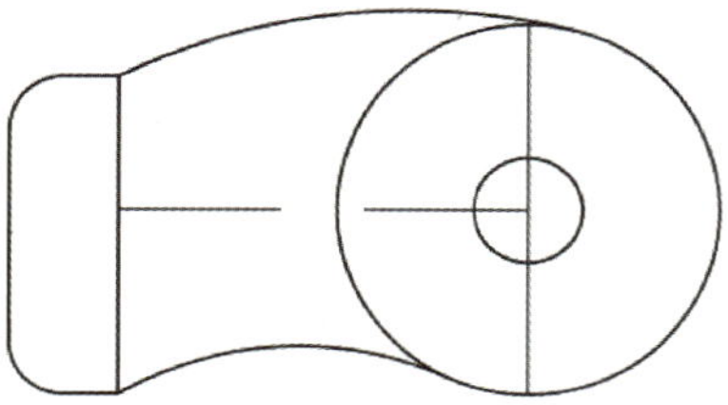

图 2-147　几何图 IV

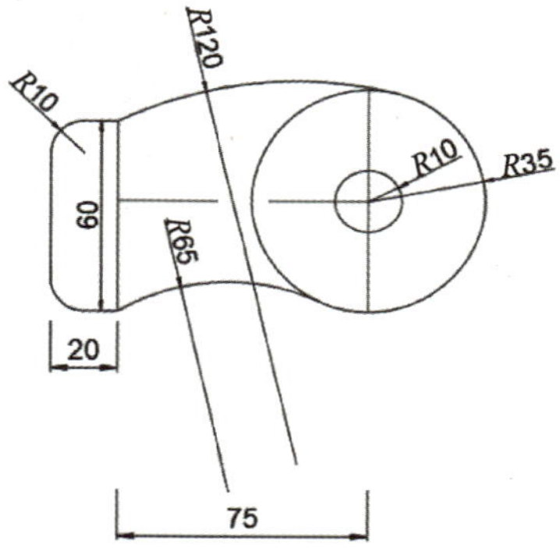

图 2-148　几何图 IV 的尺寸标注

10. 绘制吊车车钩

绘制吊车车钩，如图 2-149 所示。它由圆弧、矩形、圆角、线段组成。具体尺寸标注和对象位置如图 2-150 所示。

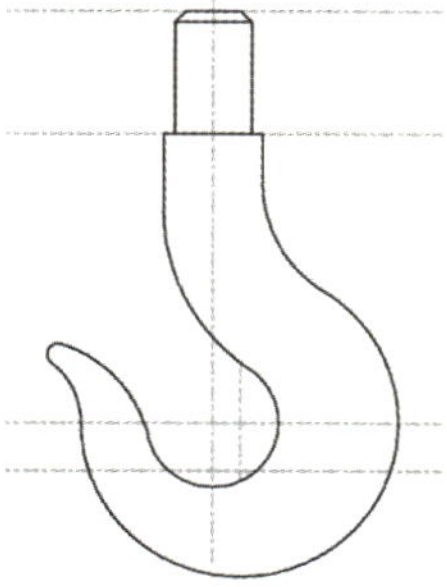

图 2-149　吊车车钩

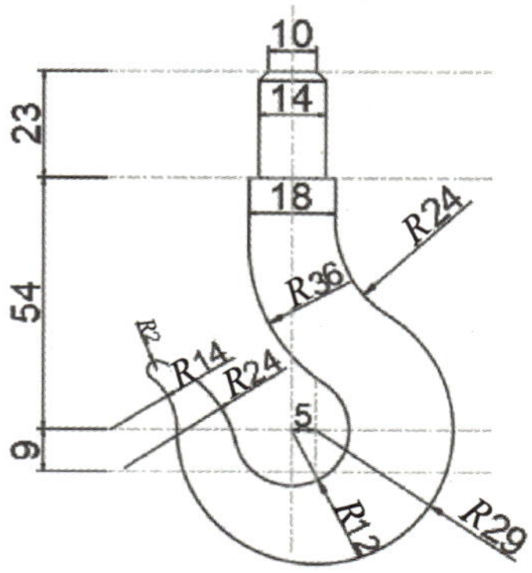

图 2-150　吊车车钩的尺寸标注

项目三　修改工具综合应用

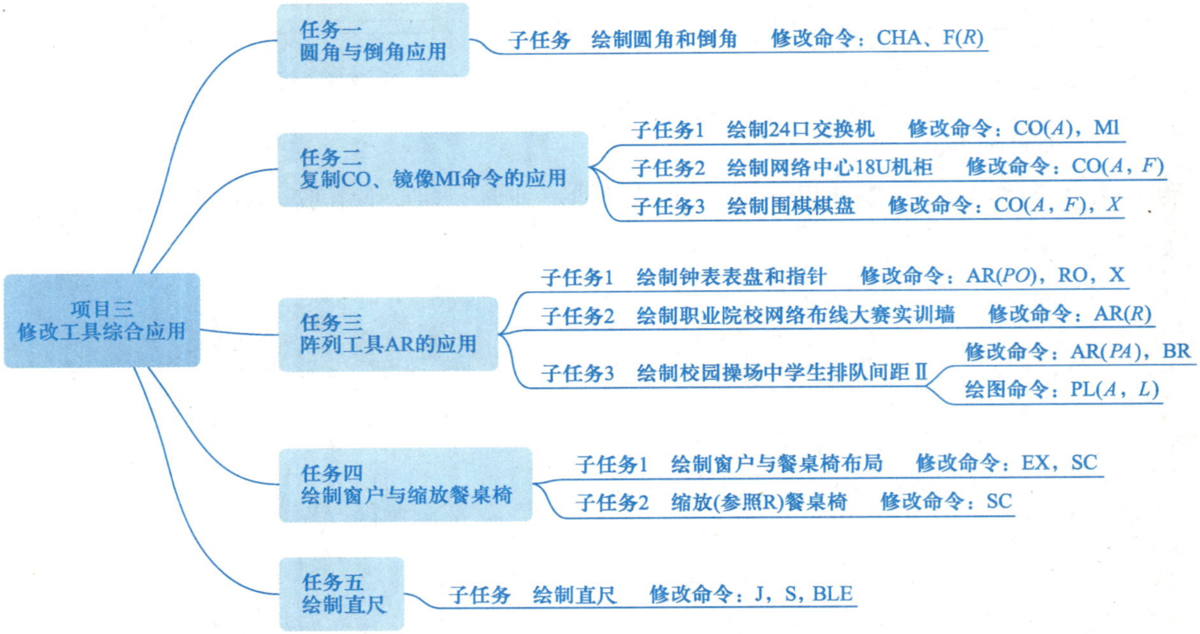

学习目标

（1）熟悉并识记修改命令。

（2）理解各种修改命令的应用场合。

（3）掌握 CO、AR、EX、SC、BR 命令的参数应用技巧。

任务一　圆角与倒角应用

任务要点

（1）掌握倒角和圆角等修改命令。

（2）掌握设置对象捕捉追踪技巧。

子任务　绘制圆角和倒角

绘制说明：

绘制图形如图 3-1 所示，它是由圆角矩形、倒角矩形、正常矩形组成。本子任务需要通过横、纵两个方向（也就 X、Y 方向）进行定位，因此通过矩形进行辅助绘制，请仔细体会。具体尺寸标注如图 3-2 所示。

新学命令：

CHA(*D*)、F(*R*)

修改命令：

CHA(*R*)、F(*R*)

命令简介：

CHA 是 CHAMFER 的快捷命令，功能是通过角度 *A* 或距离 *D* 倒角。

F 是 FILLET 的快捷命令，功能是通过半径 *R* 倒圆角。

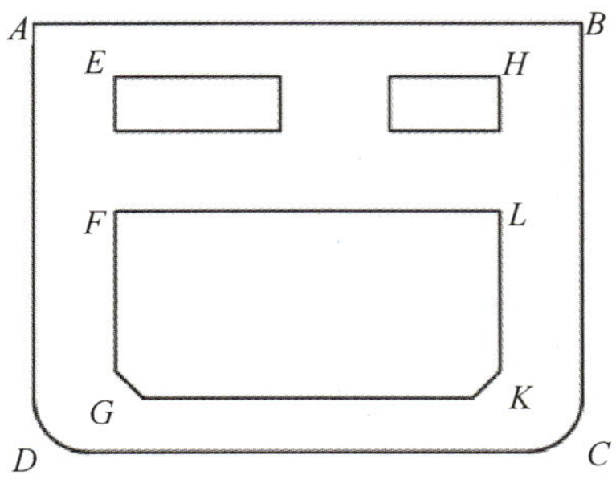

图 3-1　圆角和倒角示意图

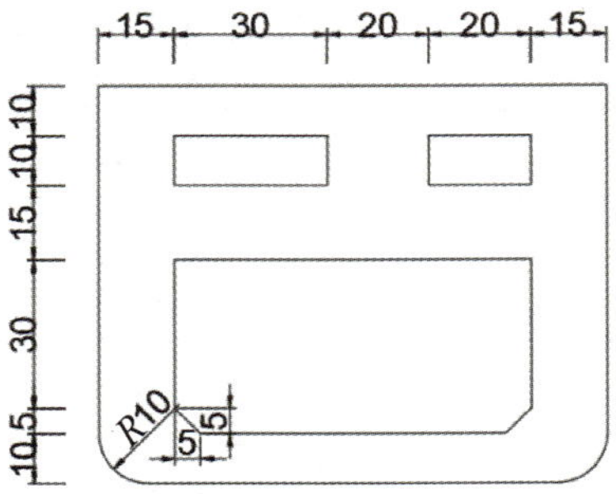

图 3-2　圆角和倒角示意图的尺寸标注

具体步骤如下：

（1）在命令框中，输入 REC 命令，在绘图区中任一点单击，输入 *D*，然后输入 100，按空格键，继续输入 80，按空格键，向右下方拖动鼠标后单击，4 个顶角分别标记为点 *A*、*B*、*C*、*D*。效果如图 3-3 所示。

（2）根据题目要求，绘制 4 个辅助矩形。输入 REC 命令，捕捉点 *A* 后单击，输入 *D*，然后输入 15，按空格键，继续输入 10，按空格键，向右下方拖动鼠标后单击，右下角顶角标记为点 *E*；按空格键，重复绘制矩形，捕捉点 *A* 后单击，输入 *D*，然后输入 15，按空格键，继续输入 35，按空格键，向右下方拖动鼠标后单击，右下角顶角标记为点 *F*；按空格键，重复绘制矩形，捕捉点 *A* 后单击，输入 *D*，然后输入 15，按空格键，继续输入 70，按空格键，向右下方拖动鼠标后单击，右下角顶角标记为点 *G*；按空格键，重复绘制矩形，捕捉点 *B* 后单击，输入 *D*，然后输入 15，按空格键，继续输入 10，按空格键，向左下方拖动鼠标后单击，左下角顶角标记为点 *H*。效果如图 3-4 所示。

图 3-3　绘制矩形

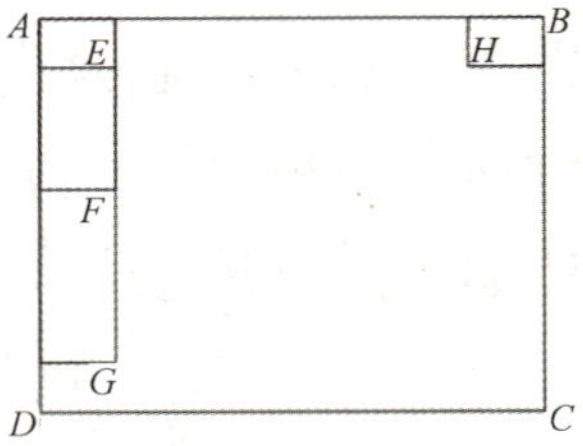

图 3-4　绘制辅助矩形

（3）按空格键，重复绘制矩形。捕捉点 *E* 后单击，输入 *D*，然后输入 30，按空格键，继续输入 10，按空格键，向右下方拖动鼠标后单击；按空格键，重复绘制矩形，捕捉点 *H* 后单击，输入 *D*，然后输入 20，按空格键，继续输入 10，按空格键，向左下方拖动鼠标后单击；按空格键，重复绘制矩形，捕捉点 *F* 后单击，输入 *D*，然后输入 70，按空格键，继续输入 35，按空格键，向右下方拖动鼠标后单击；并做标记。效果如图 3-5 所示。

（4）删除所有辅助线或对象。效果如图 3-6 所示。

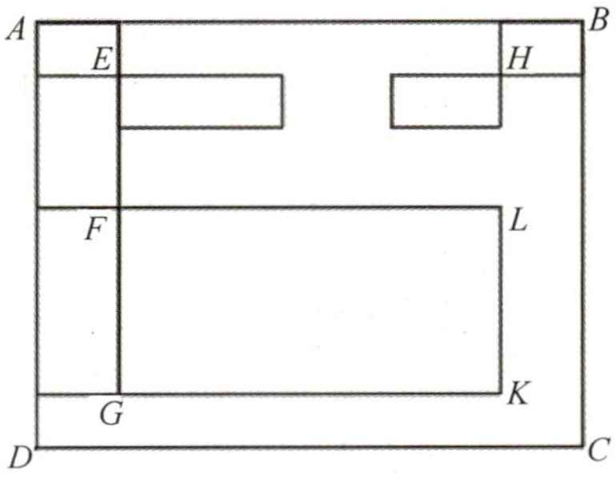

图 3-5　绘制矩形

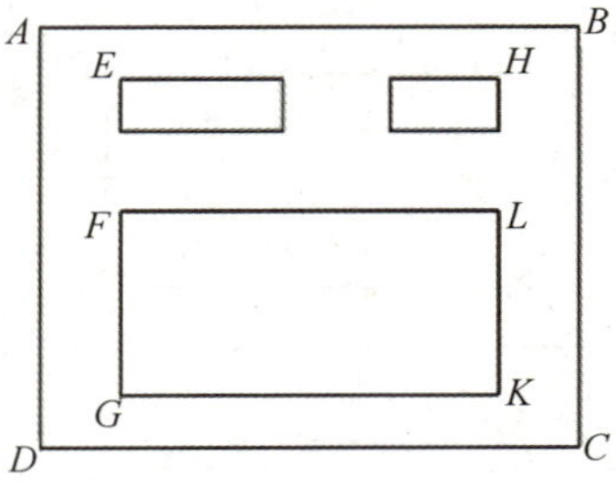

图 3-6　删除辅助矩形后示意图

（5）输入 CHA 命令，按空格键，输入参数 *D*，输入第一个倒角距离 5，再输入第二个倒角距离 5，对准 *FG* 单击，再对准线段 *GK* 单击；按空格键，重复输入 CHA 命令，对准线段 *GK* 单击，再对准线段 *KL* 单击。效果如图 3-7 所示。

（6）输入 F 命令，按空格键，输入参数 *R*，按空格键，输入半径 10，对准线段 *AD*（作为第一条边）单击，对准线段 *DC* 单击；按空格键，重复输入 CHA 命令，对准线段 *DC* 单击，再对准线段 *CB* 单击。效果如图 3-1 所示。

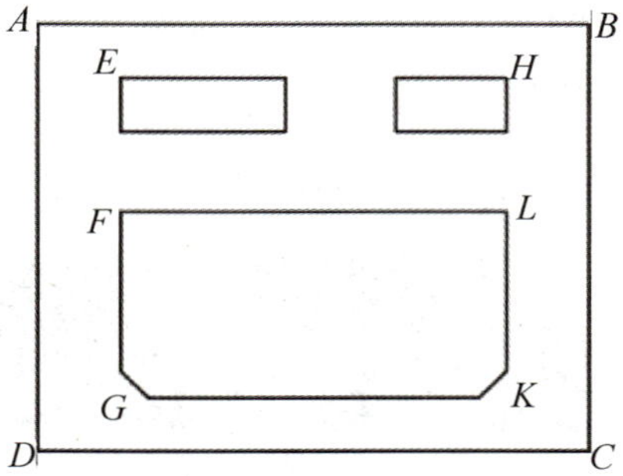

图 3-7　倒角结果示意图

任务二　复制 CO、镜像 MI 命令的应用

任务要点

（1）掌握修改工具 CO 命令。

（2）掌握修改工具 MI 命令。

（3）掌握绘制交换机的技巧。

（4）掌握绘制机柜的技巧。

（5）掌握绘制中国围棋棋盘的技巧。

子任务 1　绘制 24 口交换机

绘制说明：

绘制交换机 S2024C，如图 3-8 所示。交换机示意图如图 3-9 所示。尺寸是 436×42×240，12 个一组，左右共 2 组，它是 24 口交换机。交换机具体尺寸标注如图 3-10 所示，RJ-45 接口的尺寸标注如图 3-11 所示。

新学命令：

CO(*A*)、MI

修改命令：MI

命令简介：

CO 是 COPY 的快捷命令，功能是复制，此处通过参数 *A* 指定数量，再通过这个指定数量距离进行复制。

MI 是 MIRROR 的快捷命令，功能是镜像，也可以理解为对称复制。

图 3-8　交换机 S2024C

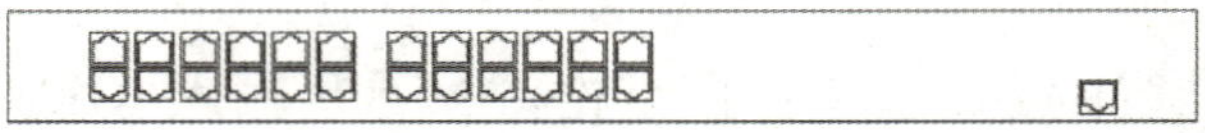

图 3-9　交换机

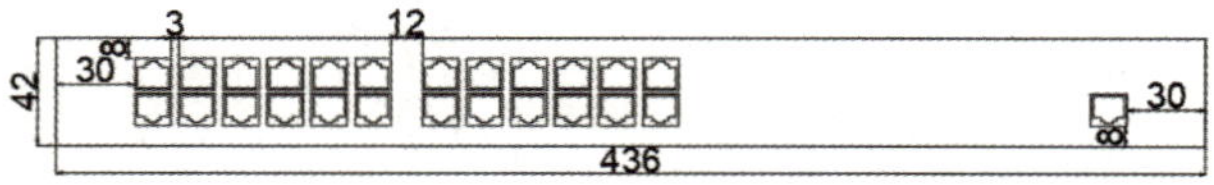

图 3-10　交换机的尺寸标注

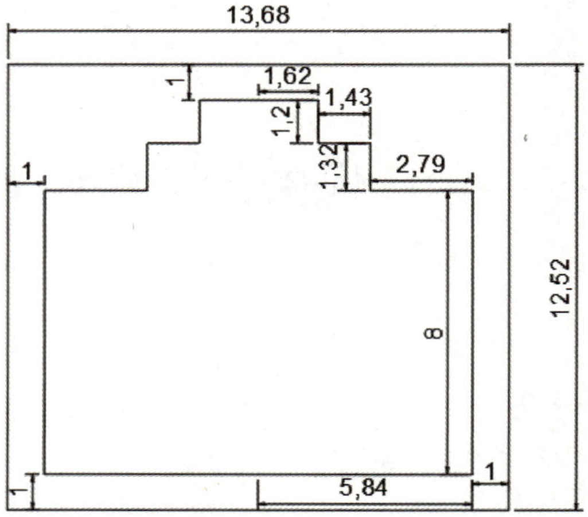

图 3-11　接口的尺寸标注

具体步骤如下：

（1）根据“项目二任务四子任务 1　绘制交换机接口”内容，绘制交换机接口，并绘制 13.68×12.52 的矩形，将接口置入矩形内，如图 3-12 所示。

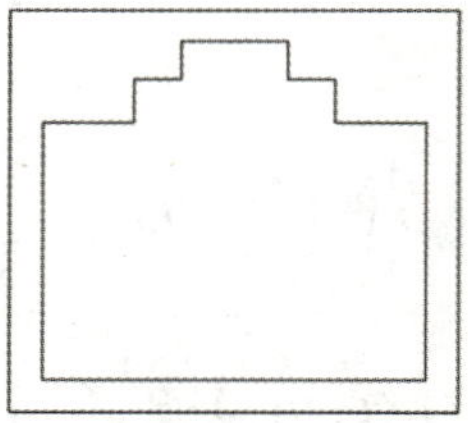

图 3-12　绘制接口

（2）在命令框中，输入 REC 命令，按空格键，在绘图区中任一点单击，输入参数 *D*，输入 436，按空格键，输入 42，按空格键，在第一点的右下角单击；设置线型为点横线，输入 L 命令，捕捉矩形的垂直两边中点，绘制轴线；标记点为 *A*、*B*、*C*、*D*。效果如图 3-13 所示。

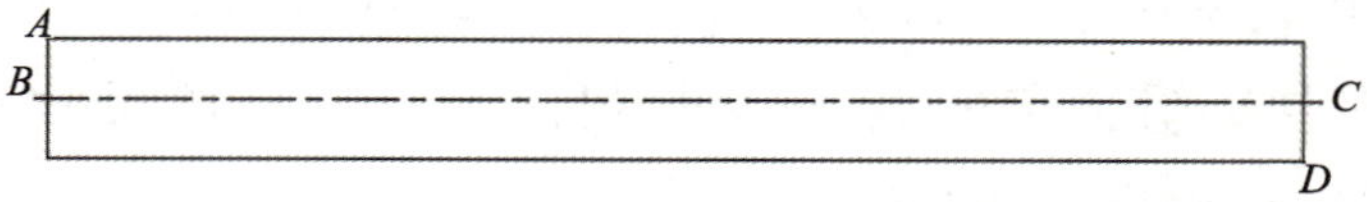

图 3-13　绘制矩形

（3）输入 REC 命令，按空格键，捕捉点 *A* 后单击，输入参数 *D*，输入 30，按空格键，输入 8，按空格键，在点 *A* 的右下方单击；按空格键，重复输入 REC 命令，捕捉点 *B* 后单击，输入参数 *D*，输入 30，按空格键，输入 8，按空格键，在点 *B* 的左上方单击；标记点为 *E*、*F*。效果如图 3-14 所示。

（4）输入 CO 命令，按空格键，选中接口，捕捉接口左上角顶点，在非正交限制模式下，捕捉交换机 *E* 点后单击，连续按两次空格键；重复输入 CO 命令，选中接口，捕捉接口右下角顶点，捕捉交换机 *F* 点后单击，按空格键。效果如图 3-15 所示。

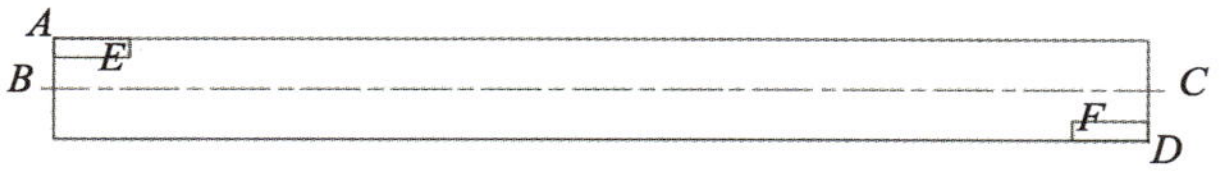

图 3-14　绘制辅助矩形

图 3-15　复制接口 1

（5）输入 CO 命令，按空格键，按 F8 键进入正交限制模式，选中接口，按空格键，捕捉右上角为基点，输入参数 *A*，输入阵列项目数 6，向右拖动鼠标，输入 16.68，按空格键，标记点为 *H*。效果如图 3-16 所示。

图 3-16　复制接口 2

（6）输入 L 命令，捕捉第一个点 *H* 后单击，向右拖动鼠标，输入 12，连续按两次空格键，并标记点 *J*。效果如图 3-17 所示。

（7）输入 CO 命令，按空格键，选中 6 个接口，按空格键，捕捉点 *E* 作为基点，向右拖动鼠标，捕捉点 *J* 后单击，按空格键；删除辅助线 *HJ*。效果如图 3-18 所示。

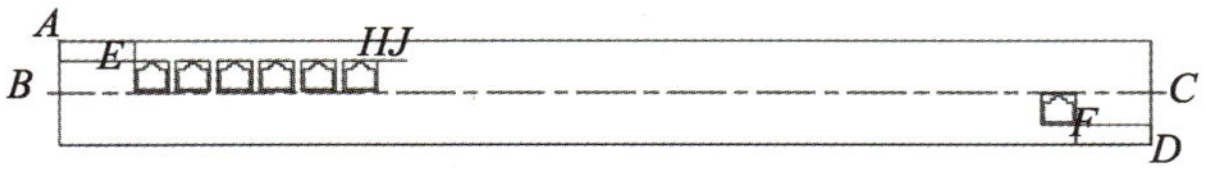

图 3-17　绘制辅助线

图 3-18　复制第二组接口

（8）输入 MI 命令，选择上侧所有接口，按空格键，捕捉轴线 *BC* 任一点作为镜像线第一点，单击，再捕捉轴线任一点作为镜像线第二点，单击，按空格键。效果如图 3-19 所示。

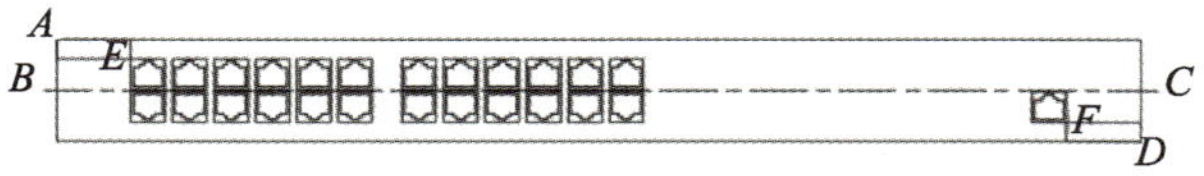

图 3-19　镜像接口

（9）删除所有标记和辅助线（两个矩形）。效果如图 3-9 所示。

子任务2　绘制网络中心 18U 机柜

绘制说明：

绘制 18U 机柜，如图 3-20 所示，立柱尺寸为 200×600，如图 3-21 所示，它是每 1U 的尺寸示意图。机柜柜身和方孔立柱之间的尺寸示意图，如图 3-22 所示。

新学命令：

CO(*A*,*F*)

修改命令：

O、CO(*A*,*F*)、MI

命令简介：

CO 是 COPY 的快捷命令，功能是复制，此处通过参数 *A* 指定数量，再通过参数 *F* 复制等距布满区间。

MI 是 MIRROR 的快捷命令，功能是镜像，也可以理解为对称复制。

图 3-20　机柜

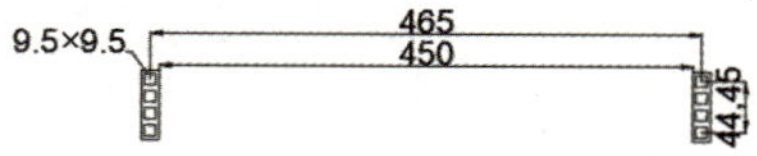

图 3-21　立柱尺寸标注

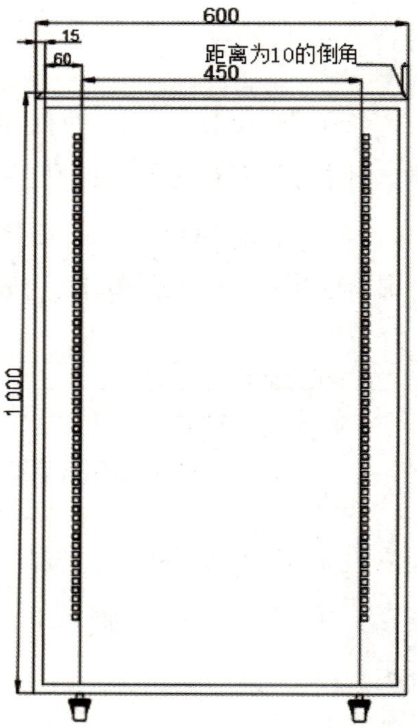

图 3-22　机柜尺寸标注

具体步骤如下：

（1）在命令框中，输入 REC 命令，在绘图区中单击任一点，输入 600，按 Tab 键，输入 1 000，按空格键；输入 O 命令，输入 15，选中矩形，在矩形内部单击，并做标记点分别

为 *A*、*B*、*C*、*D* 线段，如图 3-23 所示。

（2）输入 X 命令，选中内部矩形，按空格键；输入 O 命令，输入 10，将顶端线段向下偏移 10，并做标记点分别为 *E*、*F*，如图 3-24 所示。

（3）输入 TR 命令，连续按两次空格键，修剪点 *E* 和点 *F* 的多余部分；输入 CHA 命令，按空格键，输入参数 *D*，输入第一个倒角距离 10，再输入第二个倒角距离 10，对准 *AB* 单击，再对准线段 *AC* 单击；按空格键，重复输入 CHA 命令，对准线段 *AB* 单击，再对准线段 *BD* 单击，连接倒角端点，如图 3-25 所示。

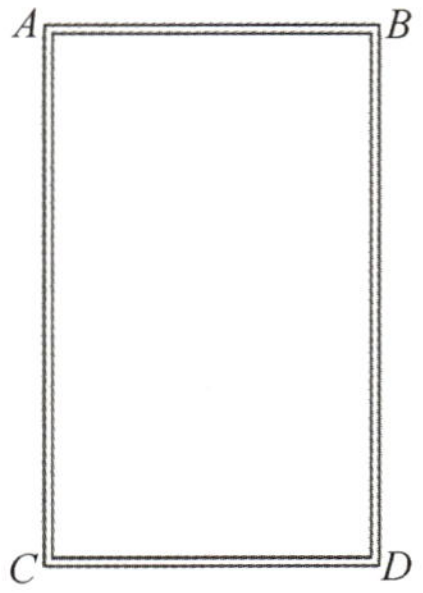

图 3-23　绘制矩形

图 3-24　标记矩形

图 3-25　倒角机柜顶部

（4）根据图 3-21 所示进行绘制。输入 REC 命令，按空格键，单击绘图区中任一点，输入参数 *D*，输入 9.5，按空格键，输入 9.5，按空格键，在第一点的右下角单击；输入 CO 命令，按空格键，选中 9.5×9.5 正方形，按空格键，捕捉中心为基点，输入参数 *A*，输入阵列项目数 4，输入参数 *F*，按 F8 键进入正交限制模式，向下拖动鼠标，输入 44.45，如图 3-26 所示。

（5）输入 CO 命令，选中 4 个小正方形，捕捉任一正方形中心作为基点，在正交限制模式下，向右拖动鼠标，输入 465，连续按两次空格键，绘制辅助线 *NP*，中点为 *Q*，如图 3-27 所示。

（6）输入 CO 命令，按空格键，选中图 3-28 所示的图形，捕捉线段 *NP* 中点 *Q* 作为基点；按 F8 键，在非正交限制模式下拖动鼠标，捕捉中线段 *JL* 中点 *R*，向下垂直拖动鼠标，输入 44.45，按空格键。效果如图 3-29 所示。

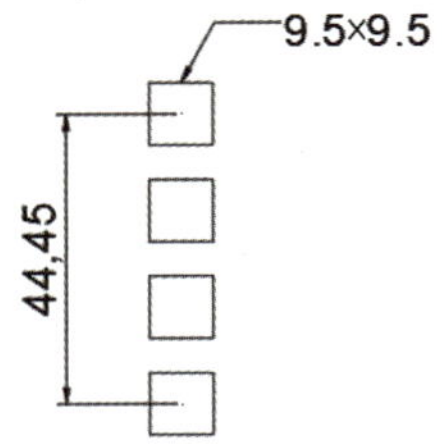

图 3-26　绘制立柱

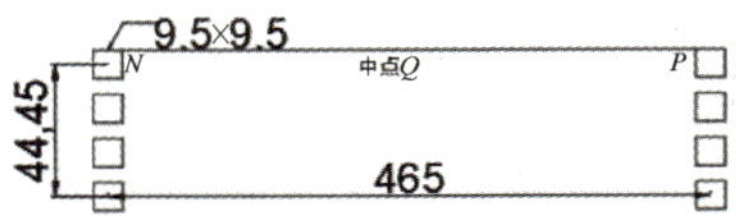

图 3-27　复制立柱并标记辅助线

图 3-28　立柱两侧的 1U 示意图

（7）输入 CO 命令，按空格键，选中图 3-29 左侧 4 个正方形，按空格键，捕捉任意正方形中心作为基点，输入参数 *A*，输入阵列项目数 18，按 F8 键进入正交限制模式，向下拖动鼠标，输入 44.45，连续按三次空格键；重复输入 CO 命令，选中图 3-29 右侧 4 个正方形，按空格键，捕捉任意正方形中心为基点，输入参数 *A*，输入阵列项目数 18，按 F8 键进入正交限制模式，向下拖动鼠标，输入 44.45，连续按两次空格键；输入 E 命令，删除多余线段和标注，如图 3-30 所示。

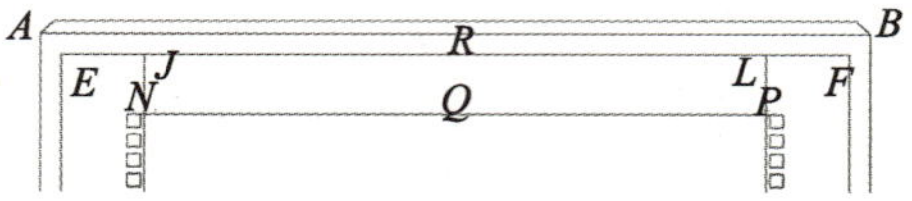

图 3-29　复制到机柜后示意图

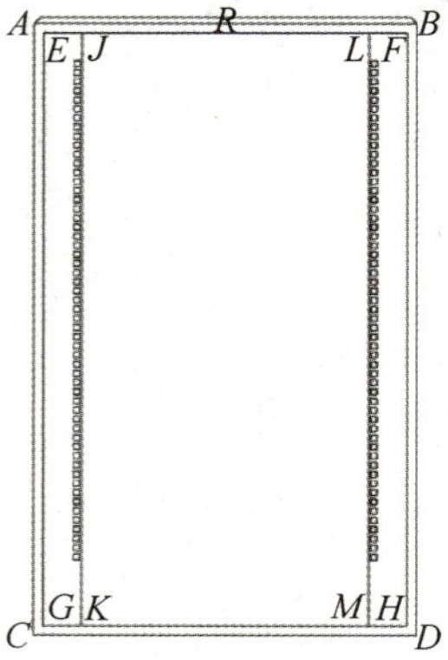

图 3-30　复制立柱

（8）绘制如图 3-31 所示的机柜轮子。输入 REC 命令，按空格键，在绘图区中单击任一点，输入参数 *D*，输入 10，按空格键，输入 10，按空格键；输入 L 命令，按空格键，输入 10，按空格键，并标记点 *A*、*B*、*C*，它们分别是上、下边的中点和线段 *BC* 的端点，如图 3-32 所示。

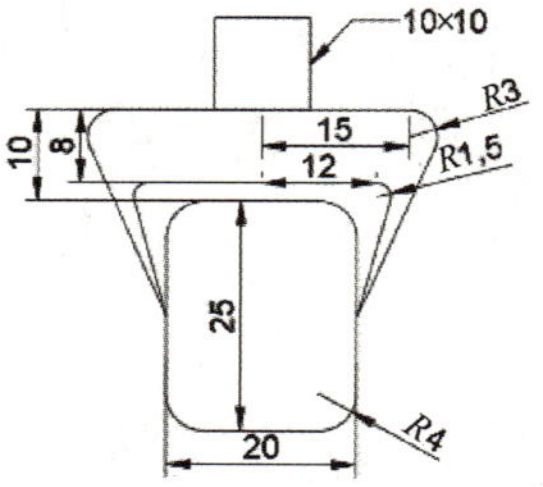

图 3-31　机柜轮子示意图

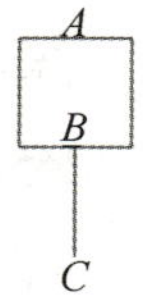

图 3-32　绘制矩形和直线

（9）输入 REC 命令，按空格键，在绘图区中单击任一点，输入参数 *D*，输入 20，按空格键，输入 25，按空格键；输入 M 命令，按空格键，选中 20×25 矩形，按空格键，捕捉矩形上边的中心作为基点，再捕捉 *C* 点后单击。效果如图 3-33 所示。

（10）输入 L 命令，按空格键，捕捉 *B* 点作为起点后单击，在正交限制模式下，向右拖动鼠标，输入 18 后单击，再捕捉右侧边中心后单击，连续按两次空格键；重复输入 L 命令，捕捉 *B* 点作为起点后单击，向下拖动鼠标，输入 8，按空格键，向右拖动鼠标，输入 13.5，按空格键，再捕捉侧边中心后单击，按空格键；标记点 *D*、*E*、*F*、*G*。效果如图 3-34 所示。

（11）输入 F 命令，按空格键，输入参数 *R*，按空格键，输入半径 3，对准线段 *BD* 后单击，作为第一条边，对准线段 *DG* 后单击；按空格键，重复输入 CHA 命令，对准线段 *FE* 后单击，再对准线段 *EG* 后单击。效果如图 3-35 所示。

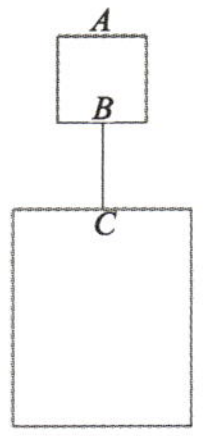

图 3-33　绘制矩形

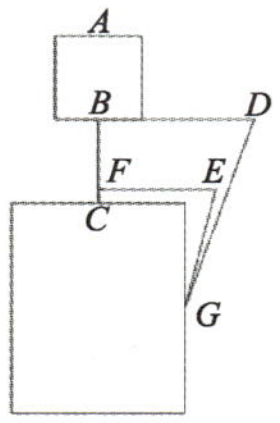

图 3-34　绘制右侧直线

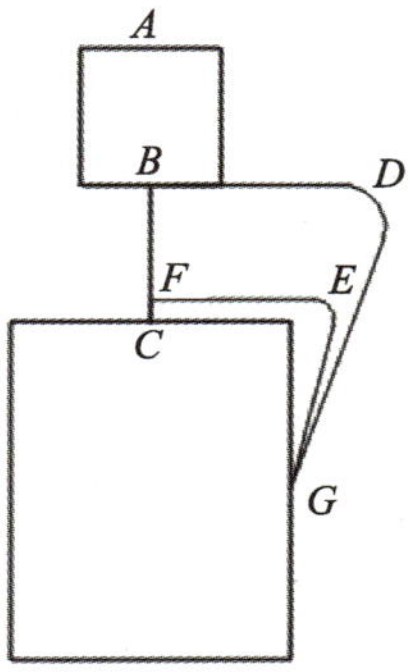

图 3-35　圆角后示意图

（12）输入 MI 命令，按空格键，选中右侧绘制的线段和圆弧，按空格键，捕捉点 *F* 作为镜像线的第一点后单击，捕捉点 *B* 作为镜像线的第二点后单击，按空格键，删除辅助线 *BC* 和部分标记。效果如图 3-36 所示。

（13）输入 F 命令，按空格键，输入参数 *R*，按空格键，输入半径 4，对矩形 4 个角进行圆角处理；输入 H 命令，为轮子填充黑色区域。效果如图 3-37 所示。

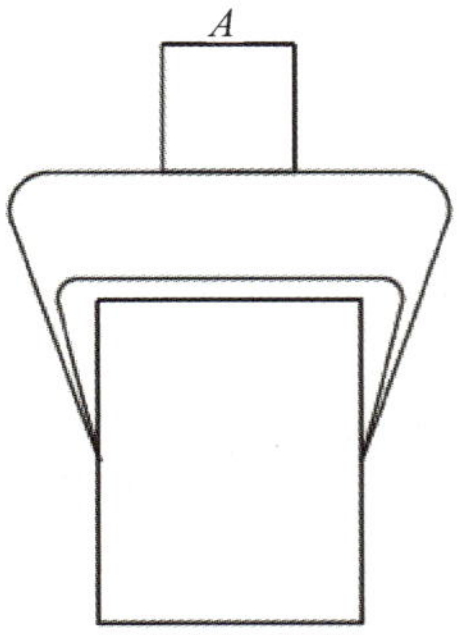

图 3-36　镜像圆角

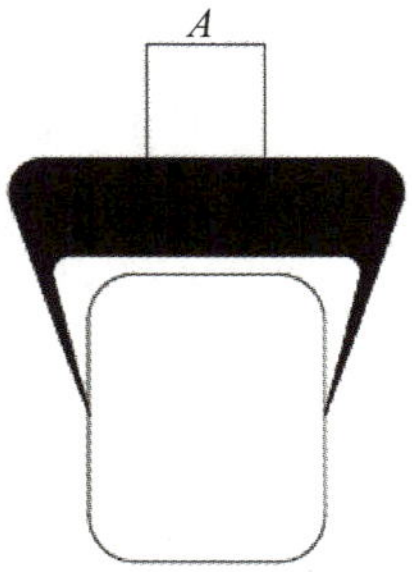

图 3-37　填充黑色图案

（14）输入 M 命令，按空格键，选中对象，按空格键，捕捉点 *A* 作为基点后单击，再捕捉机柜点 *K* 向下垂直移动交于下沿边的点后单击。效果如图 3-38 所示。

（15）输入 MI 命令，按空格键，选中左轮，按空格键，捕捉 *KM* 中点作为镜像线第一点，单击，捕捉 *CD* 中点作为镜像线第二点，单击，按空格键，删除所有标记，效果如图 3-20 所示。

图 3-38　移动轮子至机柜

背景知识

机柜一般由冷轧钢板或合金制作，用来存放计算机和相关控制设备，它可以保护存放的设备，屏蔽电磁干扰，有序、整齐地排列设备，可以方便以后维护设备。机柜一般用在网络布线间、楼层配线间、中心机房、数据机房、控制中心等。

机柜按用途分为服务器机柜、网络机柜、通信机柜等。在这三种机柜中，都存在 19 英寸机柜。19 英寸的服务器机柜体积是比较小的，服务器机柜的深度尺寸为 900 mm，也有 1 000 mm 的。

机柜按构件的承重、材料及其制造工艺的不同，可分为型材机柜和薄板机柜两种。常见机柜颜色有白色、黑色和灰色，其中又分很多种类型，如橘纹、细沙纹等。

机柜按材质来分，有铝型材机柜、冷轧钢板机柜、热轧钢板机柜。

机柜按照加工工艺来分，有九折型材机柜和十六折型材机柜等。

U 是一种表示服务器外部尺寸的单位，是 Unit 的缩写，详细的尺寸由美国电子工业协会（EIA）决定，1U 就是 44. 45 mm。

之所以要规定服务器的尺寸，是为了使服务器保持适当的尺寸以便放在铁质或铝质的机架上。机架上有固定服务器的螺孔，以便它能与服务器的螺孔对上号，再用螺钉加以固定，以方便安装每一部服务器。

常用的机柜一般宽为 19 英寸，由于安装设备的不同，机柜也有不同的规格尺寸，具体见表 3-1。

表 3-1　19 英寸机柜尺寸

名　　称	类　　型	规格尺寸/(mm×mm×mm)
网络机柜	18U	1 000×600×600
	24U	1 200×600×600
	27U	1 400×600×600
	32U	1 600×600×600
	37U	1 800×600×600
	42U	2 000×600×600
服务器机柜	24U	1 200×600×800
	27U	1 400×600×800
	32U	1 600×600×800
	37U	1 800×600×800
	42U	2 000×600×800
通信机柜	6U	350×600×450
	9U	500×600×450
	12U	650×600×450
	15U	800×600×450
	18U	1 000×600×450

子任务3　绘制围棋棋盘

绘制说明：

绘制一个围棋棋盘，如图 3-39 所示，它由纵横各 19 条线组成，19×19 形成了 361 个交叉点。横线的等距离为 2.3 至 2.4 cm，纵线的等距离为 2.45 至 2.55 cm，本次绘制采用纵线等距 2.5 cm，横线等距 2.3 cm，因此不算棋盘外侧空间，绘制的棋盘纵向长度为 45 cm，横向长度为 41.4 cm。围棋棋盘上有 9 个圆点，称为星位，最中间的称为“天元”，具体尺寸标注和位置关系如图 3-40 所示。

新学命令：

无

修改命令：

CO(*A*，*F*)、X

命令简介：

CO 是 COPY 的快捷命令，功能是复制，此处通过参数 *A* 按数量复制，再通过距离控制位置。

X 是 EXPLODE 的快捷命令，功能是分解选择的对象。

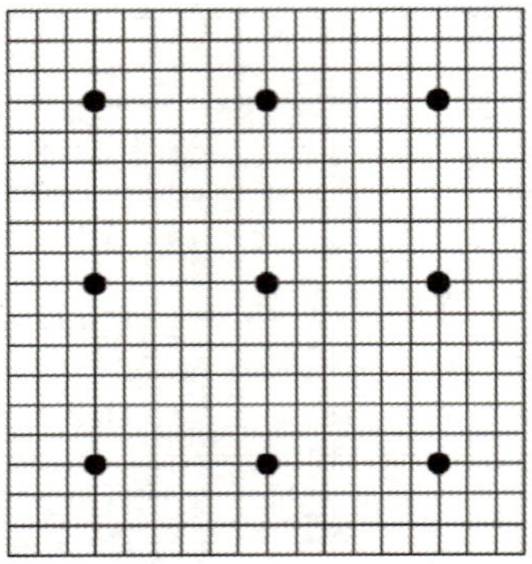

图 3-39　围棋棋盘

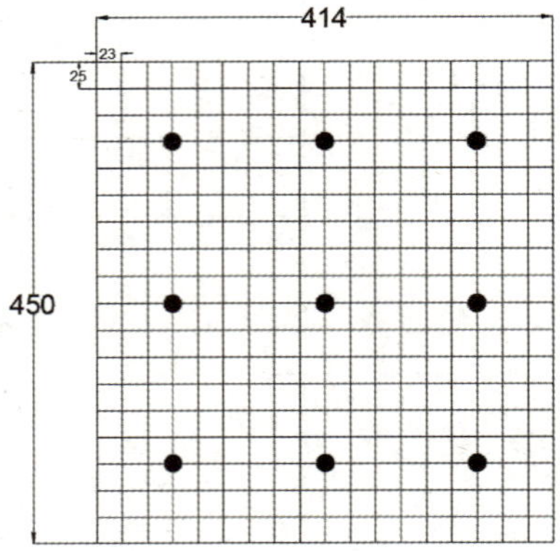

图 3-40　棋盘尺寸标注

具体步骤如下：

（1）在命令框中，输入 REC 命令，按空格键，在绘图区单击，输入参数 *D*，矩形长度输入 414，按空格键，矩形宽度输入 450，按空格键；选中矩形，输入 X 命令分解矩形，并标记点为 *A*、*B*、*C*、*D*。效果如图 3-41 所示。

（2）按 F8 键，进入正交限制模式，输入 CO 命令，选中线段 *AB*，按空格键，基点指定线段点 *B*，输入参数 *A*，阵列的数目输入 18，按空格键，指定第二个点时，输入 25，按空格键。效果如图 3-42 所示。

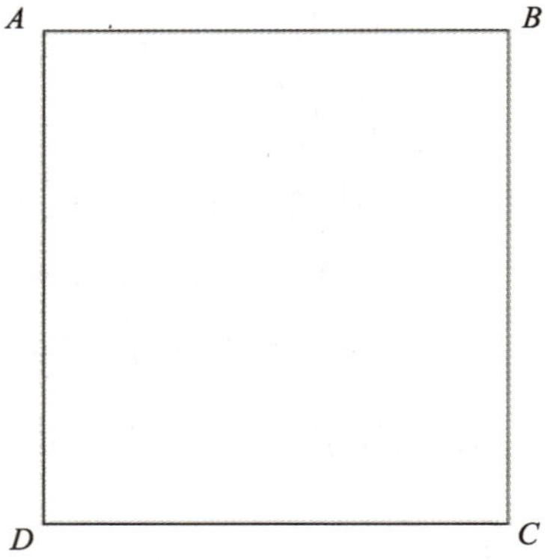

图 3-41　绘制矩形并分解

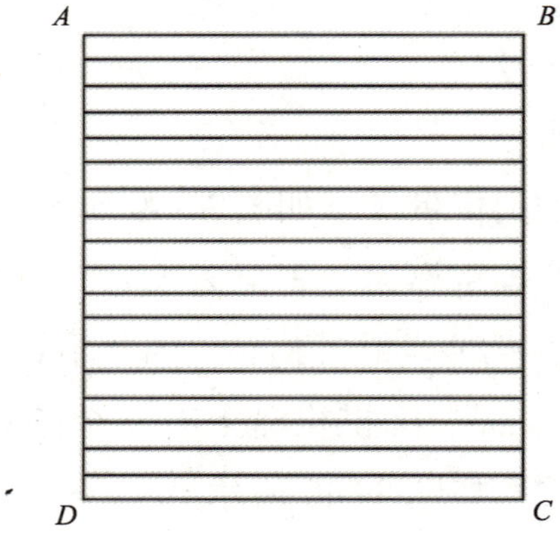

图 3-42　复制横线后示意图

（3）按空格键，输入 CO 命令，选中线段 *AD*，按空格键，基点指定线段点 *A*，输入参数 *A*，阵列的数目输入 18，按空格键，指定第二个点时，输入 23，按空格键。效果如图 3-43 所示。

（4）输入 C 命令，在围棋外捕捉任意一点，输入半径 6；输入 H 命令，填充图案为纯黑色。效果如图 3-44 所示。

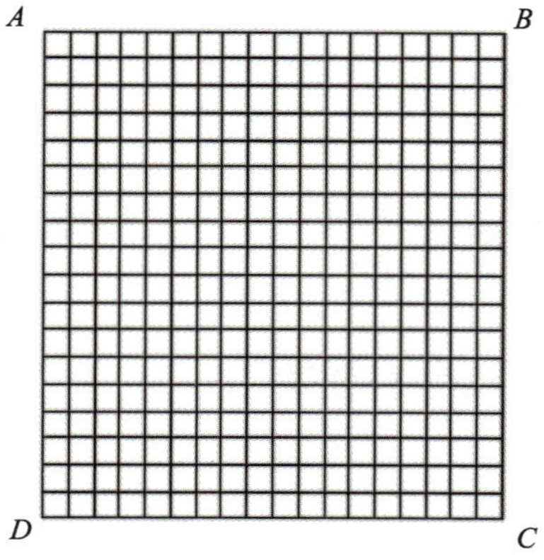

图 3-43　复制纵横线后示意图

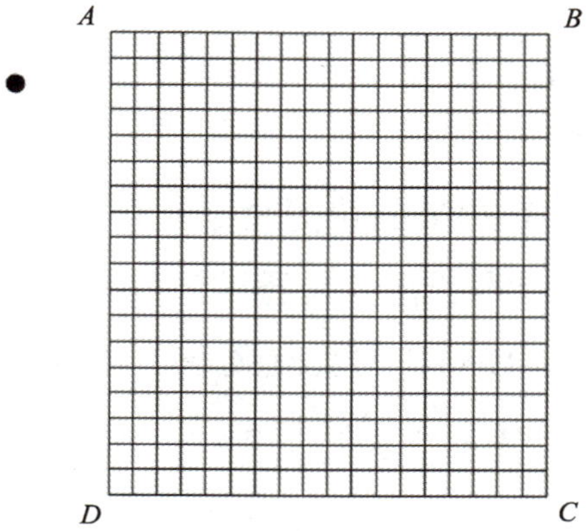

图 3-44　绘制圆形并填充黑色（左上角）

（5）输入 CO 命令，选中圆形，按空格键，基点选择圆心，按图 3-39 所示的位置连续复制 9 次。效果如图 3-40 所示。

任务三　阵列工具 AR 的应用

任务要点

（1）掌握阵列（R、PA、PO）等修改命令。

（2）掌握绘制钟表盘辅助线的技巧。

（3）掌握绘制实训墙矩形辅助对象的技巧。

（4）掌握绘制标准操场的技巧。

子任务 1　绘制钟表表盘和指针

绘制说明：

绘制钟表表盘，如图 3-45 所示。它由圆形、矩形、线段、多段线组成。表盘半径为 10，时针刻度矩形尺寸为 0.2×1，分钟刻度线段长度为 0.5，文字高度为 1，表盘指向时间 10:10。具体尺寸标注和位置关系如图 3-46 所示。

新学命令：

AR(*PO*)

修改命令：

AR、RO、X、MI

命令简介：

AR 是 ARRAY 的快捷命令，功能是多重复制选择的对象，并把这些对象按矩形、路径或环形排列，本子任务是通过参数 *PO* 环形排列。

RO 是 ROTATE 的快捷命令，功能是通过指定基点旋转选择的对象。

X 是 EXPLODE 的快捷命令，功能是分解选择的对象。

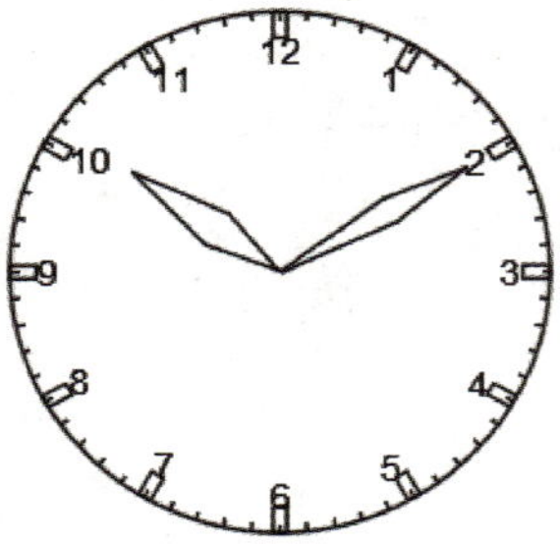

图 3-45　钟表盘

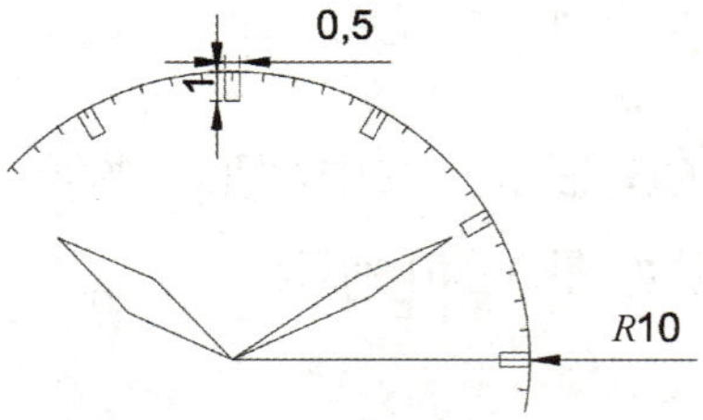

图 3-46　钟表盘局部尺寸标注

具体步骤如下：

(1) 在命令框中，输入 REC 命令，按空格键，在绘图区单击，输入参数 *D*，矩形长度输入 0.5，按空格键，矩形宽度输入 1，按空格键，在点 *C* 右下角再次按空格键；输入 C 命令，按空格键，在矩形附近单击，作为圆心，输入 10，按空格键；输入 M 命令，按空格键，选中 0.5×1 矩形，按空格键，捕捉矩形上边的中心作为基点，再捕捉圆形象限点后单击。效果如图 3-47 所示。

(2) 输入 AR 命令，按空格键，选中矩形后单击，输入参数 *PO*，捕捉圆心作为基点，按空格键，出现默认 6 个项目的沿圆形排列阵列，如图 3-48 所示；输入 I 命令，按空格键，输入项目数 12，按空格键。效果如图 3-49 所示。

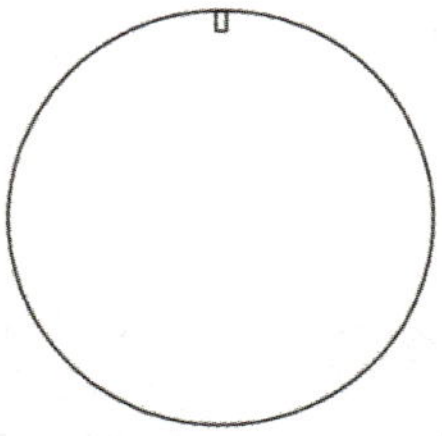

图 3-47　绘制圆形和矩形

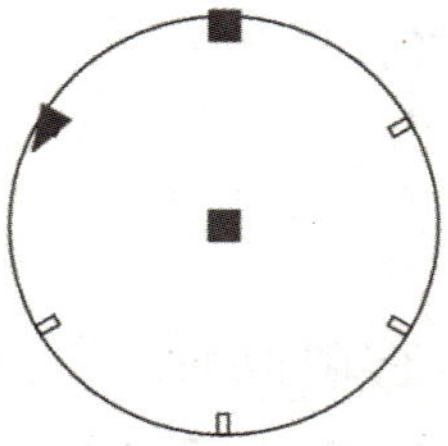

图 3-48　AR 矩形

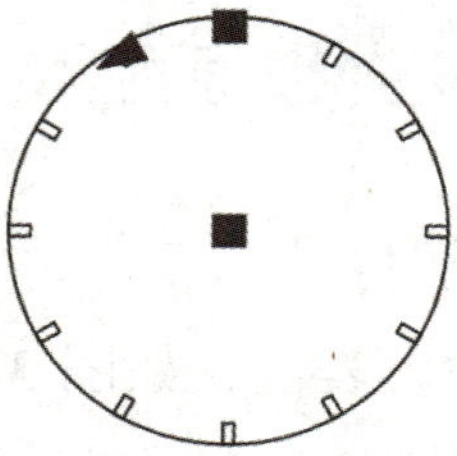

图 3-49　绘制时针刻度

（3）输入 L 命令，按空格键，捕捉上象限点后单击，按 F8 键进入正交限制模式，向下拖动鼠标，输入 0.3，连续按两次空格键；输入 AR 命令，按空格键，选中 0.3 线段，按空格键，输入参数 *PO*，捕捉圆心作为基点，按空格键，出现默认的沿圆形排列阵列，输入 I 命令，按空格键，输入项目数 60，按空格键。效果如图 3-50 所示。

（4）输入 T 命令，按空格键，在“12”点附近单击，向右下方向拖动鼠标后单击，输入 1，字高设置为 1，在外部单击；输入 M 命令，按空格键，捕捉“1”的上部中间后单击，再捕捉“12”点矩形下部边长中点后单击。效果如图 3-51 所示。

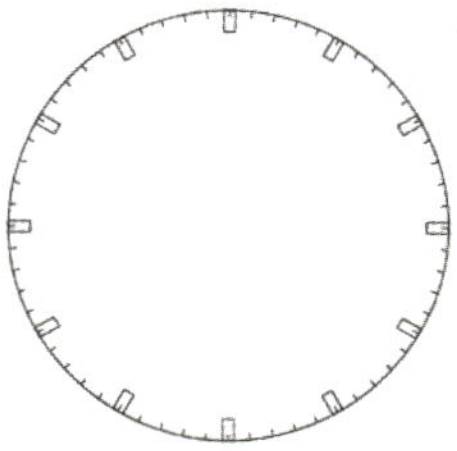

图 3-50　绘制分针刻度

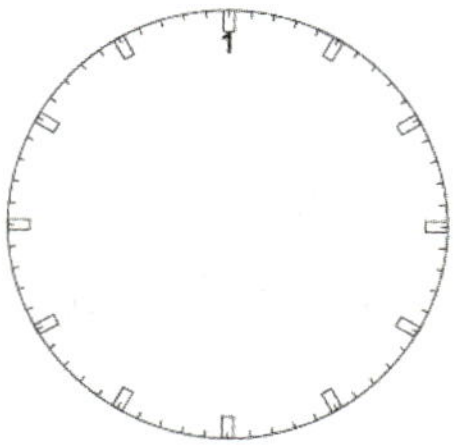

图 3-51　输入数字

（5）输入 AR 命令，按空格键，选中“1”，按空格键，输入参数 *PO*，捕捉圆心作为基点，按空格键，出现默认 6 个项目的沿圆形排列阵列；输入 I 命令，按空格键，输入项目数 12，按空格键。效果如图 3-52 所示。

（6）输入 X 命令，按空格键，对准任一个“1”后单击，选中所有“1”单击，如图 3-53 所示，按空格键，完成分解操作；逐个修改数字，分别为 1 至 12。效果如图 3-54 所示。

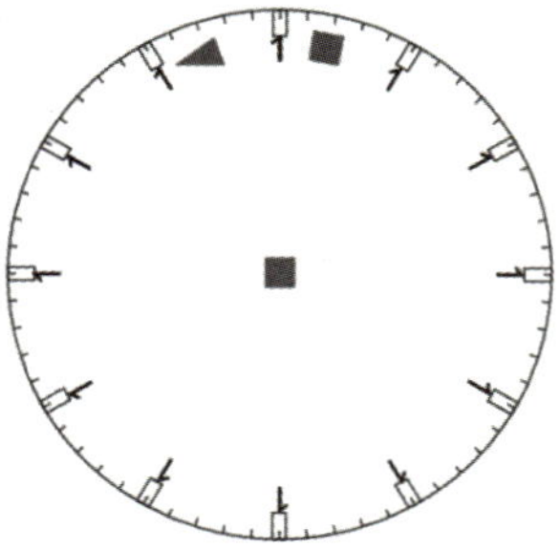

图 3-52　AR 数字 1

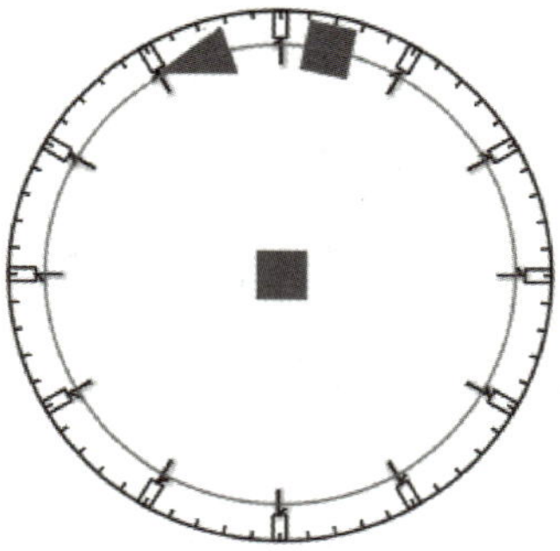

图 3-53　分解陈列

（7）输入 RO 命令，按空格键，对准文字“1”后单击，按空格键，捕捉文字“1”中点作为基点，输入 30°，按空格键；输入 RO 命令，按空格键，对准文字“2”后单击，按空格键，捕捉文字“2”中点作为基点，输入 60°，按空格键；依次对数字 3 至 11 进行输入 RO 命令操作，每次旋转角度增加 30°。效果如图 3-55 所示。

图 3-54　修改表盘数字

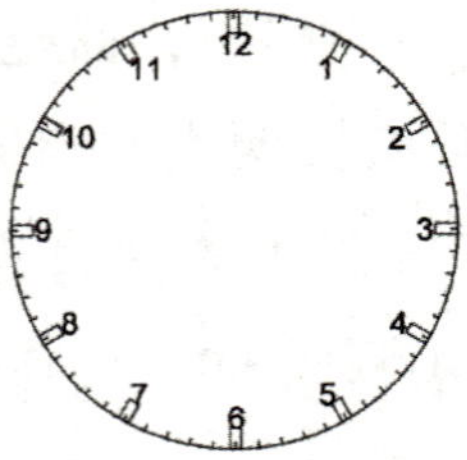

图 3-55　旋转表盘数字

注意：

表盘一周是 360°，共 12 个时针区间，每个区间 30°，因此在做 AR 圆周分布后，对数字 1 至 12 依次旋转 30°，才符合人们的看表习惯。

（8）输入 L 命令，按空格键，捕捉圆心点后单击，捕捉 2 点刻度的矩形底边中心后单击；输入 L 命令，按空格键，捕捉圆心点后单击，捕捉 10 点刻度的矩形底边中心后单击。效果如图 3-56 所示。

（9）输入 RO 命令，按空格键，对准左侧时针辅助线后单击，按空格键，捕捉圆心作为基点，输入-5°，按空格键。效果如图 3-57 所示。

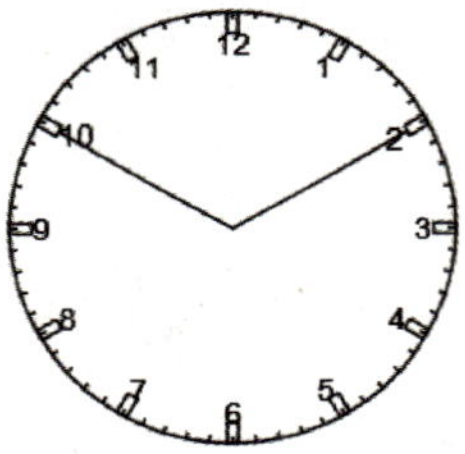

图 3-56　绘制辅助线

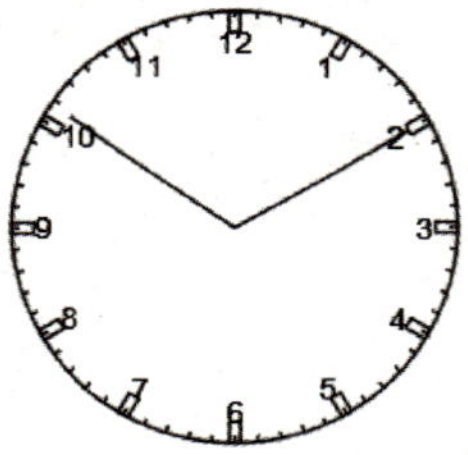

图 3-57　旋转时针辅助线

注意：

表盘一周是 360°，共 60 个分针区间，每个分针区间 6°，因此 10:10 时，分针正好是在第 10 个小刻度，辅助线指向“2”刻度；时针指向一个时针区间的 10/60，即 1/6，一个时针区间的度数为 360/12，即 30°，综上，时针从“10”刻度走过了 5°。所以时针辅助线还是顺时针偏移 5°，参数要输入-5°。

（10）输入 L 命令，按空格键，捕捉圆心点后单击，捕捉时针上方适当一点后单击，捕捉时针辅助线上一点后单击，连续按两次空格键；重复 L 命令，捕捉圆心点后单击，捕捉分针上方适当一点后单击，捕捉时针辅助线上一点后单击，按空格键。效果如图 3-58 所示。

（11）输入 MI 命令，按空格键，选中时针上方两个线段，按空格键，捕捉圆心作为镜像线的第一点后单击，捕捉时针辅助线端点作为镜像线第二点后单击，连续按两次空格键；重复输入 MI 命令，选中分针上方两个线段，按空格键，捕捉圆心作为镜像线的第一点后单击，捕捉分针辅助线端点作为镜像线第二点后单击，按空格键。效果如图 3-59 所示。

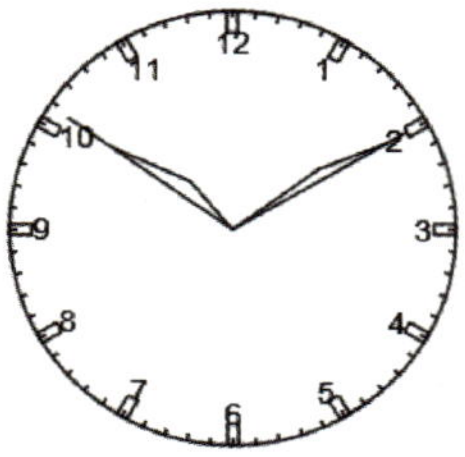

图 3-58　绘制时针、分针 Ⅰ

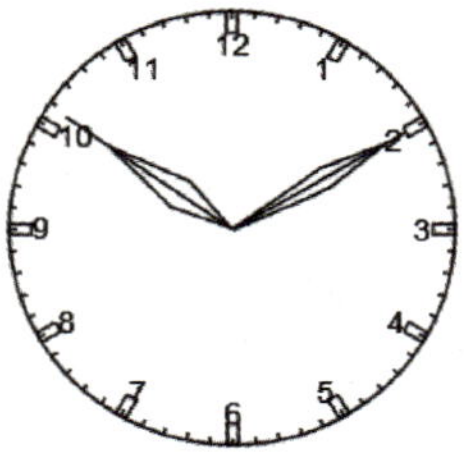

图 3-59　绘制时针、分针 Ⅱ

（12）删除辅助线。效果如图 3-45 所示。

子任务2　绘制职业院校网络布线大赛实训墙

绘制说明：

绘制职业院校网络布线大赛实训墙，如图 3-60 所示。墙体高 2 400，宽 1 200，布满间隔 100 的螺丝孔，螺丝孔半径为 5，左上角螺丝孔离上边距、左边距均是 50；支撑腿是高 200、宽 30 的矩形。具体尺寸标注和位置关系如图 3-61 所示。

新学命令：

AR(*R*)

修改命令：

AR(*R*)

命令简介：

AR 是 ARRAY 的快捷命令，功能是多重复制选择的对象，并把这些对象按矩形、路径或环形排列，本子任务是通过参数 *R* 进行矩形排列。

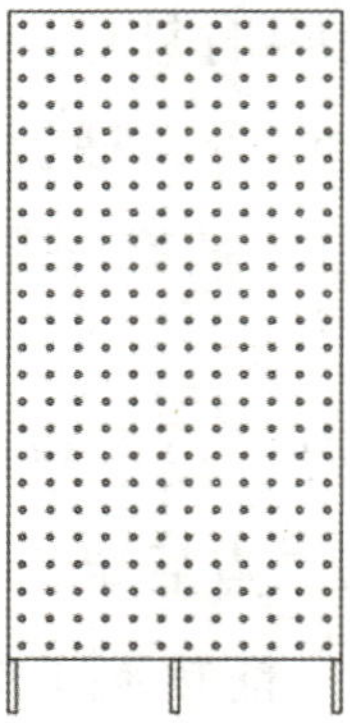

图 3-60　综合布线实训模拟墙

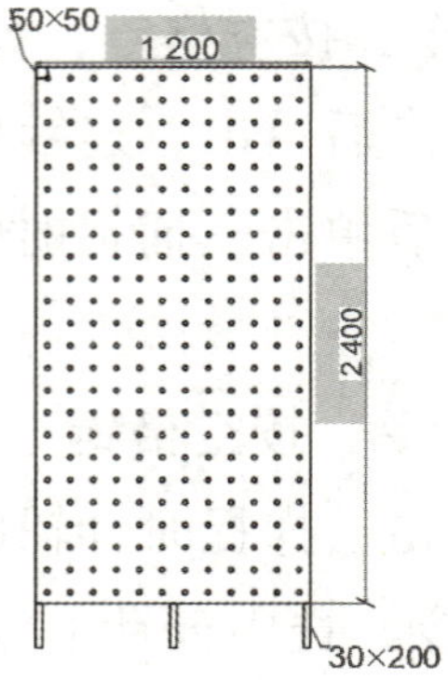

图 3-61　综合布线实训模拟墙尺寸标注

具体步骤如下：

（1）在命令框中，输入 REC 命令，按空格键，在绘图区中单击任一点，输入参数 *D*，矩形长度输入 1 200，按空格键，矩形宽度输入 2 400，按空格键，在点 *C* 右下角再次按空格键；标记点 *A*、*B*、*C*、*D*、*E*、*F*；输入 REC 命令，按空格键，捕捉点 *A* 后单击，输入参数 *D*，矩形长度输入 50，按空格键，矩形宽度输入 50，按空格键，在点 *A* 右下角再次按空格键。效果如图 3-62 所示。

（2）输入 C 命令，按空格键，捕捉 *E* 点后单击，使它作为圆心，输入 5，按空格键；截取上部。效果如图 3-63 所示。

图 3-62　绘制矩形和辅助矩形

图 3-63　绘制圆（螺丝孔）

（3）输入 AR 命令，按空格键，选中圆形，按空格键，输入参数 *R*，按空格键，出现默认 3 行 4 列的阵列，如图 3-64 所示；输入 COL，按空格键，输入列数 12，按空格键，输入列之间距离 100，按空格键。效果如图 3-65 所示。输入参数 *R*，按空格键，输入行数 24，按空格键，输入-100，按空格键。效果如图 3-66 所示。

注意：

在 CAD 中，默认直角坐标系是数学坐标系，即笛卡儿坐标系。*X* 轴向右为正方向，*Y* 轴向上为正方向，因此使用 AR 命令，在输入行列间距时，向右、向上数值为正，向左、向下数值为负。请读者自己想一下，为什么列数输入 12，行数输入 24 呢？

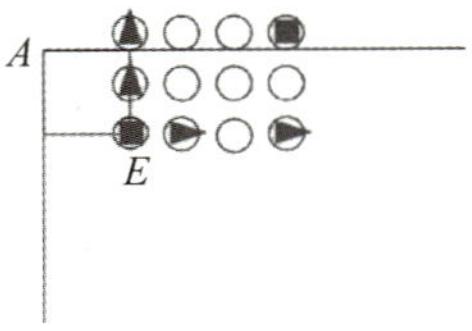

图 3-64　AR 圆

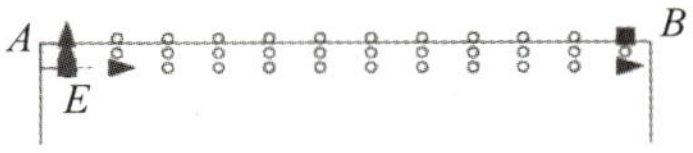

图 3-65　输入参数后示意图

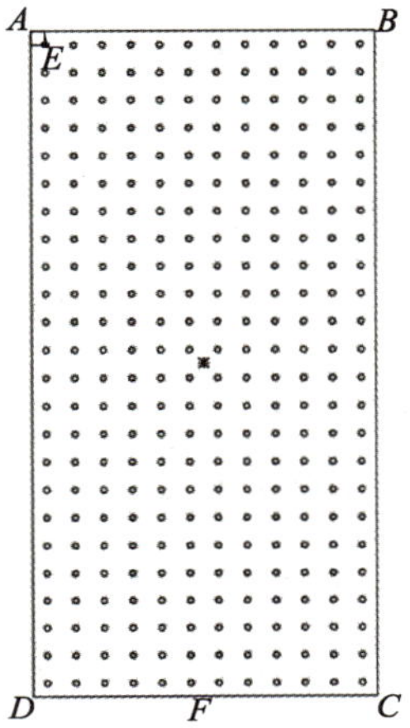

图 3-66　绘制所有螺丝孔

（4）输入 REC 命令，按空格键，捕捉点 *D* 后单击，输入参数 *D*，矩形长度输入 30，按空格键，矩形宽度输入 200，按空格键，在右下角再次按空格键；截取下部。效果如图 3-67 所示。

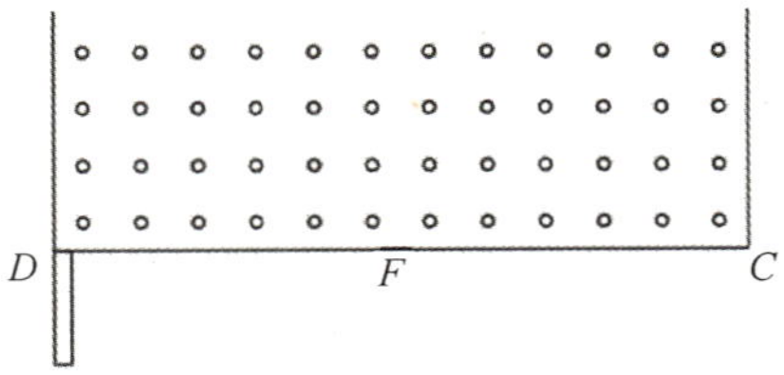

图 3-67　绘制支撑腿

（5）输入 CO 命令，按空格键，选中 30×200 矩形，按空格键，捕捉上边中心作为基点后单击，再捕捉 *F* 点后单击，连续按两次空格键；重复输入 CO 命令，选中 30×200 矩形，按空格键，捕捉右上角作为基点后单击，再捕捉点 *C* 后单击，按空格键；删除所有标注和辅助正方形。效果如图 3-60 所示。

子任务3　绘制校园操场中学生排队间距 Ⅱ

绘制说明：

如图 3-68 所示，是一个 400 m 标准操场，由直线和半圆弧组成。直线长为 84.39 m，两个最小半圆半径为 36.5 m，跑道划分为 8 条直道和弯道，道宽为 1.22 m。左上侧为入口，由志愿者引导师生进入操场，间隔 1 m 排队等待，左下角为检录区，检录结束由志愿者引导从出口离开。检录区为矩形区域，宽为 5 m，长为 9.76 m。学校办公室要求在第 1、3、5、7 跑道排队检录，请按照 1∶10 比例绘制校园操场中学生排队间距示意图。具体尺寸标注如图 3-69 所示。

新学命令：

PL(*A*，*L*)、AR(*PA*)、BR(*F*)

修改命令：

O、AR(*PA*)、BR(*F*)

命令简介：

PL 是 PLINE 的快捷命令，功能是绘制多段线，本子任务分别通过参数 *A*、*L* 绘制圆弧和线段。

AR 是 ARRAY 的快捷命令，功能是多重复制选择的对象，并把这些对象按矩形、路径或环形排列，本子任务是通过参数 *PA* 按路径排列。

BR 是 BREAK 的快捷命令，功能是将对象打断或打断于点。

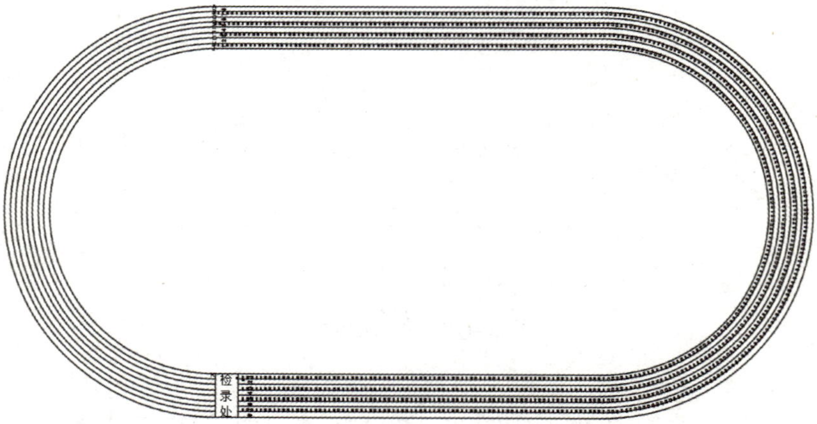

图 3-68　学生排队间距示意图

具体步骤如下：

（1）在命令框中，按 F8 键，进入正交限制模式，输入 PL 命令，在绘图区中单击任意一点，向右拖动鼠标，输入 843.9，按空格键，输入参数 *A*，向下拖动鼠标，输入直径 730，按空格键，输入参数 *L*，向左拖动鼠标，输入 843.9，按空格键，输入参数 *A*，向上拖动鼠标，捕捉起点后单击，按空格键。效果如图 3-70 所示。

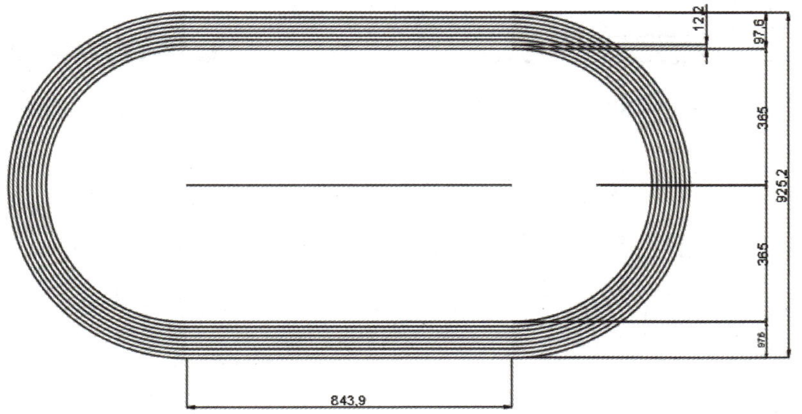

图 3-69　操场尺寸示意图

（2）输入 O 命令，按空格键，输入 12.2，选择多段线，按空格键，在外部单击；选中最外围对象后单击，在外部再次单击；再重复操作 7 次，一共 9 根多段线，形成 8 个跑道；标记 1 至 8 跑道，标记点 *A*、*B*、*C*、*D*、*E*、*F*，*G*、*H*、*J* 分别为线段端点；截取左上角。效果如图 3-71 所示。

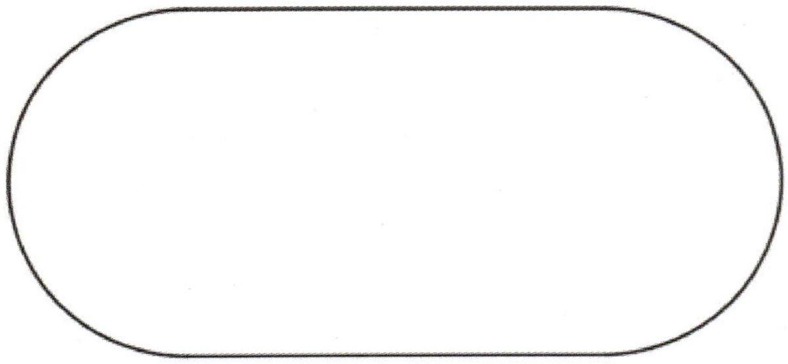

图 3-70　绘制跑道内圈

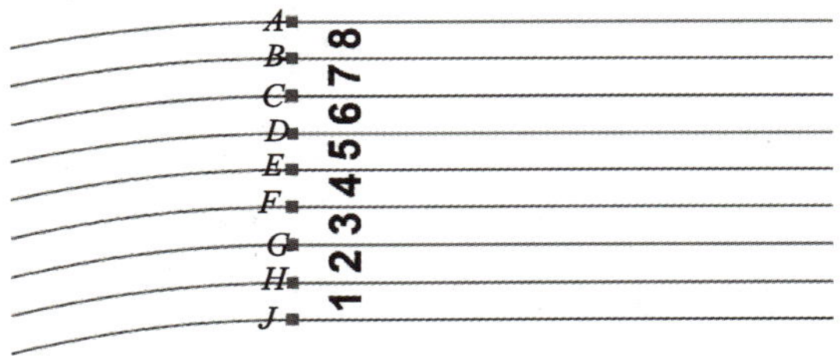

图 3-71　绘制所有跑道

（3）输入 REC 命令，按空格键，捕捉点 *K* 后单击，输入参数 *D*，矩形长度输入 50，按空格键，矩形宽度输入 97.6，按空格键，在点 *C* 右下角再次按空格键；输入 TR 命令，连续按两次空格键，框选矩形内的线段，进行修剪；输入 T 命令，按空格键，输入“检录处”，设置字高为 20；截取左下角。效果如图 3-72 所示。

（4）输入 BR 命令，按空格键，对准最外围多段线后单击，输入参数 *F*，捕捉点 *B* 作为第一打断点，再次捕捉点 *B* 后单击，作为第二个打断点（捕捉点 *B*，连续单击两次）；依次对点 *C*、*D*、*E*、*F*、*G*、*H* 进行打断处理；选中被打断的多段线。效果如图 3-73 所示。

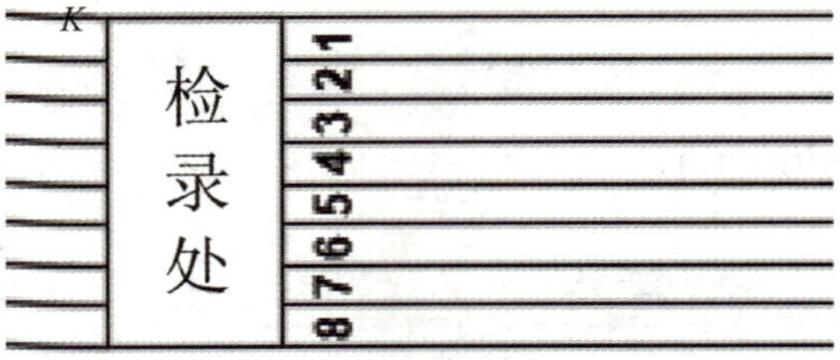

图 3-72　绘制检录区

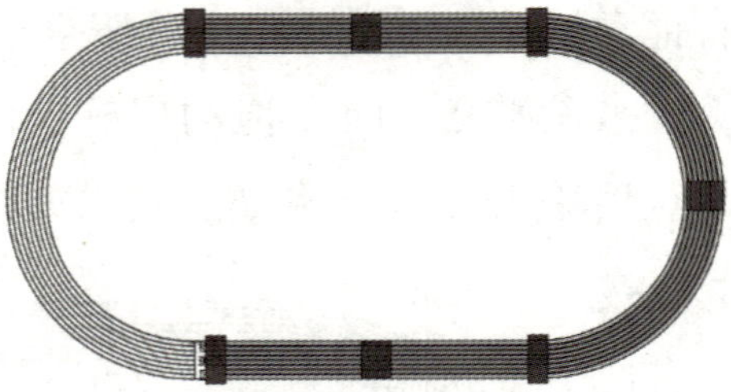

图 3-73　打断跑道间隔线

（5）输入 L 命令，按空格键，捕捉点 *L* 后单击，向右拖动鼠标，输入 10，按空格键，标记点 *M*；输入 M 命令，按空格键，单击“学生”图形，如图 3-74 所示，按空格键，捕捉图形的下部中间后单击，让它作为基点，再捕捉点 *M* 后单击。效果如图 3-75 所示。

（6）输入 CO 命令，按空格键，选中“学生”图形，按空格键，捕捉点 *M* 作为基点后单击，输入参数 *A*，输入阵列项目数 4，向下拖动鼠标，输入 24.4，按空格键。效果如图 3-76 所示。

图 3-74　学生

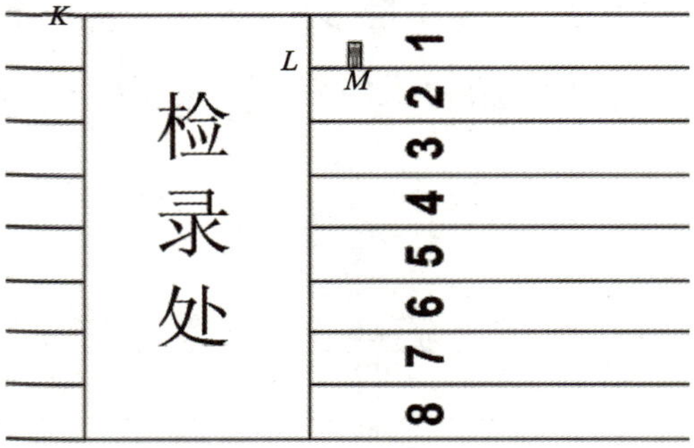

图 3-75　绘制检录区

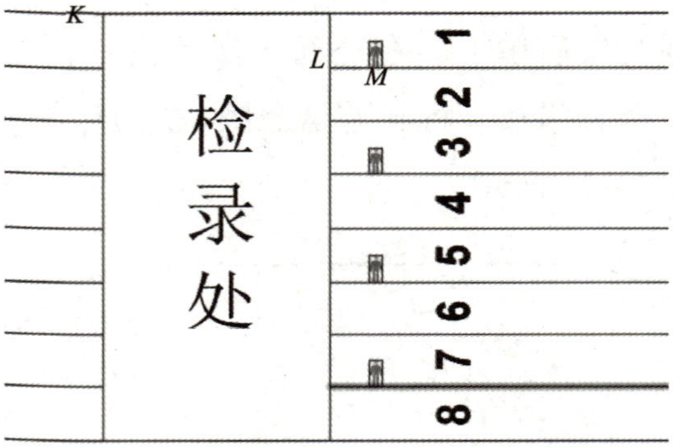

图 3-76　绘制学生图形

（7）输入 AR 命令，按空格键，选中第 1 跑道的“学生”图形，按空格键，输入参数 *PA*，按空格键，对位第 1 跑道下沿后单击，输入参数 *I*，输入沿路径项目间的距离 10，按空格键。效果如图 3-77 所示。

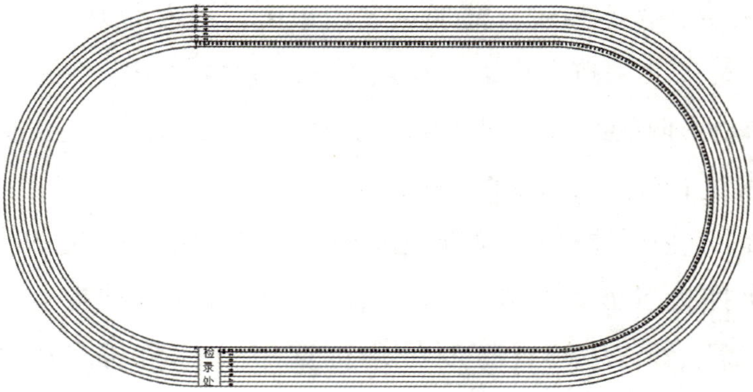

图 3-77　复制第 1 跑道学生

注意：

比较绘制技巧，总结复制 CO 命令和阵列 AR 命令在布置跑道上的差别。

（8）输入 AR 命令，依照第 7 步，分别设置第 3、5、7 跑道。效果如图 3-69 所示。

任务四　绘制窗户与缩放餐桌椅

任务要点

（1）掌握延伸、缩放等修改命令。
（2）掌握绘制窗户的技巧。

子任务1　绘制窗户与餐桌椅布局

绘制说明：

项目二任务九绘制的图形如图 3-78 所示，本子任务提供如图 3-79 所示的房屋原始平面图以及图 3-80 所示的 2 m 餐桌椅 CAD 文件，请在餐厅位置使用 SC 命令绘制 1.4 m 的餐桌椅，使用 EX 命令绘制窗户。

新学命令：

EX、SC

修改命令：

EX、SC

命令简介：

EX 是 EXTEND 的快捷命令，功能是将对象延伸到另一对象的边界线。

SC 是 SCALE 的快捷命令，功能是指定基点后，通过缩放倍数或参照对象将选择对象放大或缩小，本子任务通过倍数来缩放对象。

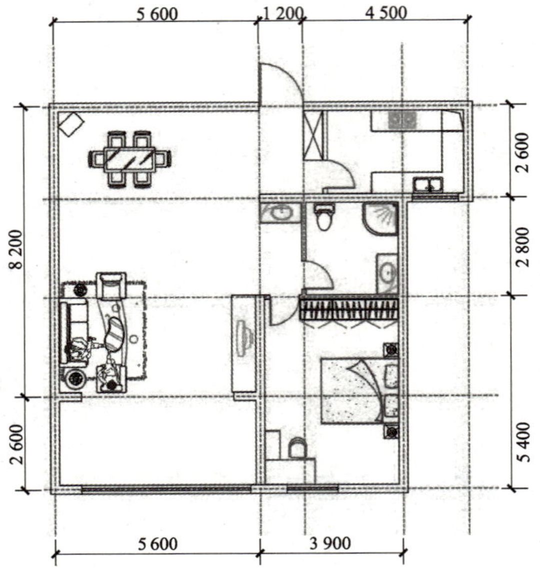

图 3-78 室内布局和尺寸标注

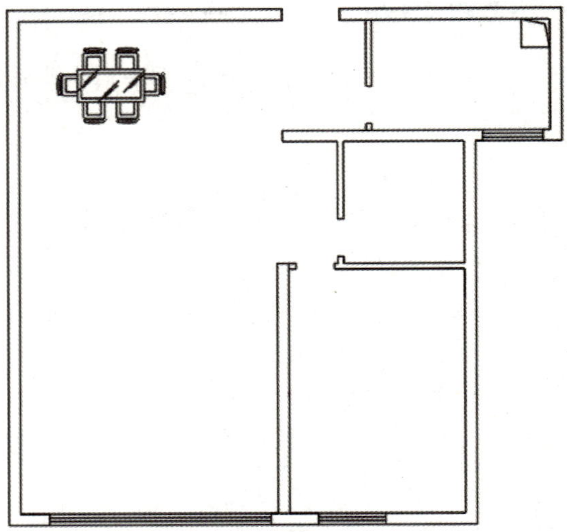

图 3-79 餐桌椅摆放示意图

具体步骤如下：

（1）在命令框中，输入 L 命令，按 F8 键进入正交限制，在绘图区中单击任一点，向右拖动鼠标，输入 600，按空格键；输入 O 命令，按空格键，输入 80，选择线段，按空格键，在下部单击，选中线段，设置为蓝色；选中最下面线段后单击，在下部单击；再重复操作 2 次，一共 4 根线段，形成共相距 240 的 4 个线段。效果如图 3-81 所示。

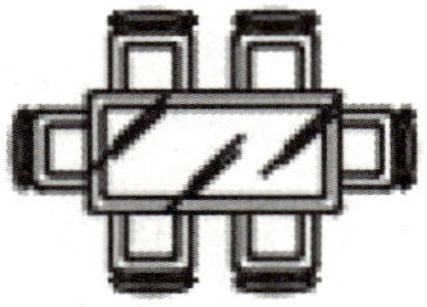

图 3-80 餐桌椅

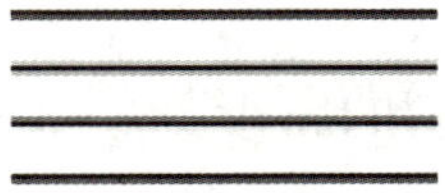

图 3-81 绘制部分窗体

（2）输入 M 命令，按空格键，框选窗户原型（4 根蓝色线段），按空格键，选择左上角作为基点后单击，再捕捉点 *A* 后单击。效果如图 3-82 所示。

（3）输入 EX 命令，按空格键，对准 *DE* 后单击，按空格键，输入参数 *C*，在窗户 1 原型下右方单击，窗交选择窗户 1 原型后单击，按空格键。效果如图 3-83 所示。

（4）按空格键，重复输入 EX 命令，绘制窗户 2 和窗户 3。效果如图 3-84 所示。

（5）输入 SC 命令，按空格键，框选 2 m 餐桌椅，按空格键，选择桌子中心作为基点，输入比例因子 0.7，按空格键。

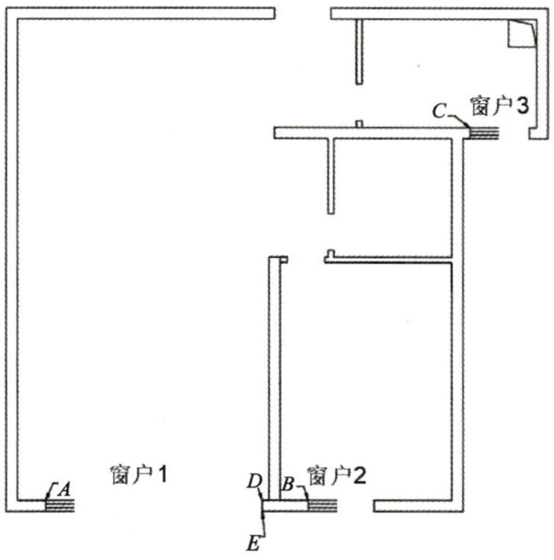

图 3-82　复制窗体至窗洞

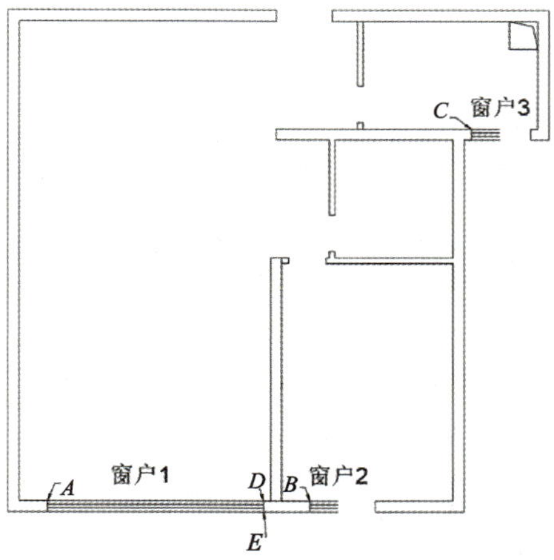

图 3-83　绘制窗户 1

（6）输入 M 命令，按空格键，框选 1.4 m 餐桌椅后单击，按空格键，选择桌子中心作为基点，单击餐厅适当位置，按空格键。效果如图 3-85 所示。

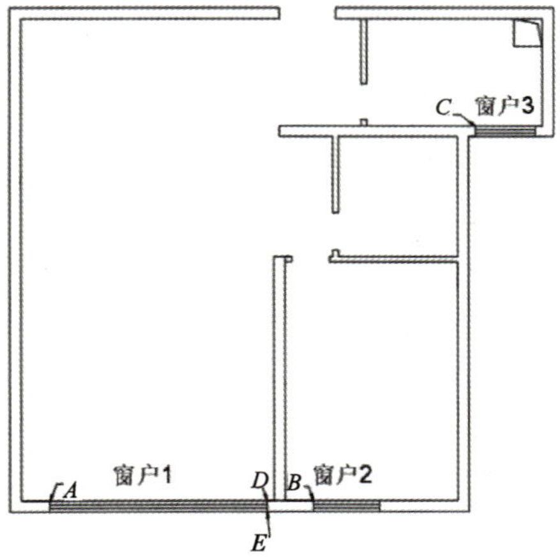

图 3-84　绘制窗户 2 和窗户 3

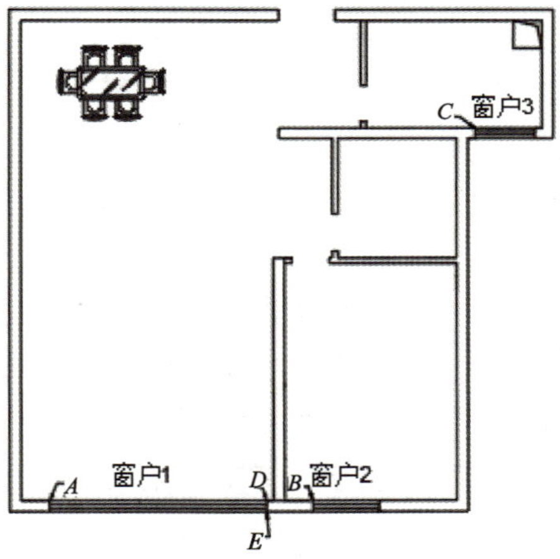

图 3-85　绘制餐桌椅

（7）删除所有标注。结果如图 3-79 所示。

子任务2　缩放（参照 R）餐桌椅

绘制说明：

图 3-86 所示为 1.4 m 的餐桌椅，请按要求通过缩放命令绘制 2 m 的餐桌椅。

新学命令：

SC

修改命令：

SC

命令简介：

SC 是 SCALE 的快捷命令，功能是指定基点后，通过缩放倍数或参照对象将选择对象放大或缩小，本子任务通过参照（R）功能，绘制缩放比例不精确的物体，比如 1.4 m 放大到 2 m。

具体步骤如下：

方法一：（直接输入数值）

在命令框中，输入 SC 命令，按空格键，框选 1.4 m 餐桌椅，按空格键，选择桌子中心作为基点，输入参数 R，输入指定参照长度 1 400，按空格键，输入新的长度 2 000，按空格键。前后对比效果如图 3-87 所示。

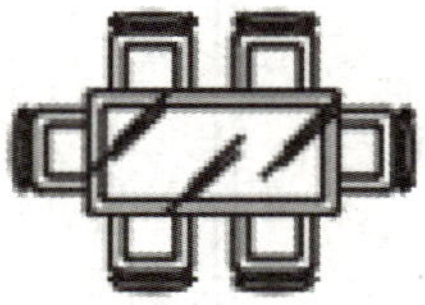

图 3-86　餐桌椅

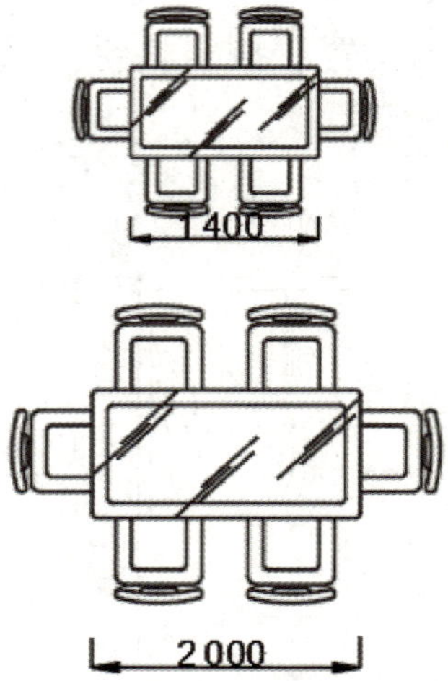

图 3-87　餐桌椅放大前后示意图

方法二：（绘制辅助线）

（1）输入 L 命令，按空格键，捕捉点 *A*，按 F8 键进入正交限制，向右拖动鼠标，输入 2 000，按空格键；标记点 *B*、*C*。效果如图 3-88 所示。

（2）在命令框中，输入 SC 命令，按空格键，框选 1.4 m 餐桌椅，按空格键，选择桌子点 *A*（最左侧桌边中心）作为基点，输入参数 *R*，在“指定参照长度”提示下，捕捉点 *A* 后单击，出现“指定第二点”提示后，捕捉点 *B* 后单击，在指定新的长度提示下，捕捉点 *C* 后单击。前后对比效果如图 3-89 所示。

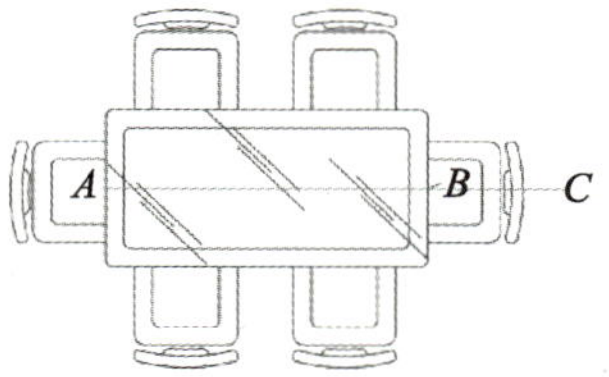

图 3-88　绘制辅助线

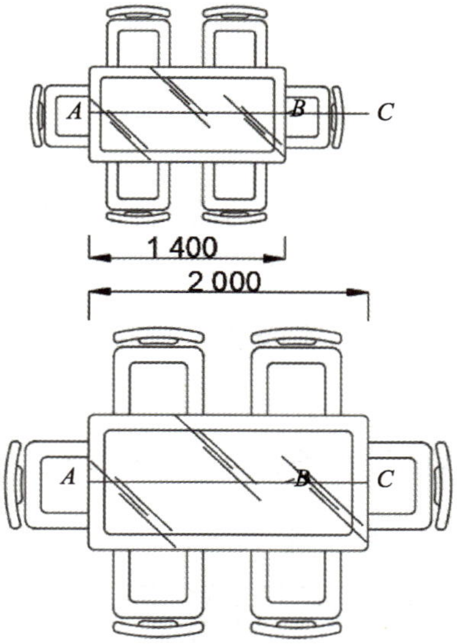

图 3-89　放大前后示意图

任务五　绘制直尺

任务要点

(1) 掌握光顺曲线、拉伸、合并等修改命令。

(2) 掌握绘制钢直尺技巧。

子任务　绘制直尺

绘制说明：

图 3-90 所示为直尺 I，尺身长 110，宽 10，左侧为直线，右侧由光顺曲线 BLEND 命令绘制。直尺 I 的具体尺寸标志如图 3-91 所示。图 3-92 所示也是一把直尺，为直尺 II，尺身长为 110，宽 15，它是由直尺 I 通过拉伸 S 命令绘制而成，右侧也是通过光顺曲线 BLEND 命令绘制。直尺 II 的具体尺寸标注如图 3-93 所示。

新学命令：

J、S、BLE

修改命令：

J、S、BLE

命令简介：

J 是 JOIN 的快捷命令，功能是将直线、圆弧、样条曲线、圆形、椭圆、椭圆弧等对象合并成一个多段线。

S 是 STRETCH 的快捷命令，功能是通过交叉窗口选择对象，指定基点，拉伸指定的距离或位置。

BLE 是 BLEND 的快捷命令，功能是光顺曲线。

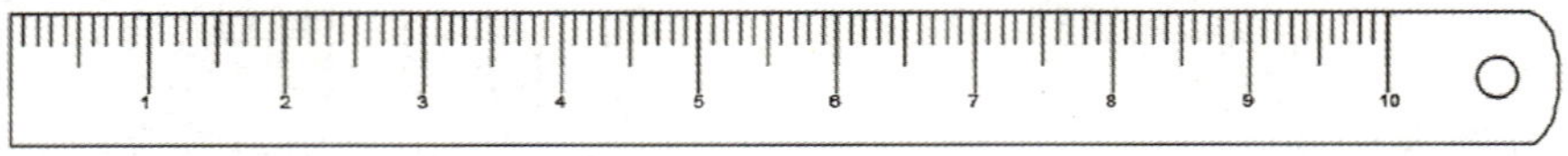

图 3-90　直尺 I

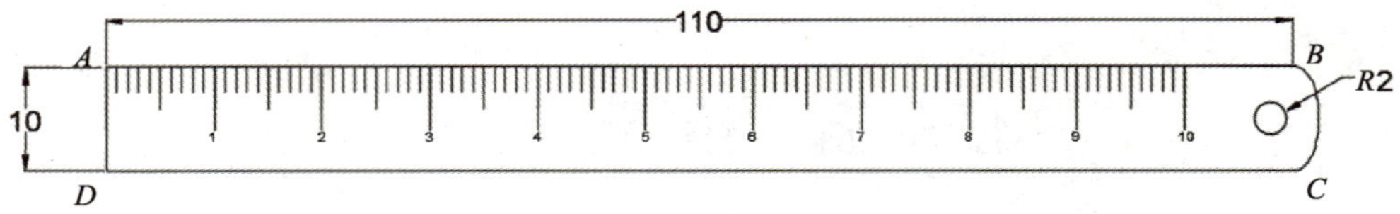

图 3-91　直尺 I 尺寸标注

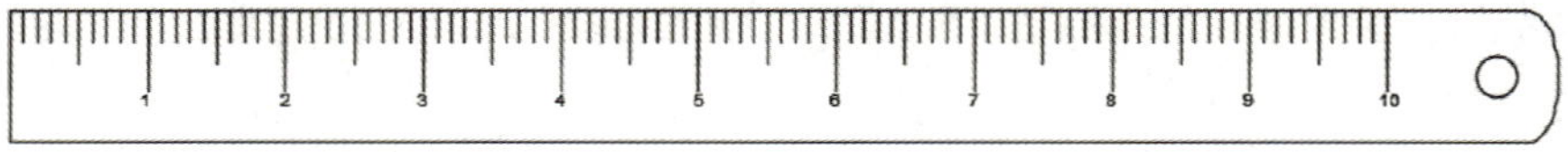

图 3-92　直尺 II

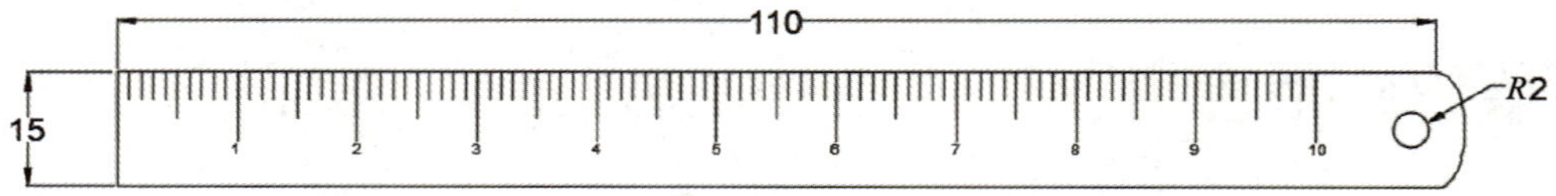

图 3-93　直尺 II 尺寸标注

具体步骤如下：

（1）在命令框中，输入 REC 命令，在绘图区中单击任一点，输入 *D*，然后输入 110，按空格键，继续输入 10，按空格键，向右下方拖动鼠标后单击，4 个顶角分别标记为点 *A*、*B*、*C*、*D*。效果如图 3-94 所示。

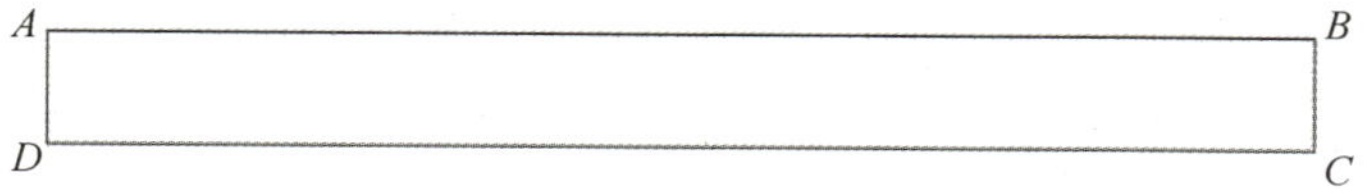

图 3-94　绘制矩形

（2）按空格键，重复输入 REC 命令，捕捉点 *A* 后单击，输入 *D*，然后输入 1，按空格键，继续输入 2.5，按空格键，向右下方拖动鼠标后单击；按空格键，重复输入 REC 命令，捕捉点 *A* 后单击，输入 *D*，然后输入 5，按空格键，继续输入 4，按空格键，向右下方拖动鼠标后单击；按空格键，重复输入 REC 命令，捕捉点 *A* 后单击，输入 *D*，然后输入 10，按空格键，继续输入 6，按空格键，向右下方拖动鼠标后单击。效果如图 3-95 所示。

图 3-95　绘制辅助矩形

（3）输入 X 命令，选中 3 个矩形，按空格键，删除多余线段。效果如图 3-96 所示。

图 3-96　删除多余线段

（4）输入 AR 命令，按空格键，选中图 3-96 所示的矩形内第一个线段，按空格键，输入参数 *R*，按空格键，效果如图 3-97 所示；输入参数 *R*，按空格键，输入 1（表示只有一行），连续按两次空格键；输入参数 COL，按空格键，输入 100（表示 100 列），按空格键，再输入 1，表示每个线段的间距为 1，连续按两次空格键。效果如图 3-98 所示。

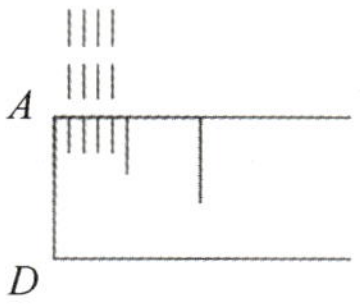

图 3-97　效果示意图

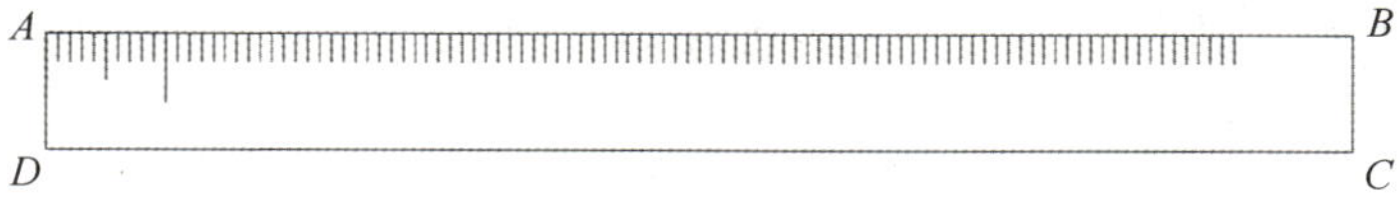

图 3-98　绘制毫米刻度

（5）输入 AR 命令，按空格键，选中图 3-96 所示的矩形内第二个线段，按空格键，输入参数 *R*，按空格键；输入参数 *R*，按空格键，输入 1（表示只有一行），连续按两次空格键；输入参数 *COL*，按空格键，输入 20（表示 20 列），按空格键，再输入 5，表示每个线段的间距为 5，连续按两次空格键。输入 AR 命令，按空格键选中图 3-96 所示的矩形内第三个线段，按空格键，输入参数 *R*，按空格键；输入参数 *R*，按空格键，输入 1（表示只有一行），连续按两次空格键；输入参数 *COL*，按空格键，输入 10（表示 10 列），按空格键，再输入 10，表示每个线段的间距为 10，连续按两次空格键。效果如图 3-99 所示。

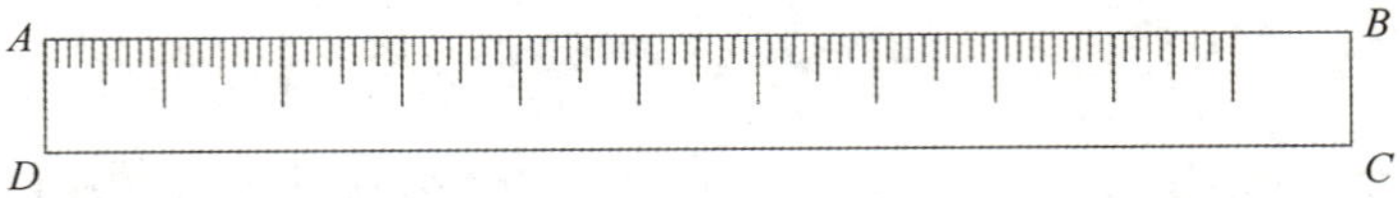

图 3-99　绘制全部刻度

（6）输入 T 命令，按空格键，在 1 cm 刻度下方附近单击，向右下方向拖动鼠标后单击，输入 1（字高设置为 1），在外部单击。效果如图 3-100 所示。

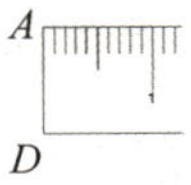

图 3-100　绘制刻度值

（7）输入 AR 命令，按空格键，选中刻度值“1”，按空格键，输入参数 *R*，按空格键；输入参数 *R*，按空格键，输入 1（表示只有一行），连续按两次空格键；输入参数 *COL*，按空格键，输入 10，按空格键，会出现 10 个 1，再输入 10（表示每个线段的间距为 10），连续按两次空格键。效果如图 3-101 所示。

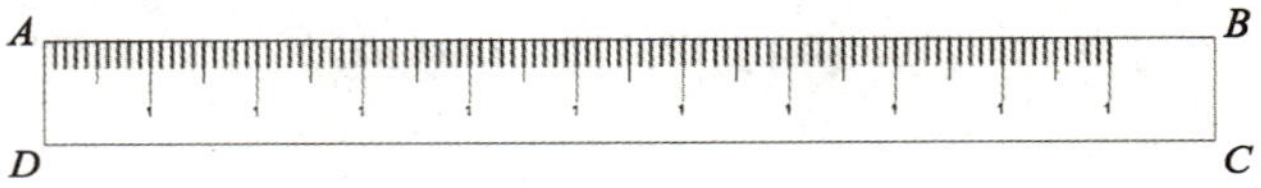

图 3-101　刻度值效果

（8）输入 X 命令，按空格键，选中 1，按空格键，就可以依次修改刻度值 1 至 10；输入 REC 命令，捕捉点 *B*，按空格键，输入 *D*，然后输入 2，按空格键，继续输入 5，按空格键，向左下方拖动鼠标后单击，标记点 *E*。效果如图 3-102 所示。

（9）输入 C 命令，按空格键，捕捉点 *E*，绘制半径为 1.5 的圆形，然后删除矩形。效果如图 3-103 所示。

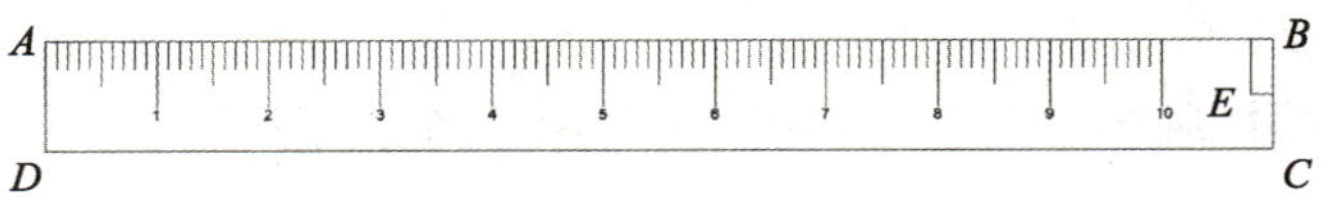

图 3-102　修改刻度值并绘制矩形

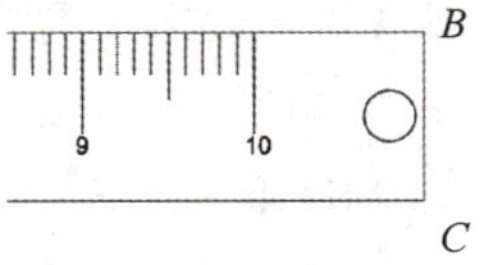

图 3-103　绘制圆形

（10）输入 BLEND 命令，按空格键，自上而下，选中线段 *CD* 作为第一个对象，单击，选中线段 *AB* 作为第二个对象，单击；删除线段 *BC*。效果如图 3-90 所示。

（11）输入 S 命令，按空格键，选中图 3–104 所示的部分，按空格键，捕捉 *D* 点作为基点后单击，按 F8 键进入正交限制模式，向下拖动鼠标，输入 5，按空格键。效果如图 3–105 所示。

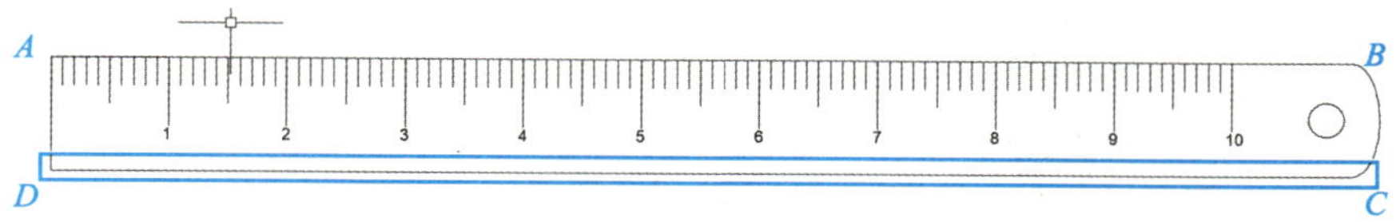

图 3–104　选择示意图

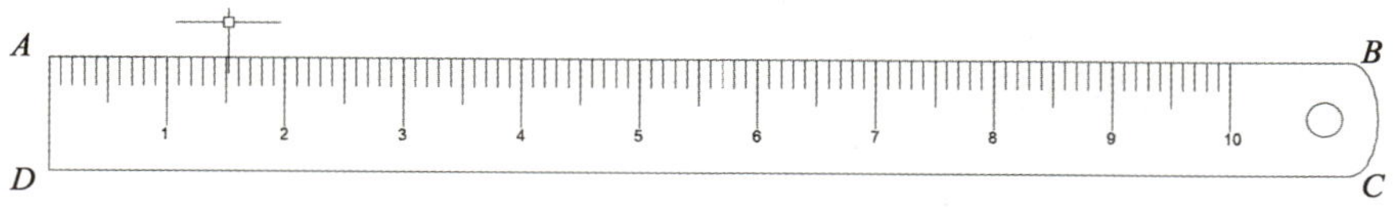

图 3–105　拉伸后效果

（12）输入 M 命令，按空格键，选中圆形，按空格键，基点选中圆心，向下拖动鼠标，输入距离 5，按空格键；输入 BLEND 命令，按空格键，自上而下选中线段 *CD* 作为第一个对象，单击，选中线段 *AB* 作为第二个对象，单击；删除原来的光顺曲线 BC。效果如图 3–92 所示。

（13）输入 J 命令，按空格键，依次选中线段 *AB*、曲线 *BC*、线段 *CD* 和线段 *AD*，按空格键，选中的 4 个对象就合并成一个对象了。

综合练习三

1. 绘制间歇轮，如图 3–106 所示，它由圆形、圆弧、线段组成。具体尺寸标注和对象位置如图 3–107 所示。

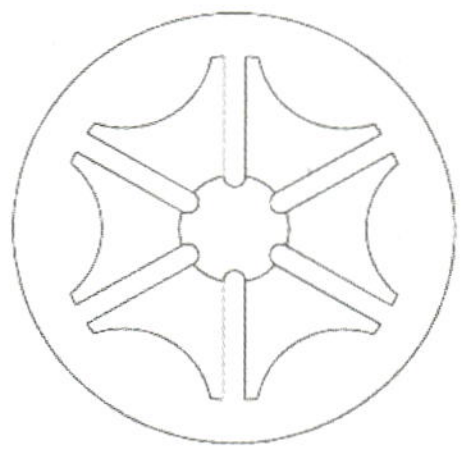

图 3–106　间歇轮

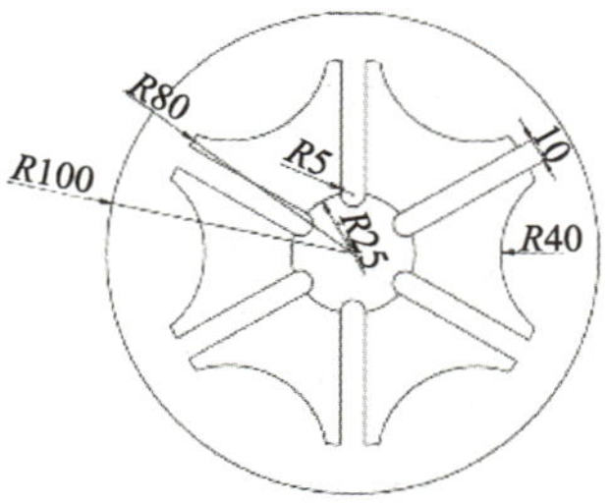

图 3–107　间歇轮尺寸标注

2. 绘制某零件垫片，如图 3–108 所示，它由圆形、椭圆、圆弧、线段组成。请创建 3

个图层，命名为轴线、垫片、标注图层，分别绘制轴线、垫片、标注。图层相关知识请参考项目一。具体尺寸标注和对象位置如图 3-109 所示。

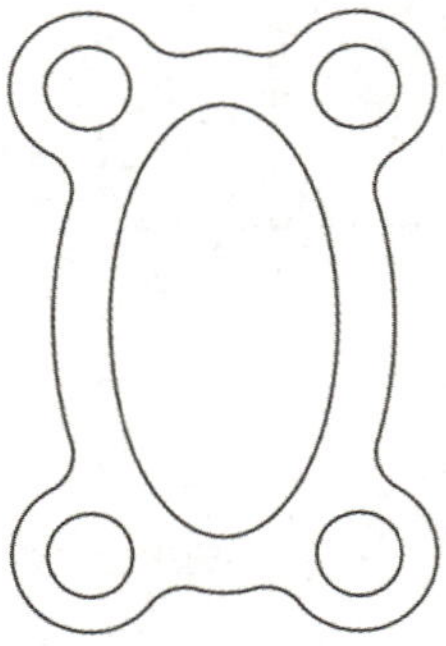

图 3-108　垫片

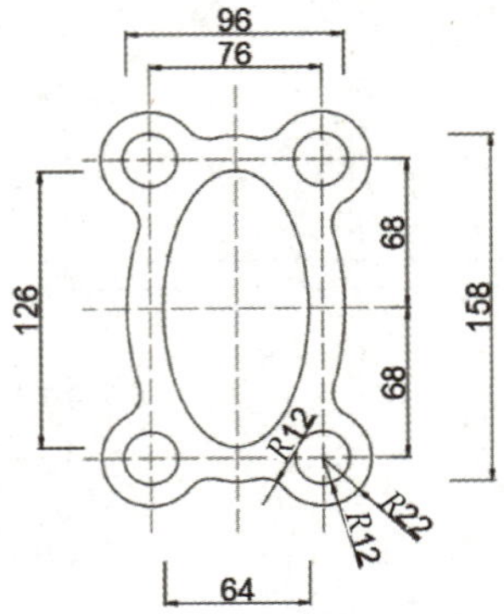

图 3-109　垫片尺寸标注

注意：

在 CAD 中，椭圆不能直接绘制相切圆，通常使用圆角 F(*R*) 修改命令进行绘制。

3. 绘制茶杯垫Ⅲ，如图 3-110 所示，它由圆形、圆弧组成。具体尺寸标注和对象位置如图 3-111 所示。

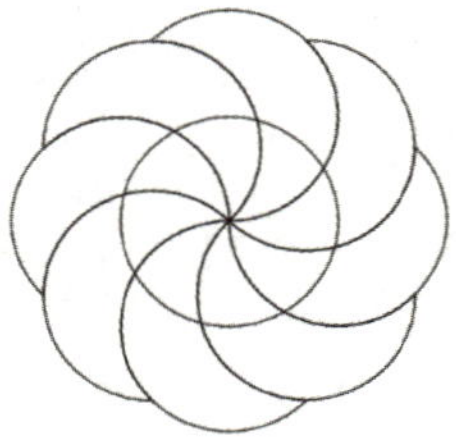

图 3-110　茶杯垫Ⅲ

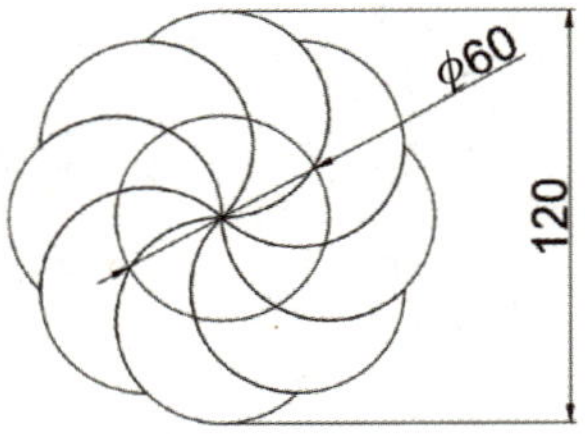

图 3-111　茶杯垫Ⅲ尺寸标注

4. 绘制方格布，如图 3-112 所示，它由矩形、线段组成。综合运用旋转、复制等修改命令绘制。各尺寸间都是等距均分，具体尺寸标注和对象位置如图 3-113 所示。

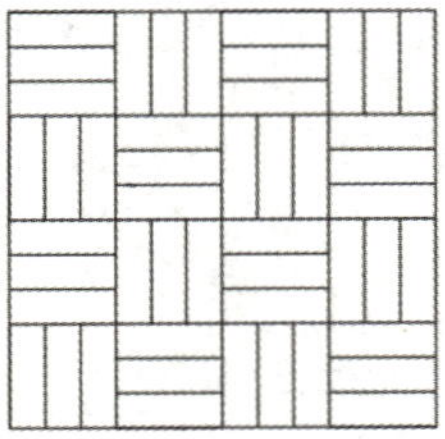

图 3-112　方格布

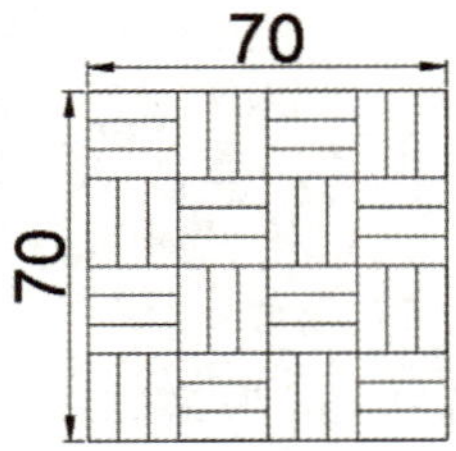

图 3-113　方格布尺寸标注

5. 绘制圆形餐桌椅，如图 3-114 所示，它可以容纳 10 人，由圆形、圆角矩形、椭圆形、圆弧、线段组成。餐桌椅具体尺寸标注和对象位置如图 3-115 和图 3-116 所示。

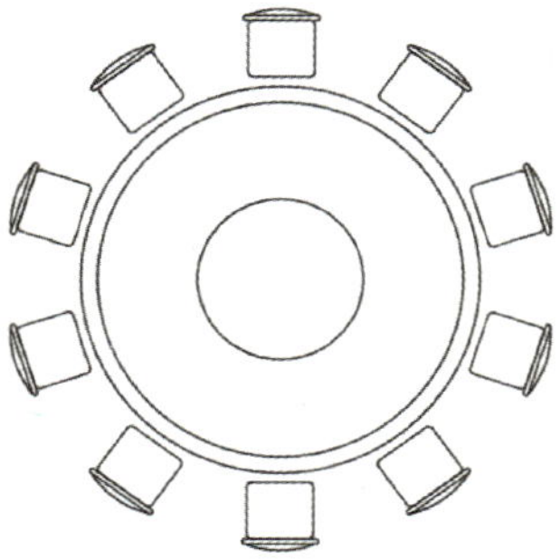

图 3-114　圆形餐桌椅

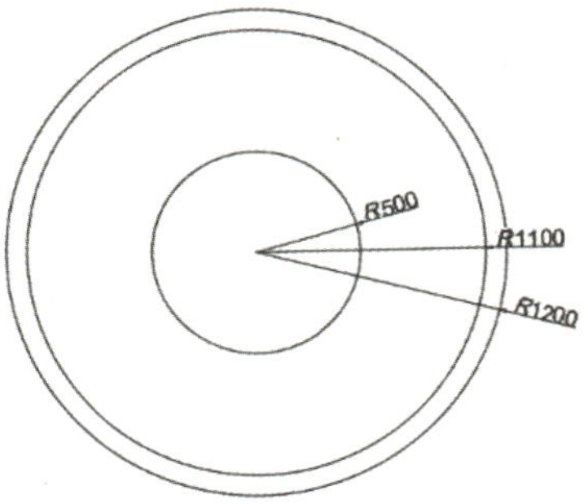

图 3-115　圆形餐桌尺寸标注

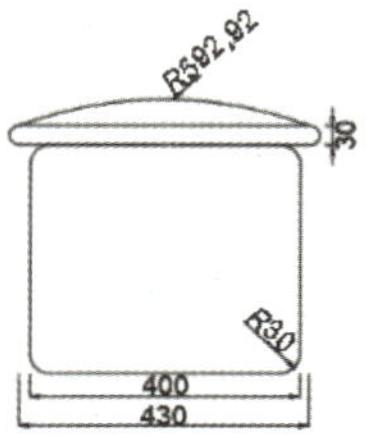

图 3-116　椅子尺寸标注

6. 绘制铲子，如图 3-117 所示，它由圆形、圆弧、光顺曲线、样条曲线、圆角矩形、线段以及 2 个图案填充组成。具体尺寸标注和对象位置如图 3-118 所示。

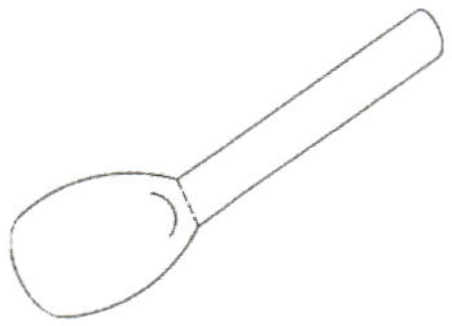

图 3-117　铲子

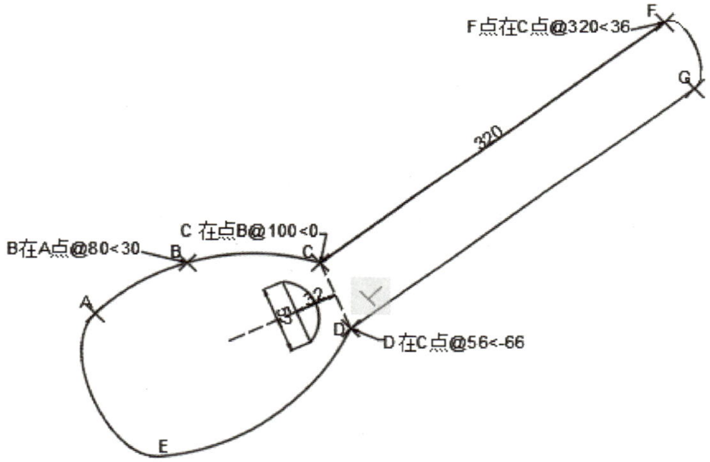

图 3-118　铲子尺寸标注

7. 绘制弓形机器零件，如图 3-119 所示，它由矩形、圆弧、线段组成。请创建 3 个图层，命名为轴线、弓形零件、标注。具体尺寸标注和对象位置如图 3-120 所示。

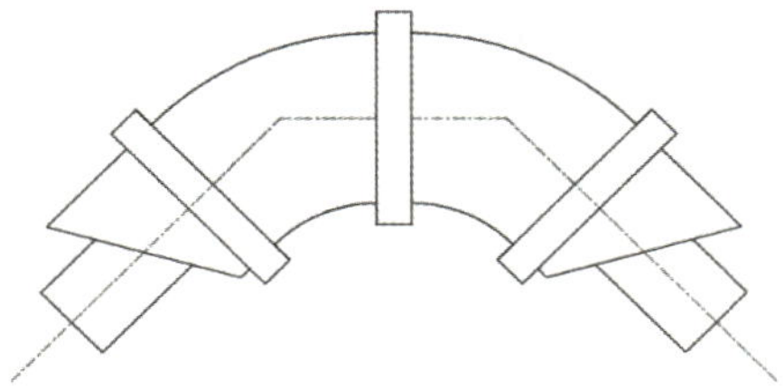

图 3-119　弓形机器零件

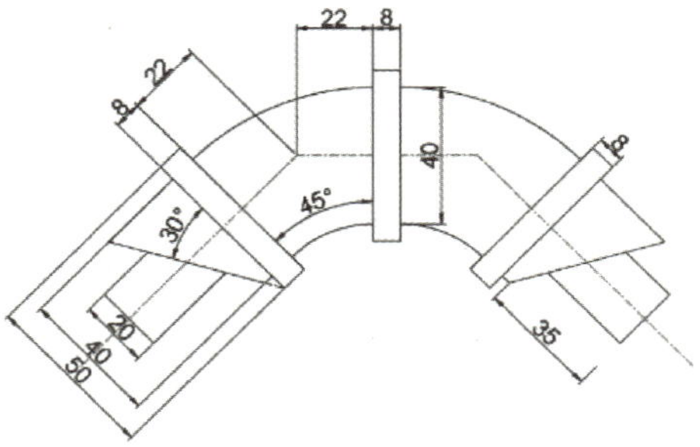

图 3-120　弓形机器零件尺寸标注

8. 绘制机器零件，如图 3-121 所示，它由圆形、圆弧、线段组成。请创建 3 个图层，命名为轴线、零件外圆、标注图层。具体尺寸标注和对象位置如图 3-122 所示。

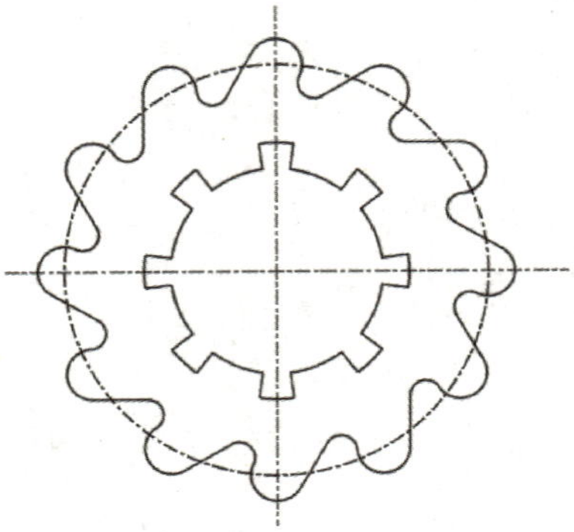

图 3-121　机器零件

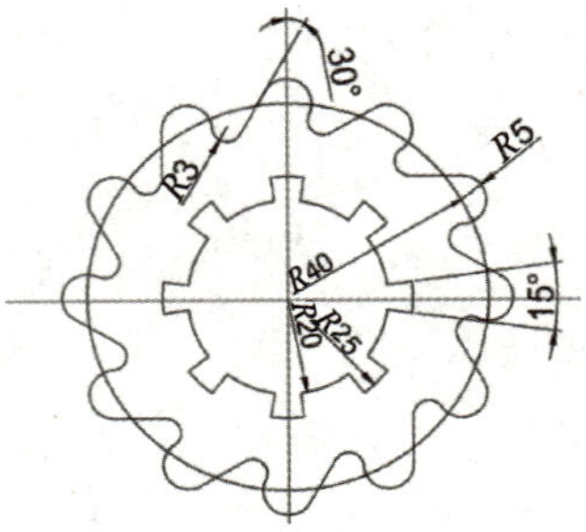

图 3-122　机器零件尺寸标注

第二篇

工程制图基本规范

项目四　绘制建筑图纸

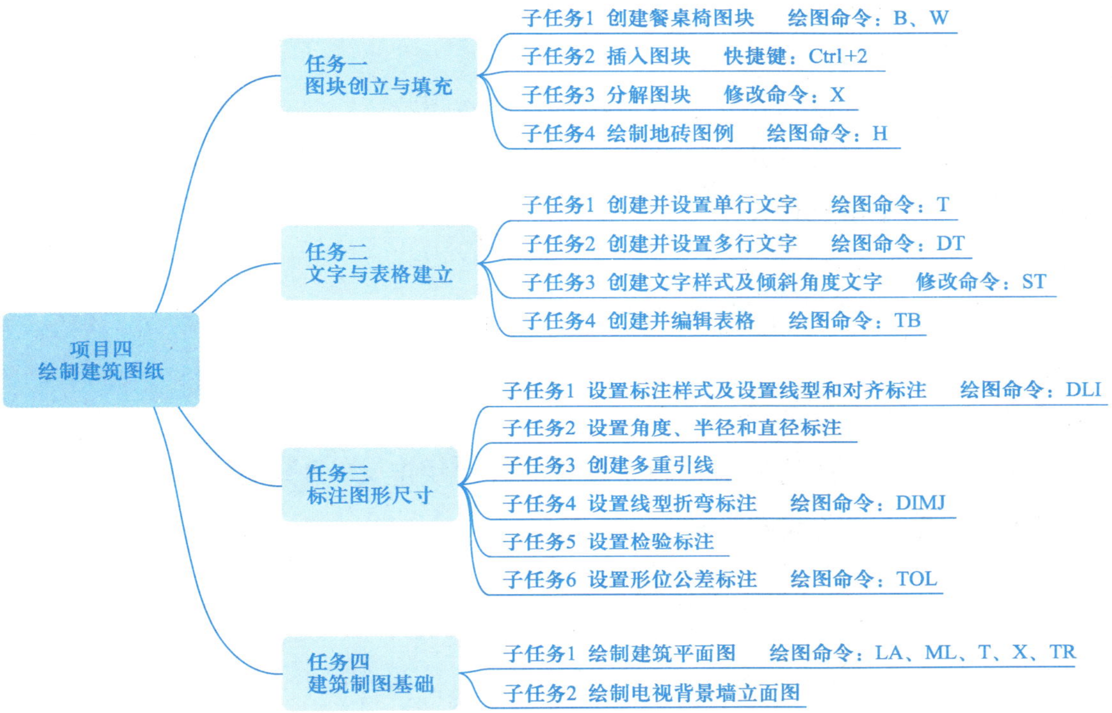

学习目标

（1）认识并能够绘制在工程制图中最常见的几种图纸幅面规格。

（2）能够绘制并设置图块及图块填充。

（3）能够设置并修改文字注释和表格。

（4）掌握标高的画法和尺寸标注，并能够修改尺寸参数。

任务一　图块创立与填充

任务要点

(1) 认识图块的概念和特性。

(2) 能够创建图块、修改图块、存储图块、插入图块。

(3) 了解定义块属性的方法。

(4) 掌握图块图案填充的方法。

子任务1　创建餐桌椅图块

绘制说明：

图 4-1 所示为一套餐桌椅，请绘制完成后进行“块定义”“写块”处理，使之成为一个整体，以方便后期进行移动或者复制等命令操作。

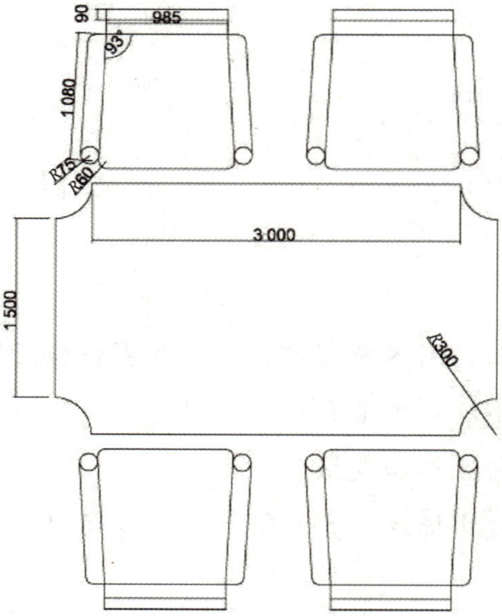

图 4-1　餐桌椅

新学命令：

BLOCK、WBLOCK

快捷命令：

B、W

命令简介：

BLOCK 是在本文件中定义一个块名称，没有保存成单独的一个文件，只供本文件使用；块名称及块定义保存在当前图形中。

WBLOCK 将指定对象保存到文件或将块转换为文件，供其他文件使用，就是说能在另一个图形中插入之前保存的块文件。

具体步骤如下：

（1）新建一个“家具”图层，将该图层颜色设为黑色，线型为 Continuous，线宽设为默认，并设置为当前图层，根据所给数据自行绘制本图。

（2）在绘图区域输入命令 B，打开“块定义”对话框，在“名称”文本框中输入“餐桌椅”，单击“选择对象”按钮选择 CAD 中的餐桌椅，按空格键返回“块定义”对话框，“块单位”设置为“毫米”，单击“确定”按钮，如图 4-2 所示。

（3）在绘图区域输入命令 W，按空格键打开“写块”对话框，选中“对象”单选按钮，选择刚刚定义的餐桌椅图块，在目标中对该图块进行路径保存，如图 4-3 所示。

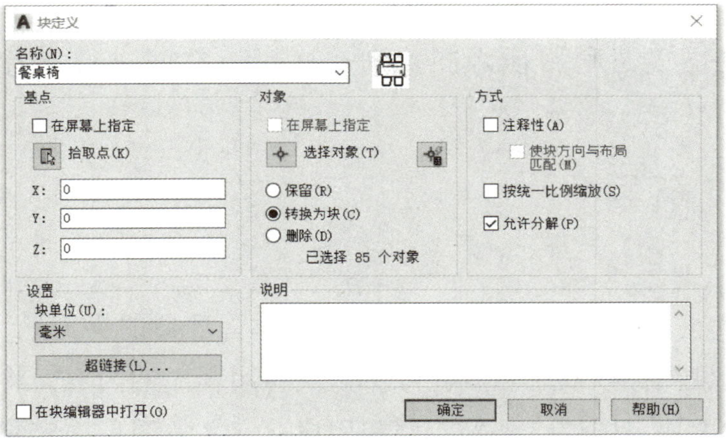

图 4-2　“块定义”对话框

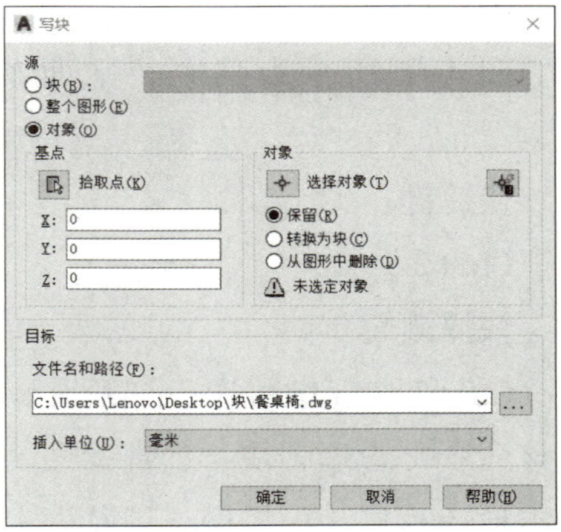

图 4-3　“写块”对话框

（4）打开桌面“块”文件夹，会发现该文件夹中新增一个“餐桌椅 .dwg”文件，如图 4-4 所示。

图 4-4　“餐桌椅 . dwg”　文件

注意：

写块（WB）与块定义（B）的区别如下：

（1）两者的快捷命令不同：写块的快捷命令为 W；块定义的快捷命令为 B。

（2）两者的属性不同：写块是把块输入到一个单独的文件，不仅可以在当前图形文件中使用，而且自己还是一个外部块文件；块定义建立的块包含于当前文件中，没有单独成为文件，是内部块。快捷命令 W 定义的图块可以在所有的图形文件中共同使用，快捷命令 B 定义的图块只能在当前图形文件中使用。

（3）功能不同：写块生成的文件可以直接插入其他图形中；块定义建立的块不能直接插入其他图形中，只能通过带基点复制、粘贴到其他图形文件中。

子任务2 插入图块

绘制说明：

图 4-5 所示为某家装平面布局图，请利用插入图块命令，对该空间进行布置和规划。

快捷键：

Ctrl+2

快捷键简介：

Ctrl+2 快捷键可用于打开设计中心（它有着类似于 Windows 资源管理器的界面），通过该命令可管理图块、外部参照、光栅图像以及来自其他源文件或应用程序的内容，将位于本地计算机、局域网或因特网上的图块、图层、外部参照和用户自定义的图形内容复制并粘贴到当前绘图区中。同时，如果在绘图区打开多个文档，在多文档之间也可以通过简单的拖放操作来实现图形的复制和粘贴。粘贴内容除了包含图形本身，还包含图层定义、线型、字体等内容。这样资源可得到再利用和共享，从而提高了图形管理和图形设计的效率。

具体步骤如下：

（1）打开项目四任务一子任务 2 中的“插入图块 . dwg”文件，在图层特性管理器中新建“家具”图层并将其设置为当前图层，如图 4-6 所示。

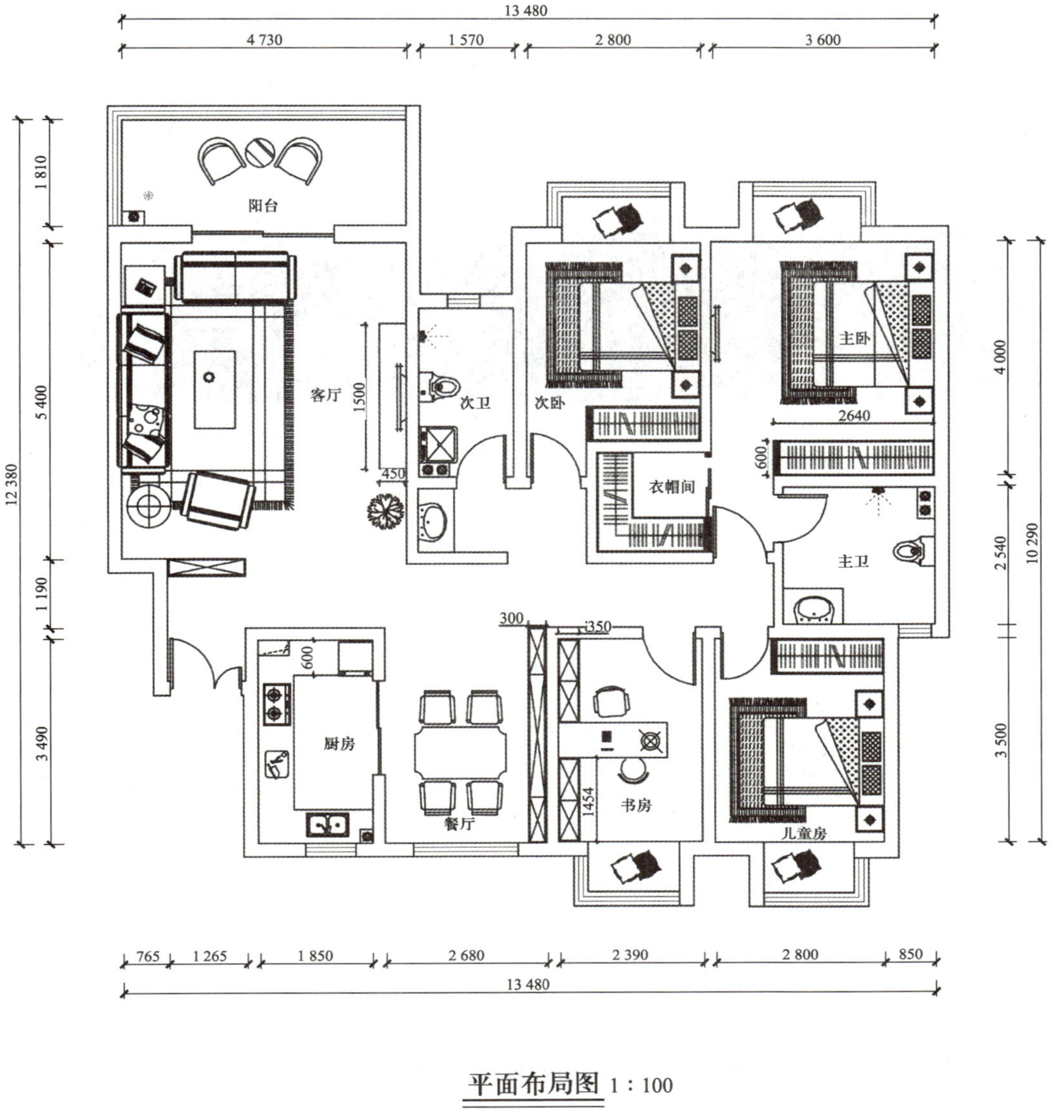

图 4–5　平面布局图

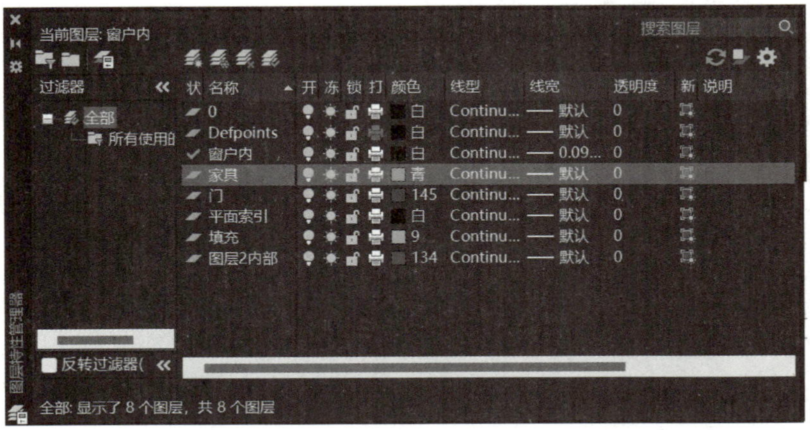

图 4–6　新建“家具”　图层

（2）在菜单栏中，选择“插入”菜单中的“块”命令，如餐桌椅图块，如图 4-7 所示；单击“浏览”按钮，选择在子任务 1 中写入的餐桌椅图块，通过“浏览”按钮找到其路径，如图 4-8 所示；单击“打开”按钮，导入餐厅位置，并对餐桌椅图块进行调整，如图 4-9 所示。

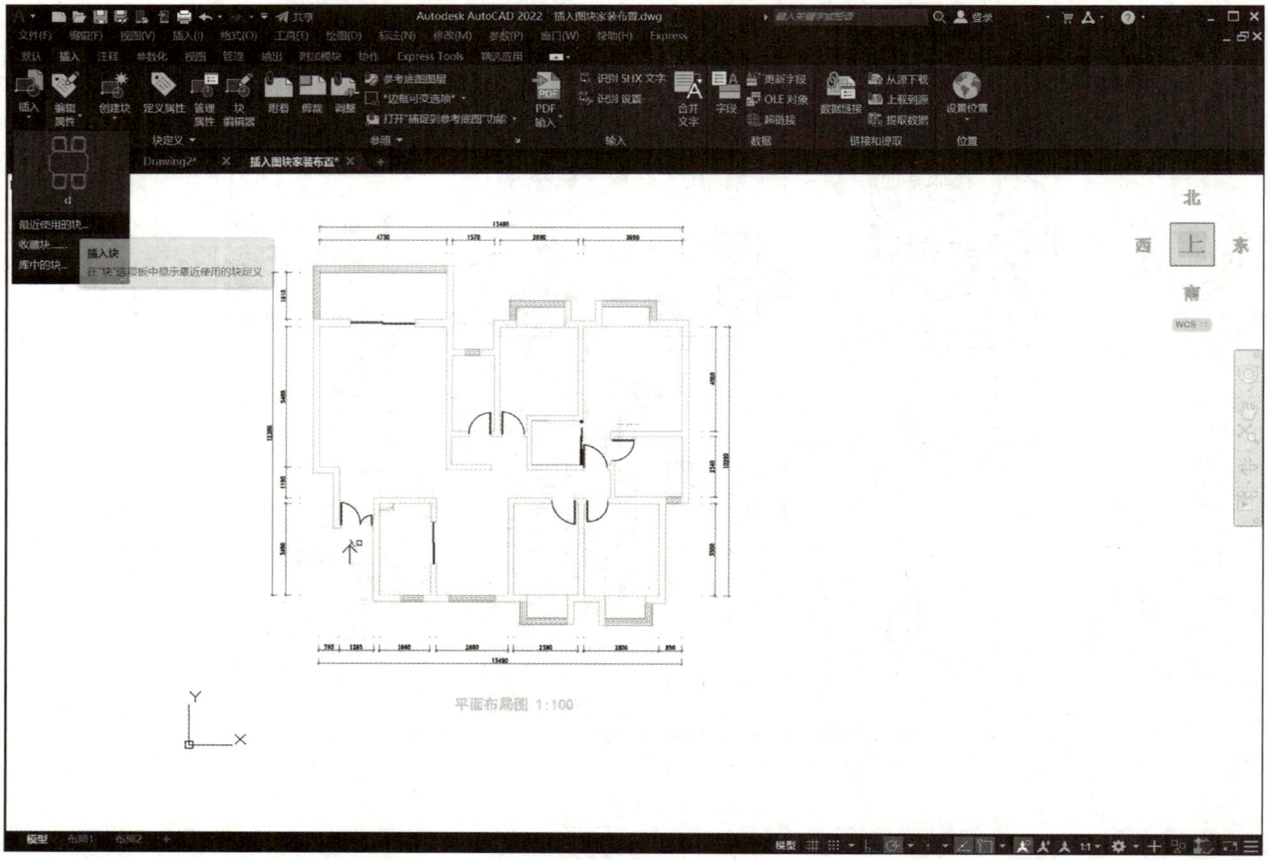

图 4-7　插入块

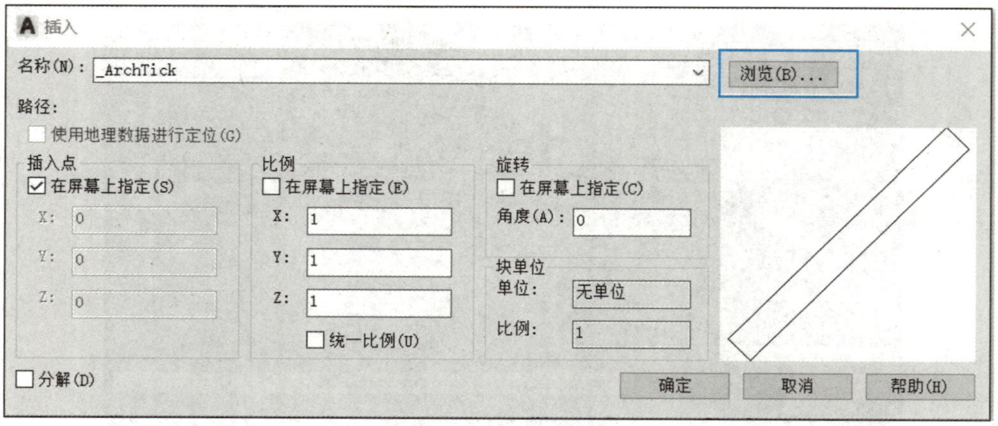

图 4-8　“插入”对话框

图 4-9 餐桌椅图块

注意:

两人餐桌椅的尺寸为 1 400 mm×800 mm，导入的图块需要利用 SC、RO、M 等命令进行调整。

（3）打开项目四中的“平面图库 . dwg”文件，按 Ctrl+2 快捷键打开设计中心，选择“打开的图形”→“图库”→“块”命令进行更新，如图 4-10 所示；单击“平面图库”中的沙发图例并拖到“插入图块”文件中，将其放置在书房中，如图 4-11 所示。

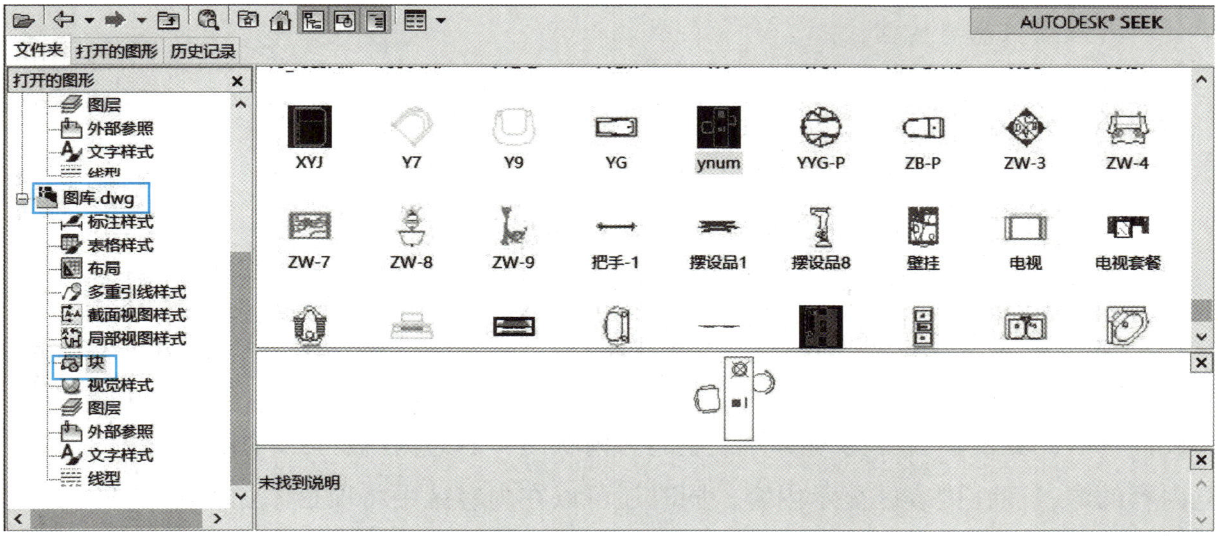

图 4-10 打开项目四“平面图库 . dwg” 文件

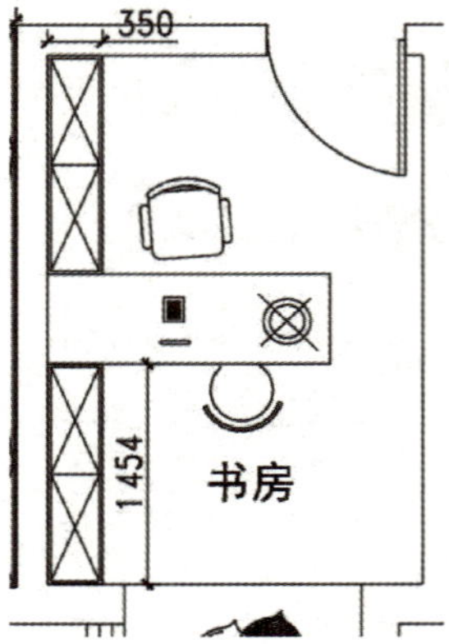

图 4-11　放置沙发

注意：

常见的办公桌尺寸为 1 600 mm×600 mm，导入的图块需要利用 SC、RO、M 等命令进行调整。

（4）重复步骤（3），依次将子任务平面布置图中的其他空间，借助"插入图块"命令完成如图 4-5 所示的空间布置。

注意：

AutoCAD 2022 的设计中心为用户提供了很多标准化的图块，用户可以通过设计中心来插入需要的图块。

打开设计中心的常用方法有以下几种：

（1）选择"工具"→"选项板"→"设计中心"命令。

（2）单击"标注"按钮，再单击"设计中心"按钮。

（3）在命令行输入 Adcenter 并按 Enter 键。

（4）按 Ctrl+2 快捷键。

设计中心的界面窗口分为两部分，左边为树状图，右边为内容区，用户可以在树状图中浏览内容的源，而在内容区显示内容。同时还可以在内容区中将项目添加到图形或工具选项板中。

注意：

常见的家具尺寸如下：

（1）沙发区

单人沙发长度：80~120 cm；深度：85~90 cm；座高：35~42 cm；背高：70~90 cm。

双人沙发长度：120~160 cm；深度：80~90 cm；座高：40 cm。

四人沙发长度：232~252 cm；深度：80~90 cm。

沙发与茶几最佳距离为 45 cm。

（2）电视区。

电视机根据客厅面积选择：客厅的面积为 15~20 m^2 选 42 英寸电视机；面积为 21~34 m^2 选 48 英寸电视机；面积为 35~45 m^2 选 52 英寸电视机；面积为 46~60 m^2 选 70 英寸电视机。

根据电视机与沙发之间的距离选择电视机的尺寸：2 m 以下对应 32 英寸以下电视机；2~2.5 m 选 40 英寸电视机；2.6~3 m 选 50 英寸电视机；3.1~3.5 m 选 55 英寸电视机；3.5 m 以上选 65 英寸电视机。

电视机中心的高度等于或者低于人坐着时的视平线，一般不超过 110 cm。

（3）餐厅区。

长方形餐桌：两人位为 75 cm×80 cm；四人位为 140 cm×80 cm；八人位为 220 cm×100 cm。

圆形餐桌：两人位直径 50 cm；三人位直径 80 cm；四人位直径 90 cm；五人位直径 110 cm；六人位直径 110~125 cm；八人位直径 130 cm；十人位直径 150 cm；十二人位直径 180 cm。

餐桌高 64~72 cm，与餐椅差 30 cm。

（4）卧室区

床的宽度：90 cm 是单人床的基本尺寸，也可以选 120 cm 的宽度；150 cm 是双人床的基本尺寸，也可以选 180 cm 的宽度，还有一种是220 cm 的超宽双人床，这个尺寸属于定制款，要搭配定制的床垫和床上用品，后续使用会比较麻烦，不是很推荐。

根据卧室面积选择床：10 m^2 以下选宽度 120 cm 以下的床；10~20 m^2 选宽度 150 cm 的床；20 m^2 以上选宽度 180 cm 以上的床。一般搭配是，床的面积不超过整体面积的 1/2，最理想的搭配是，床的面积不超过整体面积的 1/3。

睡眠区床头柜的选择：如果房间面积过小，建议只要一个床头柜。如果房间面积足够大，可以选择两个床头柜，能增加不少的收纳空间。其中床头柜与床垫顶端的高度一般是差不多的，高或低 15 cm 也是可以的。

卧室储物区：床和衣柜距离应该不低于 60 cm，如果只够这个距离，衣柜门考虑做推拉门。如果床和过道的距离不低于 90 cm，衣柜门就可以做平开门。

平开门衣柜深度 55～60 cm；推拉门衣柜深度最好大于或者等于 63 cm；挂衣杆下沿到底板距离，长衣区至少 135 cm、短衣区不少于 90 cm。

储物区衣柜高度：一般房间高度在 2.7～2.8 m，如果选择衣柜做到顶，超过 2.4 m 的高度，最好分成上下两柜，下柜的高度一般是 2.1 m 左右，其余的为上柜。

子任务3　分解图块

绘制说明：

图 4-12 所示为一个组合沙发，目前是成图块的状态，若日后在设计中，需要对其进行修改或者不需要组合沙发中的某一部分，就需要进行图块分解才能删除不需要的部分。

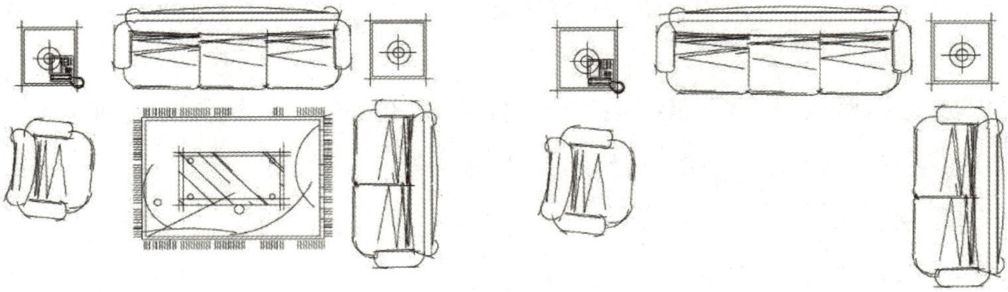

图 4-12　分解图块

新学命令：

X

命令简介：

X 是分解命令的快捷命令，可以将诸如多段线、属性块等整体特征分解成单独的线条和圆弧等。

具体步骤如下：

（1）打开项目四任务一子任务 3 的“分解图块 . dwg”文件，在绘图区域输入 X 命令，选中沙发，按空格键，将成组的沙发打散，如图 4-13 所示。

（2）按住鼠标左键从右至左拖动鼠标，选择茶几，如图 4-14 所示；按 Delete 键进行删除，得到新图形，如图 4-15 所示。

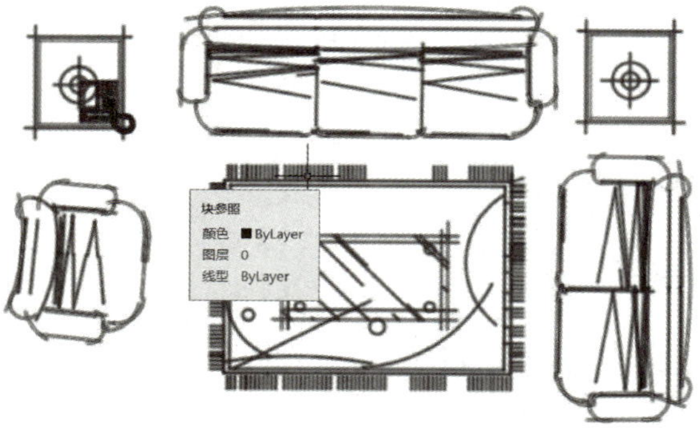

图 4-13　“分解图块 . dwg”

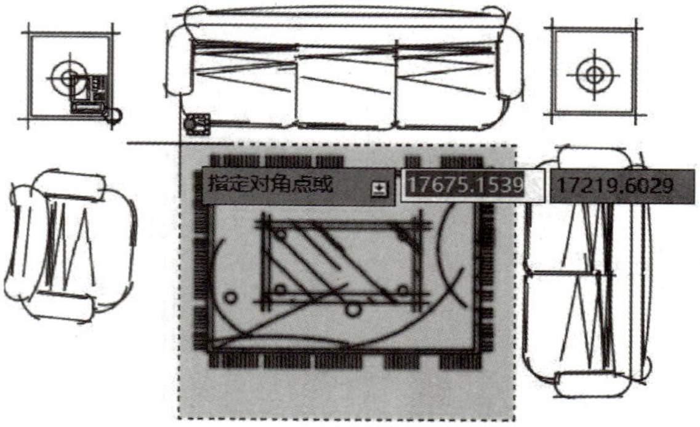

图 4-14　选择茶几

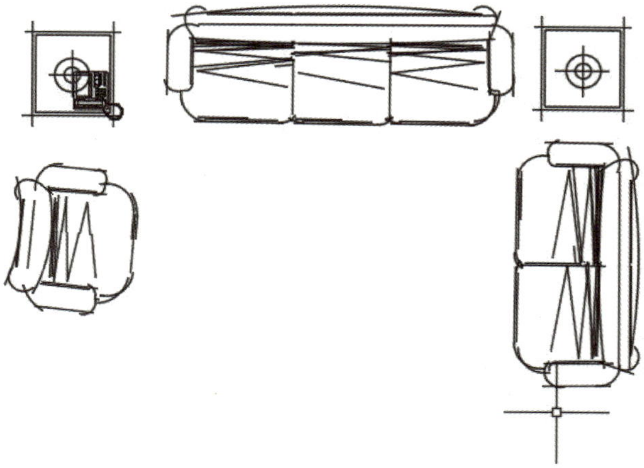

图 4-15　得到新图形

子任务4　绘制地砖图例

绘制说明：

将一个长 100 mm、宽 80 mm 的矩形，利用图案填充工具做出如图 4-16 所示的效果。

新学命令：

H

命令简介：

H 是填充的快捷命令，它是将一个封闭的图形内部用图案或者颜色填满。

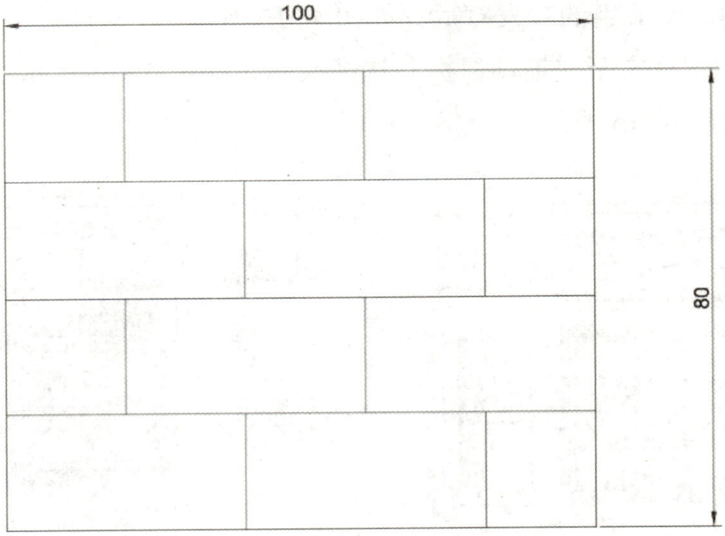

图 4-16　绘制地砖图例

具体步骤如下：

（1）打开 AutoCAD 2022，新建一个图形文件，在绘图区域输入 REC 命令，绘制一个 100 mm×80 mm 的矩形，如图 4-17 所示。

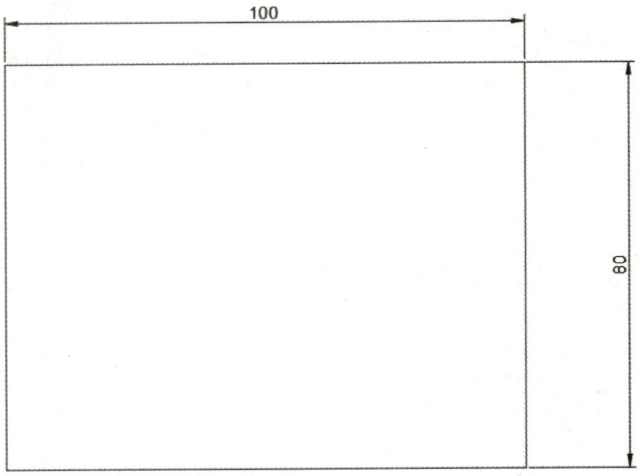

图 4-17　新建一个图形文件

（2）在绘图区域输入 H 命令，打开“图案填充和渐变色”对话框，单击“图案”下拉列表框右侧的按钮 ...，打开“填充图案选项板”对话框，单击“其他预定义”选项卡，选择 AR-B816 图案，如图 4-18 所示。

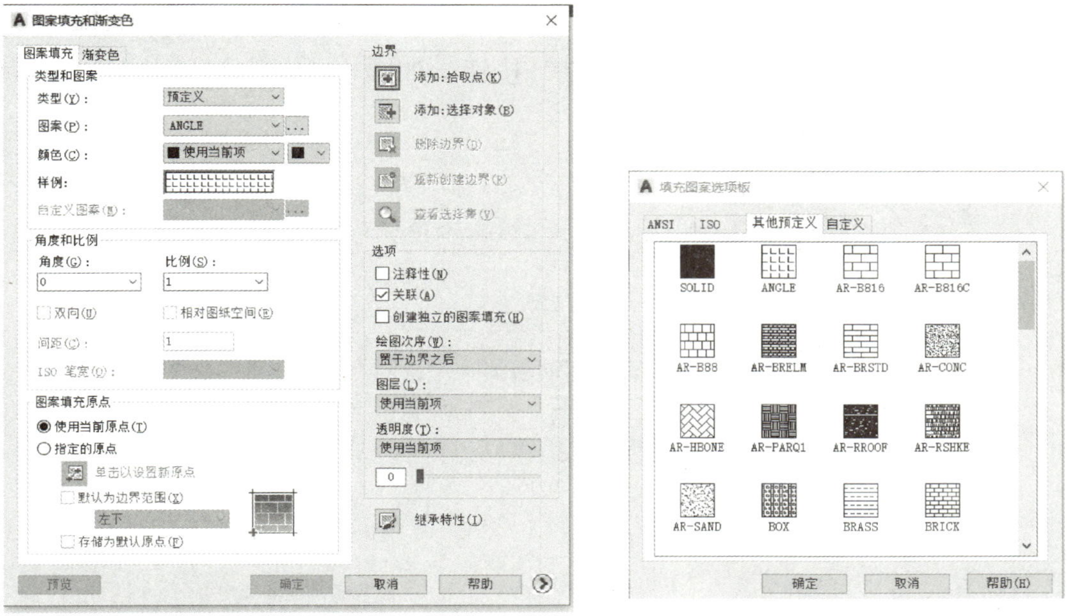

图 4-18　“图案填充和渐变色”对话框和“填充图案选项板”对话框

(3) 返回“图案填充和渐变色”对话框中，单击“添加：拾取点”按钮，如图 4-19 所示，回到绘图区域，在矩形内单击，按 Enter 键确认。

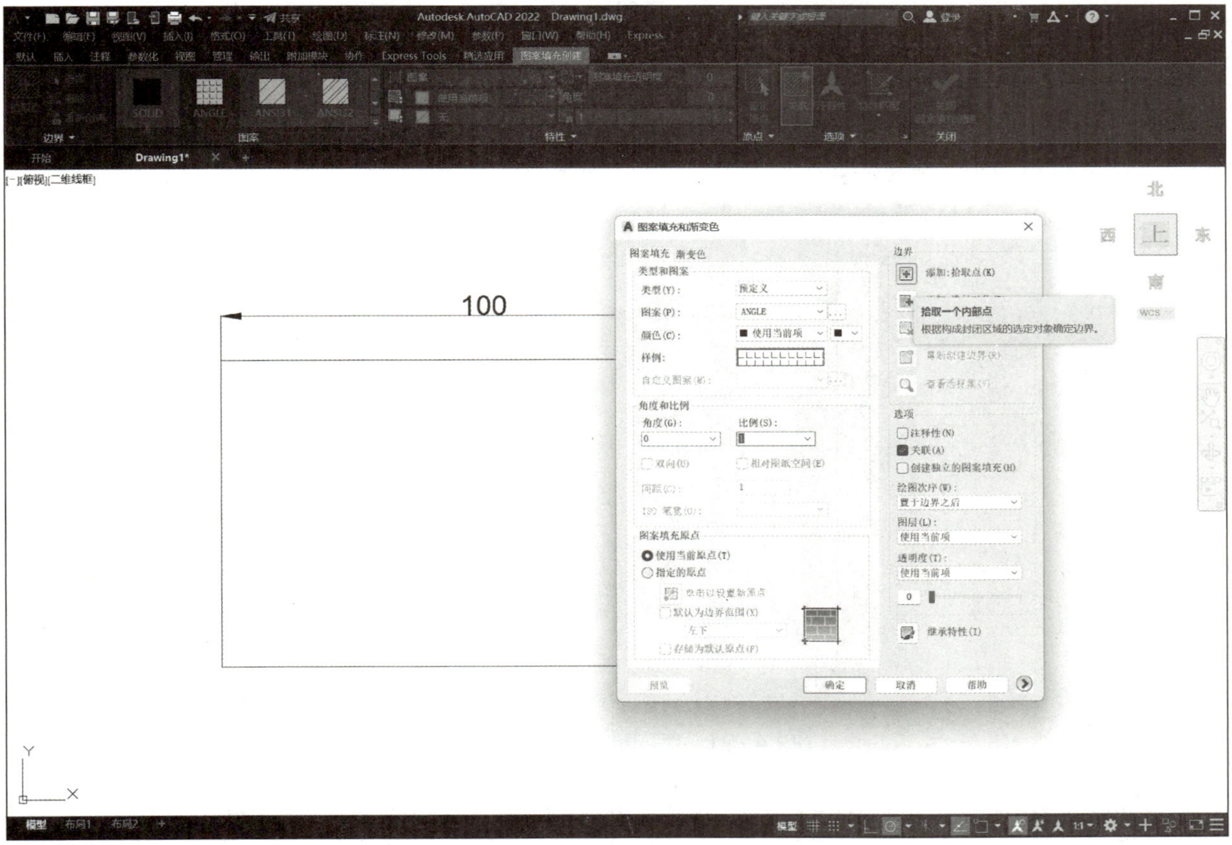

图 4-19　单击“添加：拾取点”按钮

（4）返回“图案填充和渐变色”对话框，在“图案填充原点”选项组中选中“指定的原点”单选按钮，单击“单击以设置新原点”按钮，如图 4-20 所示；回到绘图区域，单击矩形的左下角顶点，如图 4-21 所示。

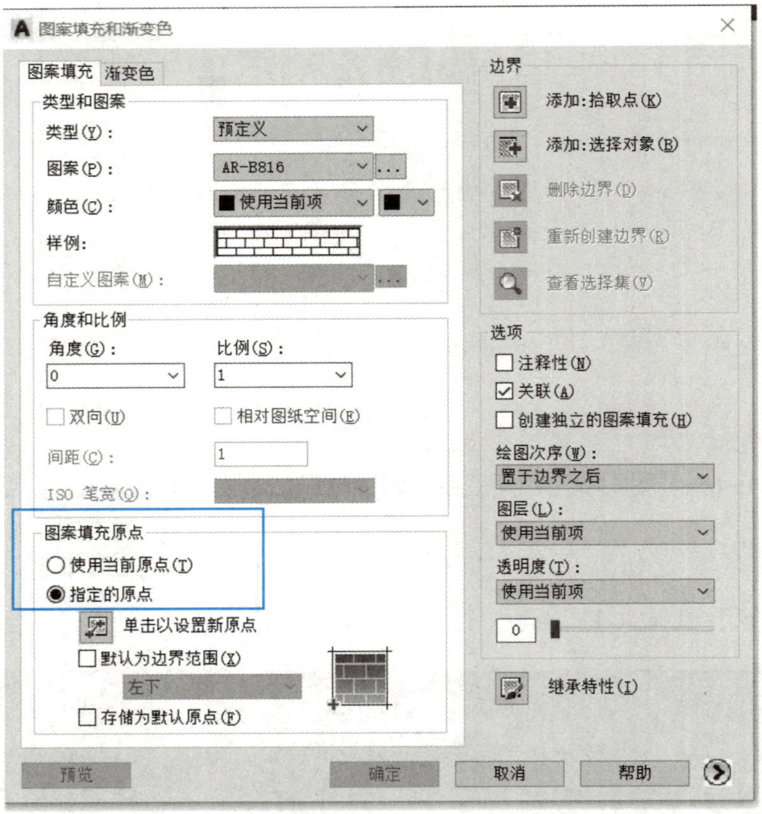

图 4-20　“图案填充和渐变色”对话框

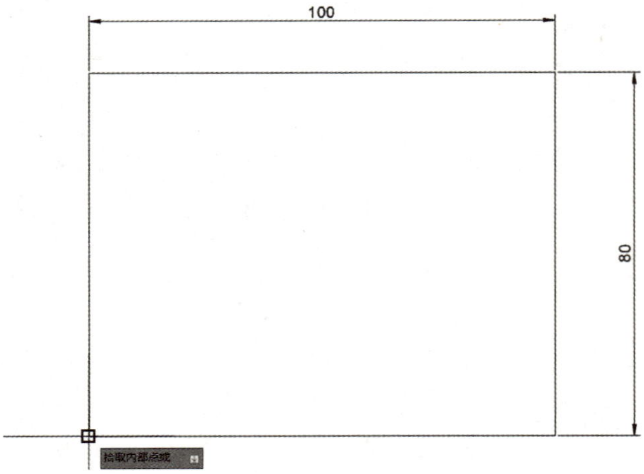

图 4-21　单击矩形左下角顶点

（5）在“角度和比例”选项组中，设置角度为 0，比例为 0.1，如图 4-22 所示，单击“预览”按钮查看效果，效果比例无误后，单击“确定”按钮。完成后效果如图 4-16 所示。

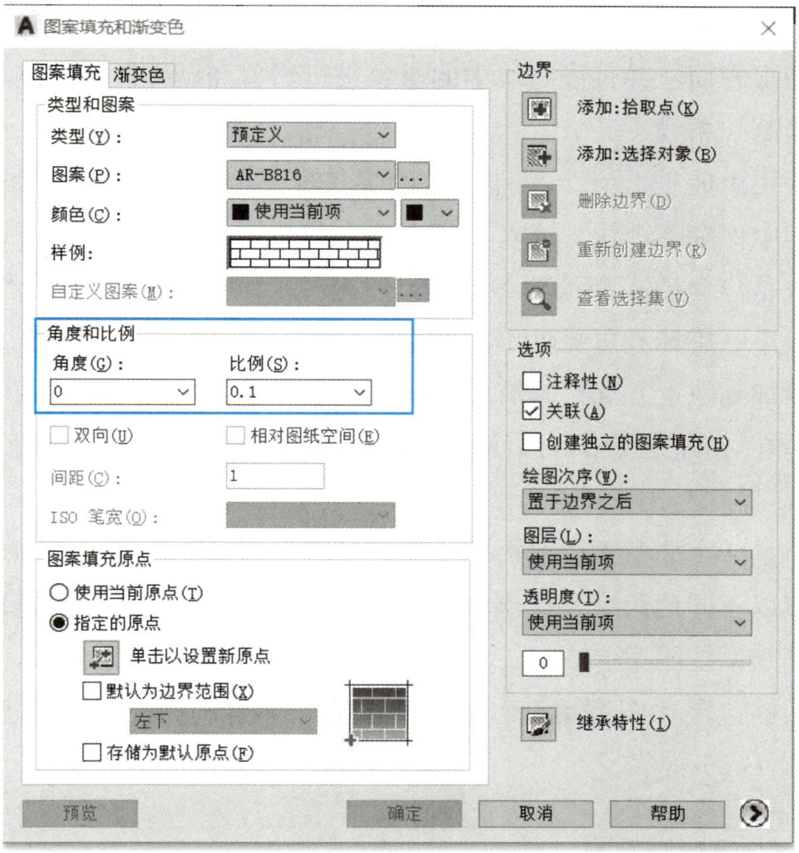

图 4-22　“角度和比例”选项组

背景知识

1. 块的概念

绘图时，经常需要在一幅图中多次放置同一组对象。例如，在一栋房屋的规划图中，设计师需要多次放置窗户和门。电气工程师在绘制电路图时也要一次又一次地放置电路符号。在绘制机械模型图时可能要多次放置螺母、螺栓等。使用图块可以将这些问题简单化。

块是用户保存和命名的一组对象，可以在任何需要的时候将它们插入图形中。不管创建块所使用的单个对象有多少，块都是一个对象。由于块是一个对象，因此可以很容易地移动、复制、缩放或旋转。如果有需要，可以分解块，以获得原来的一个对象。

块的最大优点是通过修改块的定义，可以更新绘图中该块的所有实例。块的另一个优点是它们可以减小图形文件的大小。一个图形可以只保存块定义一次以及每次插入块时以块作为简单参照，而不是在图形数据库中存放各个块中的每一个独立的对象。

一旦图形中有一个块，就可以像处理其他对象一样处理它。虽然不能单独编辑块中的各个对象，但可以捕捉它们，并且能对块中的对象进行修剪和延伸操作。例如，可以从块中某条线的中点开始绘制一条线。

许多领域会使用由成千上万个零件组成的零件库。使用块功能可以保存和插入这些零件，可以在一张图中保存多个块，或者在每个独立的文件中保存一个块，以便在图形中随时插入它们。动态块是包含插入和编辑参数的块。它可以创建动态块以取代无数类似的普通块，使其在尺寸大小、旋转和可见性等方面呈现更大的灵活性。

可以把属性附加到块上。属性是有关块的标签。属性的主要用途有两个：标记对象和创建简单的数据库。在 AutoCAD 中可以使用属性中的字段使文字生成自动化。

2. 图案填充

图案填充命令是一个非常重要的命令，绘制所有类型的图形都会用到它。它不仅可以将系统所提供的图案以不同的角度及比例填充到指定的区域，而且还可以通过该命令来自定义填充图案，以区别于系统图案。

图案填充对话框包含“图案填充”和“渐变色”两个选项卡，默认显示的是“图案填充”选项卡，如图 4-23 所示。

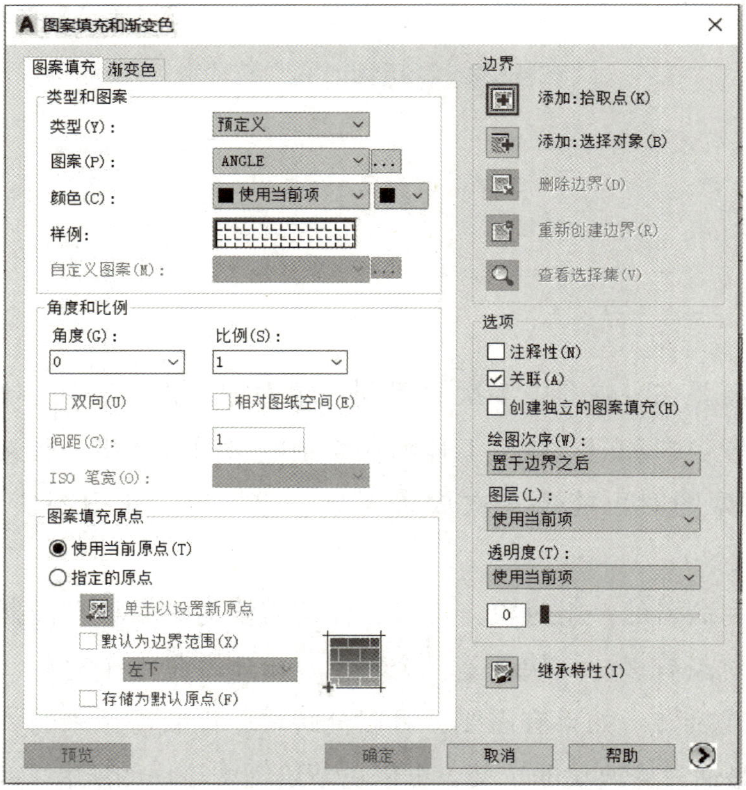

图 4-23 “图案填充”选项卡

类型：设置填充图案的类型，它有 3 个选项：预定义、用户定义和自定义。“预定义”表示使用系统预定义的填充图案，可以控制预定义填充图案的比例和旋转角度；“用户定义”表示使用当前线型定义简单的填充图案；“自定义”表示让用户从其他定制的“. pat”文件中选择一个图案，而不是从 Acad. pat 或 Acadiso. pato 文件中选择，用户同样可以控制自定义填充图案的比例和旋转角度。

图案：只有设置“类型”为“预定义”时，该参数才能被激活，用于在下拉列表中选择系统提供的填充图案。

任务二　文字与表格建立

任务要点

(1) 能够创建、编辑、管理文字和设置文字样式。

(2) 能够创建并修改设置单行文字和多行文字。

(3) 能够创建、编辑、修改表格及设置表格样式。

子任务1　创建并设置单行文字

绘制说明：

图 4-24 所示为一栋楼的原始户型图，需要对各个空间进行文字标注。

新学命令：

T

命令简介：

T 是输入文字的快捷命令，可以随意更改文字高度。

具体步骤如下：

(1) 打开项目四任务二子任务 1 中的“单行文字 . dwg”文件，在绘图区域输入 LA 命令，打开图层特性管理器，新建一个“文字”图层，将该图层颜色设为黑色，线型为 Continuous，线宽设为默认，并将其设置为当前图层，如图 4-25 所示。

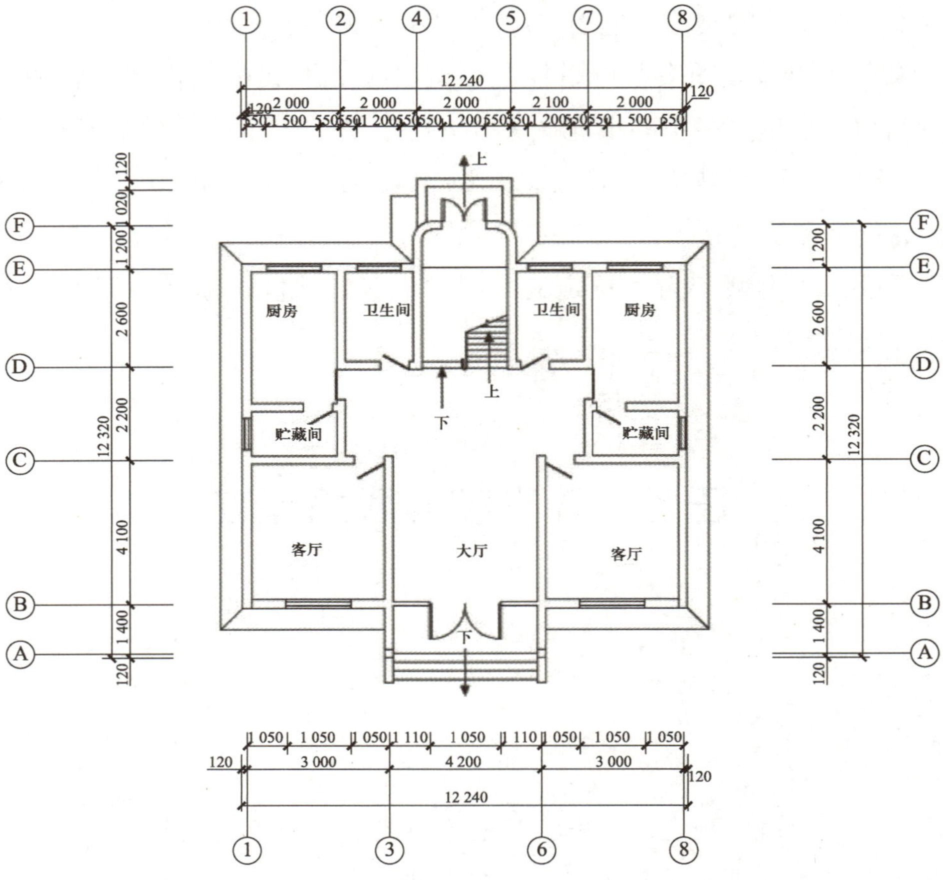

图 4-24　原始户型图

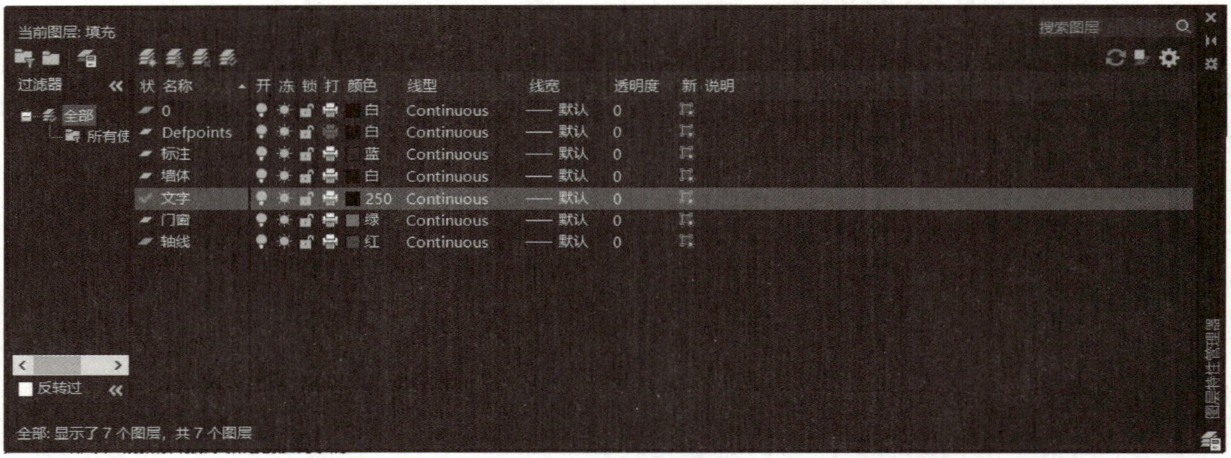

图 4-25　图层特性管理器

（2）输入 T 命令，根据系统提示指定创建文字的起点位置，如图 4-26（a）所示，接着输入 H 命令，按空格键，输入 260，从而可以设置文字高度，在弹出的文本框中输入文字内容“厨房”，如图 4-26（b）所示，单击“确定”按钮。

（3）重复使用 T 命令，制作如图 4-27 所示的效果。

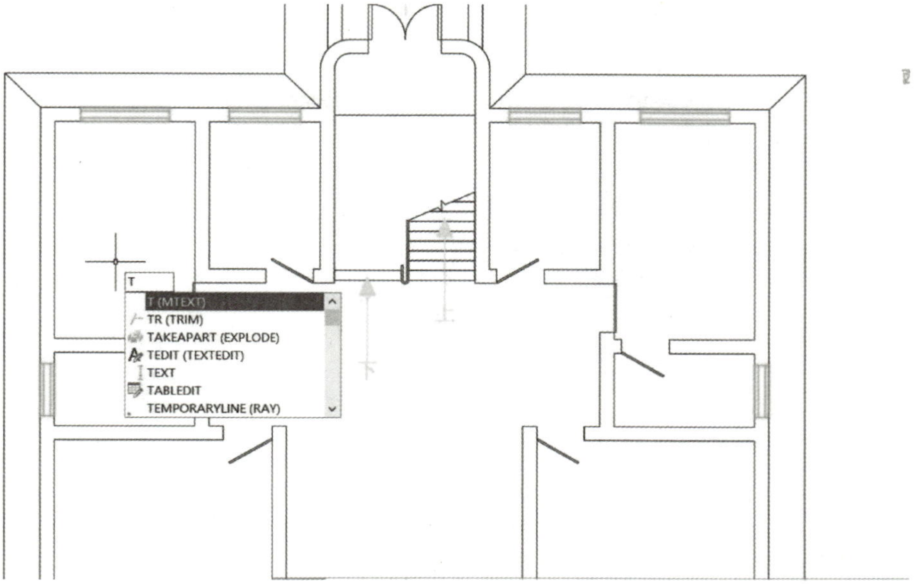

(a) 使用T命令指定创建文字的起点位置

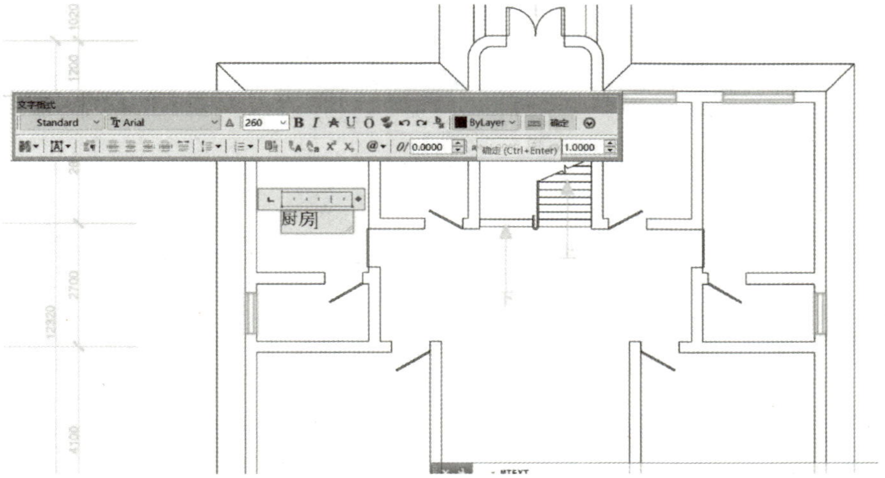

(b) 输入文字“厨房”

图 4-26　指定创建文字的起点位置和输入文字“厨房”

注意：

由于 Text（单行文字）命令没有提供可用于段落（多行文字）的同类格式选项，因此，必须使用特殊的代码来创建特殊的字符和格式，见表 4-1。

表 4-1　文字字体的特殊字符代码

代　码	字　符	代　码	字　符
%%p	正/负公差符号（±）	%%d	度符号（°）
%%c	圆直径标注符号（φ）	%%o	开/关上画线模式
%%u	开/关下画线模式		

例如，正/负公差符号，输入 T 命令，输入 35%%p，即得出 35±。

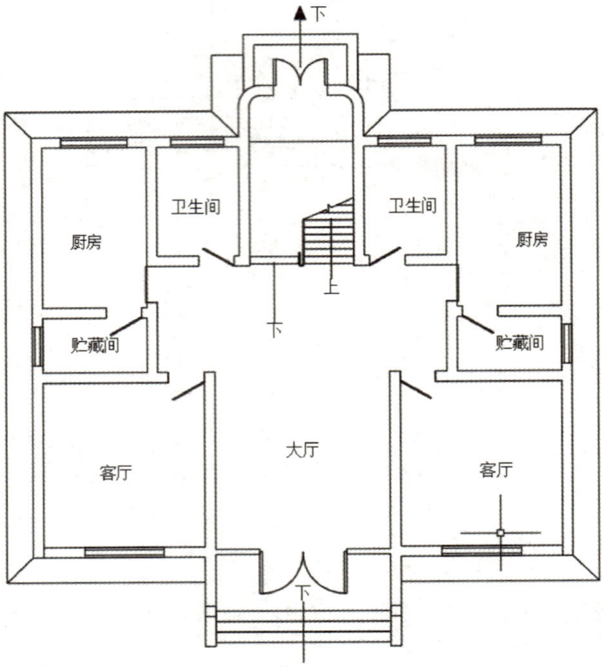

图 4-27　制作效果

子任务2　创建并设置多行文字

绘制说明：

图 4-28 所示为原始家装户型图，需要对各个空间进行文字标注以及完成图框右侧的各项说明。

新学命令：

DT

命令简介：

DT 是输入多行文字的快捷命令，高度固定不可以随意更改。

具体步骤如下：

（1）打开项目四任务二子任务 2 中的“多行文字 . dwg”文件，输入 LA 命令，打开图层特性管理器，新建一个“文字”图层，将该图层颜色设为灰色，线型为 Continuous，线宽设为默认，并将其设置为当前图层。

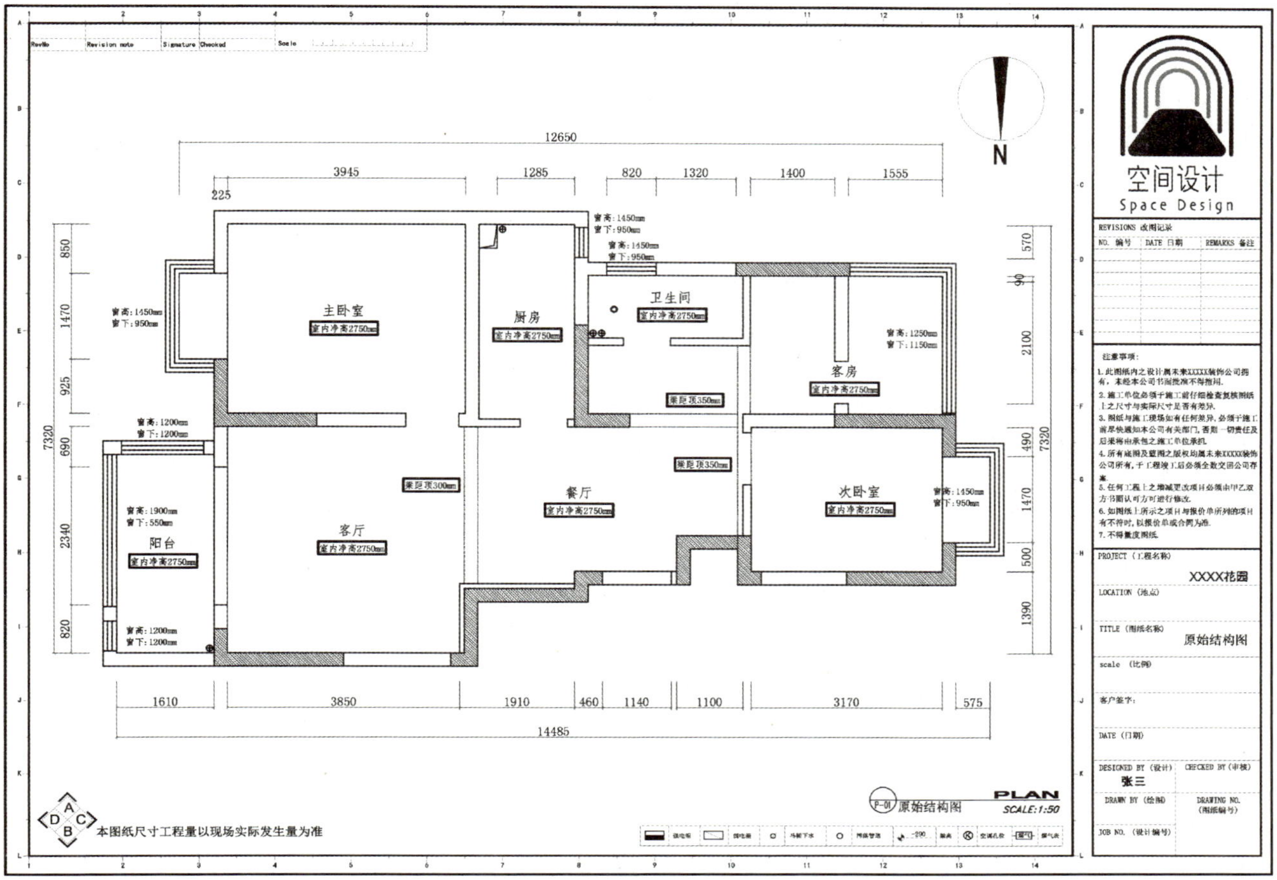

图 4-28　原始家装户型图

（2）在绘图区域，输入 MT 命令，根据系统提示指定创建文字的起点位置，接着输入 H 和 90，从而设置文字高度，然后以此输入文字内容“1. 此图纸内之设计属未来×××××装饰公司拥有，未经本公司书面批准不得擅用。”超过图框的文字按 Enter 键自动转入下一行，单击“确定”按钮，效果如图 4-29 所示。

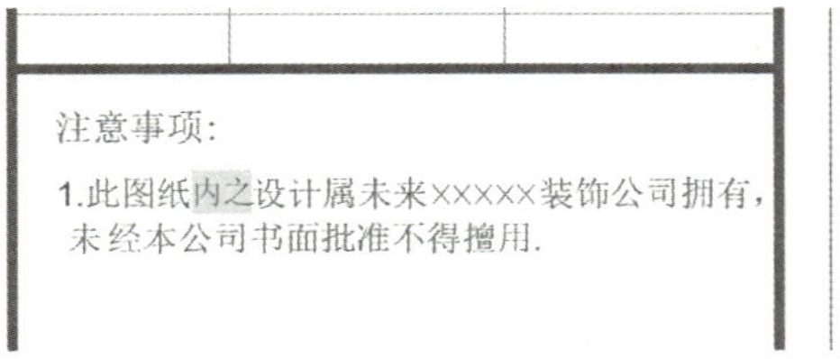

图 4-29　设置文字高度

（3）在绘图区域，重复使用 T 命令和 MT 命令，进行文字输入，具体文字内容详见下方“注意事项”内容，制作如图 4-30 所示的效果。

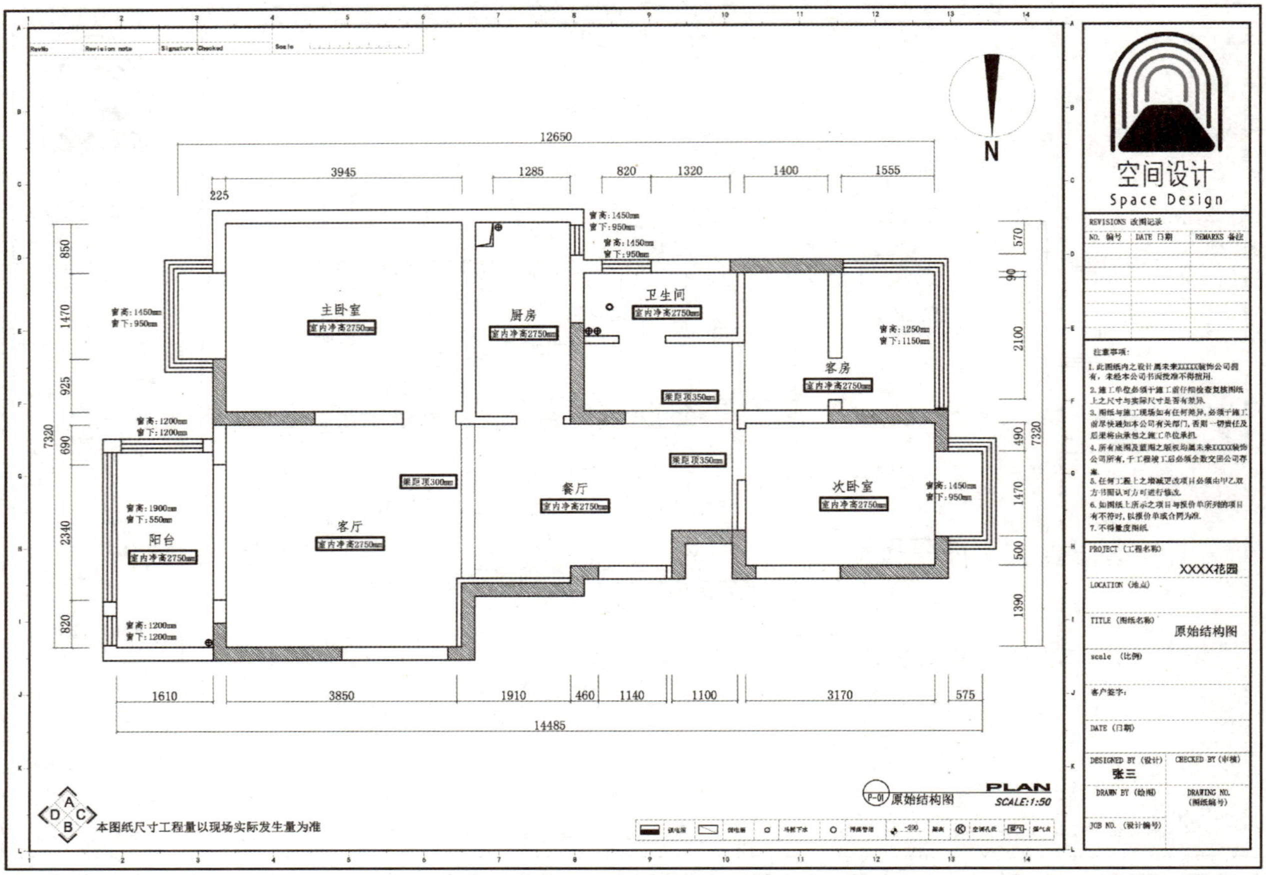

图 4-30　输入图纸注意事项

注意：

标准图框里的“注意事项”内容如下：

注意事项：

1. 此图纸内之设计属未来×××××装饰公司拥有，未经本公司书面批准不得擅用。

2. 施工单位必须于施工前仔细检查复核图纸上之尺寸与实际尺寸是否有差异。

3. 图纸与施工现场如有任何差异，必须于施工前尽快通知本公司有关部门，否则一切责任及后果将由承包之施工单位承担。

4. 所有底图及蓝图之版权均属未来×××××装饰公司所有，于工程竣工后必须全数交回公司存案。

5. 任何工程上之增减更改项目必须由甲乙双方书面认可方可进行修改。

6. 如图纸上所示之项目与报价单所列的项目有不符时，以报价单或合同为准。

7. 不得量度图纸。

工程名称：××××花园

图纸名称：原始结构图

设计：张三

小技巧：

（1）若要更改文字样式，可以双击文字，选中需要修改的文字，在出现的面板中对文字进行高度、颜色的修改，如图 4–31 所示。

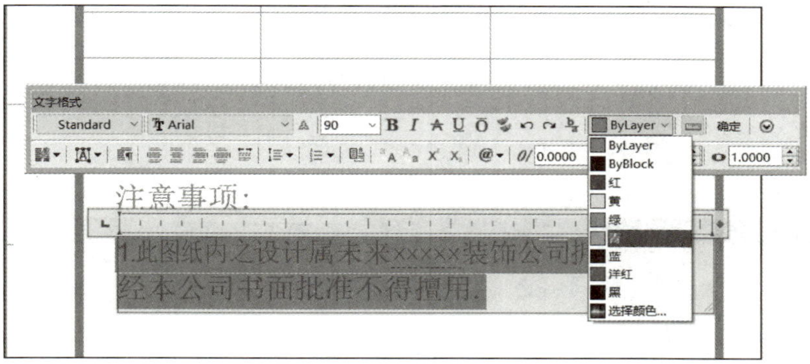

(a) 选中文字

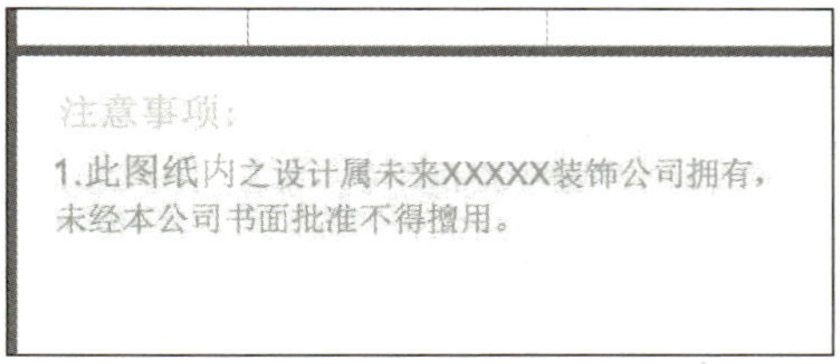

(b) 修改后的效果

图 4–31　更改文字样式

（2）要在多行文字中插入一个特殊符号，首先需要输入多行命令 MT，打开“文字编辑器”，然后在文本输入区域内右击，在弹出的快捷菜单中选择“符号”命令，并在其子菜单中选择相应的命令，例如，选择“度数”命令，如图 4–32 所示。

如果“符号”子菜单中没有需要的符号，那么可以在其子菜单中选择“其他”命令，打开“字符映射表”对话框，选择相应的符号，如图 4–33 所示。

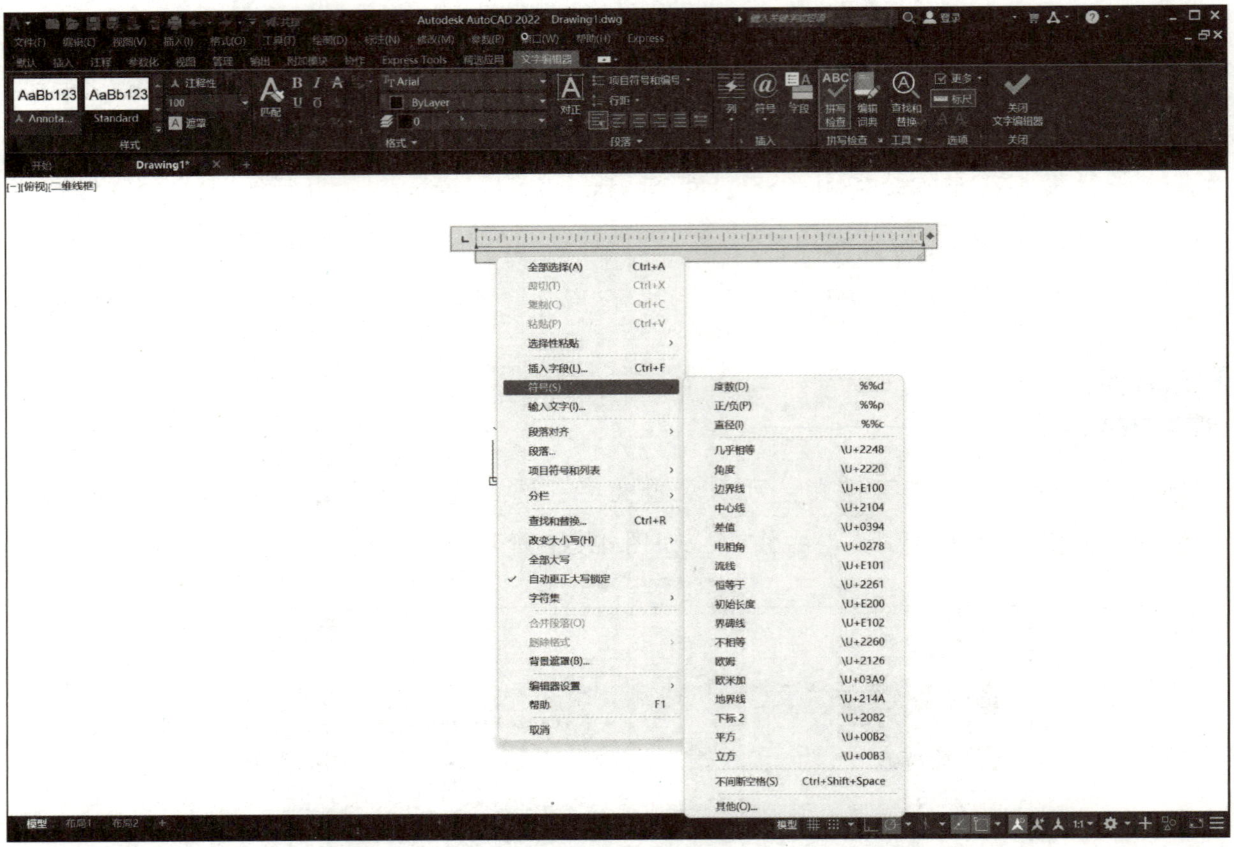

图 4-32　打开“文字编辑器”

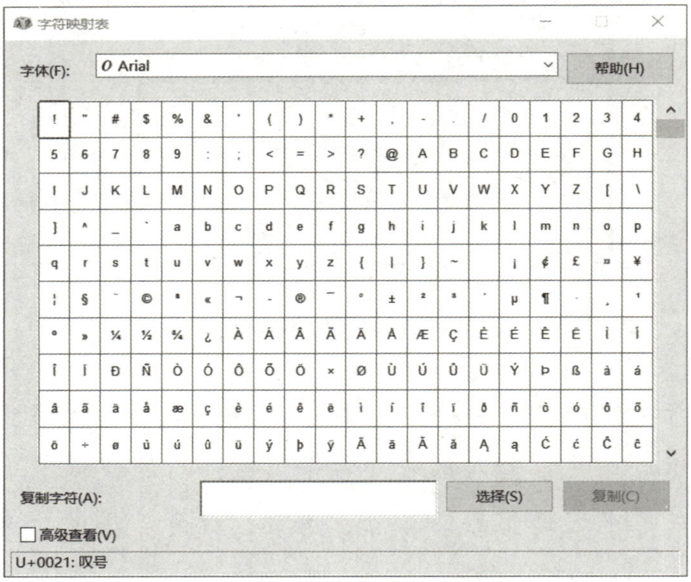

图 4-33　“字符映射表”对话框

子任务3　创建文字样式及倾斜角度文字

绘制说明：

图 4-34 所示为某户二层平面布置图，请对空间进行文字标注，使得“M1”文字倾斜 90°。

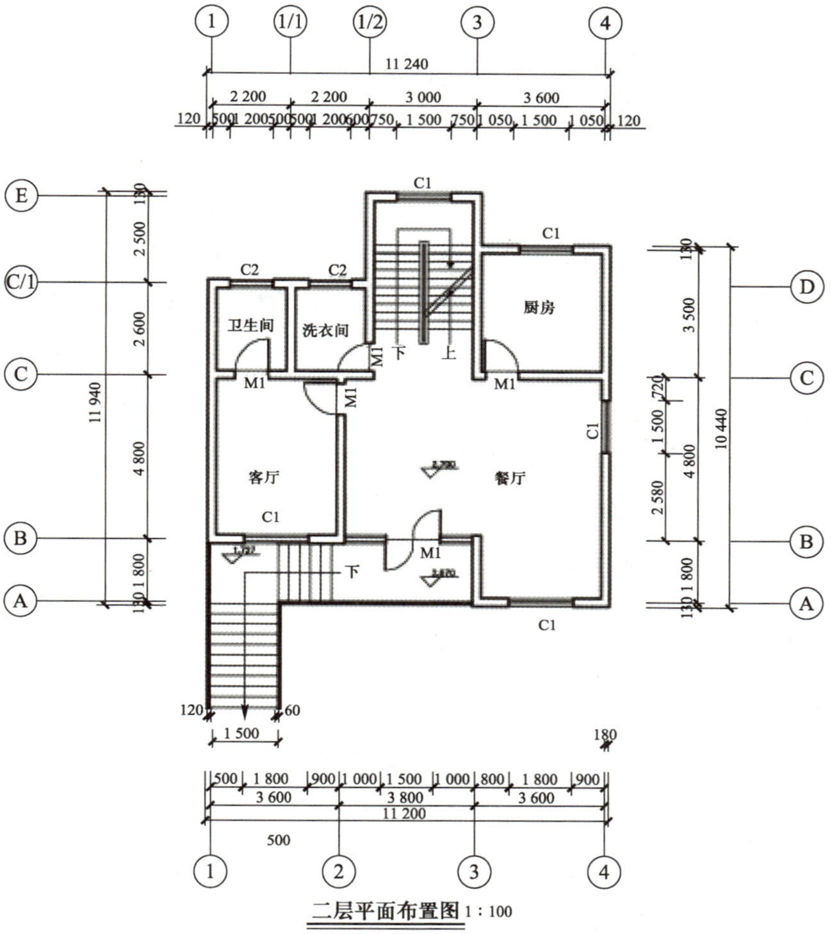

图 4-34　原始户型图

新学命令：

ST

命令简介：

ST 是文字样式设置命令，输入 ST 命令，按空格键后，就可以设置文字的大小、字体样式等参数。

具体步骤如下：

（1）打开项目四任务二子任务 3 中的“倾斜文字 .dwg”文件，将“文字”图层设为当前图层，输入 ST 命令，设置文字样式，新建“汉字”文字样式，设置“字体名”为“仿宋”，“宽度因子”为 0.700 0，如图 4-35 所示。

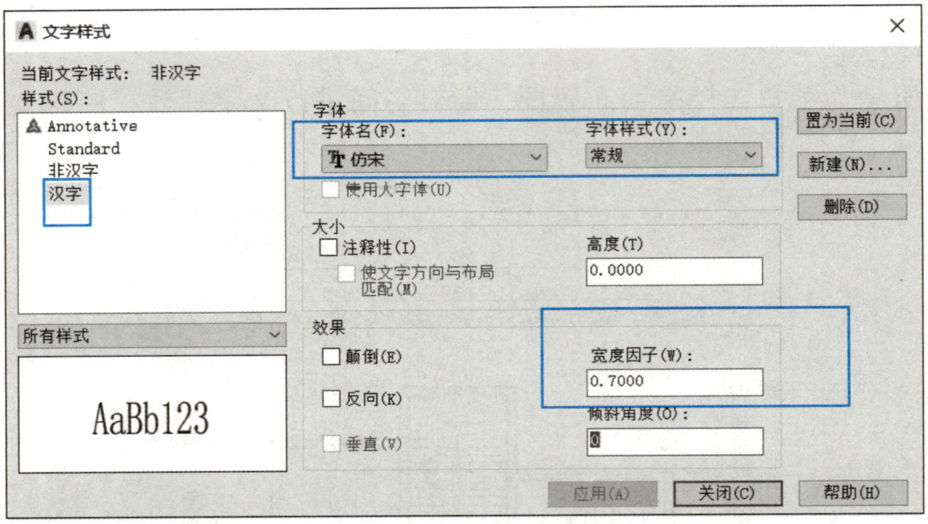

图 4-35　设置文字样式

（2）在打开的“文字样式”对话框中，新建“非汉字”文字样式，设置字体名为“simplex. shx”，勾选“使用大字体”复选框，并设置大写字体为“gbcbig. shx”，设置“宽度因子”为 1.000 0，如图 4-36 所示。

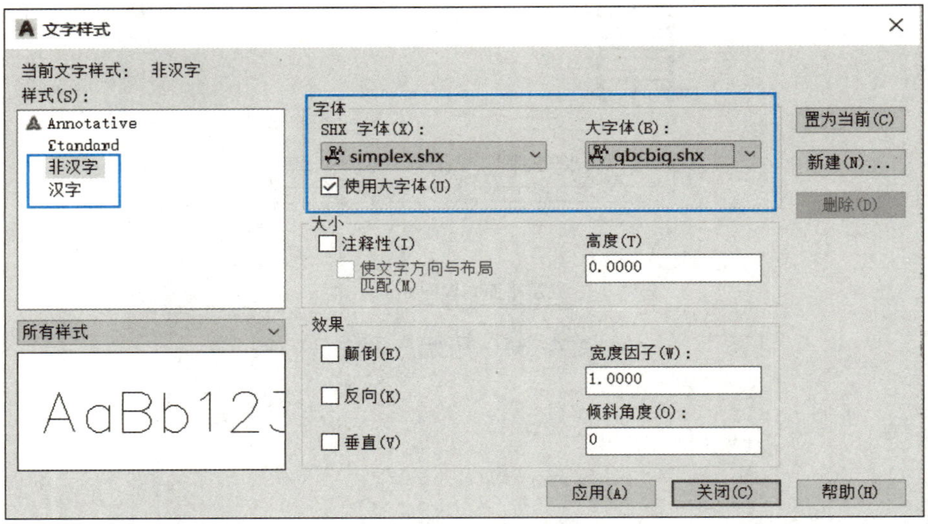

图 4-36　新建“非汉字”文字样式

（3）将“非汉字”样式置为当前文字样式，输入 DT 命令，在屏幕上任一点单击，随后输入 200，接着输入角度 90°，输入 M1，接着用同样的方法输入 C1，如图 4-37 所示。

（4）将“非汉字”样式置为当前文字样式，输入 DT 命令，完成其他门窗的命名，如

图 4-38 所示。

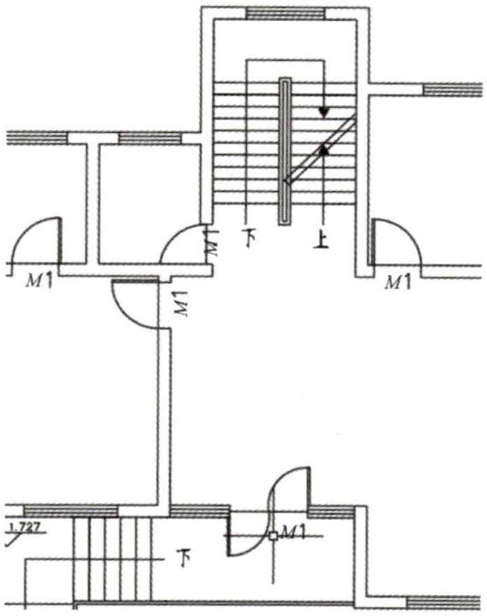

图 4-37　展示效果 1

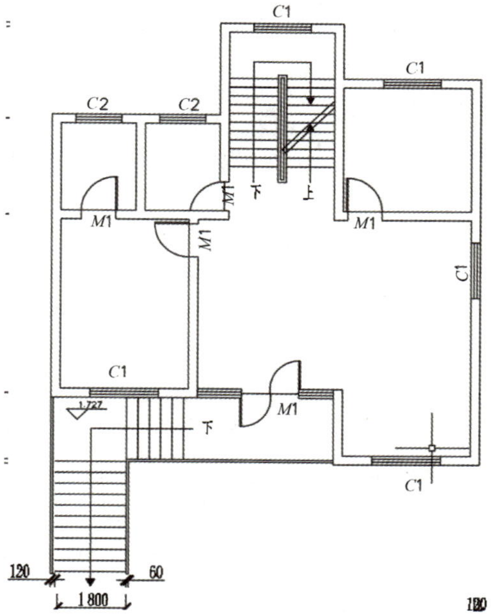

图 4-38　展示效果 2

（5）将“汉字”样式置为当前文字样式，输入 DT 命令，完成其他文字的命名，如图 4-39 所示。

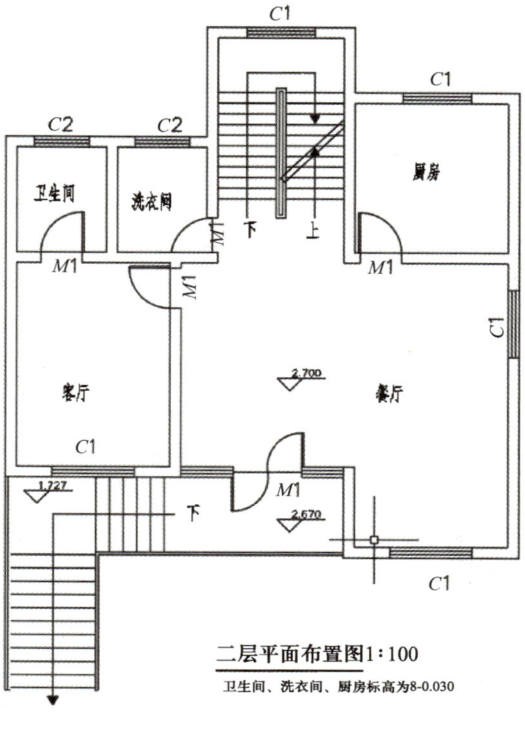

图 4-39　展示效果 3

子任务4　创建并编辑表格

绘制说明：

图 4-40 所示为建筑图纸的标题栏，它是 5 行 6 列的表格。

工程名称				图号	
子项名称				比例	
设计单位		监理单位		设计	
建设单位		制图		负责人	
施工单位		审核		日期	

图 4-40　建筑图纸的标题栏

新学命令：

TB

命令简介：

TB 是插入表格的快捷命令，常见的如明细表、工序卡、汇总表等。

具体步骤如下：

（1）在绘图区域，输入 TB 命令，在弹出的对话框中，将“列数”设为 6，“列宽”设为 100，“数据行数”设为 3，“行高”设为 6，设置第一行、第二行单元样式为“数据”，如图 4-41 所示。

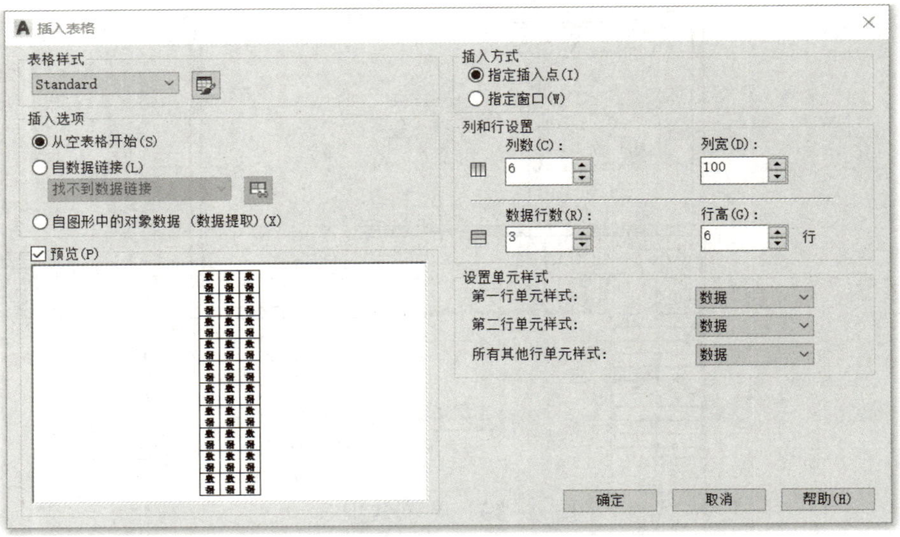

图 4-41　“插入表格”对话框

（2）单击并拖动鼠标选择需要合并的表格，选择“全部”命令，完成表格合并，如图 4–42 所示。

（3）单击表格，进行文字输入，利用键盘上下左右方向键可以随意切换表格进行文字输入，完成如图 4–43 所示的效果。

（4）依次双击文字，调整文字大小为 10 号，如图 4–44 所示。

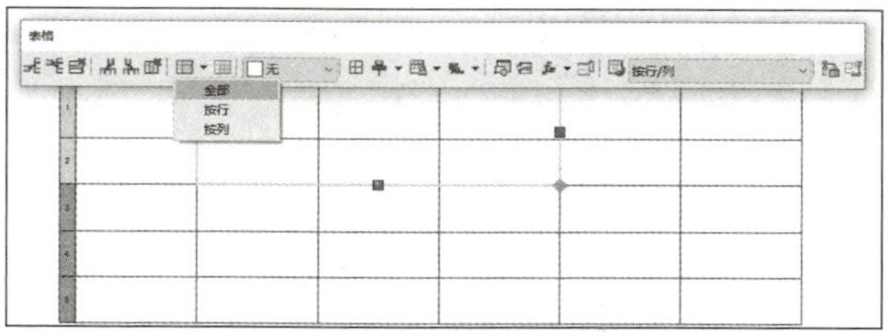

图 4–42　表格合并

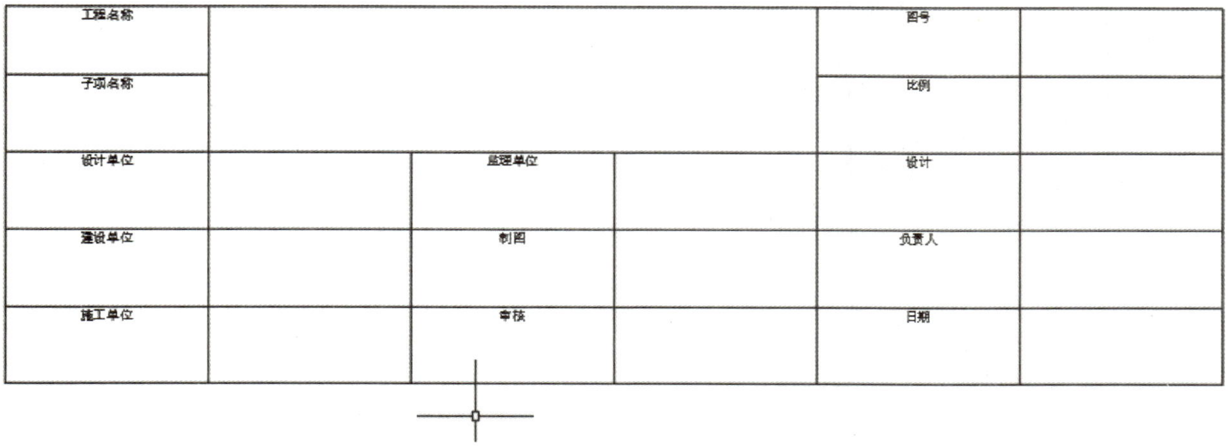

图 4–43　文字输入表格

（5）单击，从右至左框选所有表格，在弹出的面板中，选择“正中”命令，如图 4–45 所示。

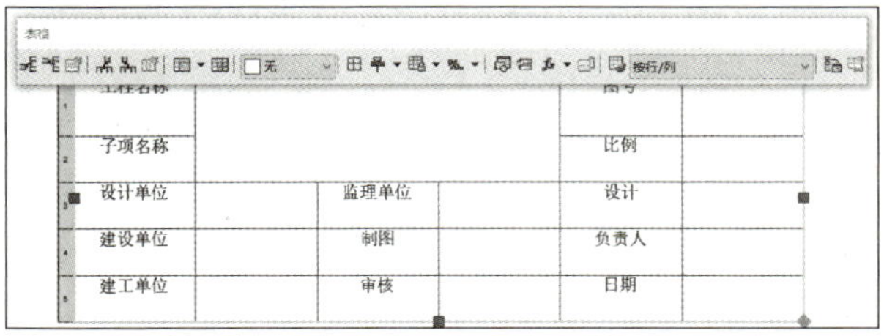

图 4–44　调整文字大小

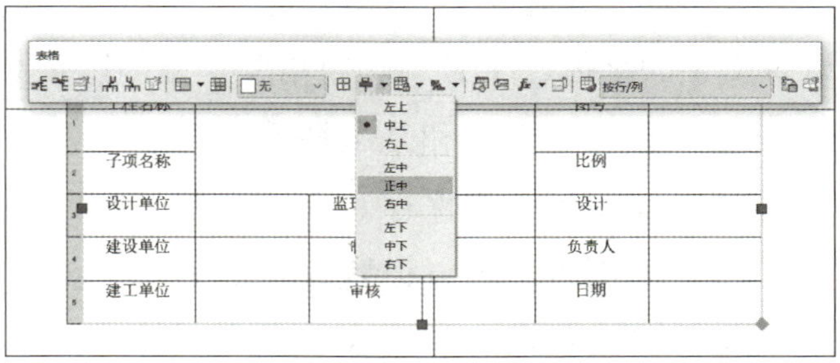

图 4–45　调整表格文字位置

（6）调整后，效果如图 4–40 所示。

注意：

在插入的表格中，默认形式下，第一行为标题行，第二行为表头，因此在本子任务中，将其均设为数据，因此数据行数选择的是 3，而不是 5，如图 4–46 所示。

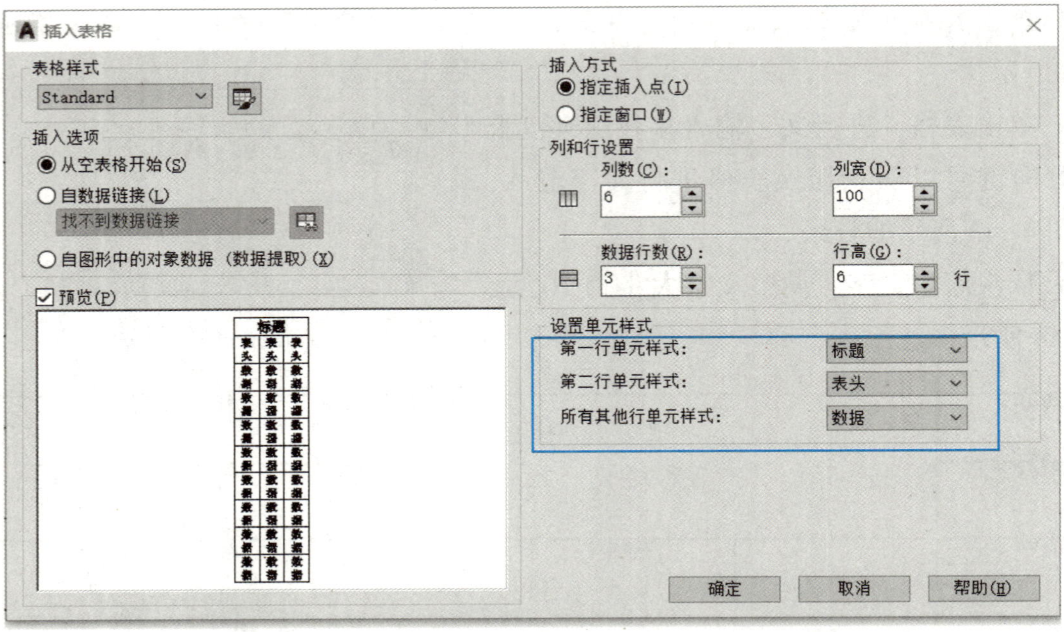

图 4-46　设置表格样式

背景知识

文 字 样 式

文字样式是在图形中添加文字的标准，是文字输入都要参照的准则。通过文字样式可以设置文字的字体、字号、倾斜角度、方向以及其他一些特性。每种文字样式都具有以下特点：

（1）有一个名字和几个特性。

（2）与图形一起保存。

（3）使用时，可以设置为当前样式。

（4）可以重命名并删除。

AutoCAD 为用户提供了一个标准（Standard）文字样式，用户一般都采用这个标准样式来输入文字。如果想要创建一个新的样式或修改已有的样式，可以使用“文字样式”功能来完成。文字样式主要通过“文字样式”对话框来设定，选择“格式”→“文字样式”菜单命令，如图 4-47 所示，即可打开该对话框。

在“文字样式”对话框中，如图 4-48 所示，用户可以使用或修改当前文字样式，也可以创建和加载新的文字样式。一旦创建了文字样式，就可以修改其属性、名称或将其删除。使用 Rename（重命名）命令可以修改已有文字样式的名称，修改文字样式的名称之后，任何使用原来样式名称的文字将自动采用新的名称。

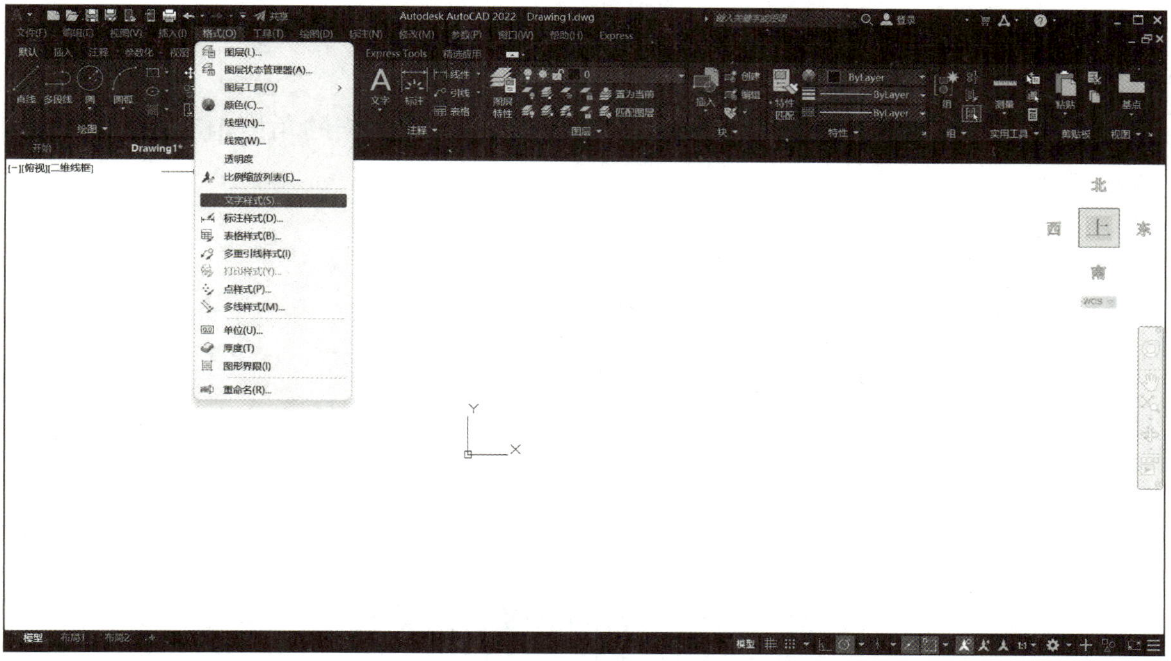

图 4-47　“文字样式”命令

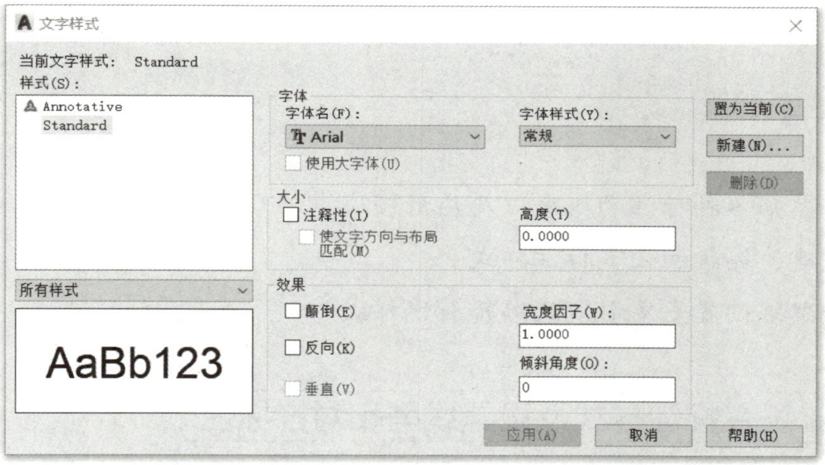

图 4-48　“文字样式”对话框

高度：该参数控制文字的高度，也就是控制文字的大小。

颠倒：勾选“颠倒”复选框，文字方向将反转。

反向：勾选“反向”复选框，文字的阅读顺序将与开始输入的文字顺序相反。该文字的输入顺序是从左到右，反向之后文字顺序就变成从右到左。

注意：

颠倒和反向效果只对单行文字有效，对于多行文字无效。

宽度因子：该参数控制文字的宽度，正常情况下的宽度比例为 1，如果增大比例，那么文字将会变宽。

倾斜角度：控制文字的倾斜角度，用户只能输入-85°到 85°的角度值，超过这个区间的角度值将无效。

注意：

“倾斜角度”参数只对多行文字有效。

任务三　标注图形尺寸

任务要点

（1）认识并熟知各种标注的概念以及应用领域。

（2）能够创建、编辑和设置标注样式。

（3）认识并熟练设置多重引线及编辑引线样式。

子任务1　设置标注样式及设置线型和对齐标注

绘制说明：

图 4-49 所示为一个轴对称图形，需要对其进行标注。

新学命令：

DLI

命令简介：

DLI 是直线标注的快捷命令，所标注的物体尺寸必须是垂直或水平的。

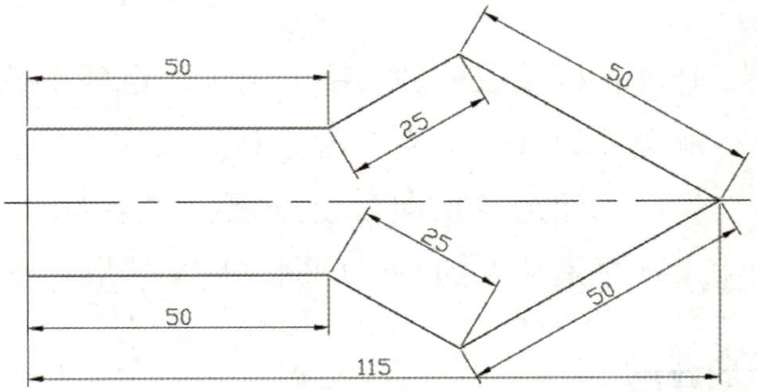

图 4-49　轴对称图形

具体步骤如下：

（1）打开项目四任务三子任务 1 中的“线型标注 . dwg”文件，输入 LA 命令，打开图层特性管理器，新建一个“标注”图层，将该图层颜色设为绿色，线型为 Continuous，线宽设为默认，并将其设置为当前图层，如图 4-50 所示。

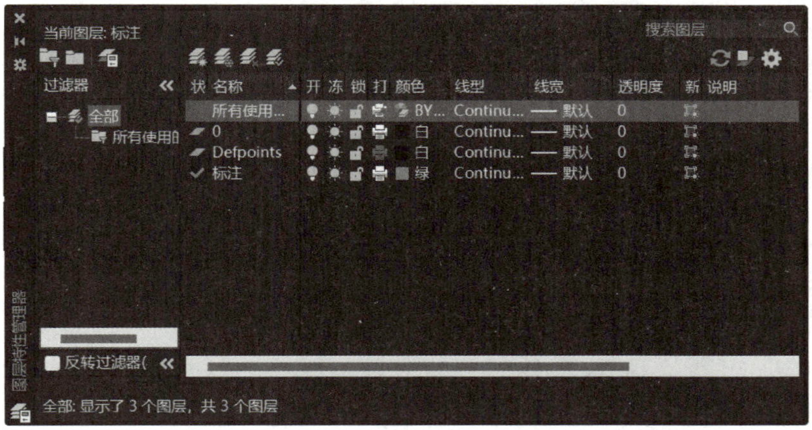

图 4-50　新建“标注”图层

（2）选择菜单栏中的“标注”→“标注样式”命令，如图 4-51 所示，在图 4-52（a）所示的对话框中选择 IOS-25 样式，单击“修改”按钮修改标注样式，依次在“线”“符号和箭头”“文字”“调整”“主单位”选项卡中进行参数修改，单击“确定”按钮，如图 4-52（b）至图 4-52（f）所示。

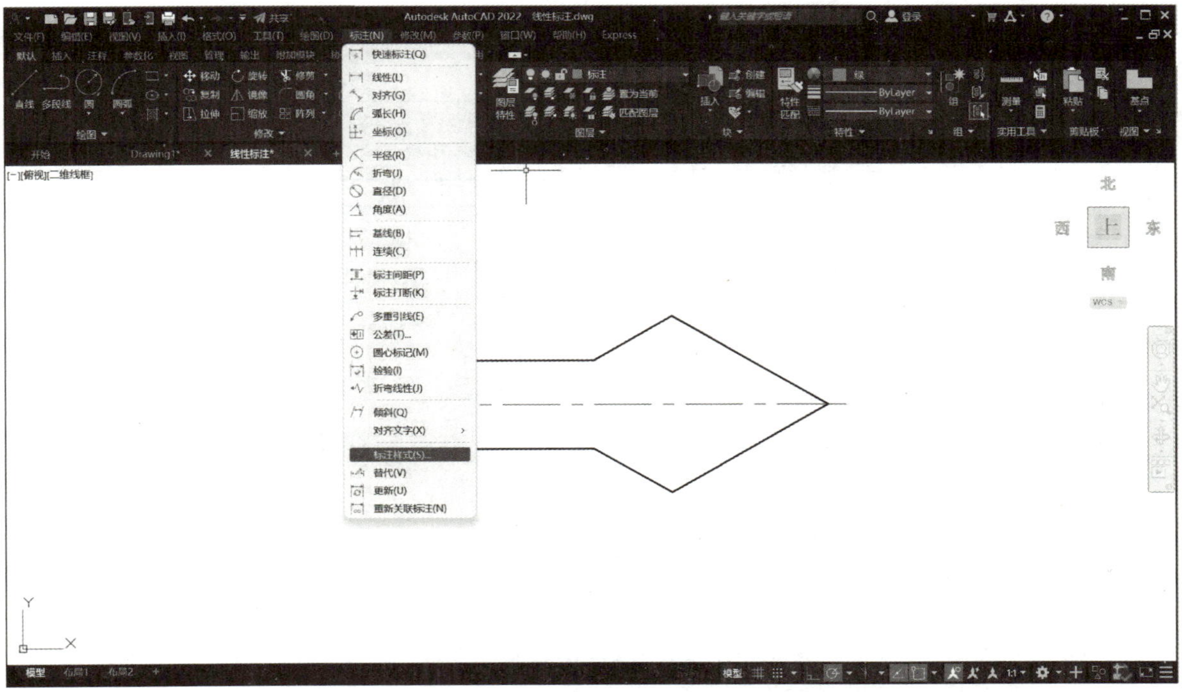

图 4-51　选择“标注样式”命令

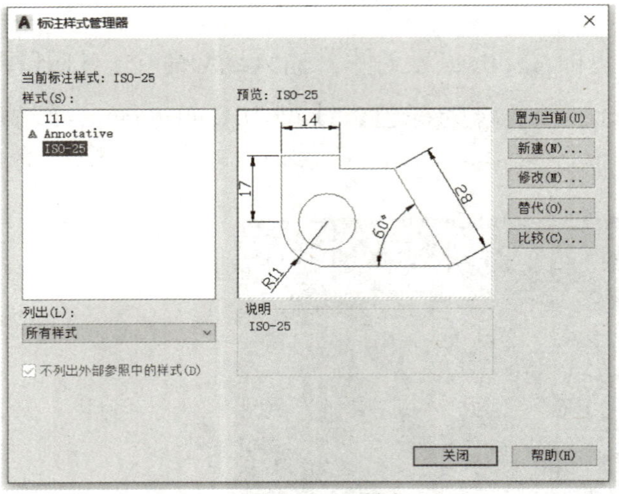

(a) 选择ISO–25样式

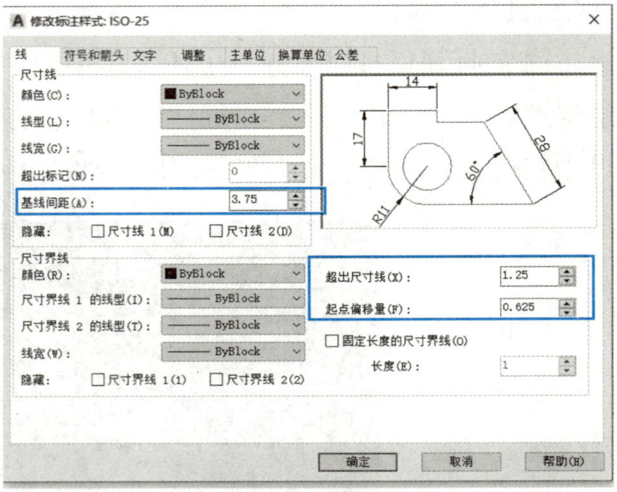

(b) “线”选项卡设置参数

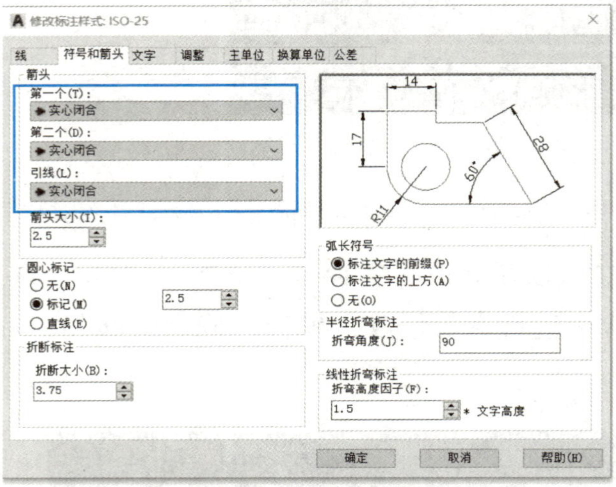

(c) “符号和箭头”选项卡设置参数

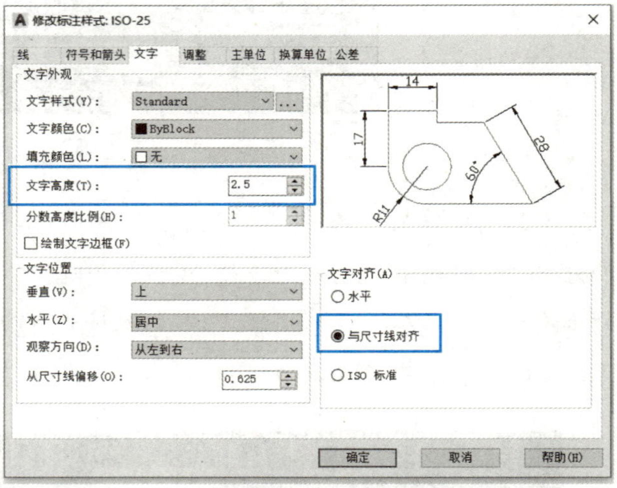

(d) “文字”选项卡设置参数

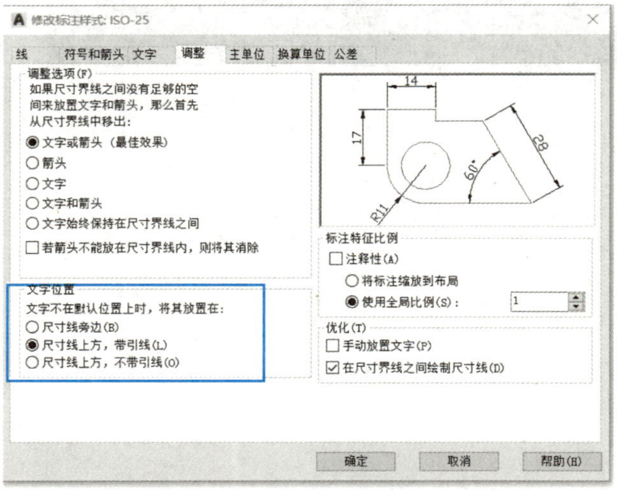

(e) “调整”选项卡设置参数

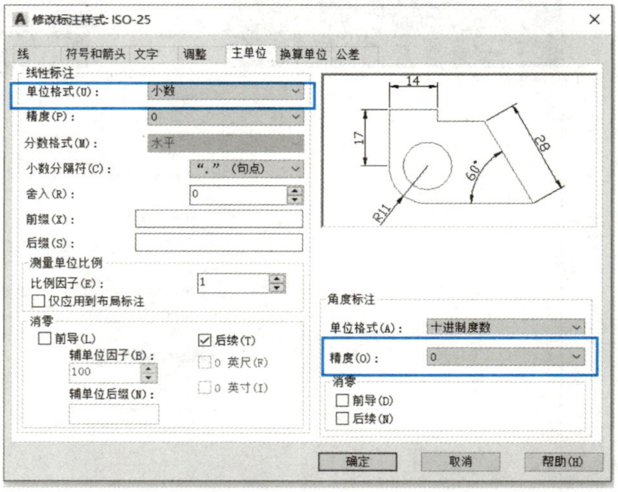

(f) “主单位”选项卡设置参数

图 4–52　进行标注样式修改

（3）选择菜单栏中的“标注”→“线性”命令，如图 4-53（a）所示。标注后效果如图 4-53（b）所示。

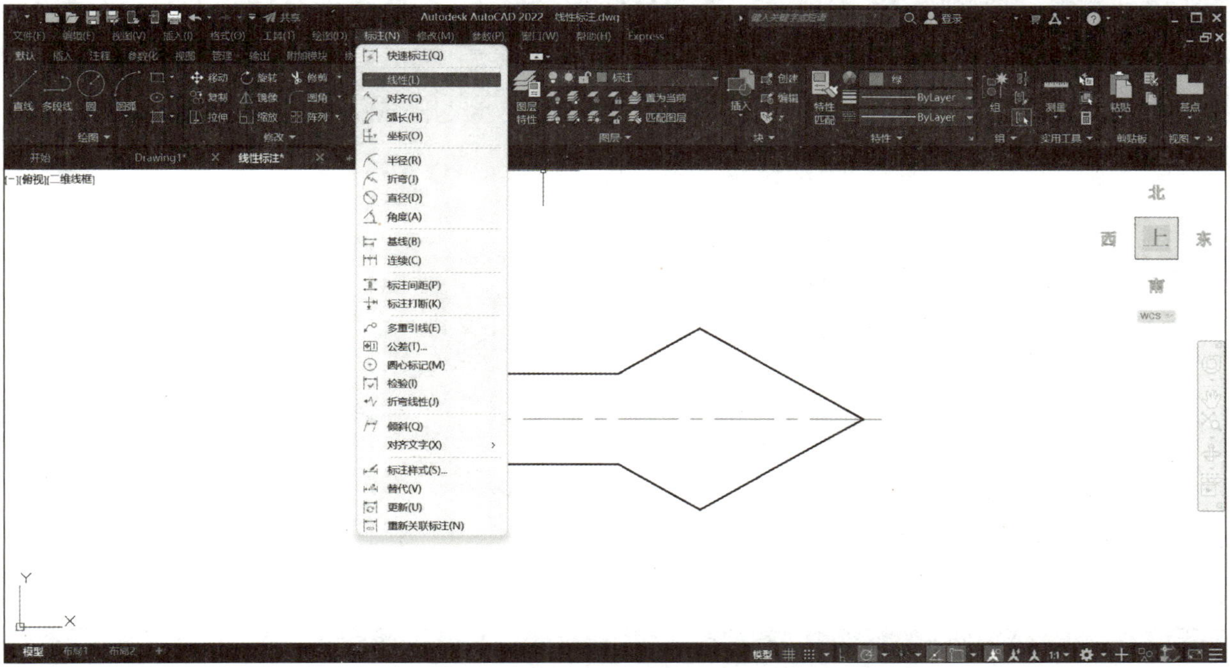

(a) 选择“线性”命令

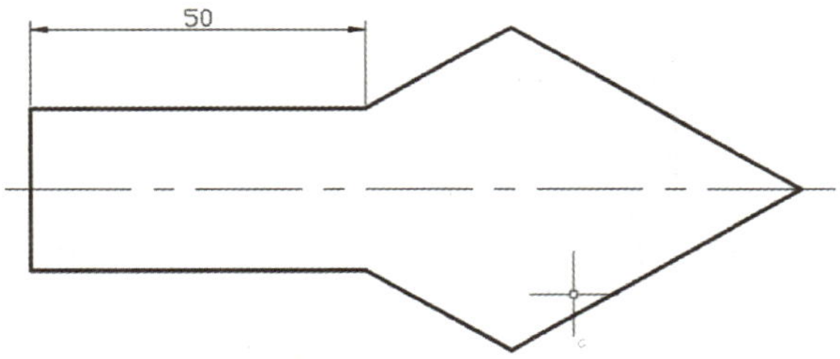

(b) 标注后效果图

图 4-53　进行线性标注修改

（4）依次按空格键可重复执行线性标注命令，完成如图 4-54 所示的效果。

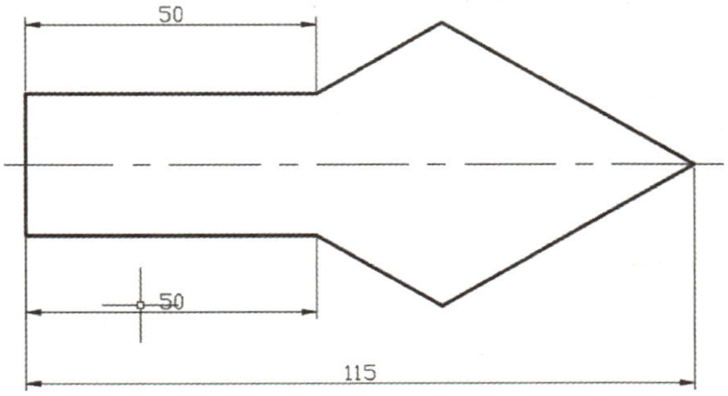

图 4-54　效果展示

（5）选择菜单栏中的“标注”→“对齐”命令，效果如图 4-55 所示。

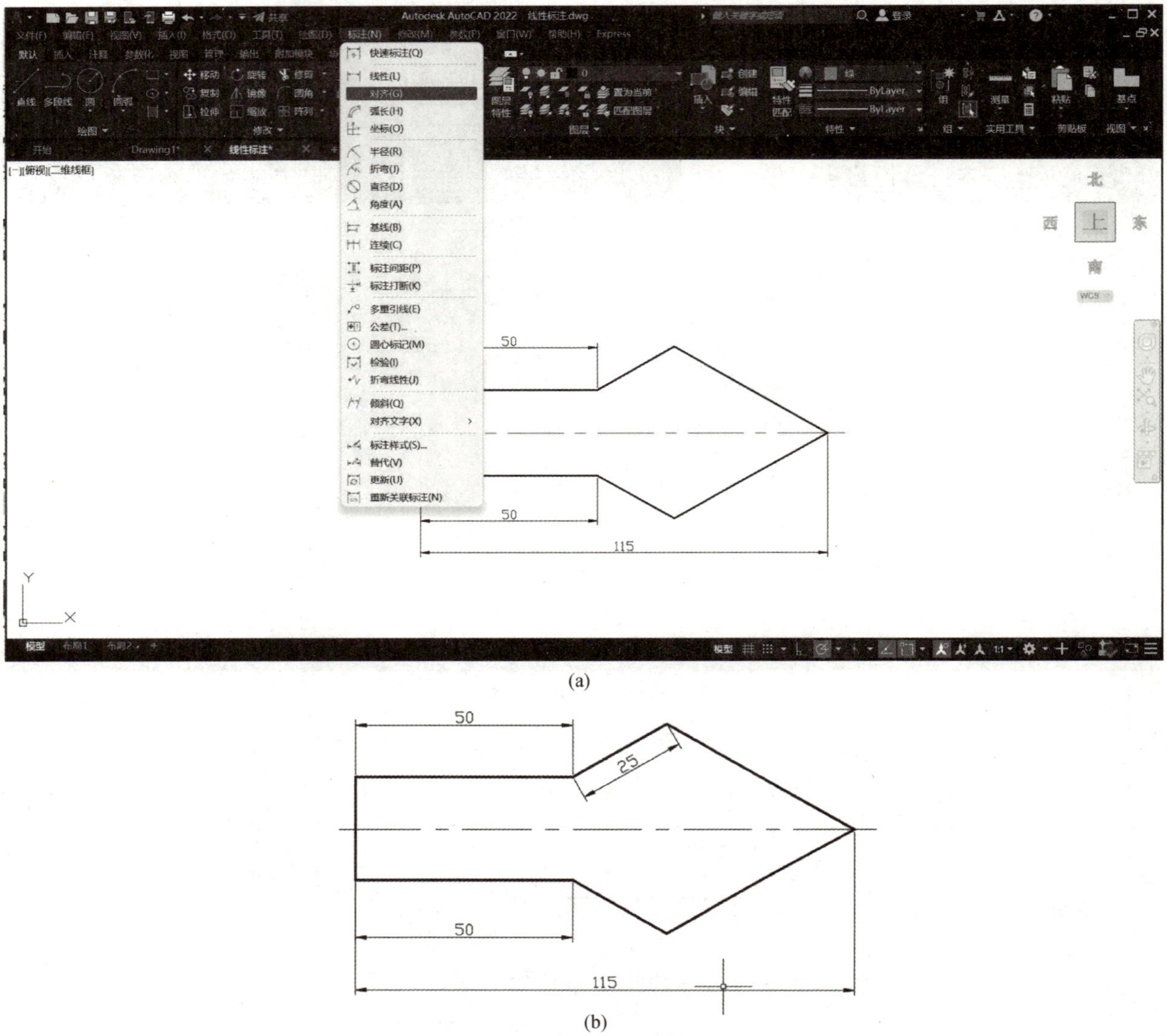

图 4-55　效果展示

（6）依次按空格键可重复执行对齐标注命令，完成后效果如图 4-49 所示。

子任务2　设置角度、半径和直径标注

绘制说明：

图 4-56 所示为四个小图形，分别对其角度、半径、直径进行标注。

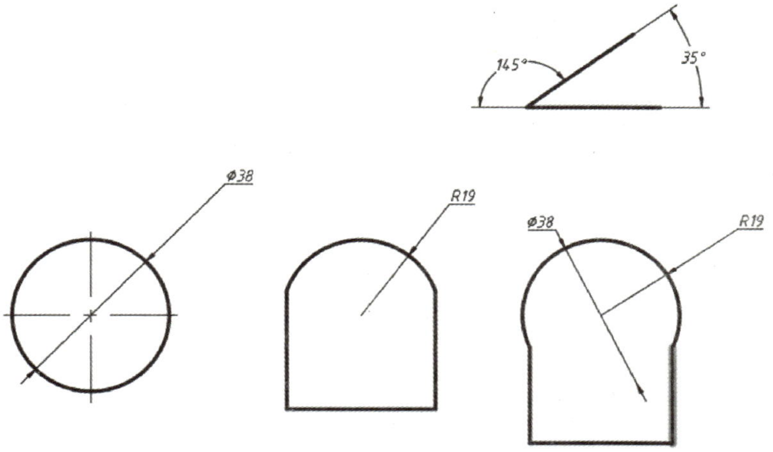

图 4-56　图形样例

具体步骤如下：

（1）打开项目四任务三子任务 2 中的“角度标注 . dwg”文件，输入 LA 命令，打开图层特性管理器，新建一个“标注”图层，将该图层颜色设为绿色，线型为 Continuous，线宽设为默认，并将其设置为当前图层。

（2）设置标注样式，将主单位-角度标注-精度设为“0”，选择“标注”→“角度”命令，如图 4-57 所示。

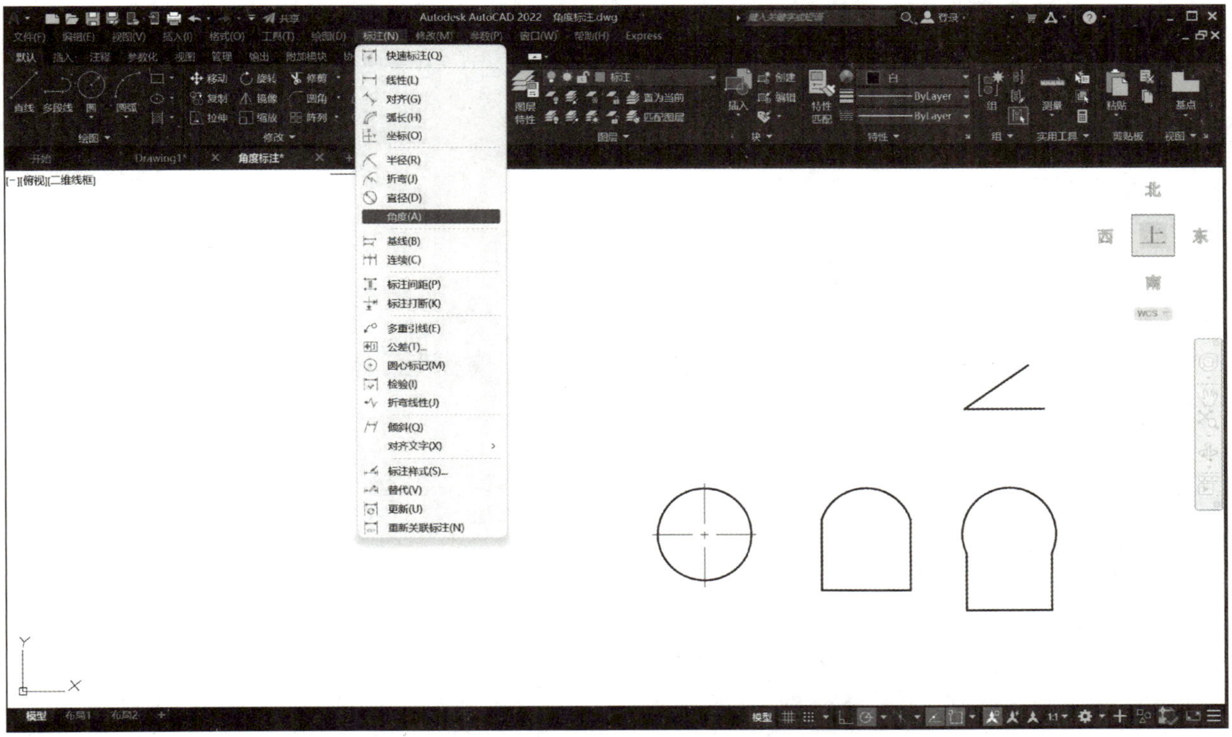

图 4-57　选择“角度”命令

（3）分别单击形成角度的两条线，拖动鼠标，得出内角与补角的标注，如图 4-58 所示。

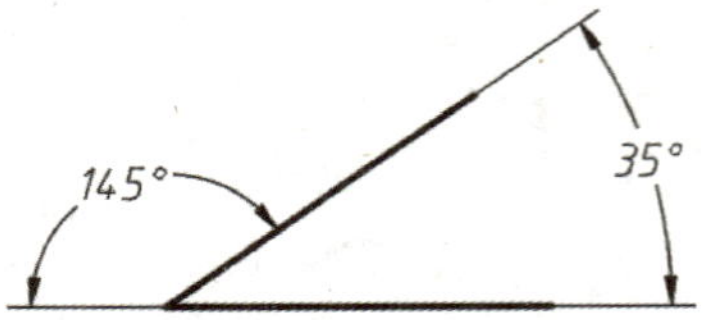

图 4-58　内角与补角的标注

（4）选择菜单栏中的“标注”→“直径”命令，单击圆形，进行标注，如图 4-59 所示。

（5）选择菜单栏中的“标注”→“半径”命令；选择菜单栏中的“标注”→“直径”命令，完成余下两个图形的半径和直径标注，如图 4-60 所示。

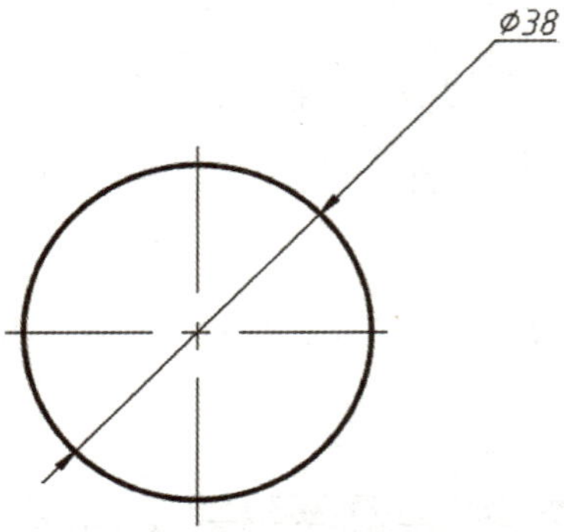

图 4-59　进行直径标注

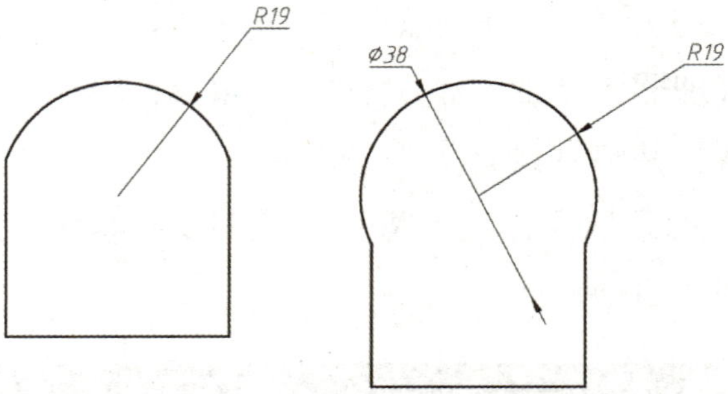

图 4-60　进行半径和直径标注

子任务3　创建多重引线

绘制说明：

图 4-61 所示为某一层大堂立面图，需要将立面图中家具、构造、材料标注清楚，一般情况下，选用引线进行标注。

具体步骤如下：

（1）打开项目四任务三子任务 3 中的“多重引线 . dwg”文件，输入 LA 命令，打开图层特性管理器，新建一个“引线”图层，将该图层颜色设为青色，线型为 Continuous，线宽设为默认，并将其设置为当前图层，如图 4-62 所示。

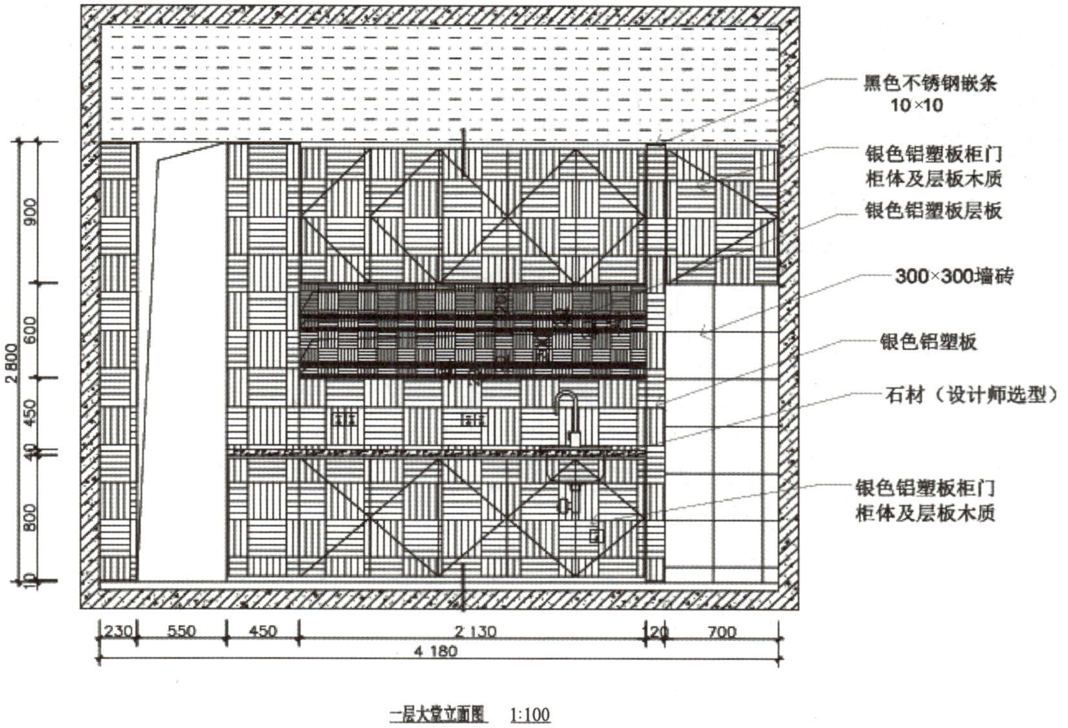

图 4-61　一层大堂立面图

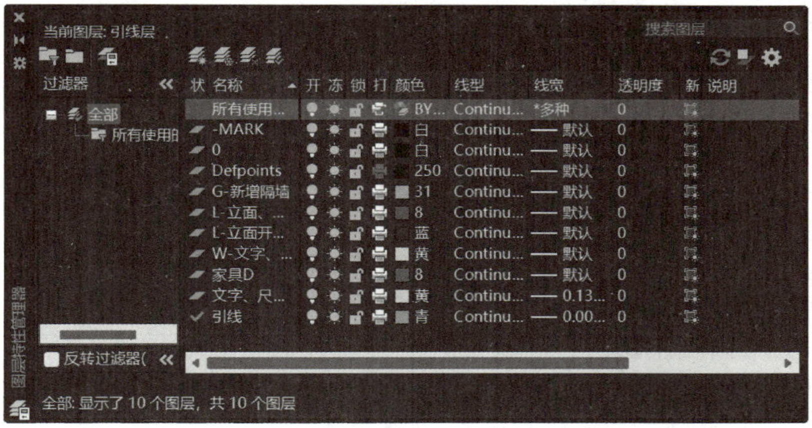

图 4-62　创建“引线”　图层

（2）选择菜单栏中的“格式”→“多重引线样式”命令，如图 4-63（a）所示，在图 4-63（b）所示的对话框中修改当前多重引线样式，在图 4-63（c）所示的对话框中将箭头符号改为直角。

（3）选择菜单栏中的“格式”→“多重引线样式”命令，在图纸上进行标注，输入“黑色不锈钢嵌条 10×10”，选中文字，单击文字编辑器中的“居中”按钮，效果如图 4-64 所示。

（4）重复多重引线标注步骤，直至完成所有标注，如图 4-61 所示。

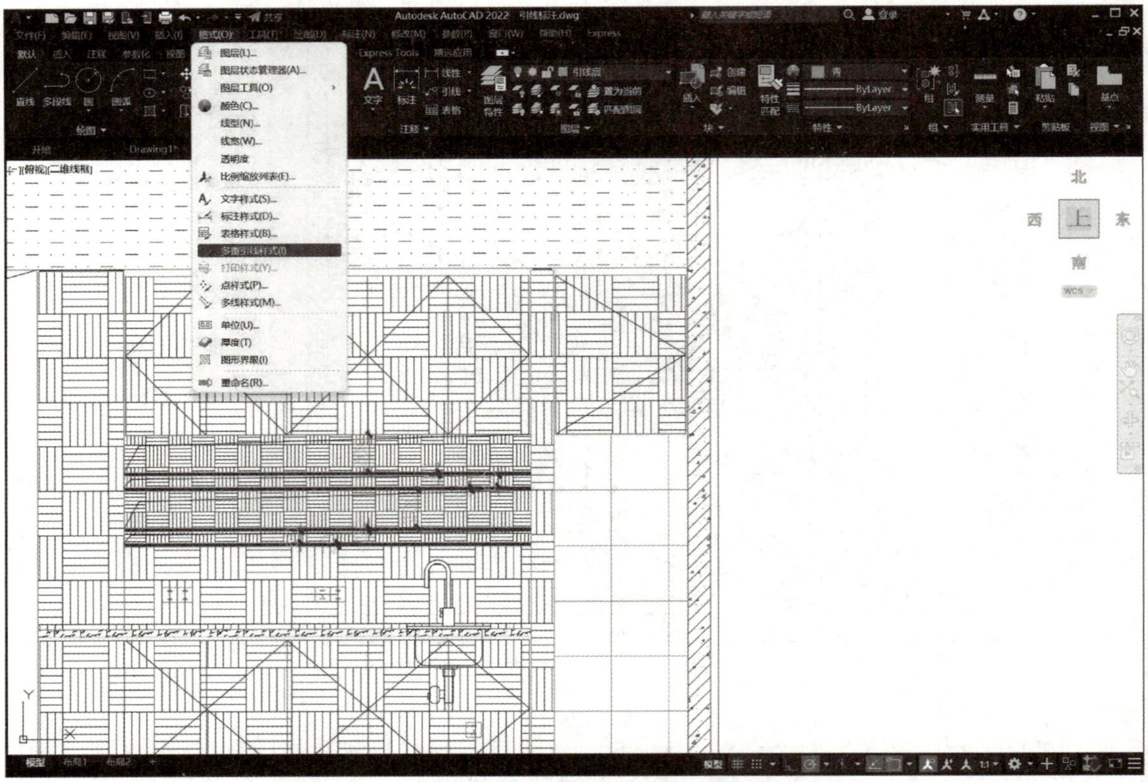

(a) 选择“多重引线样式”命令

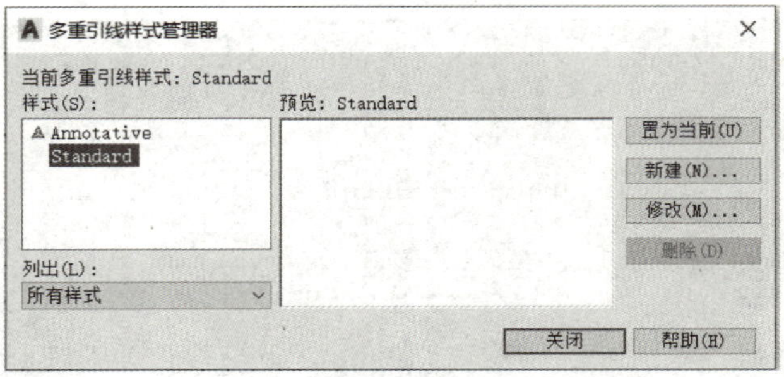

(b) 修改样式

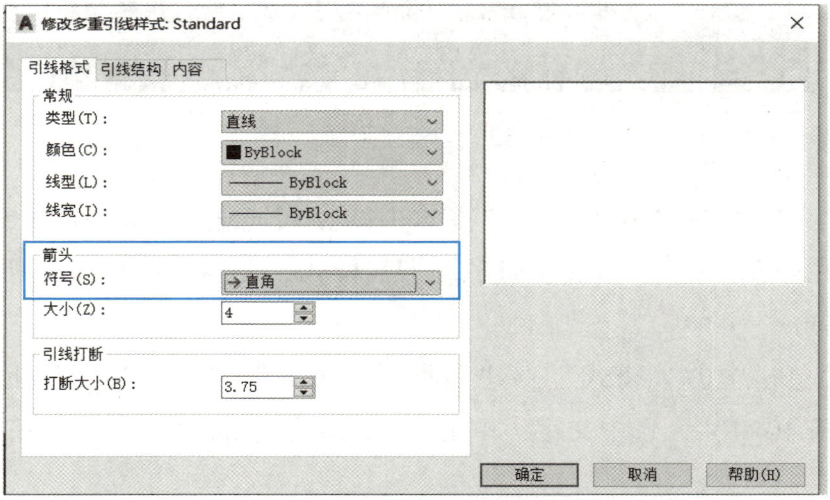

(c) 将箭头符号改为直角

图 4-63　修改当前多重引线样式

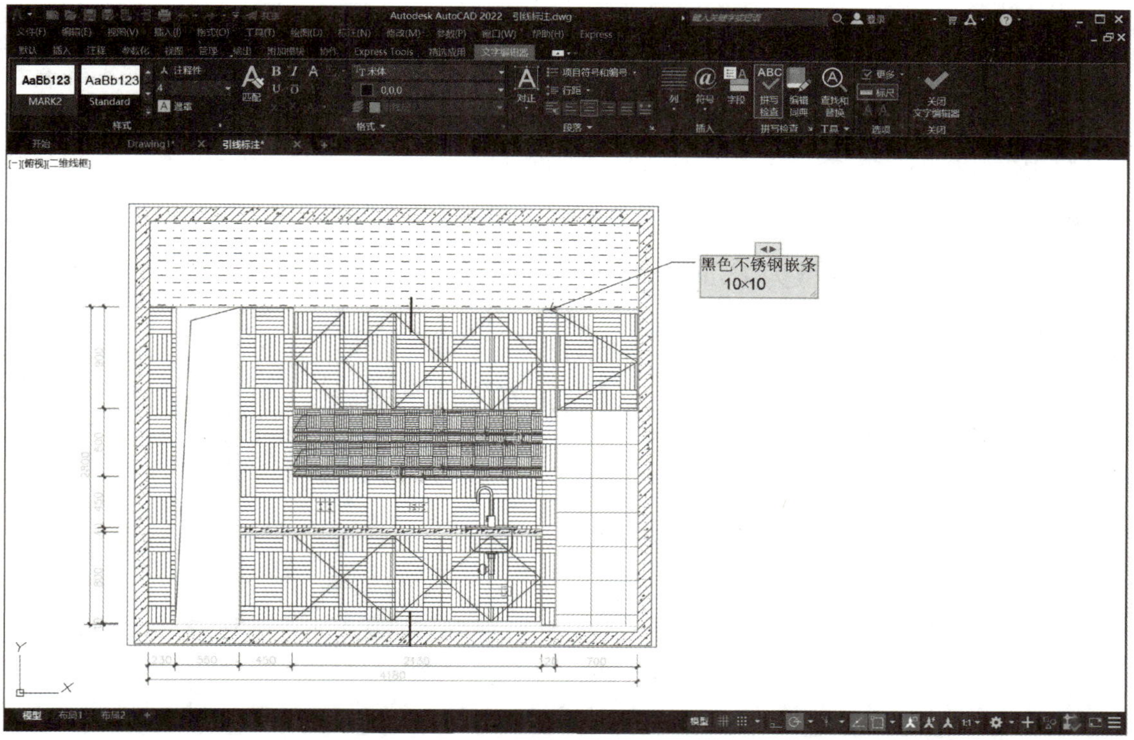

图 4-64　设置多重引线样式

子任务4　设置线型折弯标注

绘制说明：

图 4-65 所示为某零件局部，由于该零件在实际情况下很长，会占用 AutoCAD 页面较大的尺幅，因此在用 AutoCAD 软件绘制过程中，需要将其中间做折断处理，并不按照实际尺寸进行绘制，在标注该长度时，就需要用到线型折弯标注来代表其实际长度。

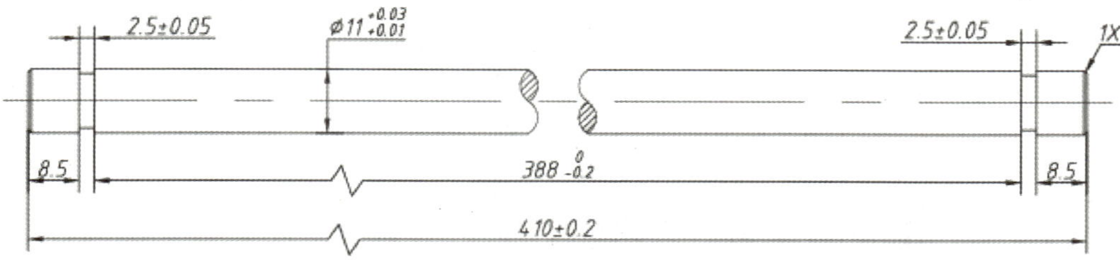

图 4-65　某零件局部

新学命令：

DIMJ

命令简介：

DIMJ 是线型折弯标注命令，标注中的折弯线表示所标注的对象中的折断。标注值表示实际距离，而不是图形中测量的距离。

具体步骤如下：

（1）打开项目四任务三子任务 4 中的“线型折弯 . dwg”文件，输入 LA 命令，打开图层特性管理器，新建一个“标注”图层，将该图层颜色设为绿色，线型为 Continuous，线宽设为默认，并将其设置为当前图层。

（2）对该图形进行标注，如图 4-66 所示。

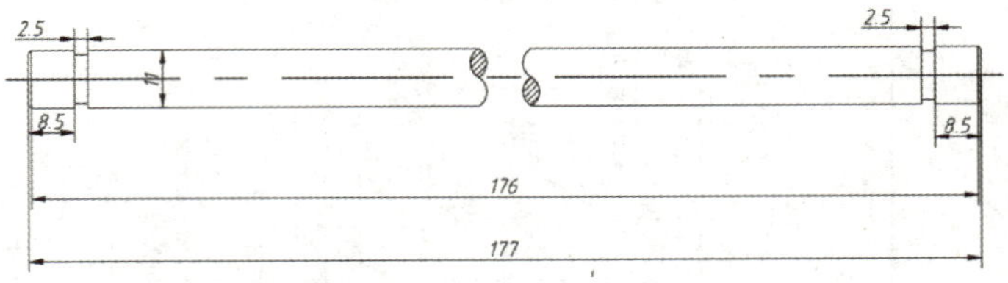

图 4-66　进行标注

（3）双击标注文字对其进行修改，如图 4-67 所示。

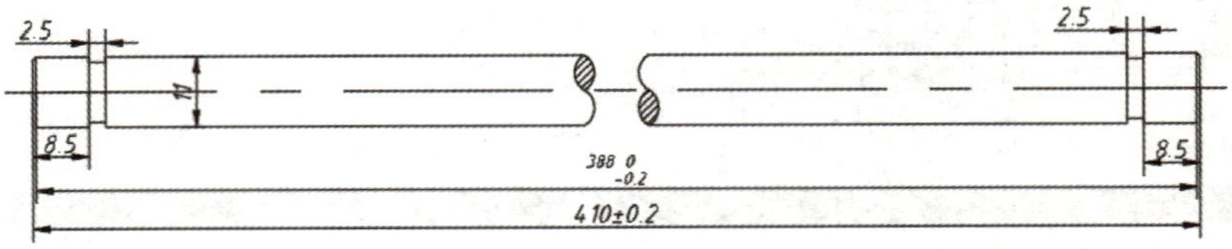

图 4-67　修改标注文字

注意：

$388^{\ 0}_{-0.2}$ 符号的输入方法：输入 388，按空格键两次，输入 0^-0. 2，选中 0^-0. 2 并右击，在弹出的快捷菜单中选择“堆叠”命令，如图 4-68 所示。

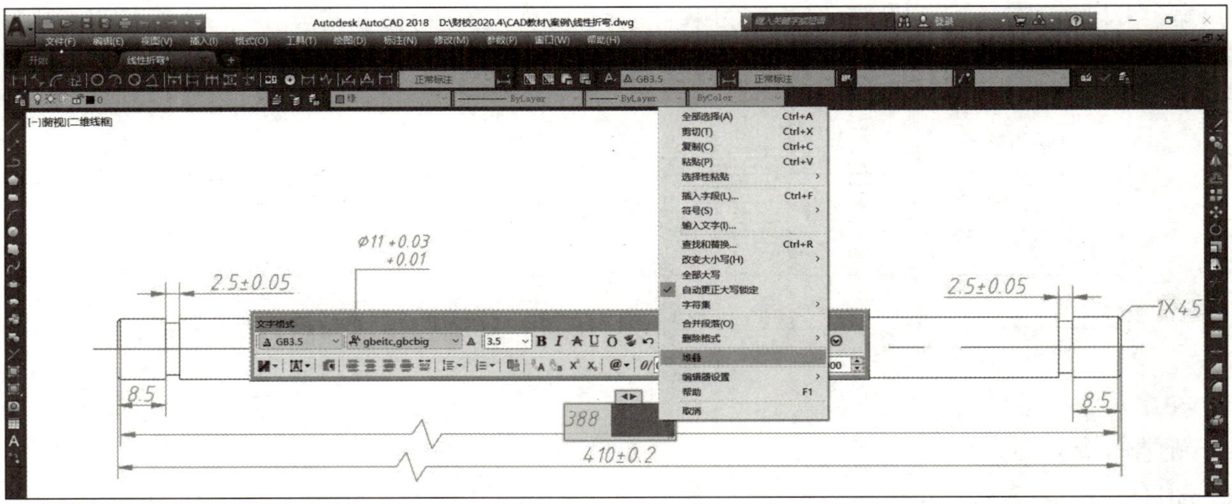

图 4-68　选择“堆叠”　命令

（4）输入 DIMJ 命令，选择需要进行折弯的标注，根据命令栏中的提示进行选择，效果如图 4-69 所示。

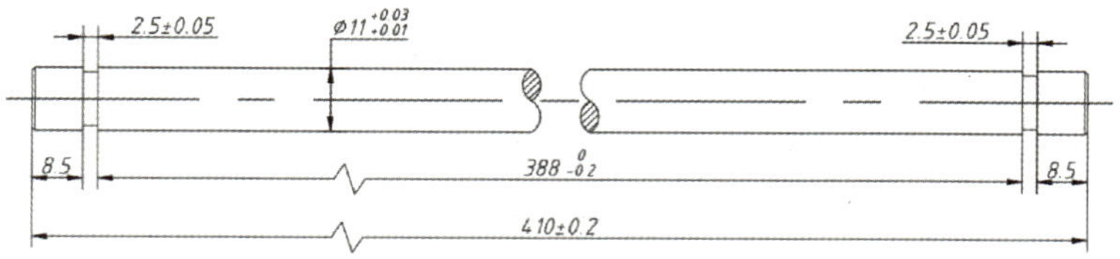

图 4-69　折弯的标注

（5）完善图中其他标注，如图 4-65 所示。

子任务5　设置检验标注

绘制说明：

图 4-70 所示为某零件局部，零件制造商需要检查其度量的频率以及允许的公差。

新学命令：

检验标注

命令简介：

检验标注使用户可以有效地检查所制造部件的频率，以确保标注值和部件公差位于指定范围内。

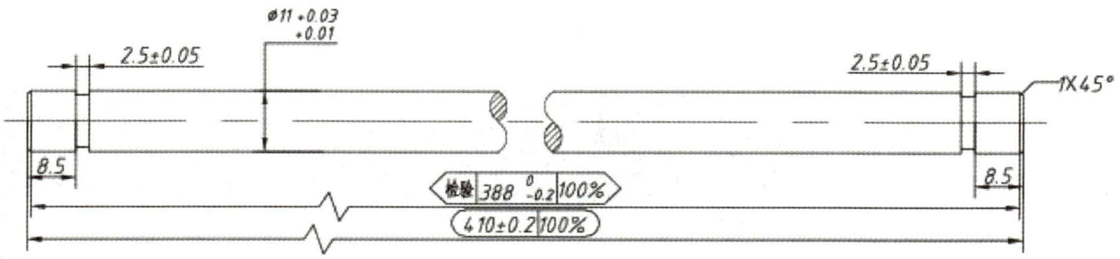

图 4-70　某零件局部

具体步骤如下：

（1）打开项目四任务三子任务 5 中的“检验标注”文件，对线型折弯标注的数值进行检验，双击工具栏中的“检验标注”按钮，在如图 4-71（a）所示的对话框中，单击“选择标注”按钮，单击“410±0. 02”标注，按空格键返回，单击“确定”按钮，如图 4-71 所示。

（2）重复上一步操作，单击“$388^{0}_{-0.2}$”标注，选择“形状”→“角度”命令，勾选“标签”复选框，输入“检验”，单击“确定”按钮，如图 4-72 所示。

（3）最终呈现如图 4-70 所示的效果。

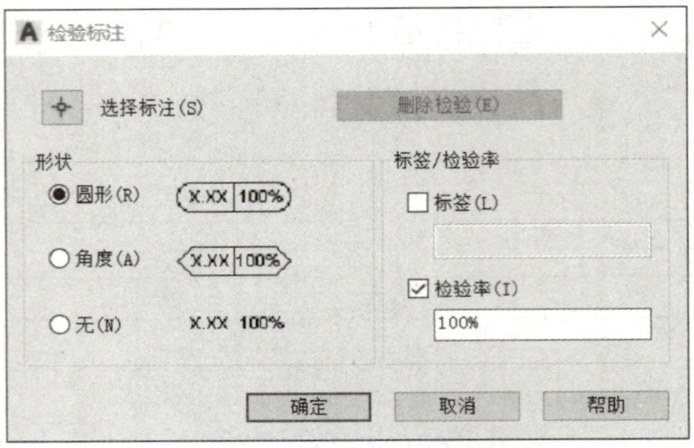

(a)“检验标注”对话框

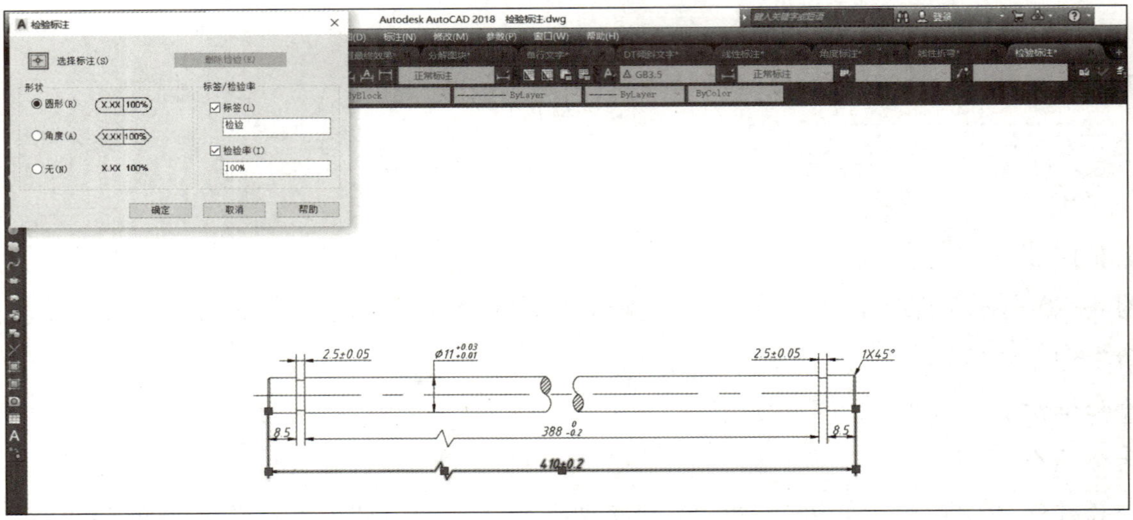

(b) 标注

图 4-71　“检验标注”对话框

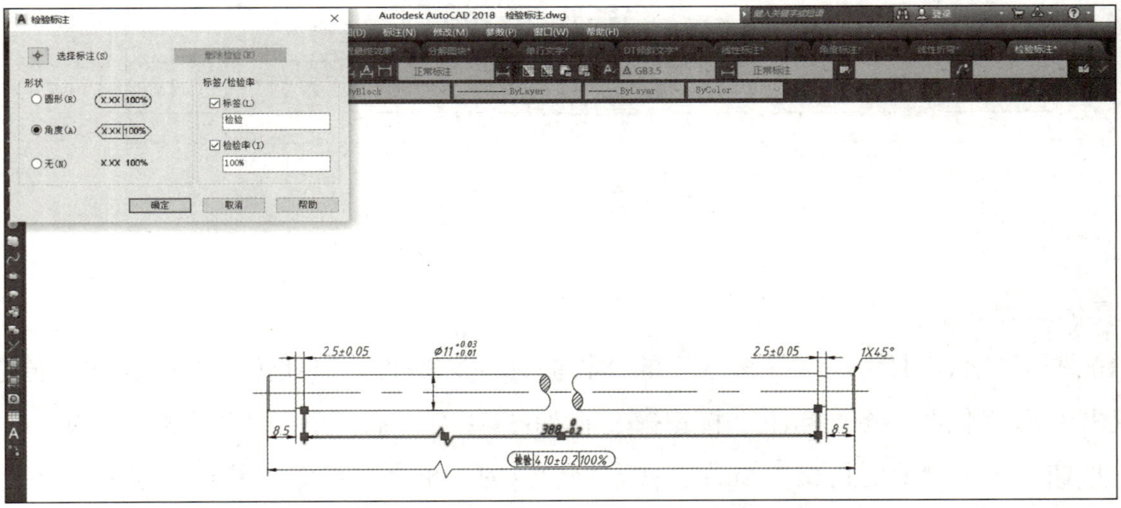

图 4-72　增加“检验”　标注

子任务6　设置形位公差标注

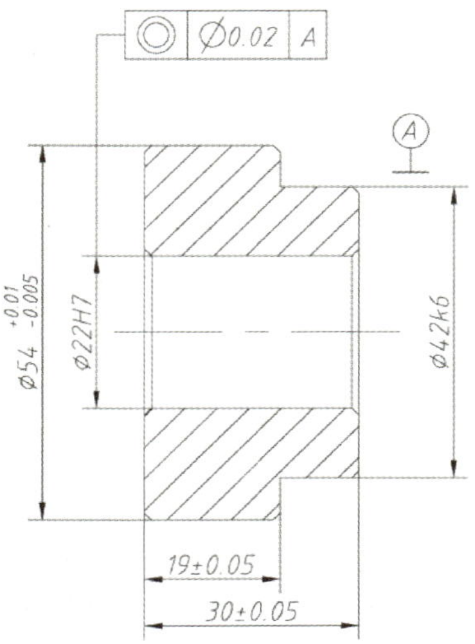

图 4-73　零件局部

绘制说明：

图 4-73 所示为某零件局部。如果零件在加工时所产生的形状误差和位置误差过大，将会影响机器的质量。因此对要求较高的零件，必须根据实际需要，在图纸上标注出相应表面的形状误差和相应表面之间的位置误差的允许范围。

新学命令：

TOL

命令简介：

TOL 是形位公差命令，用来表示特征的形状、轮廓、方向、位置和跳动的允许偏差。

具体步骤如下：

（1）打开项目四任务三子任务 6 中的“形位公差 .dwg”文件，输入 LA 命令，打开图层特性管理器，新建一个“标注”图层，将该图层颜色设为绿色，线型为 Continuous，线宽设为默认，并将其设置为当前图层。

（2）进行标注，如图 4-74 所示。

（3）双击标注文字对其进行修改，如图 4-75 所示。

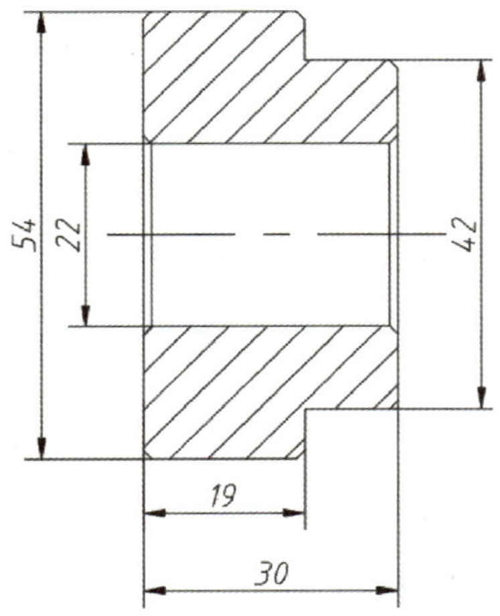

图 4-74　标注

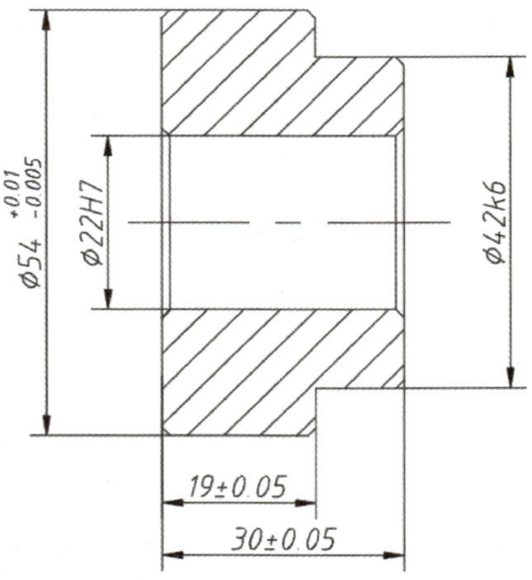

图 4-75　修改标注文字

（4）创建多重引线，按 Esc 键返回，输入 TOL 命令，打开“形位公差”对话框，如图 4-76 所示。

（5）单击“符号”下的黑色框选择◎选项，“公差 1”下的黑色框自动生成∅，接着输入 0.02，在“基准 1”文本框中输入 A，单击“确定”按钮，如图 4-77 所示。

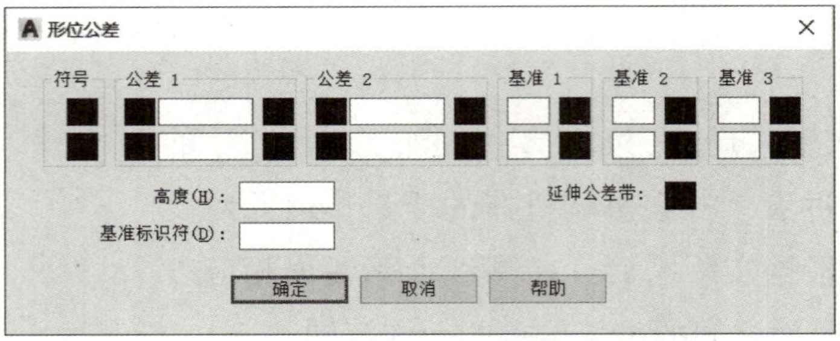

图 4-76 “形位公差”对话框

（6）开启捕捉，将形位公差标注放置在刚刚设置的引线部位，如图 4-78 所示。

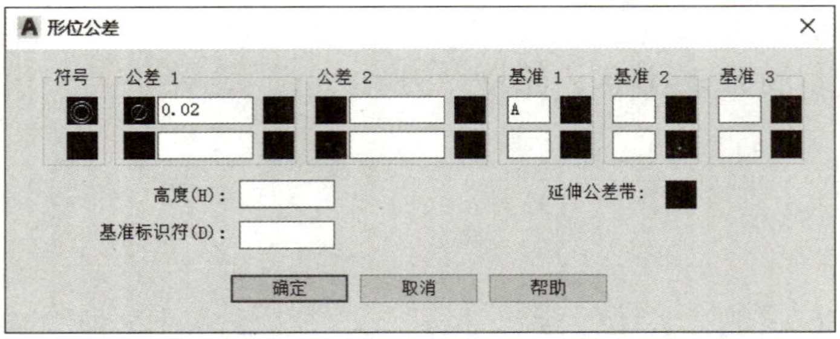

图 4-77 设置形位公差

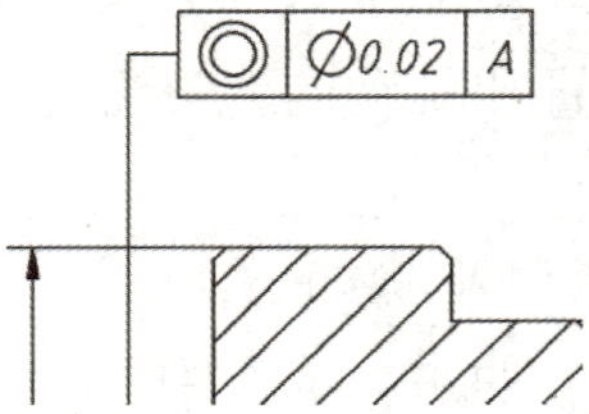

图 4-78 标注形位公差

（7）绘制基准代号Ⓐ，已知圆的半径为 2.5，粗直线为 5 mm，细直线为 3.5 mm，最终效果如图 4-73 所示。

注意：

设置公差标注的特征符号，单击黑色小方块将打开“特征符号”面板，如图 4-79 所示，AutoCAD 2022 为用户提供了 14 种常用的形位公差符号，各符号的特征和类型见表 4-2。用户也可以通过定义块的方式，自定义公差符号。

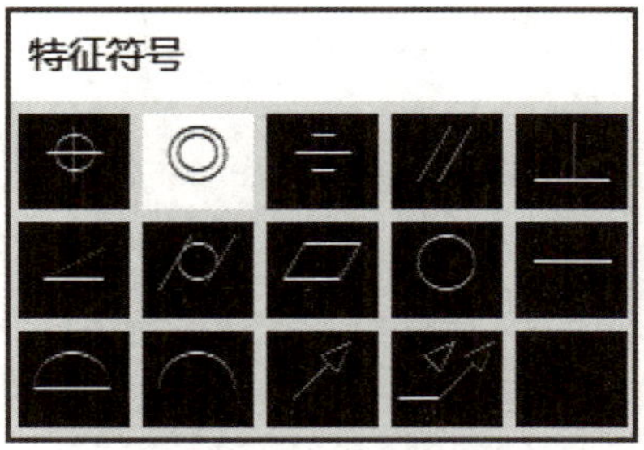

图 4-79 “特征符号”面板

表 4-2　符号的特征和类型

分类	特征项目	符号	分类		特征项目	符号
形状公差	直线度	—	位置公差	定向	平行度	//
	平面度	▱			垂直度	⊥
	圆度	○			倾斜度	∠
	圆柱度	⌭		定位	同轴度	◎
	线轮廓度	⌒			对称度	⌯
	面轮廓度	⌓			位置度	⌖
				跳动	圆跳动	↗
					全跳动	⌰

背景知识

认识尺寸标注

一个完整的尺寸标注由尺寸线、尺寸界线和标注文本等几部分组成，如图 4-80 所示。

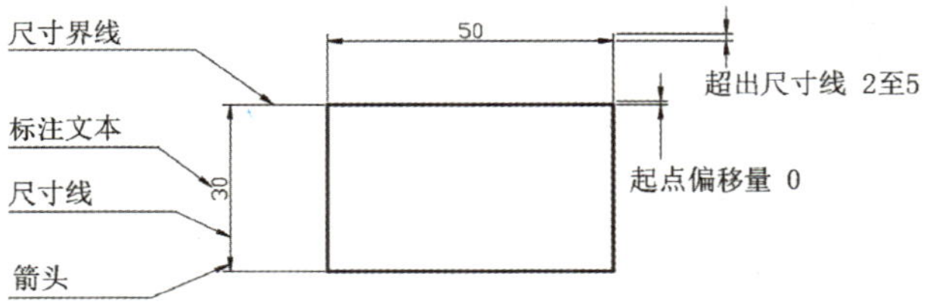

图 4-80　尺寸的组成

（1）尺寸线：尺寸线是两端带箭头的直线，通常与所标注的对象平行，位于两条尺寸界线之间。

（2）尺寸界线：尺寸界线位于尺寸线两侧，并与尺寸线相垂直，用于表示标注的界限。

（3）标注文本：标注本文是尺寸线上显示的数字，用户可以自定义文本的格式和内容。

任务四　建筑制图基础

任务要点

(1) 认识建筑制图的概念。

(2) 掌握建筑制图的各项标准和注意事项。

(3) 能够根据要求绘制建筑图纸。

(4) 掌握并熟知建筑语言专有名词。

子任务1　绘制建筑平面图

绘制说明：

图 4-81 所示为一个两室两厅两卫的户型图，根据图纸，完成墙体、门窗的绘制。

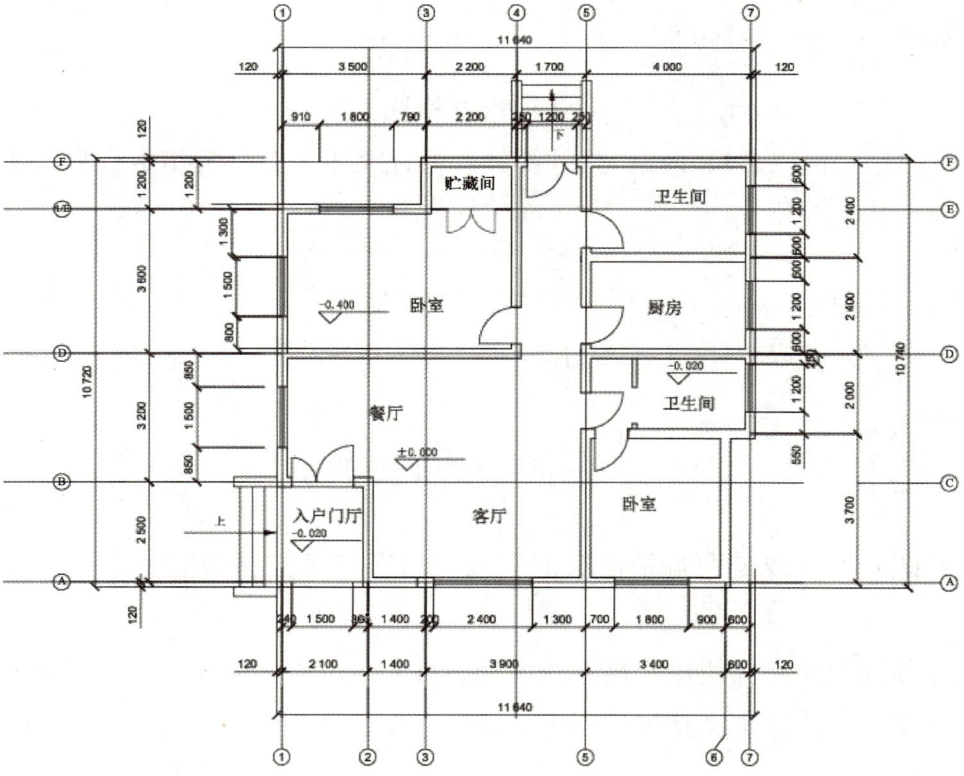

图 4-81　建筑平面图

所用命令：

LA、ML、T、X、TR

具体步骤如下：

（1）启动 AutoCAD 2022 软件，新建一个空白文件。

本子任务平面图主要由轴线、墙体、门窗、楼梯文本标注、尺寸标注、标高标注等元素组成，因此绘制平面图形时，应创建如表 4-3 所示的图层。

表 4-3　图层明细

序号	图层名	描述内容	线宽	线型	颜色	打印属性
1	轴线	定位轴线	默认	中心线（Center）	红色	不打印
2	墙体	墙体	0.3 mm	实线（Continuous）	黑色	打印
3	门窗	门窗	默认	实线（Continuous）	绿色	打印
4	楼梯	楼梯	默认	实线（Continuous）	160 色	打印
5	文字标注	文字、图名、比例	默认	实线（Continuous）	青色	打印
6	尺寸标注	尺寸标注	默认	实线（Continuous）	黑色	打印
7	标高标注	标高标注	默认	实线（Continuous）	黑色	打印

（2）创建图层。输入 LA 命令，在弹出的图层特性管理器中，根据表 4-3 进行图层设置。

（3）根据图示标注，将“轴线”图层设为当前图层，利用直线和偏移工具绘制轴线层，如图 4-82 所示。

（4）在“轴线”图层继续利用圆形绘制轴号，轴号中圆的直径为 800 mm，在绘图区域输入 T 命令，按空格键，输入 H 命令，按空格键，输入 200，依次输入轴号里的数字，如图 4-83 所示。

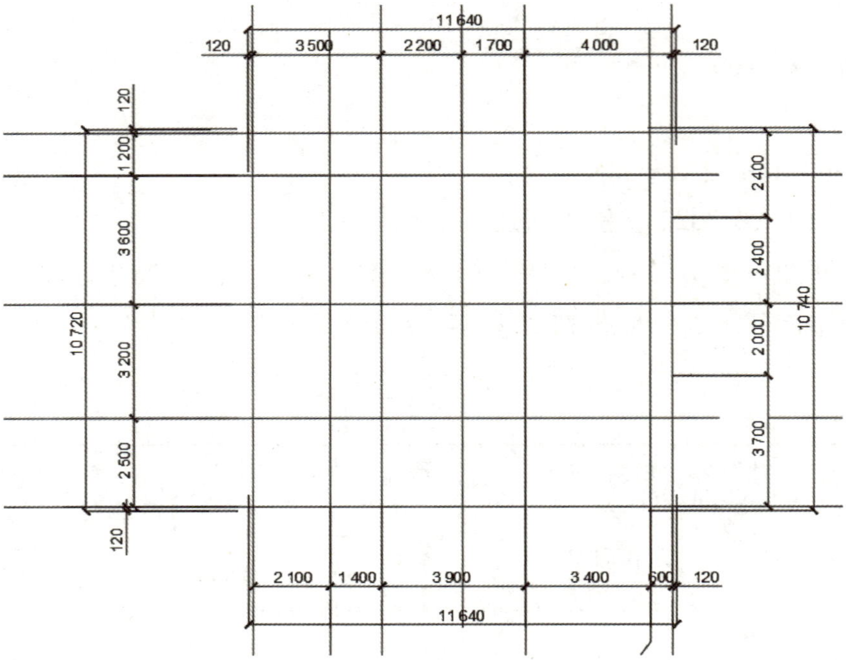

图 4-82　绘制轴线层

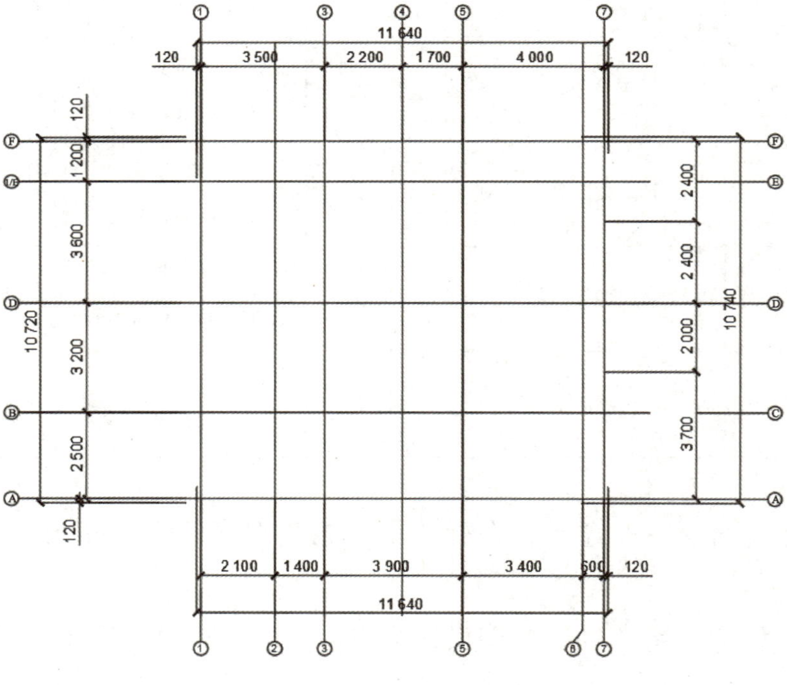

图 4-83　利用圆形绘制轴号

（5）将墙体图层设为当前图层进行墙体绘制，在绘图区域输入 ML 命令，按空格键，输入 S 命令，按空格键，输入 240，按空格键，输入 J 命令，按空格键，输入 Z 命令，打开捕捉断点命令，沿着红色轴线进行墙体绘制，如图 4-84 所示。

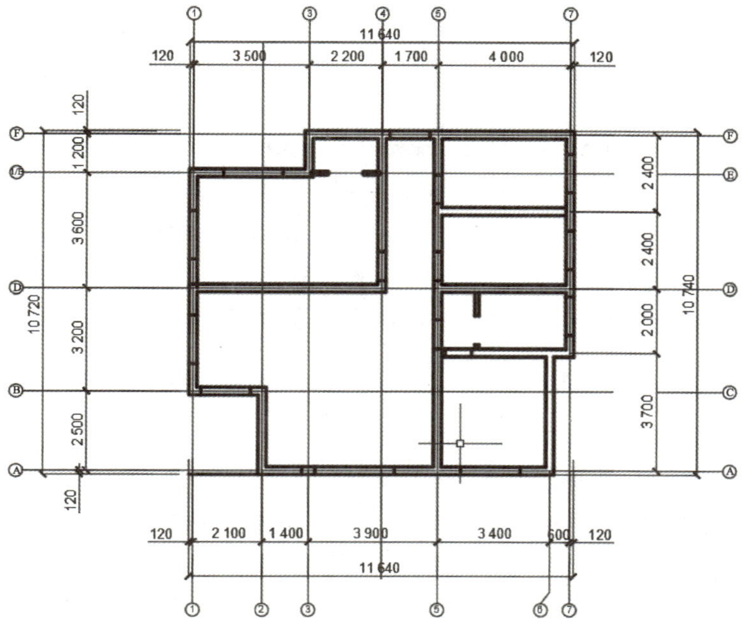

图 4-84　绘制墙体

（6）输入 TR 命令，连续按空格键两次，根据图例进行墙体修剪，若有些墙体利用 TR 命令修剪不成功，可以先输入 X 命令，将其线段打散，如图 4-85 所示。

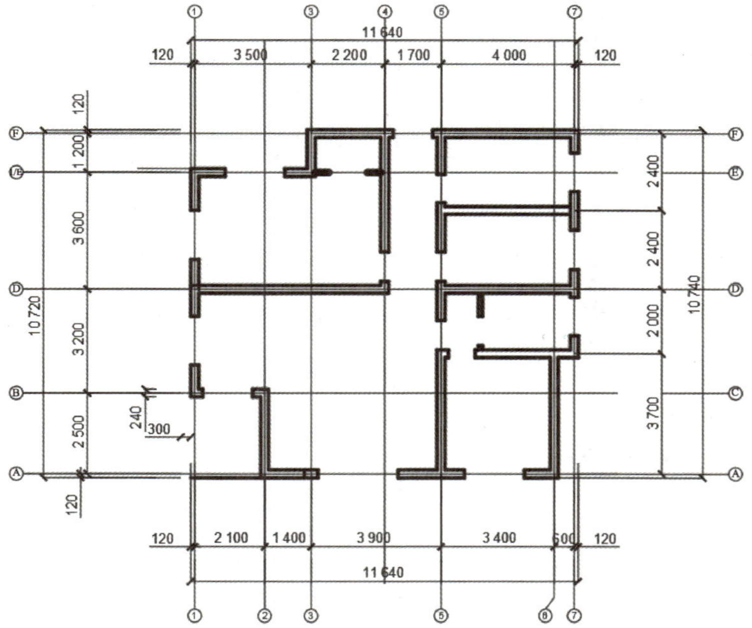

图 4-85　进行墙体修剪

（7）选择门窗图层，将其设为当前图层，绘制门窗，如图 4-86 所示。

（8）选择楼梯图层，将其设为当前图层，绘制楼梯，如图 4-87 所示。

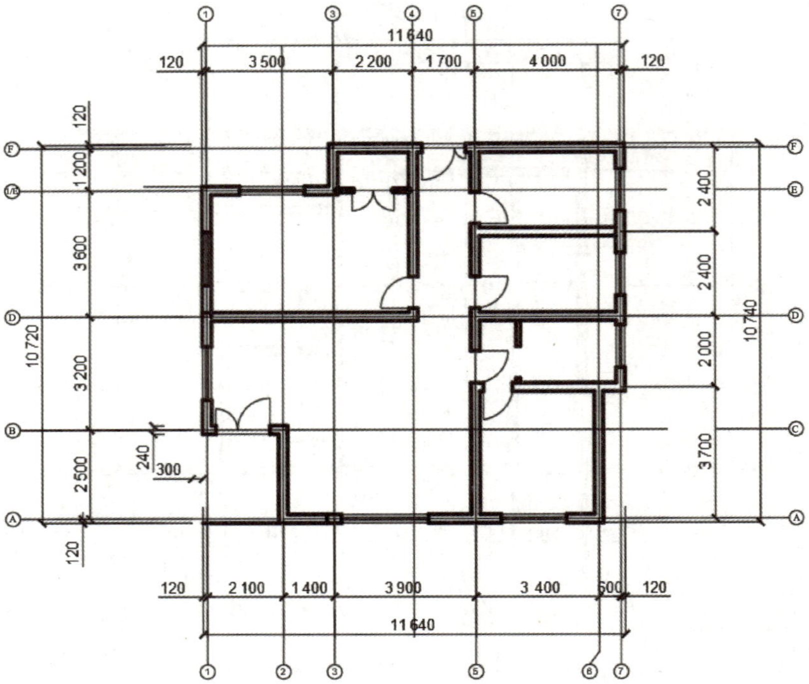

图 4-86　绘制门窗

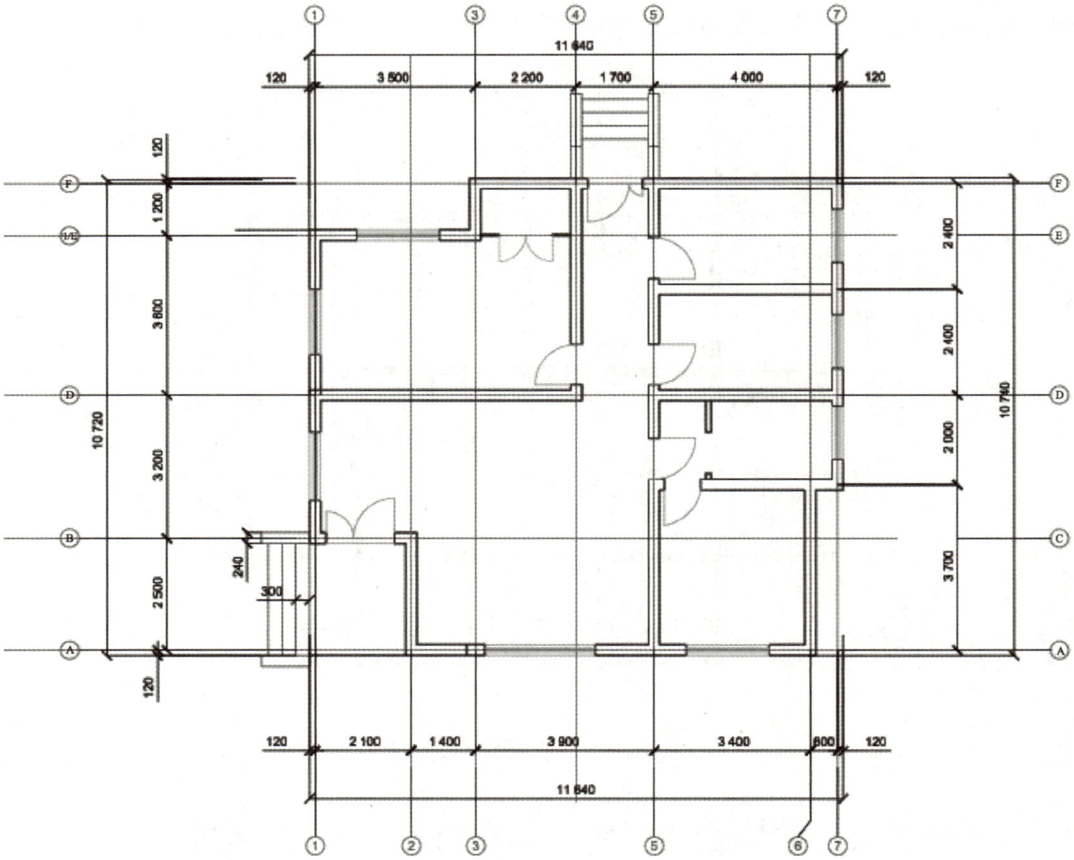

图 4-87　绘制楼梯

（9）选择标注图层，并将其设为当前图层，选择菜单栏中的“标注”→“线型”命令进行标注，绘制标高符号，如图 4-88 所示。

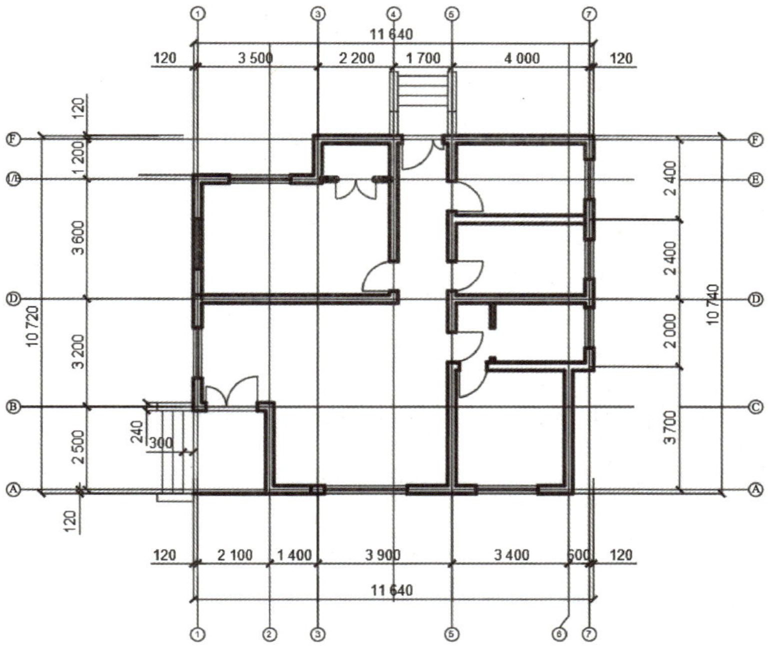

图 4-88　绘制标高符号

（10）选择文字标注图层，并将其设为当前图层，在绘图区域输入 T 命令，按空格键，输入 H 命令，按空格键，输入 300，在对应的空间输入文字，如图 4-89 所示。

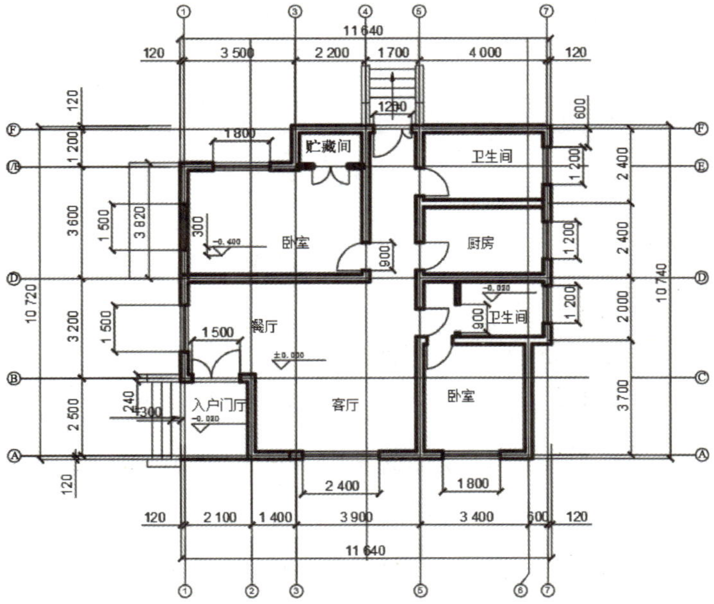

图 4-89　输入文字

子任务2　绘制电视背景墙立面图

绘制说明：

图 4-90 所示为一个电视背景墙立面图，该立面图包含图形、图案填充、标注、多重引线、文字、图表等综合练习。

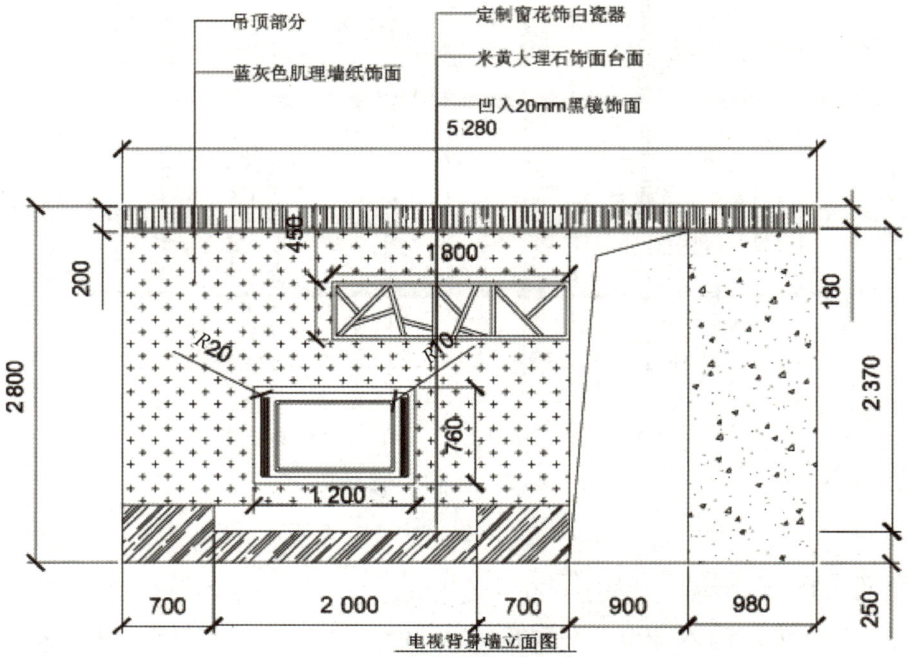

电视背景墙立面图			
设计		设计号	
制图		比例	
审核		日期	

图 4-90　电视背景墙立面图

具体步骤如下：

（1）启动 AutoCAD 2022，新建一个空白文件，在绘图区域输入 LIMITS 命令，设置图形界限为 8 000 mm×4 000 mm，新建墙体、文字、家具、标注、填充图层，如图 4-91 所示。

（2）选择墙体图层，绘制一个 5 280 mm×2 800 mm 的矩形，接着将矩形进行分割，如图 4-92 所示。

（3）选择家具图层，利用矩形、偏移、圆角等工具绘制电视机，利用矩形、多线工具绘制花窗，如图 4-93 所示。

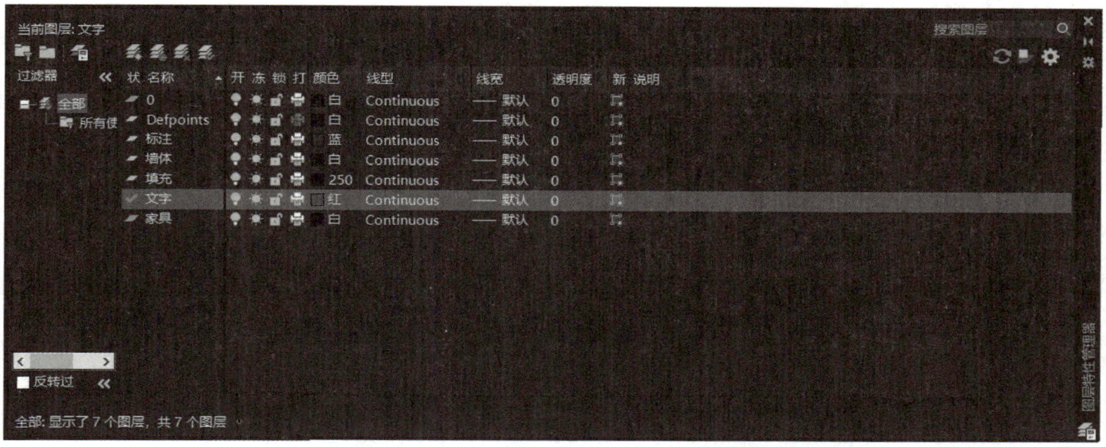

图 4-91　新建墙体、文字、家具、标注、填充图层

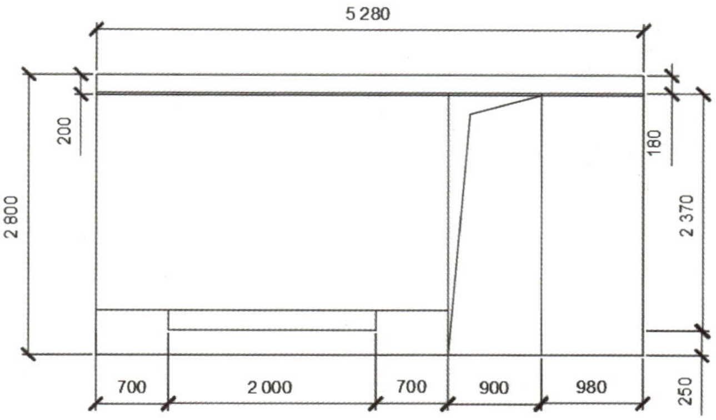

图 4-92　将矩形进行分割

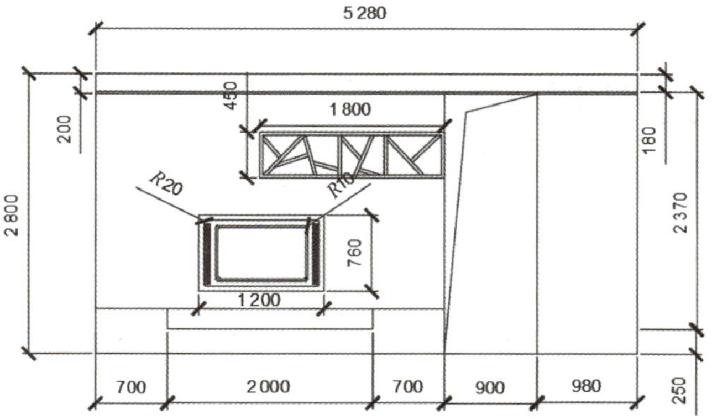

图 4-93　绘制电视机和花窗

（4）选择填充图层，输入 H 命令，弹出图 4-94（a）所示的对话框，选择 CROSS 图案，比例设为 15，选择拾取点，单击电视背景墙部分，单击“确定”按钮，效果如图 4-94（b）所示。

（5）选择填充图层，输入 H 命令，弹出图 4-95（a）所示的对话框，选择 AR-RROOF 图案，“比例”设为 3，“角度”设为 90，选择拾取点，单击吊顶部分，单击“确定”按钮，效果如图 4-95（b）所示。

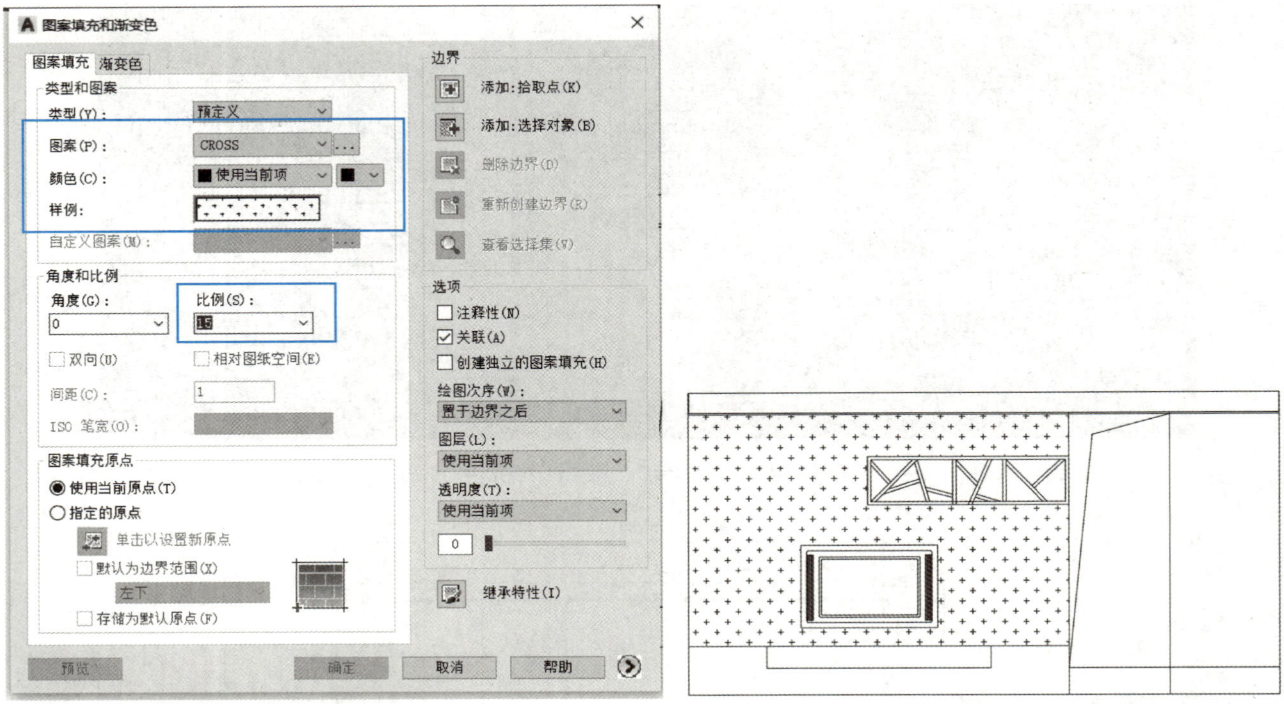

(a)“图案填充和渐变色”对话框 1　　(b) 电视背景墙效果

图 4-94　电视背景墙部分

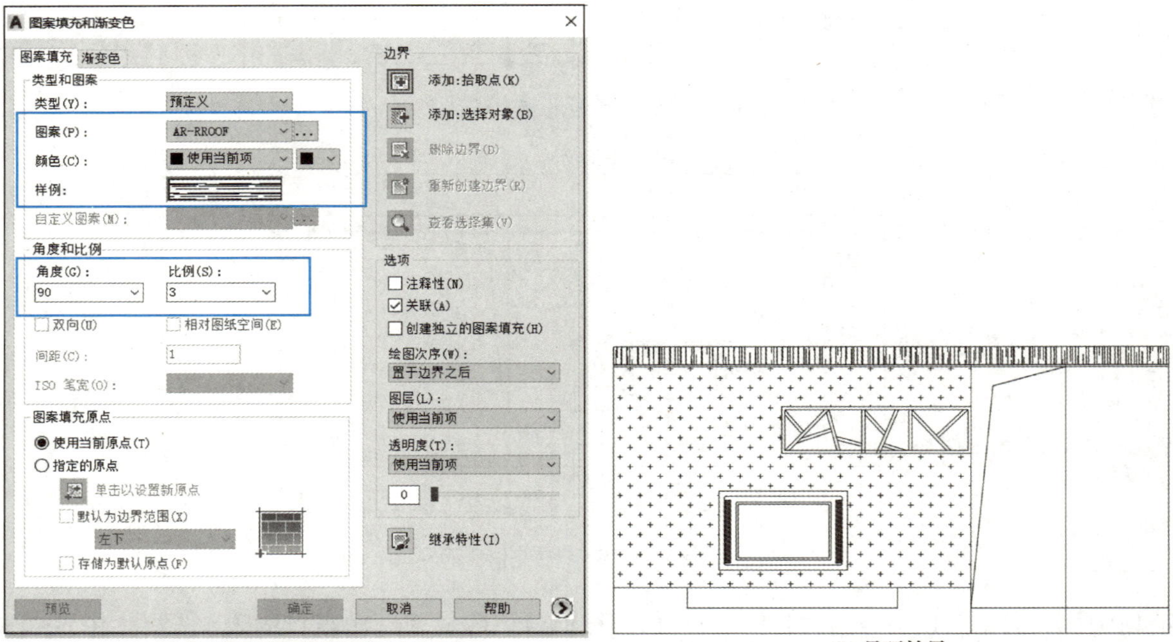

(a)“图案填充和渐变色”对话框 2　　(b) 吊顶效果

图 4-95　吊顶部分

（6）选择填充图层，输入 H 命令，弹出如图 4-96（a）所示的对话框，选择 AR-RROOF 图案，“比例”设为 5，“角度”设为 45，选择拾取点，单击电视台下面的材料部分，单击“确定”按钮，效果如图 4-96（b）所示。

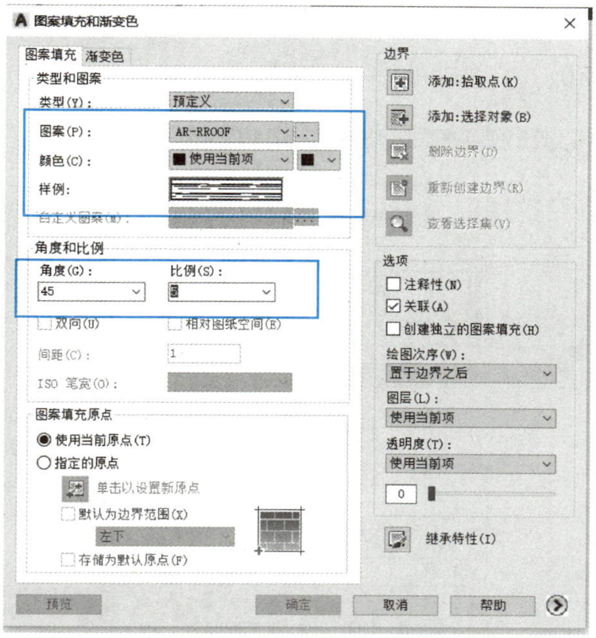

(a)“图案填充和渐变色”对话框3

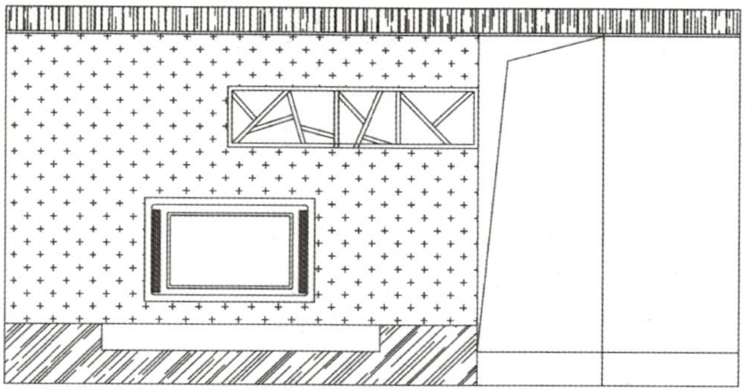

(b) 电视台下面材料效果

图 4-96　电视台下面的材料部分

（7）选择填充图层，输入 H 命令，弹出如图 4-97（a）所示的对话框，选择 AR-CONC 图案，比例设为 2，选择拾取点，单击门右侧部分，单击“确定”按钮，效果如图 4-97 所示。

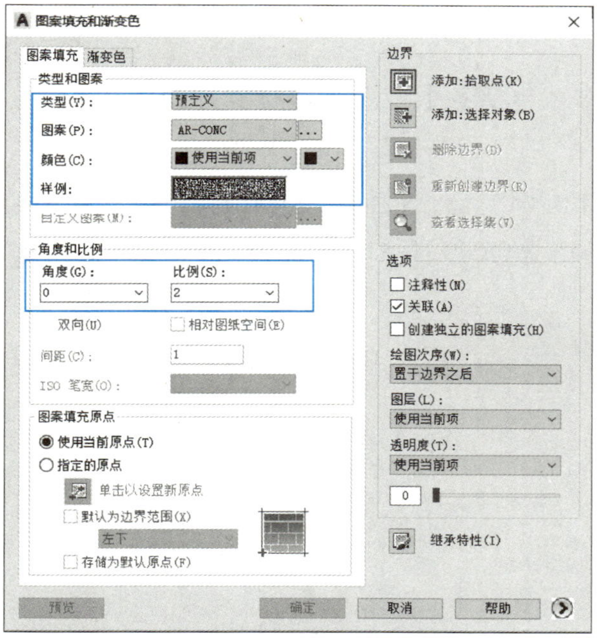

(a)“图案填充和渐变色”对话框3

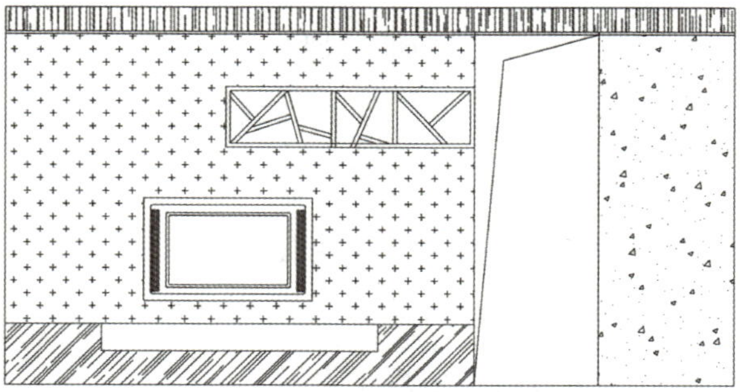

(b) 门右侧效果

图 4-97　门右侧部分

（8）选择文字图层，选择“标注”→“多重引线”命令对电视背景墙立面图进行标注，文字高度为 100，多重引线箭头大小为 10，制作如图 4-98 所示的效果。

（9）选择 0 图层，输入 MT 命令，文字高度为 100，输入文字内容“电视背景墙立面图”，绘制 4 行 4 列的表格，表格中文字高度为 150，并完成如图 4-99 所示的效果。

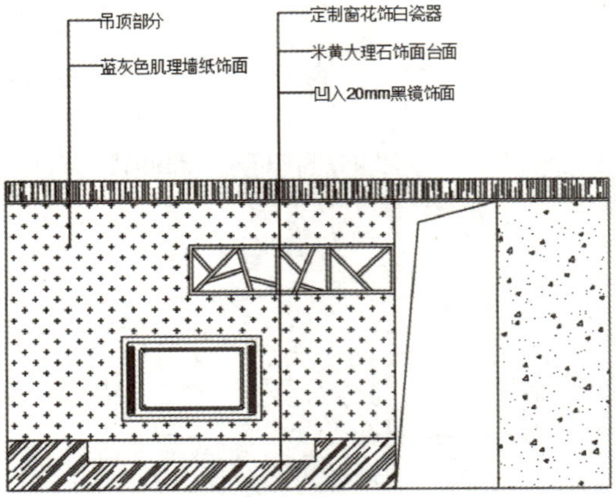

图 4-98 对电视背景墙立面图进行标注

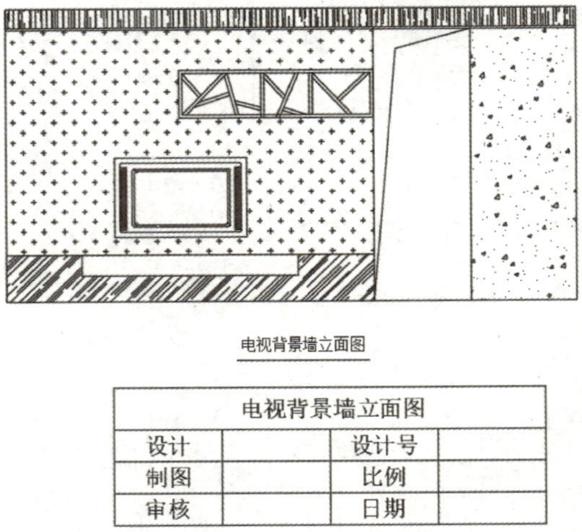

图 4-99 输入文字

（10）选择标注图层，对本图进行标注，如图 4-90 所示。

背景知识

1. 建筑设计的内容

建筑设计既指一项建筑工程的全部设计工作，包括各个专业，可称为建筑工程设计；也可单指建筑设计专业本身的设计工作。

建筑设计是在反复分析比较，与各专业设计协调配合，贯彻国家和地方的有关政策、标准、规范和规定，反复修改，才逐步成熟起来的。建筑设计不是依靠某些公式简单地套用、计算出来的，因此建筑设计是一项创作活动。

2. 建筑设计的基础原则

（1）应该满足建筑使用功能要求。

（2）要有利于结构安全。

（3）应该适应建筑工业化的需要。

（4）应追求建筑经济的综合效益。

（5）应注意美观。

3. 建筑施工图的概念

建筑施工图是将建筑物的平面布置、外形轮廓、尺寸大小、结构构造及材料做法等内容，按照国家制图标准中的规定，使用正投影法详细并准确绘制出图样，是用来组织、指导建筑施工，进行经济核算、工程监理并完成整个房屋建造的一套图样。

4. 建筑施工图的内容与特点

（1）内容。

按照专业内容或者作用的不同，可以将一套完整的建筑施工图分为建筑施工图、建筑结构施工图、建筑设备施工图。

① 建筑施工图（建施）：主要包括建筑物的总体布局、外部造型、内部布置、细部构造、内外装饰等内容，包括设计说明、总平面图、平面图、立面图、剖面图及详图等。

② 建筑结构施工图（结施）：主要包括建筑物各承重构件的布置、形状尺寸、所用材料及构造做法等内容，包括设计说明、基础平面图、基础详图、结构平面布置图、钢筋混凝土详图、节点构造详图等。

③ 建筑设备施工图（设施）：包括建筑工程各专业设备、管道及埋线的布置和安装要求，包括给水、排水施工图（水施），采暖通风施工图（暖施），电气施工图（电施）等。由施工总说明、平面图、系统图、详图等组成。

全套的建筑施工图的编排顺序为图纸目录，总平面图，建筑施工图，结构施工图，给水、排水施工图，采暖通风施工图，电气施工图等。

（2）特点。

建筑施工图在图示方法上的特点如下：

① 由于建筑施工图中的各图样均为根据正投影法来绘制，因此所绘的图样应符合正投影的投影规律。

② 建筑出图比例的规定见表 4–4。

表 4–4　建筑出图比例

图　　名	常 用 比 例	可用比例（特殊情况下）
总平面图	1:500、1:1 000、1:2 000、1:5 000	1:2 500、1:10 000
总图专业的竖向布置图、管线综合图、断面图等	1:100、1:200、1:500、1:1 000、1:2 000	1:300、1:5 000
平面图、立面图、剖面图、结构布置图、设备布置图	1:50、1:100、1:200	1:150、1:300、1:400
内容较为简单的平面图	1:200、1:400	1:500
详图	1:1、1:2、1:5、1:20、1:25、1:50	1:3、1:15、1:30、1:40、1:60

③ 除了标高及总平面图，施工图中的尺寸都必须以 mm 为单位，但是在尺寸数字的后面不需要标注尺寸单位。

5. 建筑制图的要求及规范

首先需要知道常用图纸幅面尺寸的国家标准，表 4–5 列出了 A0、A1、A2、A3、A4 的幅面和留白尺寸。留白 1 指的是图框到图纸边（除装订边的另三个边）的距离。图纸一般是需要预留装订边的，表 4-5 中的留白 2 指的就是在预留装订边时，图框到装订边的距离。

表 4-5　常见图纸的尺寸

图纸幅面	宽/mm	长/mm	留白 1/mm	留白 2/mm
A0	841	1 189	20	10
A1	594	841	20	10
A2	420	594	10	10
A3	297	420	10	5
A4	210	297	10	5

（1）图幅。

图幅是图纸幅面的简称，是指图纸的大小规格，简单理解就是你打算用多大的纸来打印这个 CAD 图形。标准的图纸以 A0（841 mm×1 189 mm）为幅面基准，A0 对折为 A1，A1 对折为 A2，以此类推。

正式的室内施工图的图幅常采用 A0 至 A3，如图 4-100 所示。A4 幅面多用作图纸目录和设计变更。一套室内施工图中不建议出现两种以上图幅。

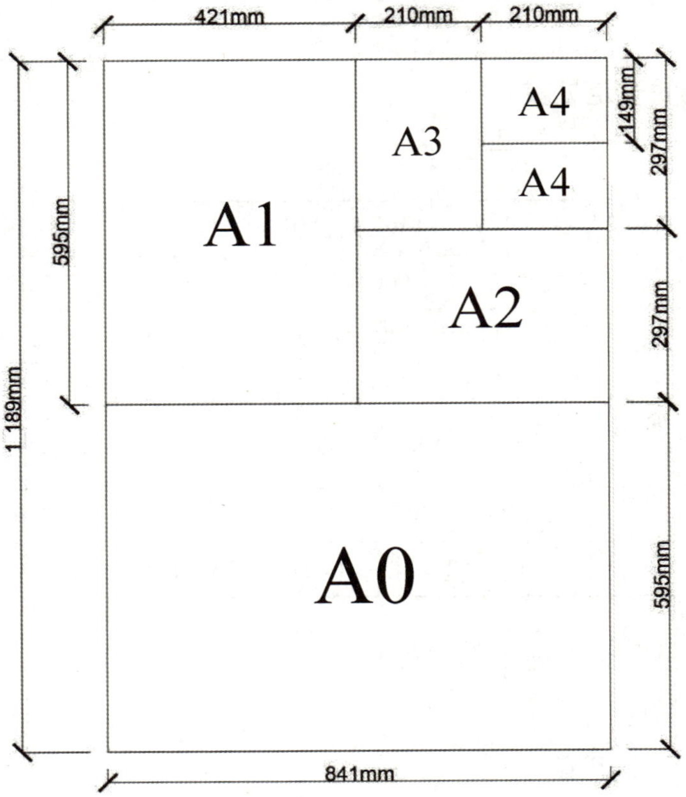

图 4-100　图纸幅面

（2）图框

图框是指施工图纸上限定绘图区域的线框。图框的尺寸对应图幅的种类，图纸幅面要用相应的图框，比如 A0 的图纸就会有 A0 的图框。图框的作用是规范图纸，如图 4-101 和图 4-102 所示。

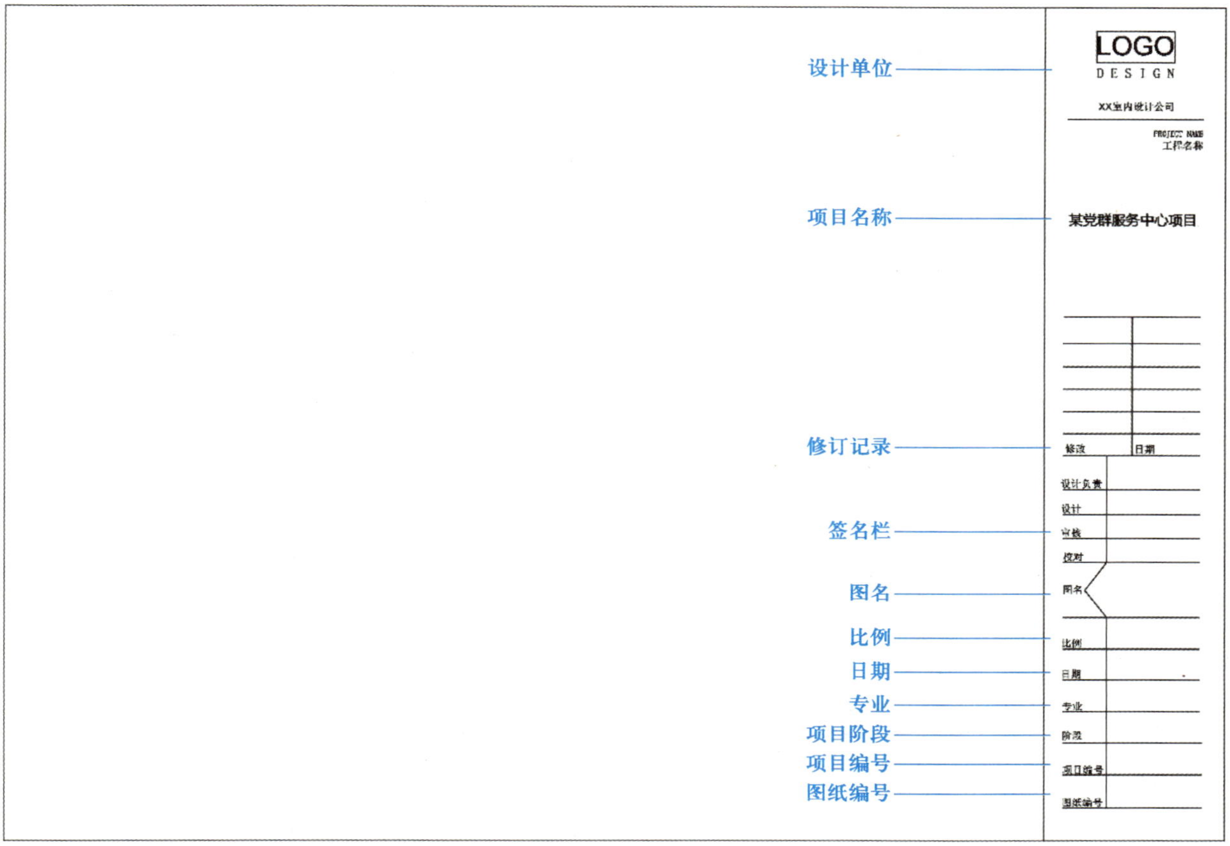

图 4-101　图框 1

图框包含标题栏和绘图区，正规的标题栏有严格的固定内容。

简化图框的标题栏内容可以根据公司的习惯和需求进行调整。

6. 定位轴线及编号

建筑施工图中表示建筑物的主要结构构件位置的点画线称为定位轴线。它是施工定位、放线的重要依据。定位轴线的画法及编号的规定是，定位轴线用细点画线表示。

为了看图和查阅的方便，定位轴线需要轴号。沿水平方向的编号采用阿拉伯数字从左到右依次编写，沿垂直方向的编号采用大写的英文字母从下至上依次编写。为了避免和水平方向的阿拉伯数字相混淆，垂直方向的编号不能用 I、O、Z 这三个英文字母，如图 4-103 所示。

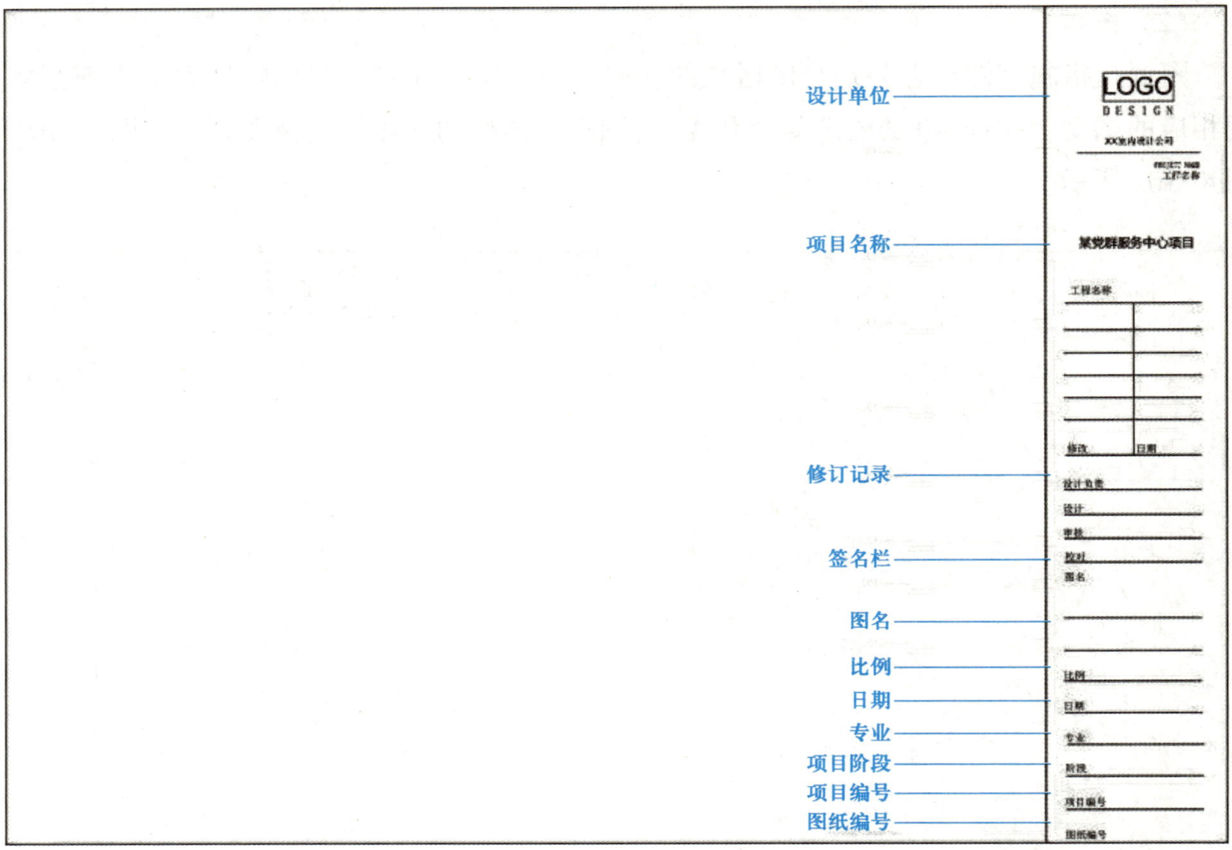

图 4-102　图框 2

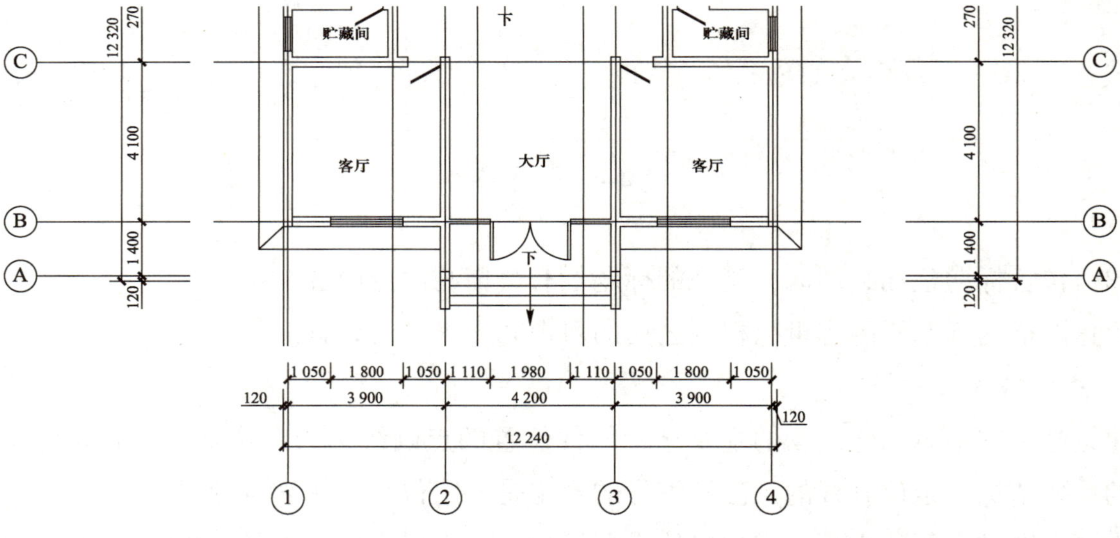

图 4-103　轴号

7. 标高

建筑物中的某一部分与所确定的水准基点的高差称为该部位的标高。在图纸中，为了标明某一部位的标高，采用标高符号来表示。标高符号用细实线绘制，如图 4-104（a）所示。

标高符号为一个等腰直角三角形，三角形的高为 3 mm。三角形的直角尖角指向需要标注部位，长的横线之上或之下注写标高的数字，标高以 m 为单位。

标高数字在单体建筑物的建筑施工图中注写到小数点后的第 3 位，在总平图中注写到小数点后的第 2 位。零点的标高注写成±0. 00，负数标高数字前必须加注负号（-），正数标高数字前不加注任何符号，如图 4-104（b）所示。

如需要同时标注几个不同的标高，其标注方法如图 4-104（c）所示。

总平面图中的室外地面标高符号用涂黑的三角形表示，三角形的尺寸同前，不加长横线，标高数字注写在三角形的右上方或写在右面左上方均可，如图 4-104（d）所示。

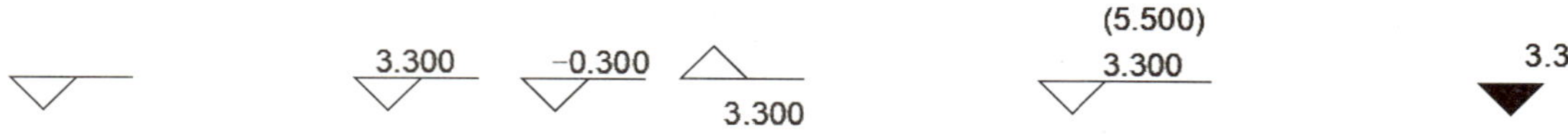

(a) 标高符号　(b) 标高数字　(c) 同时标注不同的标高　(d) 室外地面标高符号

图 4-104　标高

标高有绝对标高和相对标高两种。一般在总平面图上标注绝对标高，其他各图均标注相对标高，两者之间的关系可从总平面图或总说明中查阅。

（1）绝对标高。我国把青岛附近黄海的平均海平面定为绝对标高的基点，其他各地的标高以它作为基准。

（2）相对标高。在建筑物的施工图中，如果都用绝对标高，不但数字烦琐，而且不易得出各部分的高差。因此除了总平面图，一般都采用相对标高，即把底层室内主要地面标高定为相对标高的零点，再由当地附近的水准点（绝对标高）来测定建筑物底层地面的标高。

注意：

在阅读或绘制房屋施工图时，经常会碰到建筑上的常用术语，下面作一点简单的解释。

开间：是指一间房屋两条横向定位轴线间的距离。

进深：是指一间房屋两条纵向定位轴线间的距离。

屋高：楼房本层地面到相应上一层地面垂直方向的尺寸。

埋置深度：是指室外地面到基础底面上的埋深。

红线：是指规划部门批给建设单位的占地面积，一般用红笔画在图纸上，产生法律效力。

8. 字体的规定

图及说明用的汉字，一般采用长仿宋体，字宽和字高的关系应符合表 4-6 的规定。

表 4-6 长仿宋体字宽和字高关系 单位：mm

字高	20	14	10	7	5	3. 5	2. 5
字宽	14	10	7	5	3. 5	2. 5	1. 8

综合练习四

1. 绘制 A4 图纸的图框，如图 4-105 所示。

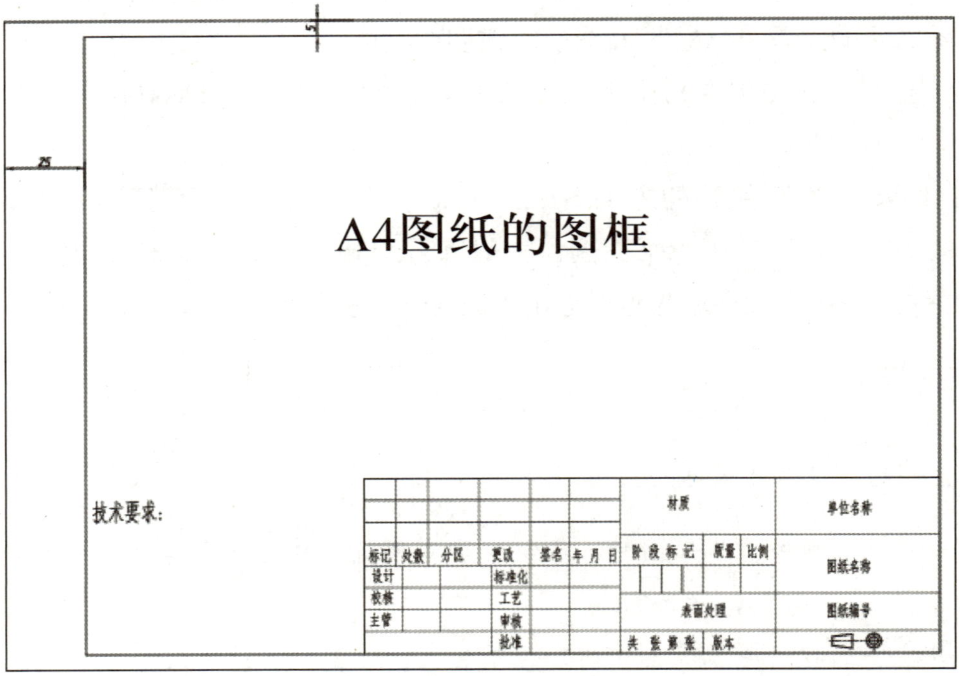

图 4-105 A4 图纸的图框

小提示： 已知 A4 图纸为 210 mm×297 mm。

2. 绘制小屋，如图 4-106 所示。

小提示： 右侧为渐变色图块填充。

3. 绘制卫生间平面布置图，如图 4-107 所示。

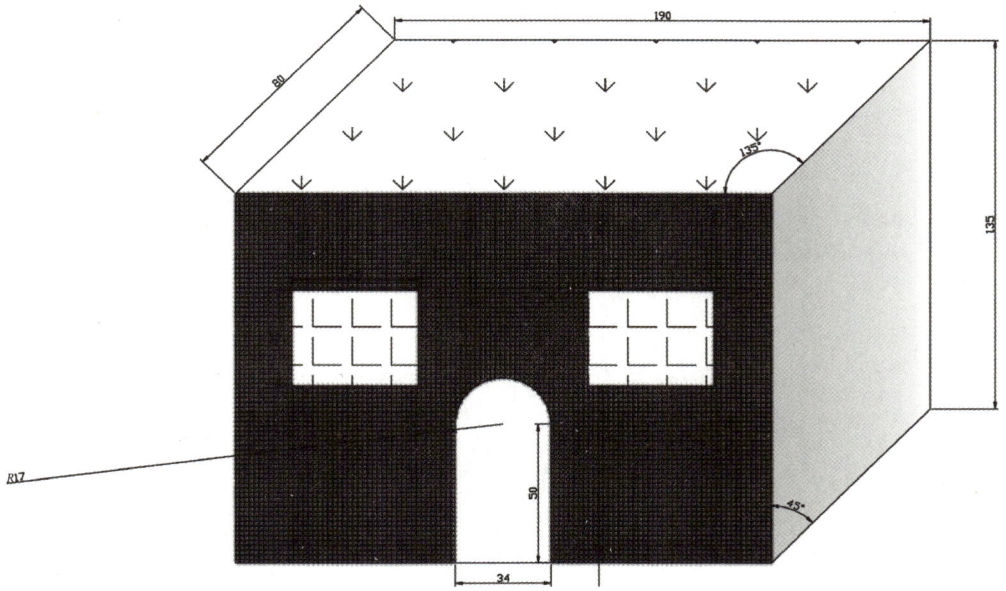

图 4-106　小屋

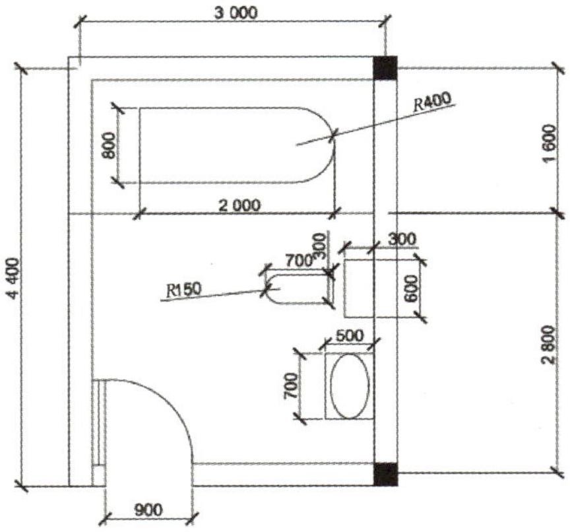

图 4-107　卫生间平面布置图

第三篇

楼 宇 绘 制

项目五　建筑空间平面图的识读与绘制

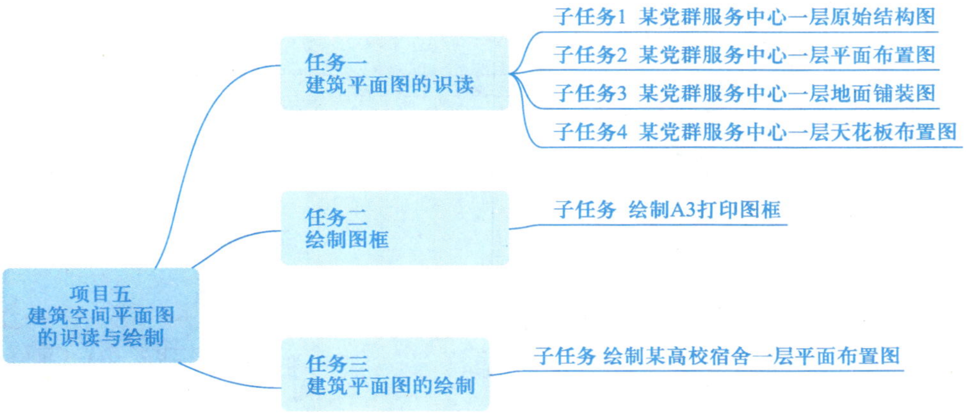

学习目标

(1) 了解原始结构图的内容。

(2) 掌握建筑平面图的识读。

(3) 掌握建筑平面图的绘制方法与技巧。

任务一　建筑平面图的识读

任务要点

(1) 识读原始结构图。

(2) 识读平面布置图。

(3) 识读地面铺装图。

（4）识读天花板布置图。

子任务1 某党群服务中心一层原始结构图

绘制说明：

图5-1所示是某党群服务中心一层原始结构图，反映出建筑的平面形状、大小和房间的布置，墙或柱的位置、材料，门窗的位置、大小、开启方向等情况，是后续室内设计、施工、室内外装修及编制预算等工作的重要依据。

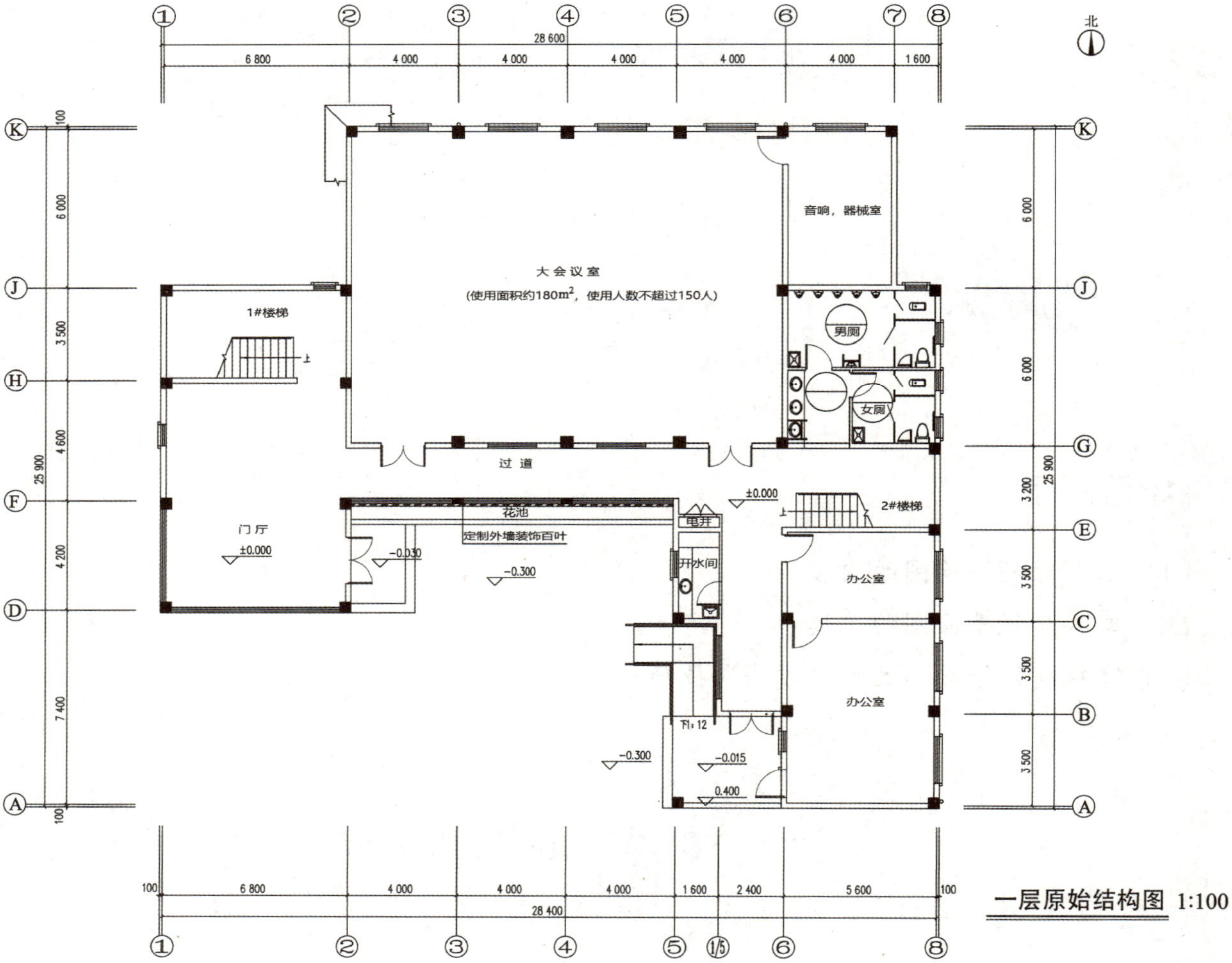

图5-1 某党群服务中心一层原始结构图

背景知识

1. 建筑平面图的定义

（1）建筑平面图简称平面图，是将新建建筑物或构筑物的墙、门窗、楼梯、地面及内部功能布局等建筑情况，以水平投影方法和相应的图例所组成的图纸，如图 5-2 所示。

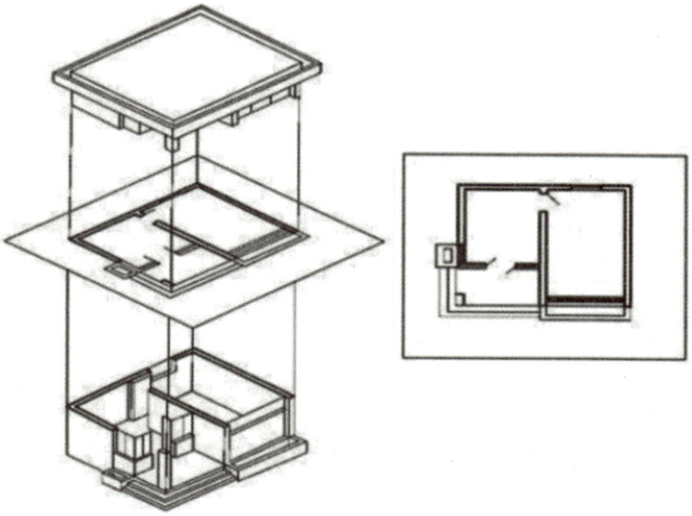

图 5-2　建筑平面图的形成

（2）用一个假想的水平剖切平面沿略高于窗台的位置剖切房屋后，移去上面的部分，对剩下部分向水平面做正投影，所得的水平剖面图称为建筑平面图；室内施工图应采用正投影法并用第一视角画法绘制。投影法是指在一定的投射条件下，在承影平面上获得与空间几何体或元素相对应的图形的过程，这是我们假设的一种理想投影情况，用于研究和表达空间、几何体。

2. 原始结构图的图纸内容

（1）墙体、柱体。

（2）门。

（3）窗户。

（4）轴网。

（5）尺寸标注。

（6）文字注释、建筑标高、指北针等符号。

子任务2　某党群服务中心一层平面布置图

绘制说明：

图 5-3 所示是某党群服务中心一层平面布置图，它是在原始结构图的基础上按照设计需求进行绘制的，增加了活动家具、固定家具等图纸内容。

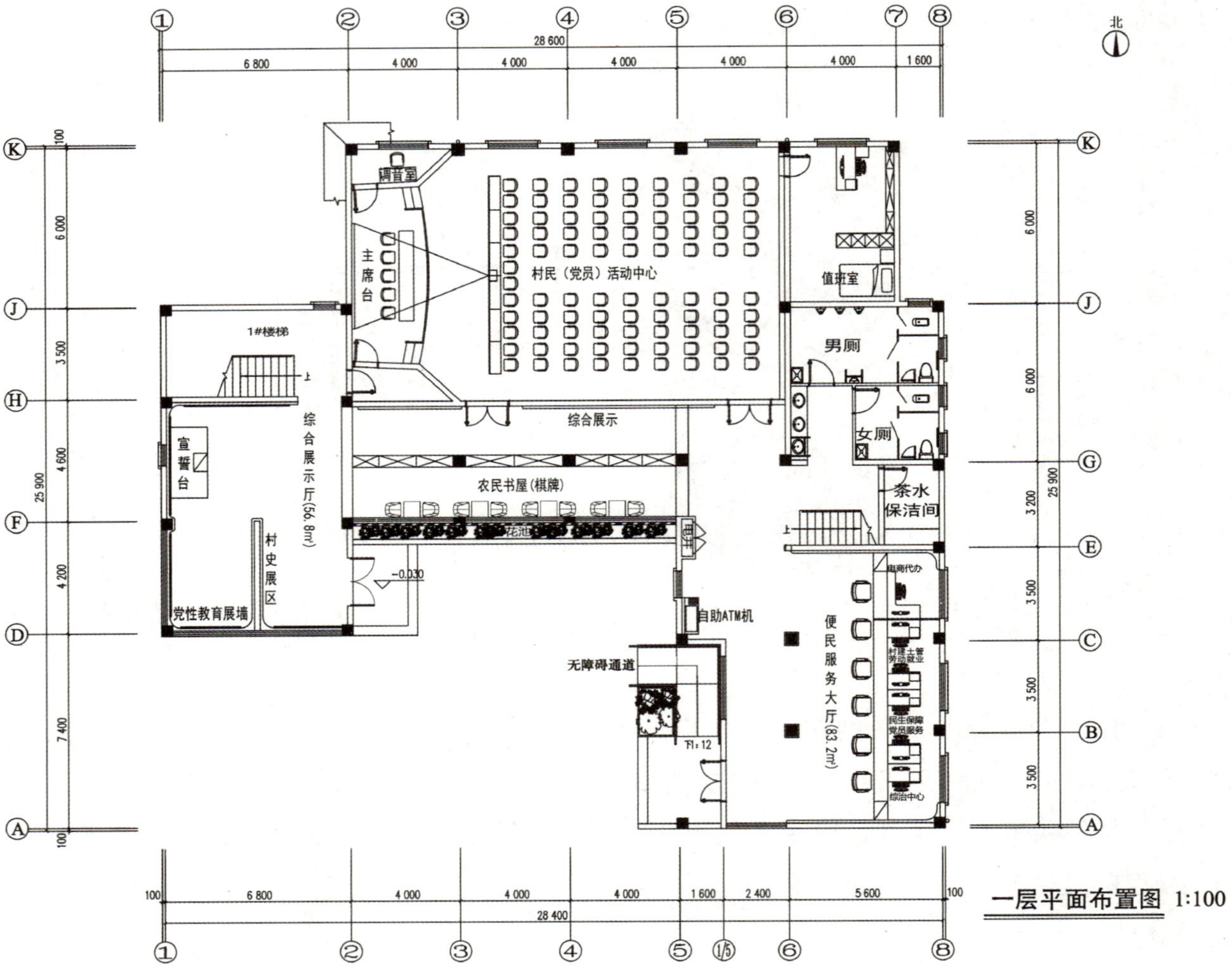

图 5-3　某党群服务中心一层平面布置图

背景知识

1. 平面布置图的定义

平面布置图是室内设计的核心，也是施工图的基础，后续的室内设计效果图、立面图、节点图等都将依据平面布置图展开，因此平面布置图包含的信息是最多的，造型关系、对设计的理解等都会反映在平面布置图上。

2. 平面布置图的图纸内容

（1）墙体、柱体。

（2）门。

（3）窗户。

（4）轴网。

（5）固定家具。

（6）活动家具、配景。

（7）尺寸标注。

（8）文字注释、建筑标高、指北针等符号。

子任务3　某党群服务中心一层地面铺装图

绘制说明：

图 5-4 所示是某党群服务中心一层地面铺装图，它是在平面布置图的基础上进行绘制的。

注意事项：

1. 设计确认地面材质（例如，瓷砖、石材、地毯、地板等）以及材质的规格尺寸；
2. 根据材质规格尺寸进行图例填充排版；
3. 标注尺寸（地面高差位置、不规格尺寸等细节信息），文字注释说明。

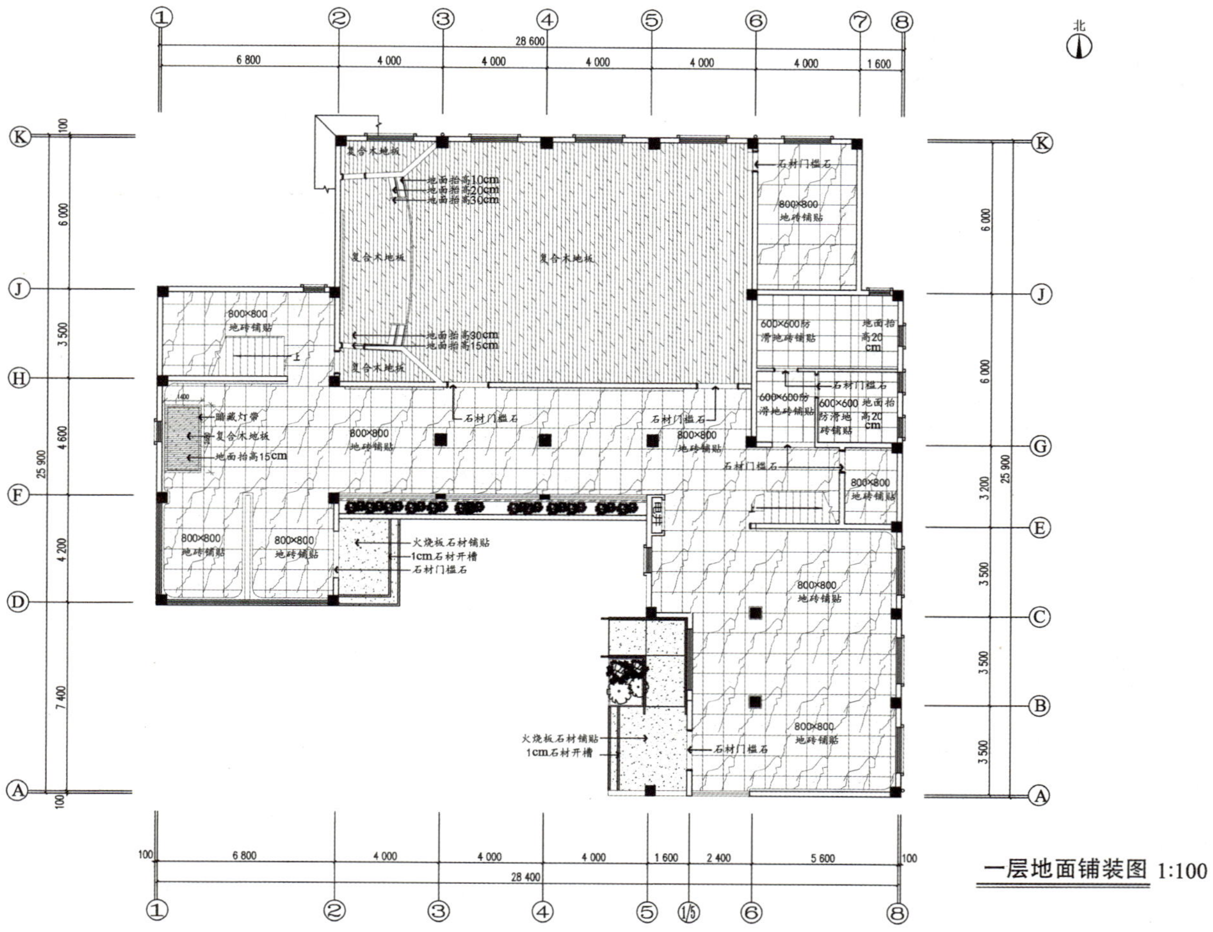

图 5-4　某党群服务中心一层地面铺装图

背景知识

1. 地面铺装图的定义

地面铺装图是描述地面高低、材质、铺贴等的平面图，是平面图体系中相对简单的一张图纸，主要表示地面铺贴的面层材料的形式、尺寸、颜色、规格等。常见的地面材料有石材、地砖、木地板、地毯等。

2. 地面铺装图的图纸内容

（1）地面造型。

（2）尺寸标注。

（3）地面材料。

（4）材料尺寸。

（5）文字注释、标高等。

（6）地面填充图例。

子任务4　某党群服务中心一层天花板布置图

绘制说明：

图5-5所示是某党群服务中心一层天花板布置图，它是在平面布置图的基础上进行绘制的。

注意事项：

1. 设计确定天花板的形状和尺寸，根据设计要求选择合适的天花板材料和装饰方式；
2. 绘制天花板的轮廓线和吊顶的高度线；
3. 绘制天花板的各个部分，灯具、通风口等细节部分的位置定位；
4. 标注各个部分的尺寸和材料。

背景知识

1. 天花板布置图的定义

天花板布置图是描述室内空间顶部造型、标高、灯具、材质的平面图纸，在室内设计中，大部分天花板设计都是由一些基本的造型通过不同的组合形成的，其中包括叠级吊顶、暗藏灯箱、暗藏窗帘盒、留缝造型等；照明设计一般分为普通照明和重点照明两大类；天花板设备部分主要针对消防安全进行设计，包括防火卷帘、喷淋、烟雾感应器等。

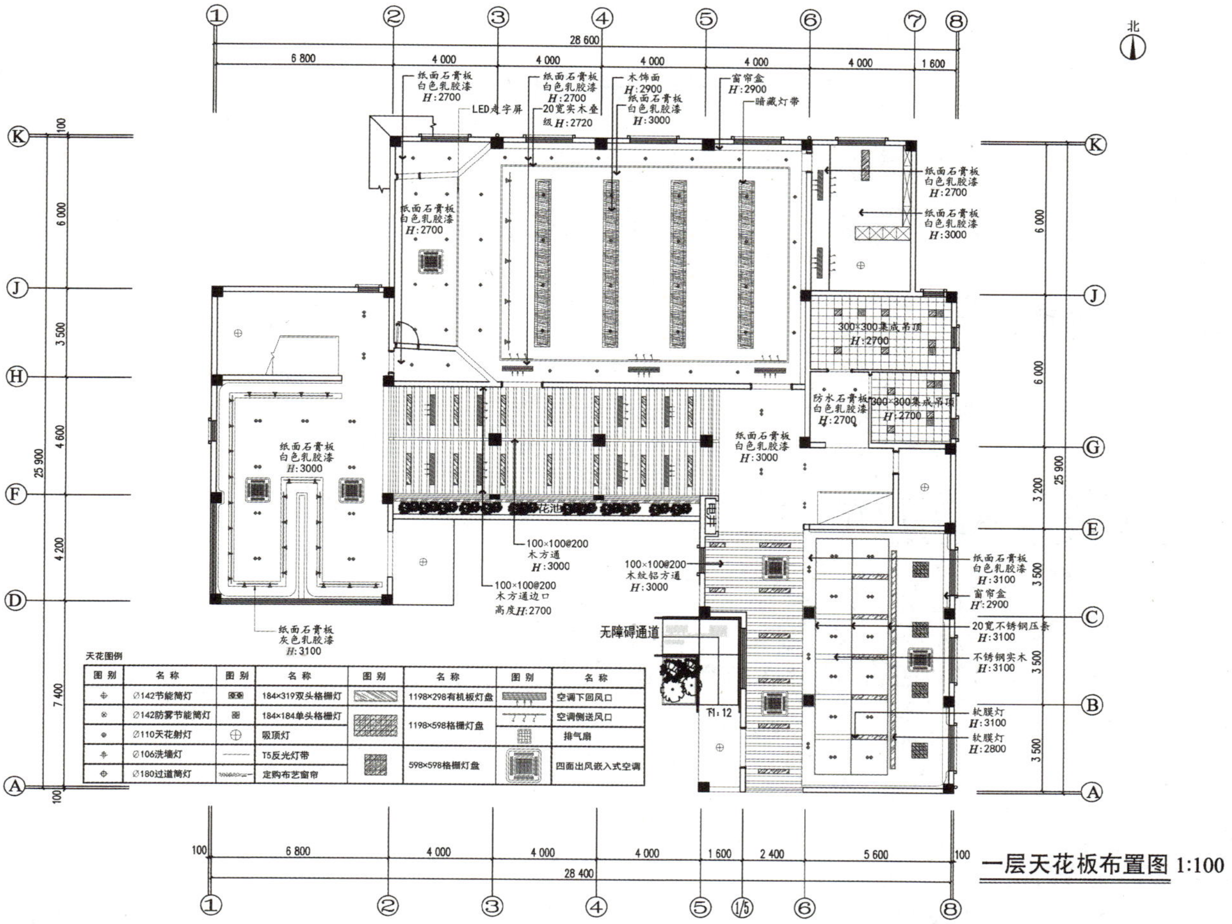

图 5–5　某党群服务中心一层天花板布置图

2. 天花板布置图的图纸内容

（1）天花板造型。

（2）窗帘盒。

（3）灯具。

（4）灯带。

（5）天花板材料。

（6）天花板造型尺寸。

（7）灯具尺寸。

（8）风口、设备。

（9）天花板标高。

（10）天花板图例。

任务二　绘制图框

任务要点

绘制 A3 打印图框。

子任务　绘制 A3 打印图框

绘制说明：

图 5-6 所示是 A3 图纸输出打印图框，图纸内容包括图纸区、文本区等。

涉及命令：

REC、L、O、T、EX、TR 等。

具体步骤如下：

（1）输入 REC 命令，选择顶点开始绘制 A3 图框（490 mm×297 mm），并在右侧绘制一条竖线分出标题栏区域，如图 5-7 所示。

图 5-6　A3 图纸输出打印图框

图 5-7　绘制矩形

（2）输入 L 命令，绘制出各层信息栏；输入 T 命令，输入各层信息栏具体文本内容，如图 5-8 所示。

图 5-8　文本内容编辑

（3）将某党群服务中心平面布置图按 1:100 比例放入此 A3 图框，如图 5-9 所示。

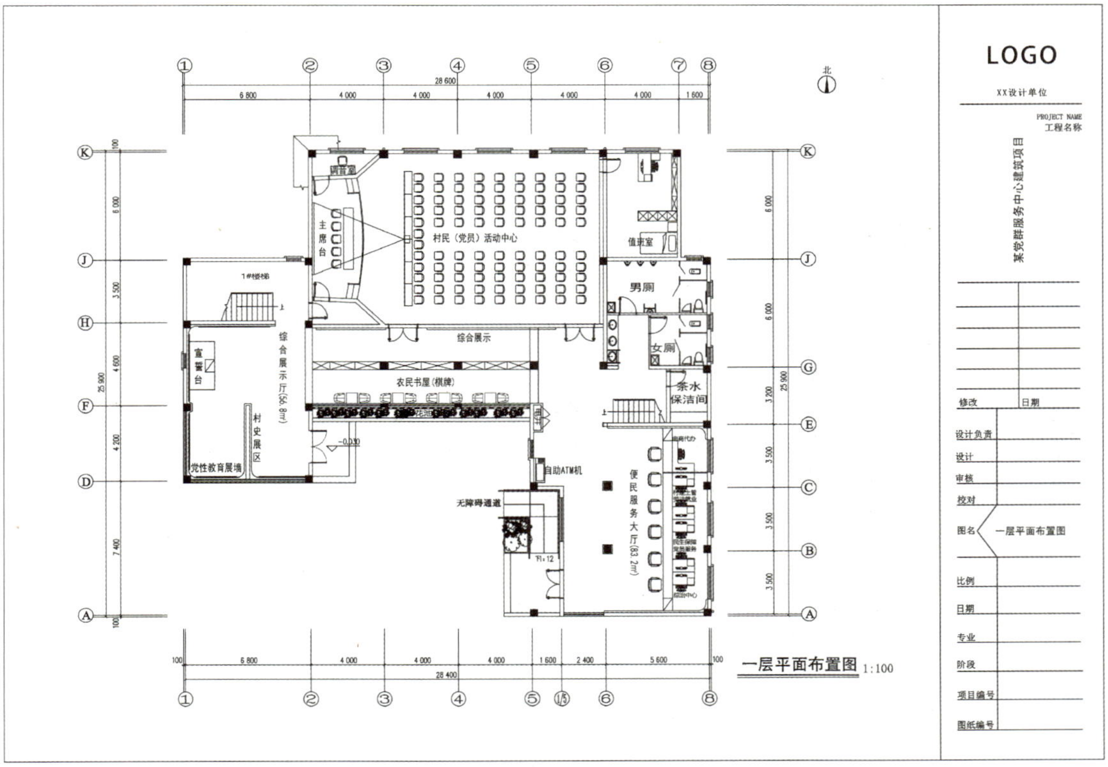

图 5-9　A3 图框应用

任务三　建筑平面图的绘制

任务要点

绘制建筑平面布置图。

子任务　绘制某高校宿舍一层平面布置图

绘制说明：

图 5-10 所示是某高校宿舍的一层平面布置图，图纸内容包括轴网、尺寸标注、墙体、柱等。原始结构模型图如图 5-11 所示。

涉及命令：

L、XL、O、EX、TR、F、H 、C、T、DLI、DCO 等。

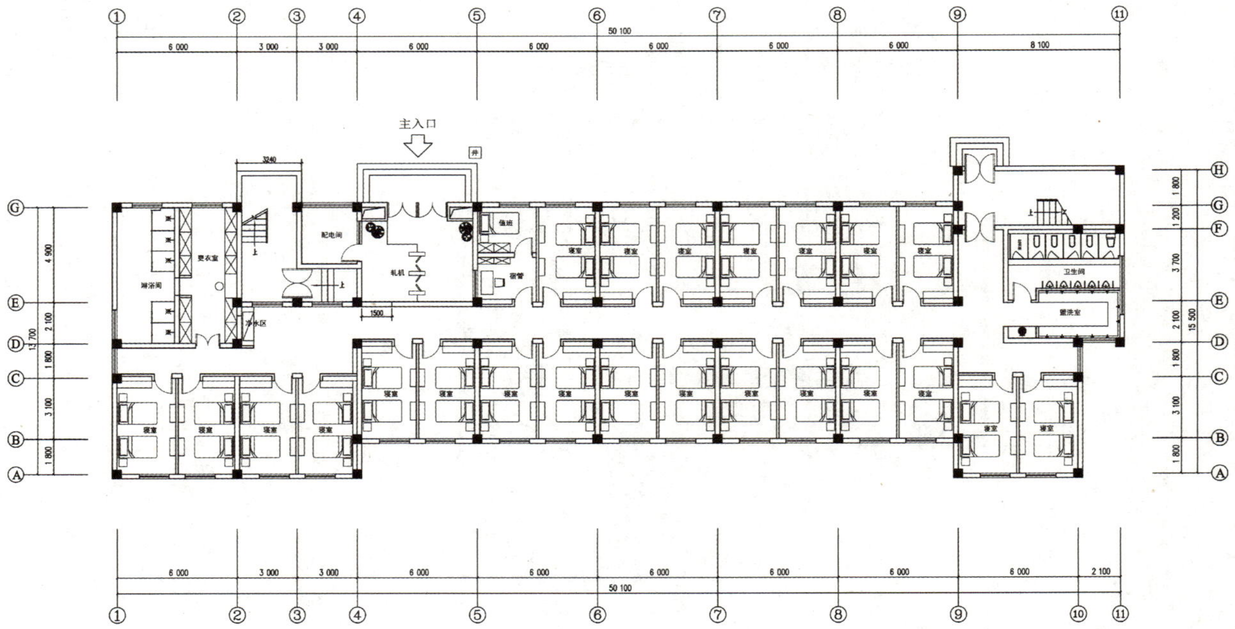

一层平面布置图 1:100

图 5-10　某高校宿舍的一层平面布置图

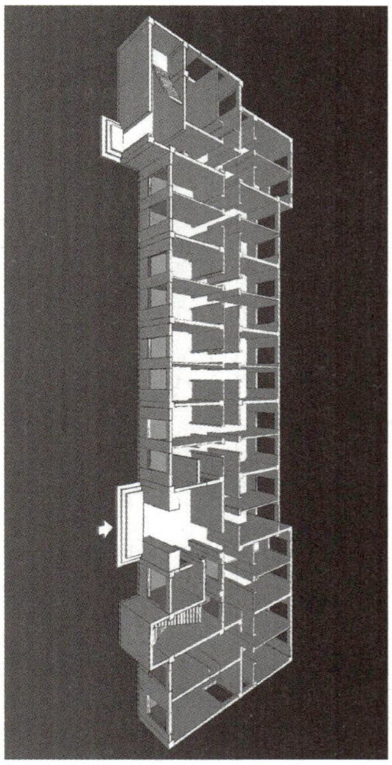

图 5-11　某高校宿舍一层原始结构模型图

具体步骤如下：

（1）图层设置。输入 LA 命令，打开图层管理器对图层进行设置，以输出纸质图纸能够清晰显示为原则，图层名称、色号根据绘图习惯进行设置，线型、线宽参照绘图标准设置。在绘图过程中，如果需要添加新的内容，可以再建立新的图层，如图 5-12 所示。

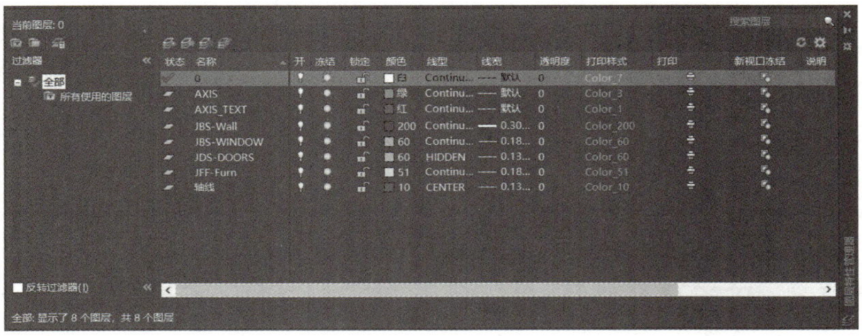

图 5-12　图层设置

（2）绘制轴线轴号。在图层管理器中选择“轴线”图层，输入 L 命令，分别绘制一条水平线和一条垂直线，选中这两条线后右击，在弹出的快捷菜单中选择“特性”命令，对线型比例进行设置。然后输入 O 命令偏移出其他轴线，输入 TR 命令，按照墙体的结构布局修剪轴线，完成轴线绘制。

在图层管理器中选择 AXIS 图层，用圆 C、文本 T 等命令绘制轴号，用标注 DLI、DCO 等命令标注尺寸，如图 5-13 所示。

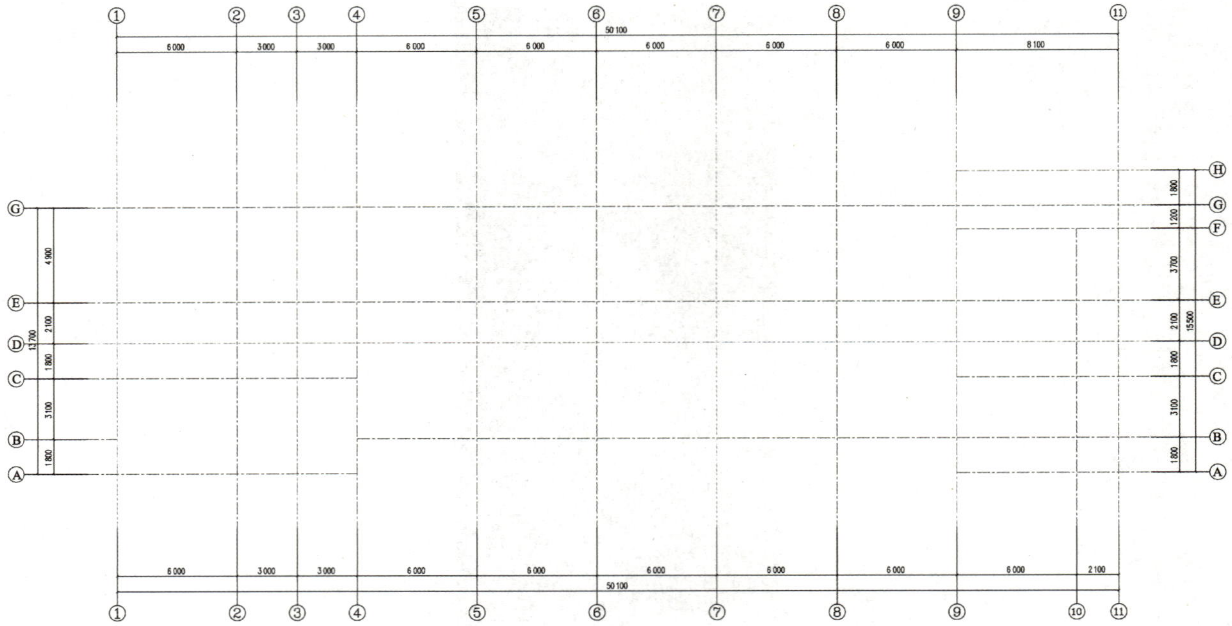

图 5-13　绘制轴线轴号

（3）绘制墙线。在图层管理器中选择 WALL 图层，在轴线的基础上，用直线 L、偏移 O、修剪 TR、延伸 EX、倒角 F 等命令绘制建筑墙体结构，并对柱体进行深色填充，如图 5-14 所示。

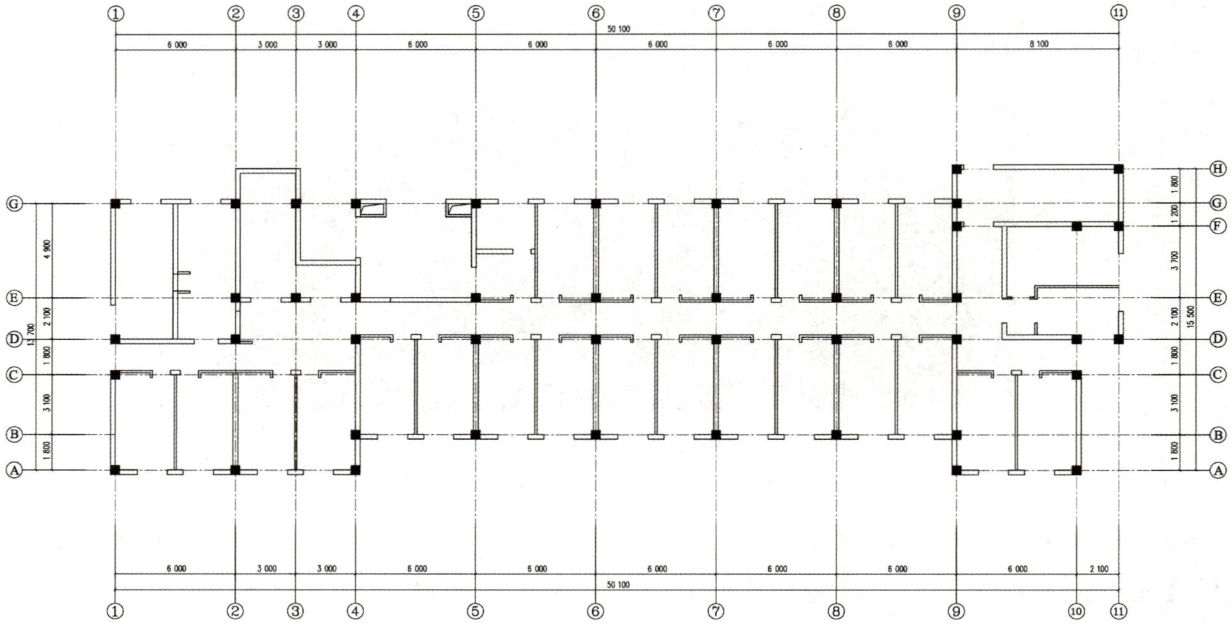

图 5-14　绘制墙线

（4）绘制窗线。在图层管理器中选择 WINDOW 图层，关闭轴线图层，用直线 L、偏移 O、修剪 TR、延伸 EX、倒角 F 等命令绘制出窗户线，如图 5-15 所示。

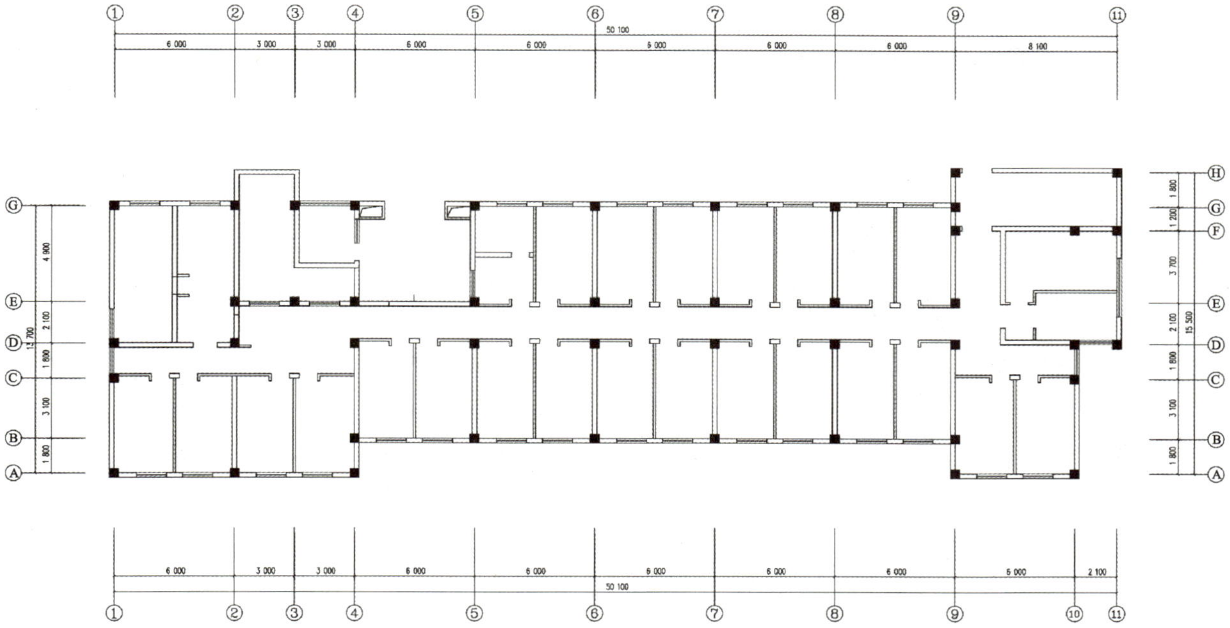

图 5-15　绘制窗线

（5）绘制门弧线。在图层管理器中选择 DOORS 图层，用圆弧 ARC、圆 C、直线 L、偏移 O、修剪 TR 等命令绘制出门弧线，如图 5-16 所示。

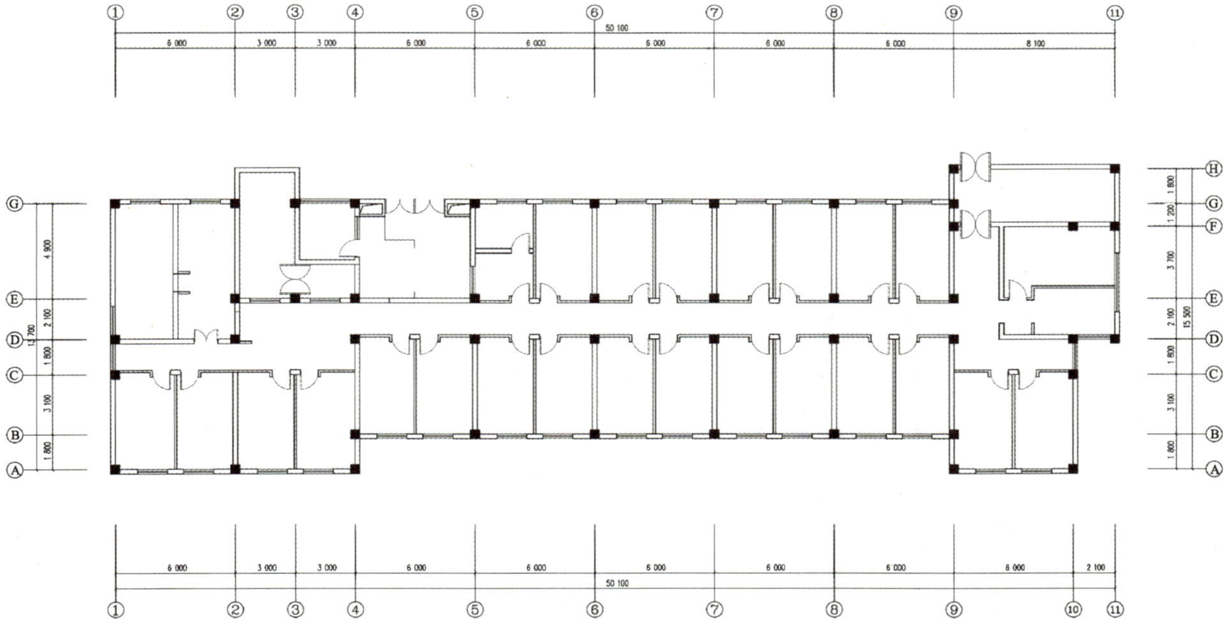

图 5-16　绘制门弧线

（6）插入宿舍内部床、柜子等家具图块，标注文字、指北针符号等，整理图层、完善全图内容，如图 5-17 所示。

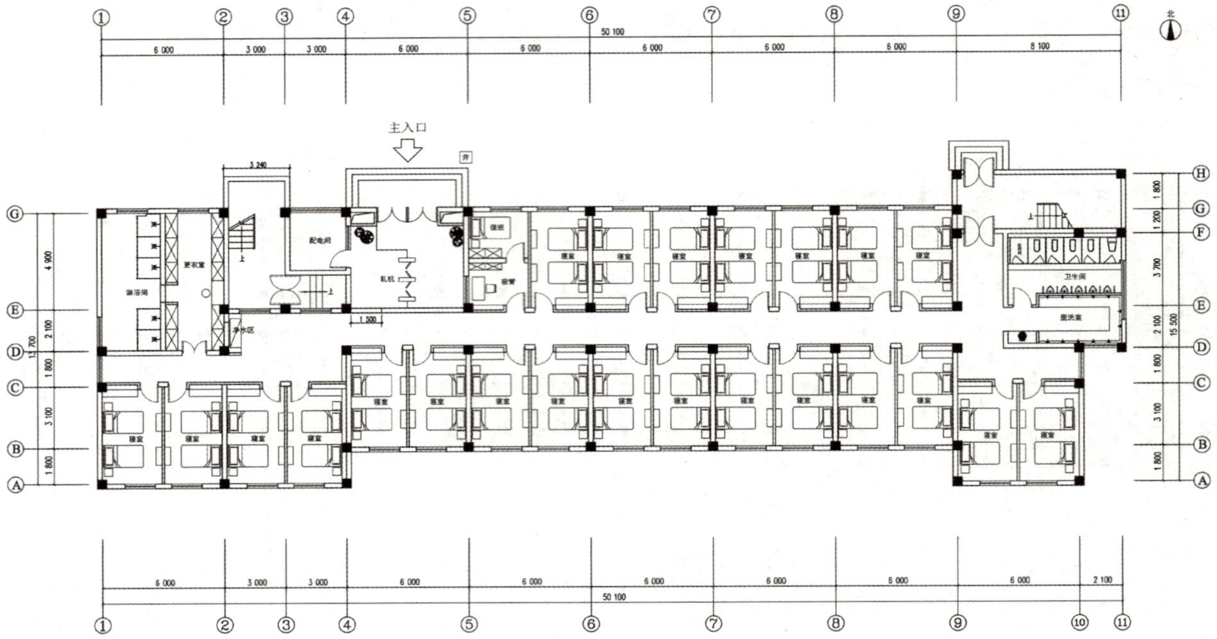

图 5-17　平面布置图

（7）将平面布置图放入提前制作好的图框，完成全图，如图 5-18 所示。

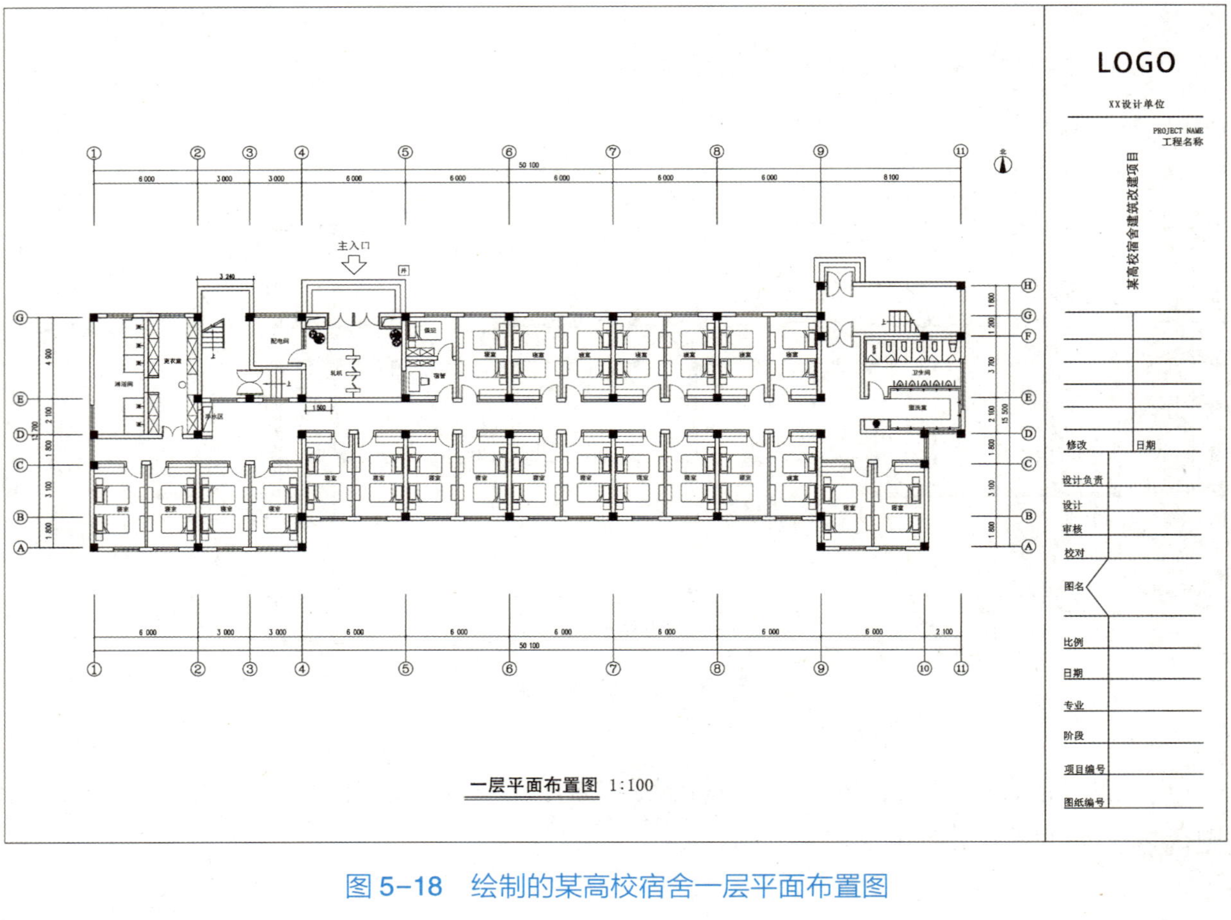

图 5-18　绘制的某高校宿舍一层平面布置图

背景知识

1. 绘制建筑平面图的内容及要点

（1）绘制内容：总体上包括轴网、墙体、柱体、门窗、配景、固定家具、活动家具、空间名称等。

（2）建筑一层原始结构图应画出该房屋的平面形状、各房间的分隔和组合、出入口、门厅、楼梯等的布置和相互关系、各门窗的位置以及与本栋建筑有关的室外的台阶、散水、花池等的投影；平面布置图是室内设计施工图纸中的关键图纸，后续的效果图、立面图、节点图等施工图纸都要依据平面布置图展开。

2. 绘制要点

（1）图层的设置：图层是对不同图线进行分类的最有效的方式，整理和归纳要求非常严格，线型、线宽等均需要参照国家标准设置，图层管理的本质就是通过控制不同图层的开关，呈现设计师想要的图纸内容。

（2）定位轴线：定位轴线采用单点画线绘制，端部用细实线绘制出 8 至 10 mm 的圆圈，横向轴线的编号用阿拉伯数字，从左往右顺序编写，纵向轴线的编号用大写英文字母，从下至上顺序编写，不能使用 I、O、Z 三个字母（因为字母 I、O、Z 容易和数字 1、0、2 混淆）。

（3）尺寸标注设置：标注各种必要的尺寸，目的是让施工人员充分了解建筑各构件的结构位置，因此尺寸标注是制图的一项重要工作，力求正确、完整、清晰、合理。

综合练习五

绘制某高校宿舍一层平面布置图，如图 5-19 所示，作为校园第三空间，高校宿舍在建筑空间层次、空间美感、配套设施、居住环境舒适度、人性化设计等方面均需要合理设计和建筑，而平面布置图的规划就是设计核心。

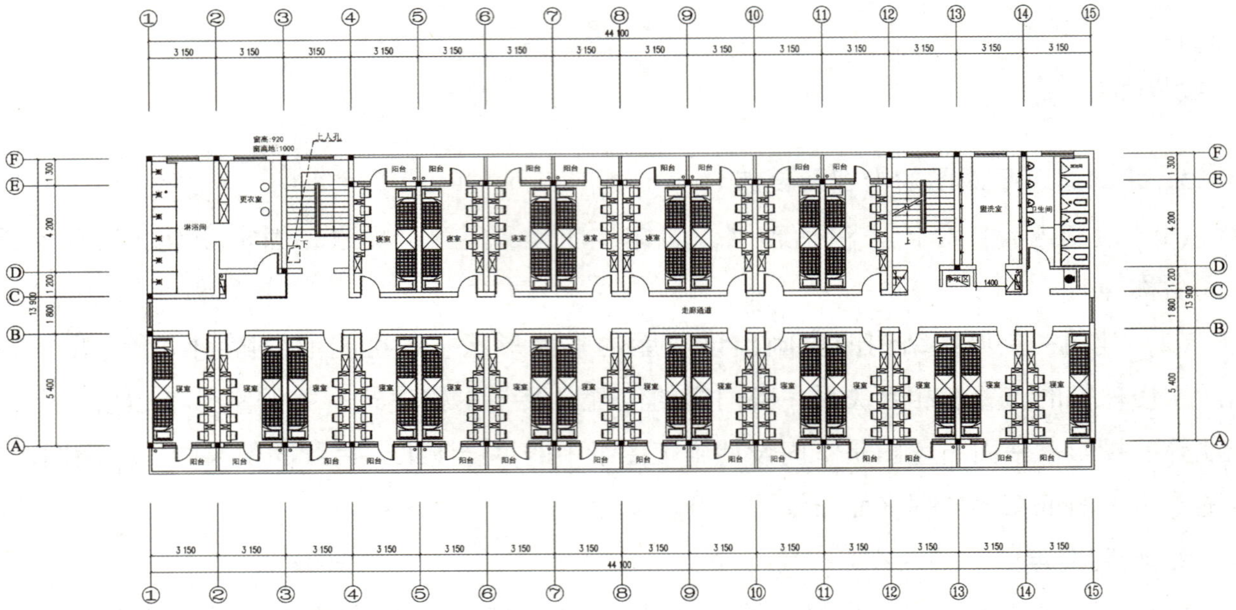

一层平面布置图 1:100

图 5-19　某高校宿舍一层平面布置图

第四篇

网络布线工程设计绘制

项目六　绘制网络布线技能大赛设计图

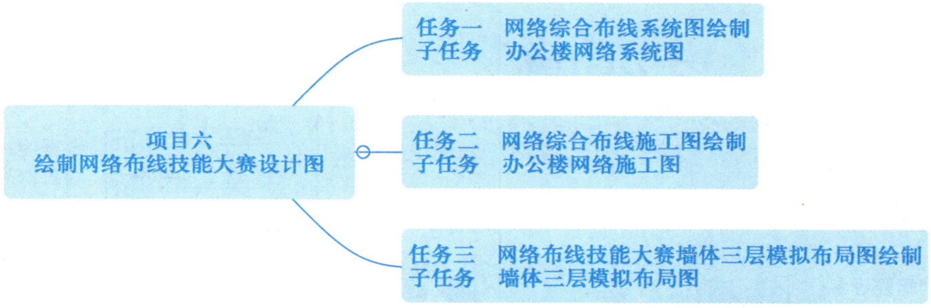

学习目标

(1) 掌握网络布线系统图的绘制方法。

(2) 掌握网络布线施工图的绘制方法。

(3) 了解网络布线工程图的图形符号。

(4) 掌握图形符号的绘制方法。

任务一　网络综合布线系统图绘制

任务要点

(1) 掌握办公楼网络系统图的结构。

(2) 掌握办公楼网络系统图的绘制步骤。

子任务　办公楼网络系统图

绘制说明：

系统图分为三部分，分别是图例说明、工程结构、工程信息表，如图 6-1 所示。图例说明为工程结构中的符号、图形提供解释与说明，便于更好地识图；工程结构描述网络布线系统中各器件逻辑连接关系和所使用传输介质的具体说明；工程信息表中内容为项目名称、编制人、日期等。

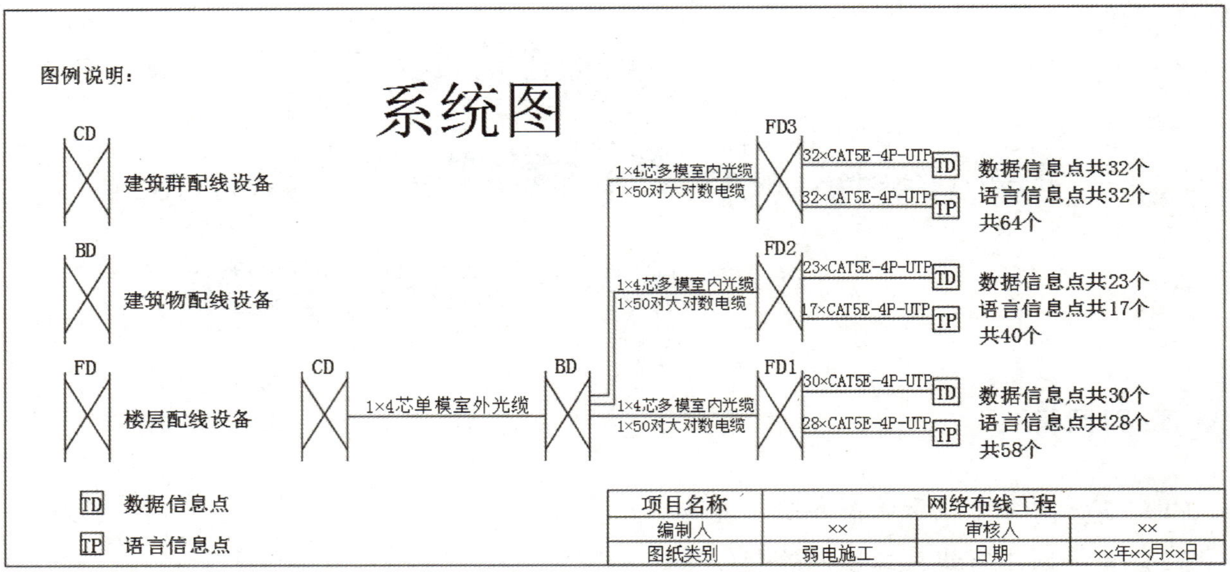

图 6-1　办公楼网络系统图

具体步骤如下：

（1）在 AutoCAD 2022 软件中，输入 ST 命令，打开“文字样式”对话框，将字体更改为宋体，文字高度更改为 100，如图 6-2 所示。

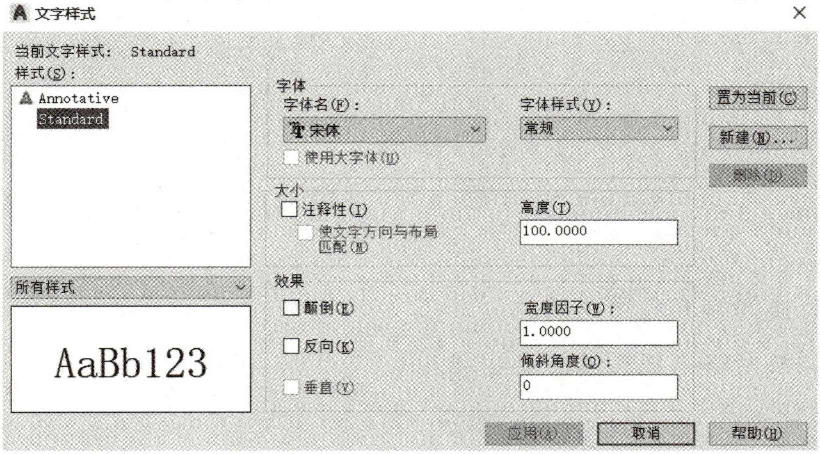

图 6-2　“文字样式”对话框

（2）在绘图区域，使用 REC 矩形命令，绘制长 8 000、宽 4 000 的矩形，如图 6-3 所示。

（3）使用 TB 命令，绘制列数为 4，行数为 1 的表格，并调整列宽，如图 6-4 所示。

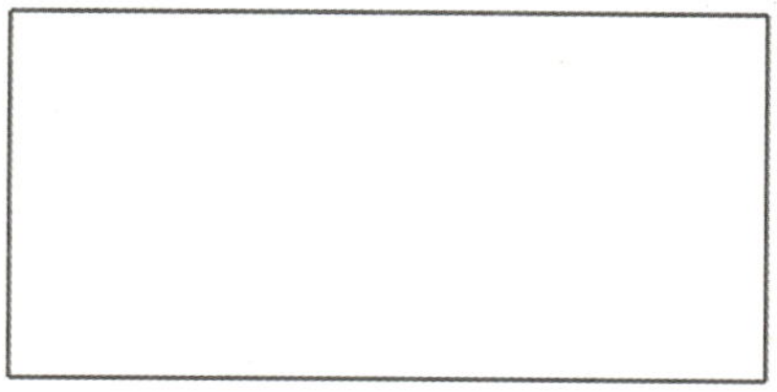

图 6-3　绘制矩形

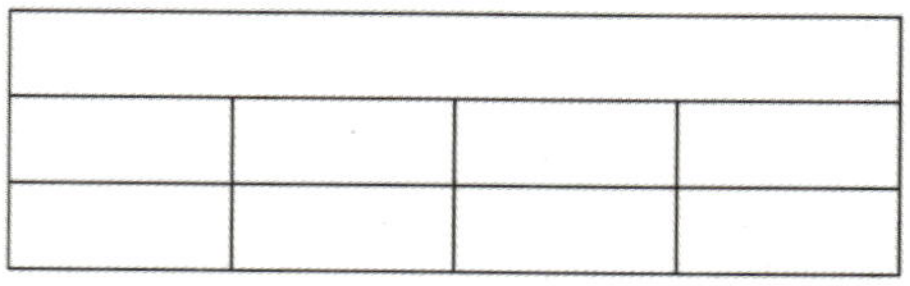

图 6-4　绘制表格

（4）选中所有表格，使用 SC 命令将表格放大并放在矩形右下角；取消合并，对齐方式为正中；设置文字高度为 100，并调整表格，双击单元格输入文字，如图 6-5 所示。

（5）按 F8 键打开正交限制模式，使用 L 命令，绘制一条长度为 600 的竖线。使用 O 命令，向右偏移 300，如图 6-6 所示。

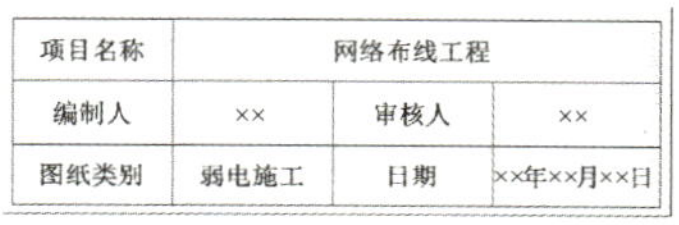

项目名称	网络布线工程		
编制人	××	审核人	××
图纸类别	弱电施工	日期	××年××月××日

图 6-5　调整表格和输入文字

图 6-6　绘制配线设备

（6）按 F8 键关闭正交限制模式，使用 L 命令，在两条竖线中间绘制一条斜线，输入 MI 命令，以斜线中心点为基点完成镜像，如图 6-7 所示。

（7）使用 T 命令，完善配线设备文字，输入文字“图例说明：”，如图 6-8 所示。

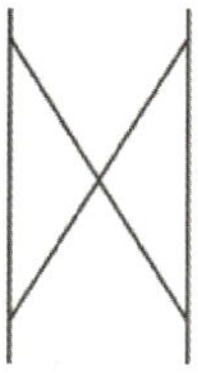

图 6-7　镜像斜线

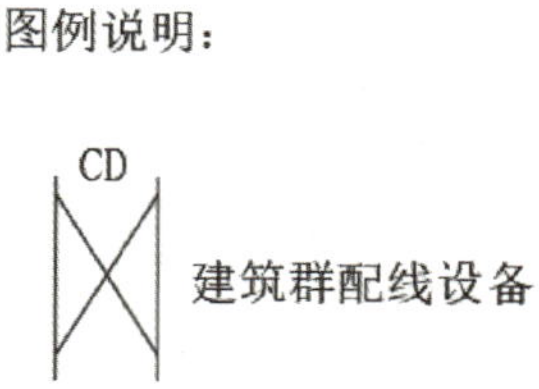

图 6-8　输入文字

（8）选中建筑群配线设备图例，使用 CO 复制命令，垂直向下分别在 800 和 1 600 的位置粘贴，如图 6-9 所示。

（9）修改图中文字内容，如图 6-10 所示。

（10）使用 REC 命令绘制两个长 100、宽 100 的矩形，使用 T 命令，输入文字，如图 6-11 所示。

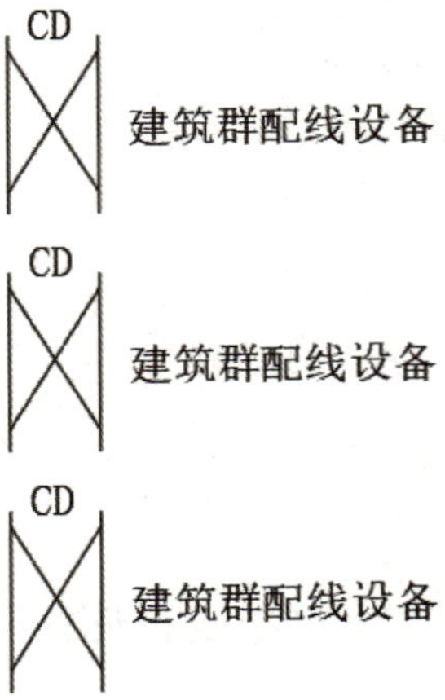

图 6-9　复制图例

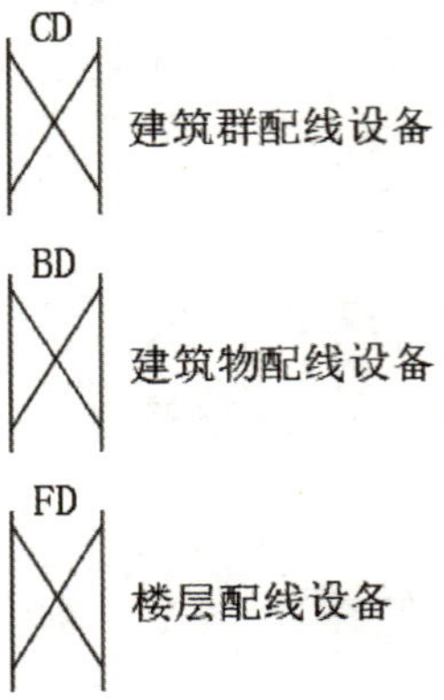

图 6-10　修改图例

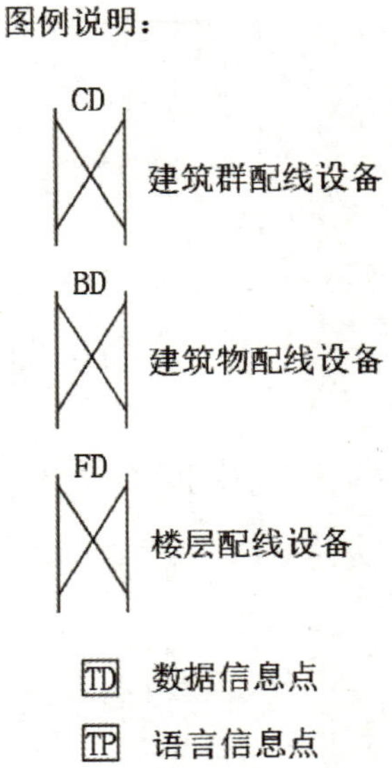

图 6-11　绘制信息点图例

（11）选中 CD、BD、FD 图例，输入 CO 命令向右移动，分别在 1 200、2 400、3 600 的位置粘贴，如图 6-12 所示。

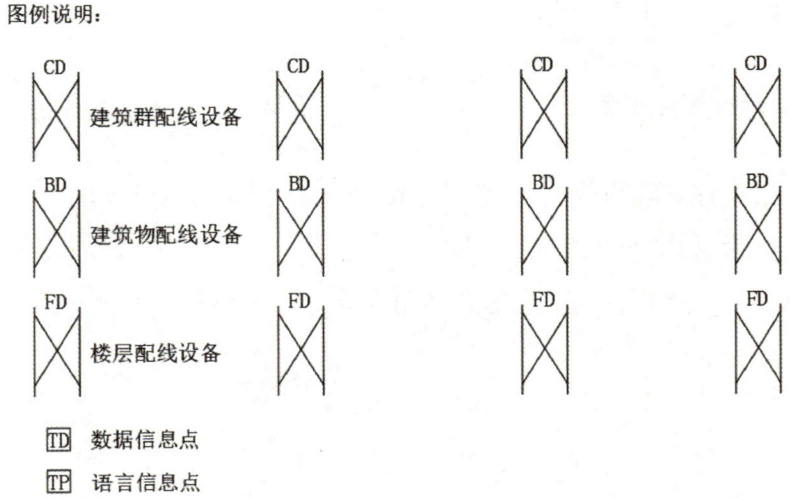

图 6-12　复制 CD、BD、FD 图例

（12）按 Delete 键删除多余的图，并在 A 点使用 L 命令，绘制一条长 600 的直线，并使用 O 命令向下偏移 300，如图 6-13 所示。

（13）输入 CO 命令，复制图例说明中的信息点，粘贴到指定位置；修改文字，如图 6-14 所示。

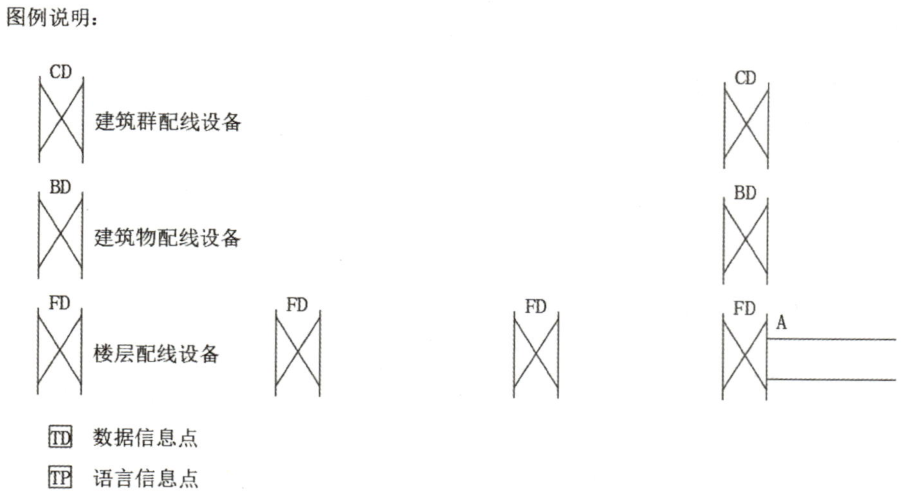

图 6-13　绘制连接线

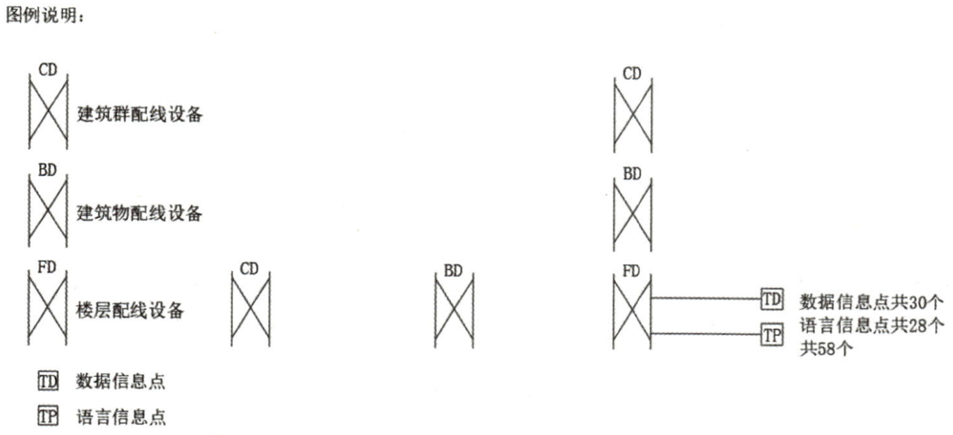

图 6-14　复制信息点图例

（14）使用 T 命令在横线上输入文字“30×CAT5E-4P-UTP”和“28×CAT5E-4P-UTP”，其中 30×表示 30 根，CAT5E 表示超五类，4P 表示 4 对双绞线，UTP 表示非屏蔽，如图 6-15 所示。

（15）使用 CO 命令完成复制，并修改文字，如图 6-16 所示。

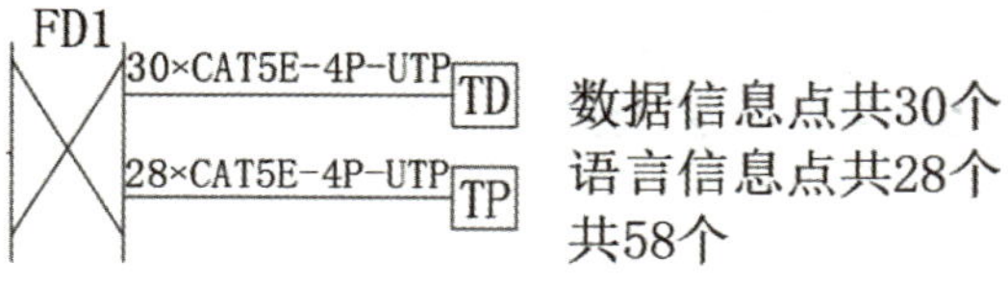

图 6-15　输入文字

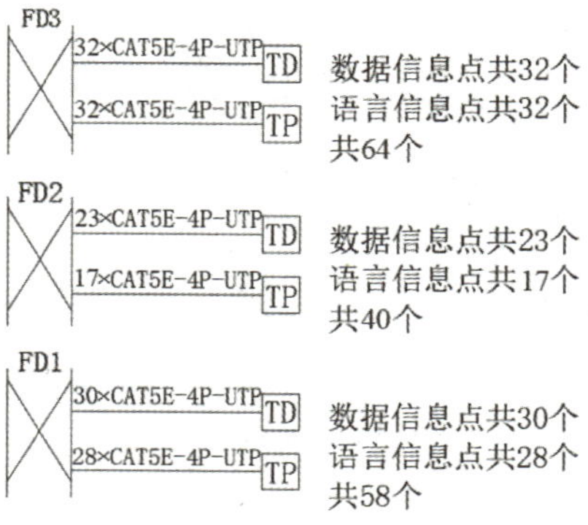

图 6-16　复制图例和修改文字

（16）使用 L 命令，绘制直线，将图形连接起来，并使用 T 命令输入文字“1×4 芯单模室外光缆”“1×4 芯多模室内光缆”和“1×50 对大对数电缆”，表示各器件之间连接所使用的传输介质，如图 6-17 所示。

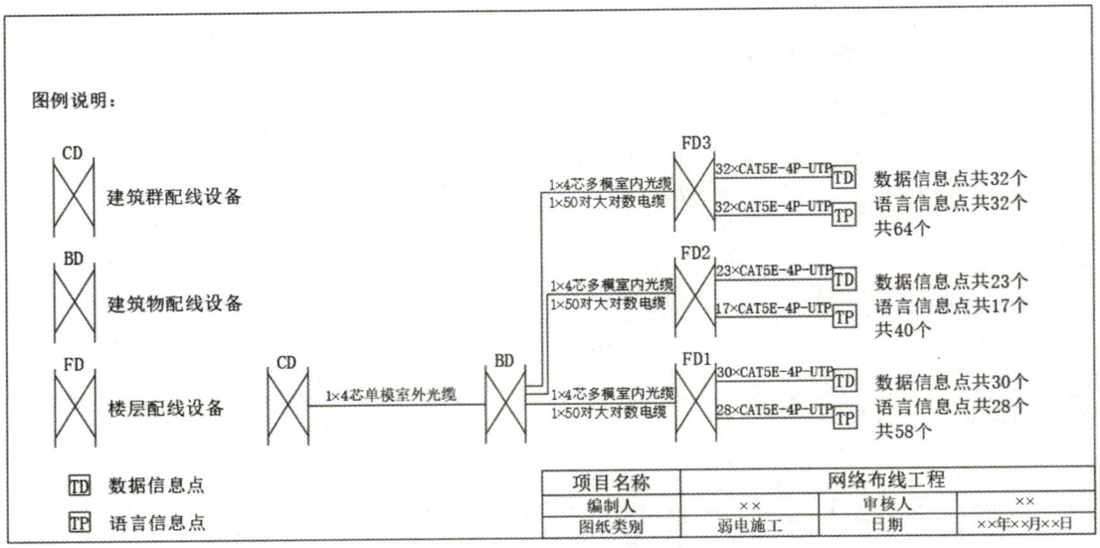

图 6-17　连接说明和输入文字

（17）使用 T 命令输入文字“系统图”，并修改文字大小为 300，如图 6-18 所示。

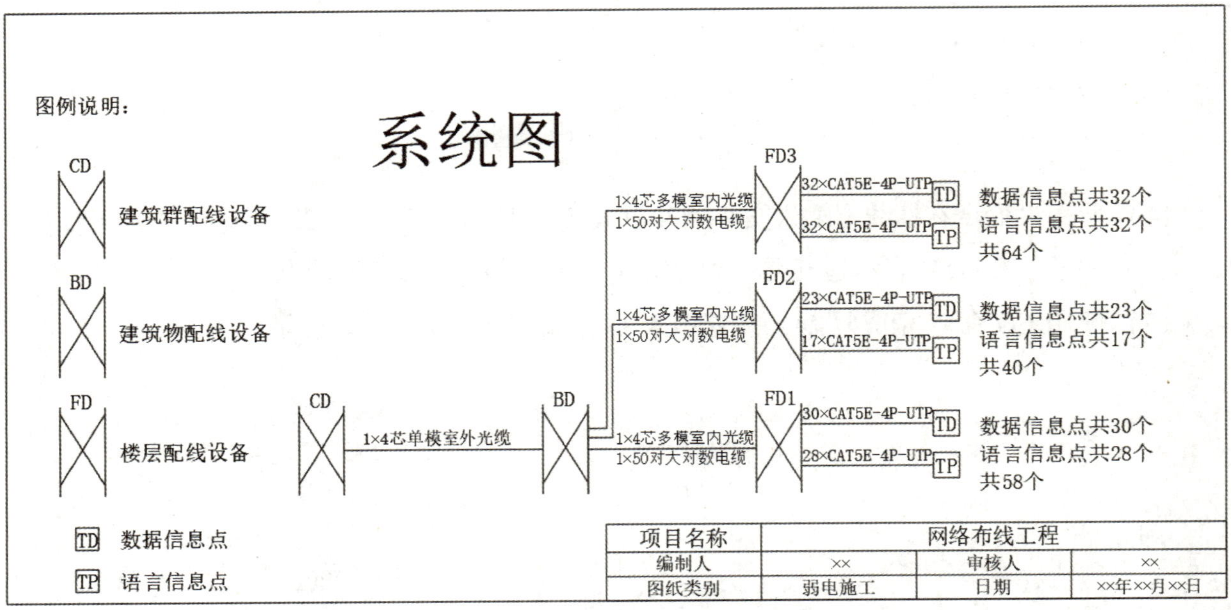

图 6-18　完成的办公楼网络系统图

背景知识

系统图是指信息网络布线系统中各器件的逻辑连接方式，也就是说把系统中的各个元素采取施工要求的方式连接起来。图中不仅要明确信息布线系统中的几大子系统，还要明确线缆使用的类型等，为以后的施工提供依据。需要指出的是，系统图是无电源的布线器材的逻辑连接。

任务二　网络综合布线施工图绘制

任务要点

（1）掌握办公楼网络施工图的结构。

（2）掌握办公楼网络施工图的绘制步骤。

子任务　办公楼网络施工图

绘制说明：

施工图是以建筑平面图为基础，在建筑平面图中绘制网络布线系统。施工图分为四个部分：平面施工图、图例说明、链路立面施工图、工程信息表。平面施工图内体现房间的用途、各房间信息点分布情况、铺设方式、使用线缆、材料规格、数量信息；图例说明为工程结构中的符号、图形提供解释与说明，便于更好地识图；链路立面施工图体现房间内信息点的安装信息；工程信息表中内容为项目名称、编制人、日期等，如图 6-19 所示。

具体步骤如下：

（1）在 AutoCAD 2022 软件中，输入 ST 命令，打开“文字样式”对话框，将字体更改为宋体，文字高度更改为 300。

（2）在绘图区域，输入 TB 命令，绘制列数为 2、行数为 1 的表格，并将其插入到绘图区域的右下角。选中所有表格，调整表格宽度，如图 6-20 所示。

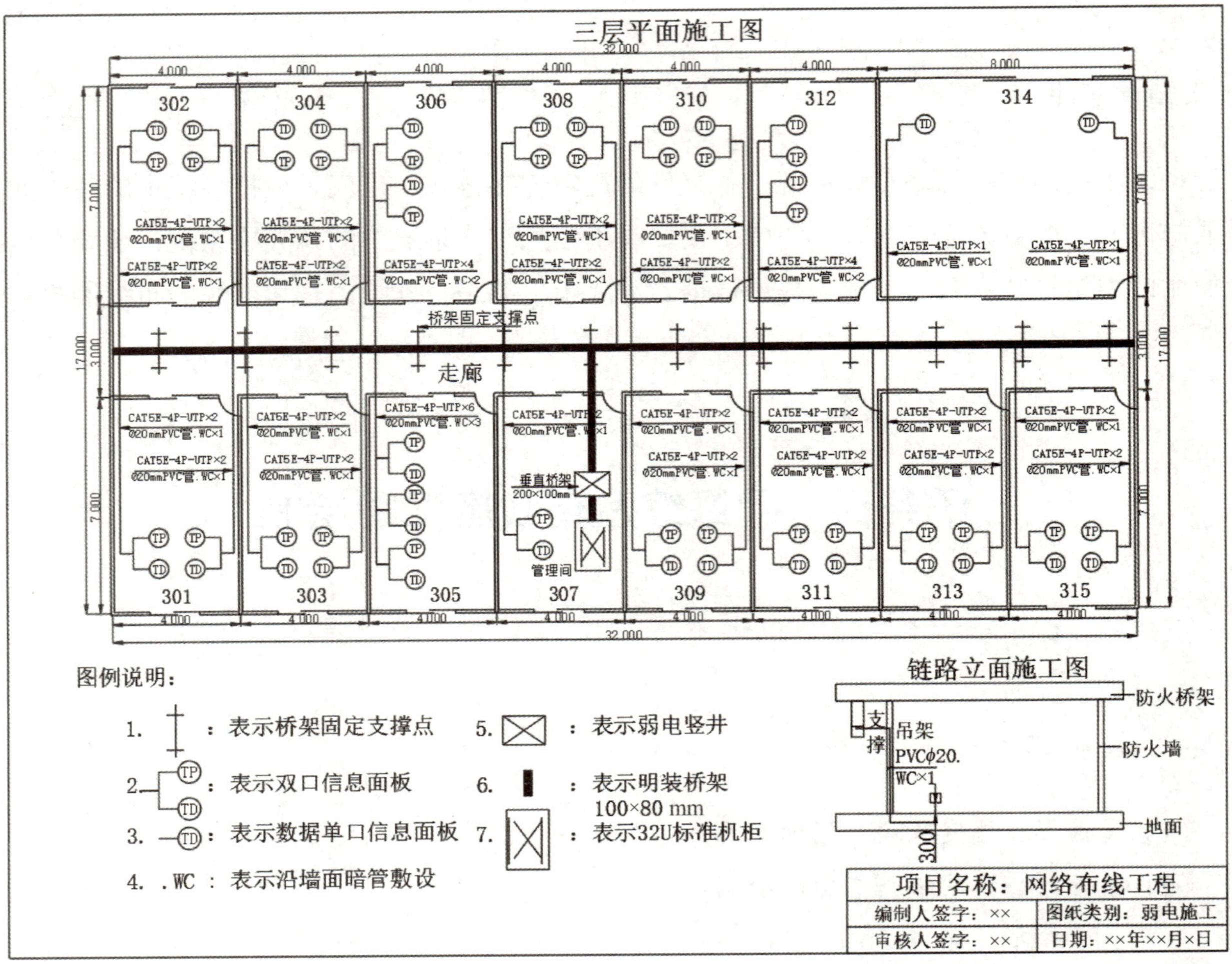

图 6-19　办公楼网络施工图

图 6-20　绘制表格

（3）选中所有表格并输入 SC 缩放命令，选择任意一个点为基点后单击，输入参数 2.5，按空格键，完成表格放大。选中所有表格，按住 Ctrl 键并按方向键调整表格位置。

（4）选中表格中所有单元格，对齐方式设置为正中；设置文字高度为 150。双击输入文字，如图 6-21 所示。

项目名称：网络布线工程	
编制人签字：××	图纸类别：弱电施工
审核人签字：××	日期：××年××月×日

图 6-21　调整表格格式和输入文字

（5）选择图层墙体，按 F8 键打开正交限制模式，在绘图区输入 REC 命令，绘制一个长 4 100、宽 7 100 的矩形，如图 6-22 所示。

（6）选中绘制的矩形，输入 O 命令，向矩形内偏移 100，如图 6-23 所示。

图 6-22　绘制矩形

图 6-23　绘制墙体

（7）输入 REC 命令，在矩形内部绘制一个矩形。选择门图层，输入 C 命令，以矩形右下角为圆心绘制半径为 500 的圆，如图 6-24 所示。

（8）输入 TR 命令，按两次空格键，单击，框选出需要删除的内容，如图 6-25 所示。

图 6-24　绘制门

图 6-25　删除多余内容

（9）选择窗图层，输入 L 命令，在矩形中完成窗户绘制，如图 6-26 所示。

（10）选择墙体图层，输入 ML 命令，设置多线宽度为 100，绘制一条长 1 550 的多段线，如图 6-27 所示。

图 6-26　绘制窗户

图 6-27　绘制走廊

（11）选择默认图层，输入 PL 命令，绘制一条宽度 100、长度 36 000 的多段线，如图 6-28 所示。

图 6-28　绘制水平桥架

（12）选中房间，输入 AR 命令，按空格键，在所弹出的三个选项中选择“路径”选项，按空格键，单击水平桥架，在“项目”选项卡中修改“介于”参数为 4 200，图形自动调整，如图 6-29 所示。

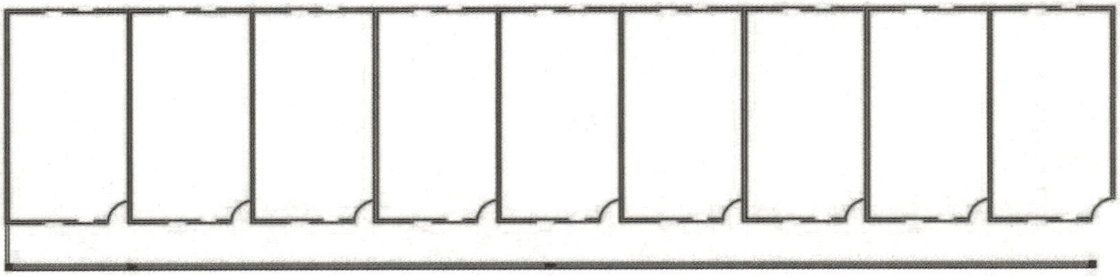

图 6-29　绘制房间布局

（13）单击房间任意一点，输入 EXPL 命令，完成分解。单击选中多余的房间，按 Delete 键删除。调整房间大小时，单击选中房间半边，输入 M 命令，输入参数 4 000，按空格键，单击 *A*、*B*、*C*、*D* 横线，延长两边长度，如图 6-30 所示。

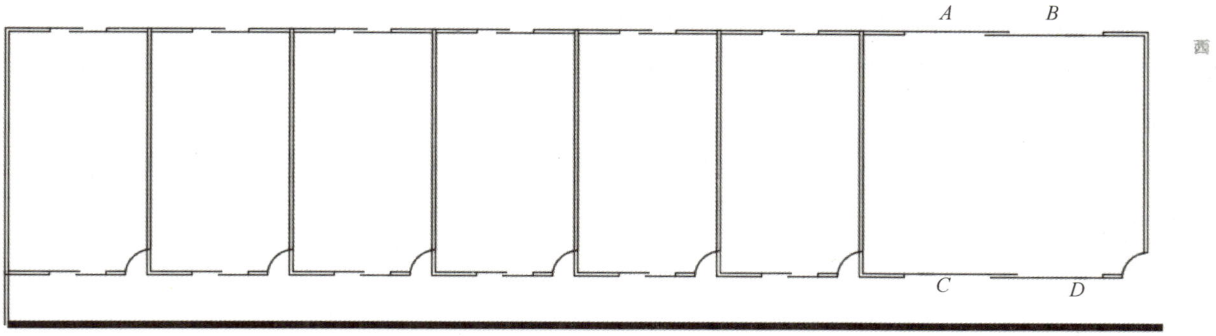

图 6-30　调整房间大小

（14）选择墙体图层，输入 ML 命令，单击 A 点向下延伸到水平桥架。水平桥架长度调整到与墙面交接处，如图 6-31 所示。

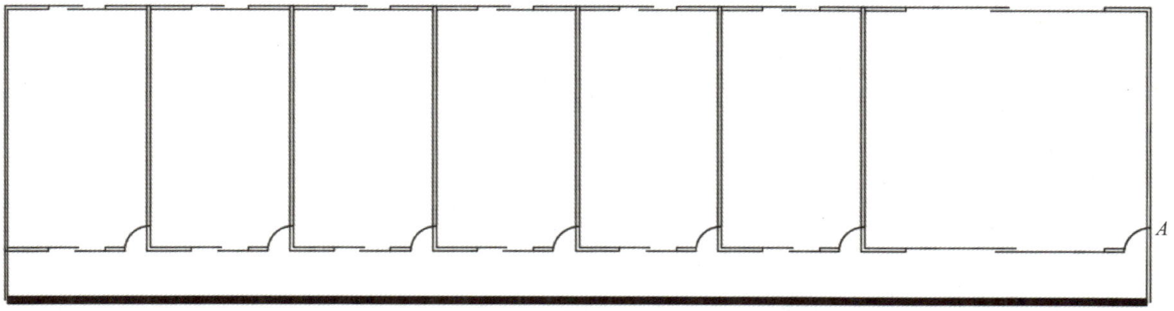

图 6-31　调整水平桥架交接点

（15）选择默认图层，按 Ctrl+A 组合键，选中全部内容，输入 MI 命令，按空格键。单击水平桥架，向右移动后单击，在提示框中选择“否”选项，不删除源对象，按 Enter 键，完成镜像，并调整房间布局，如图 6-32 所示。

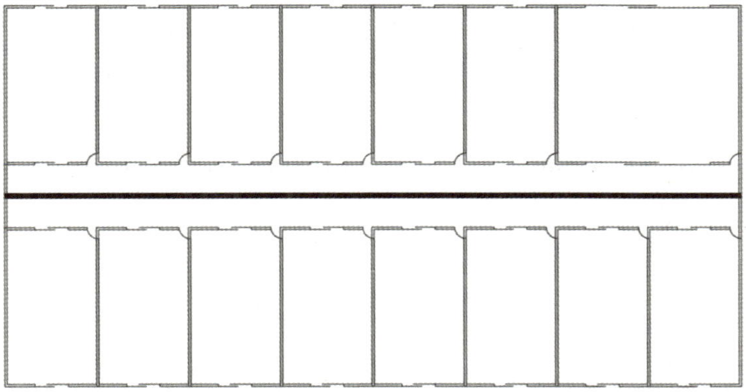

图 6-32　房间镜像

（16）绘制各房间内的信息点，输入 L 和 C 命令，绘制直线和圆，使用 T 命令，分别在信息点圆框中输入文字 TD 和 TP，如图 6-33 所示。

（17）使用 T 命令，在竖线旁输入文字“CAT5E-4P-UTP×2”，文字意思是线缆使用的是 2 根超五类非屏蔽双绞线。在文字下方输入 T 命令，输入文字“ϕ20 mmPVC 管 . WC ×1”表示使用的是 1 根直径为 20 mm 的 PVC 线管，修改文字大小为 280。输入 MLD 命令，绘制引线标注，如图 6-34 所示。

（18）使用 MI 命令，完成线缆、文字、信息点、标注的镜像，使用 M 命令调整镜像后的图形位置，如图 6-35 所示。

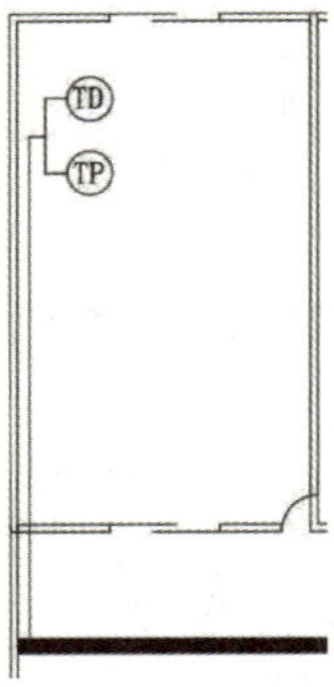

图 6-33　绘制信息点

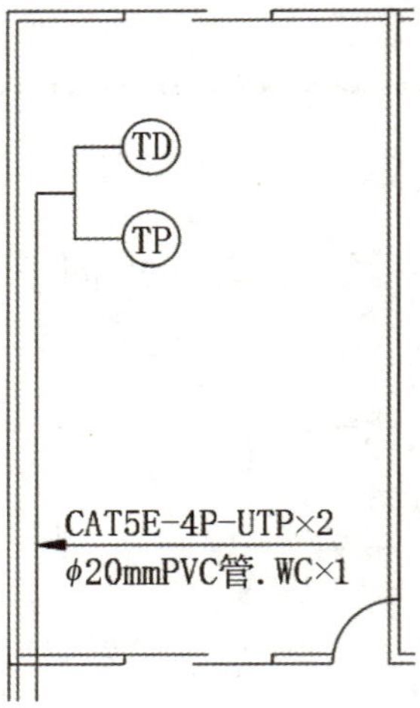

图 6-34　绘制引线标注

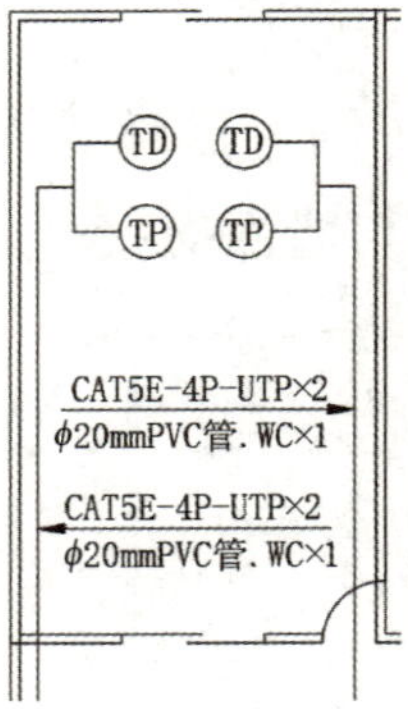

图 6-35　信息点镜像

（19）使用 CO 命令，复制第一个房间内所有线缆、文字、信息点、标注，粘贴到所有房间，并调整位置，如图 6-36 所示。

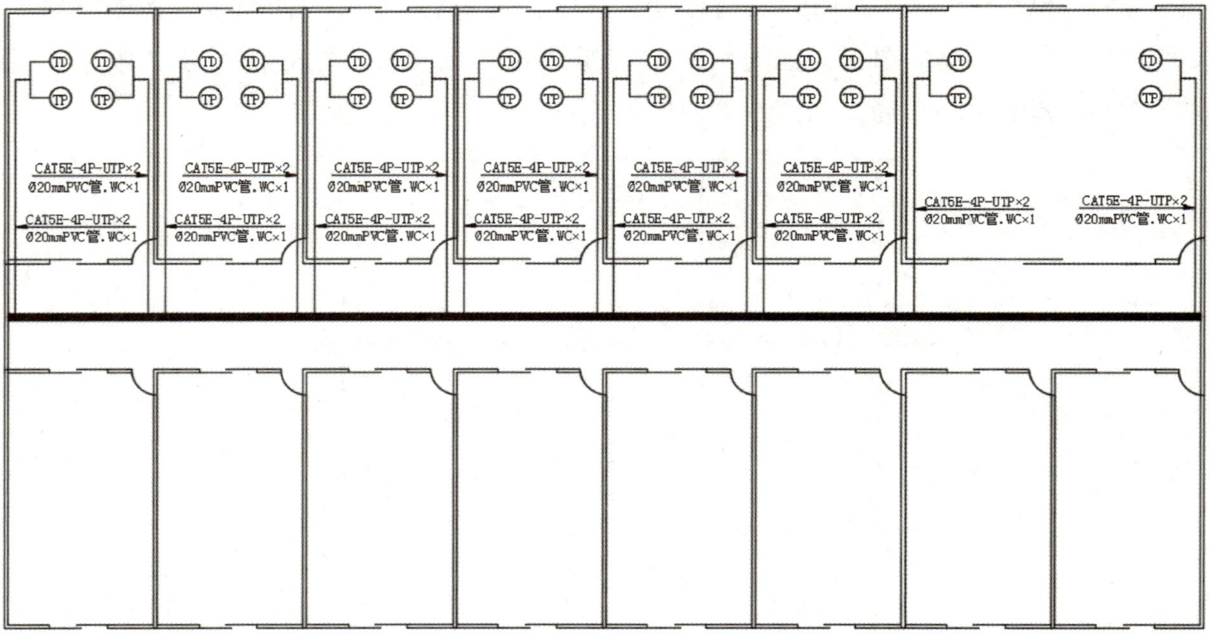

图 6-36　复制信息点图例与标注

（20）使用 MI 命令，将第一个房间中所有内容镜像到正下方房间中，并使用 CO 命令复制到其他房间，如图 6-37 所示。

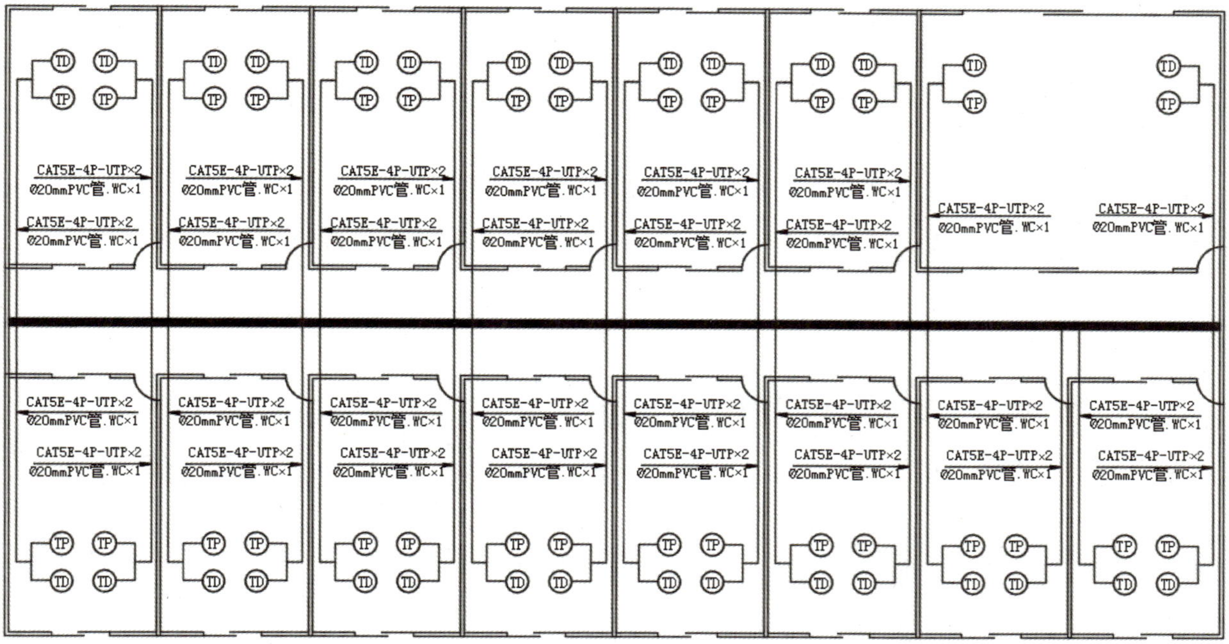

图 6-37　完善各房间信息点

（21）输入 T 命令，在房间上方输入房间号，修改房间号文字大小为 450，使用 CO 命令完成所有房间号的复制，并修改，如图 6-38 所示。

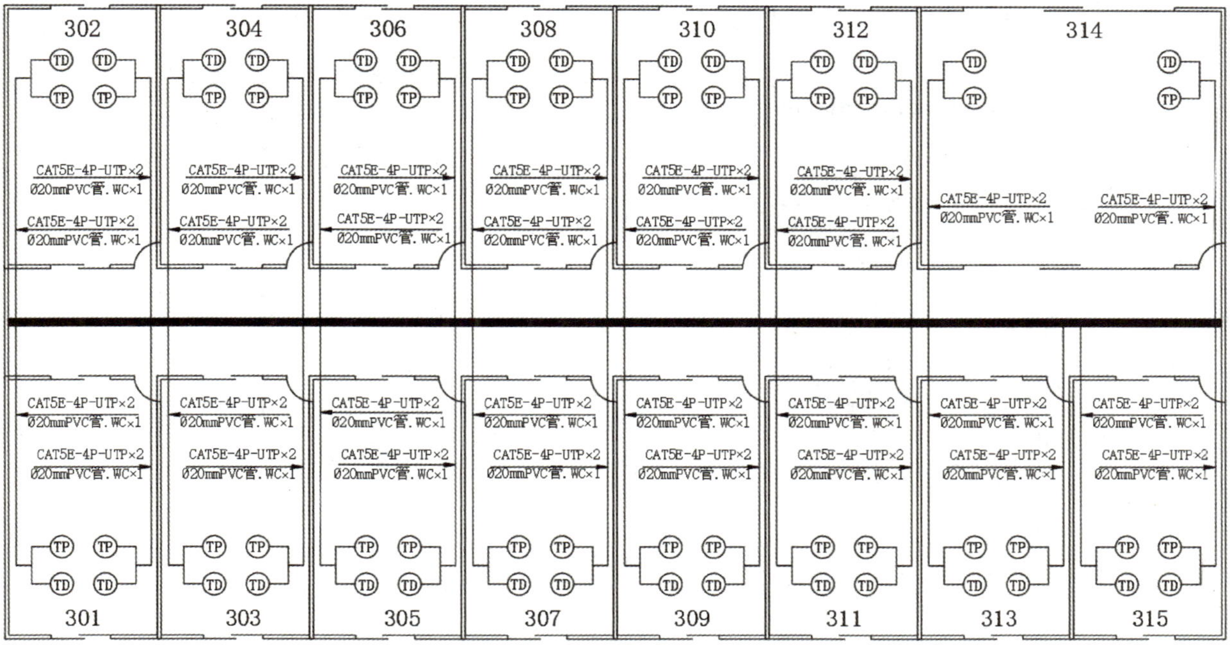

图 6-38　绘制房间号

（22）修改各个房间的信息点数量、位置和各房间线缆标注上的文字，删除多余信息点，如图 6-39 所示。

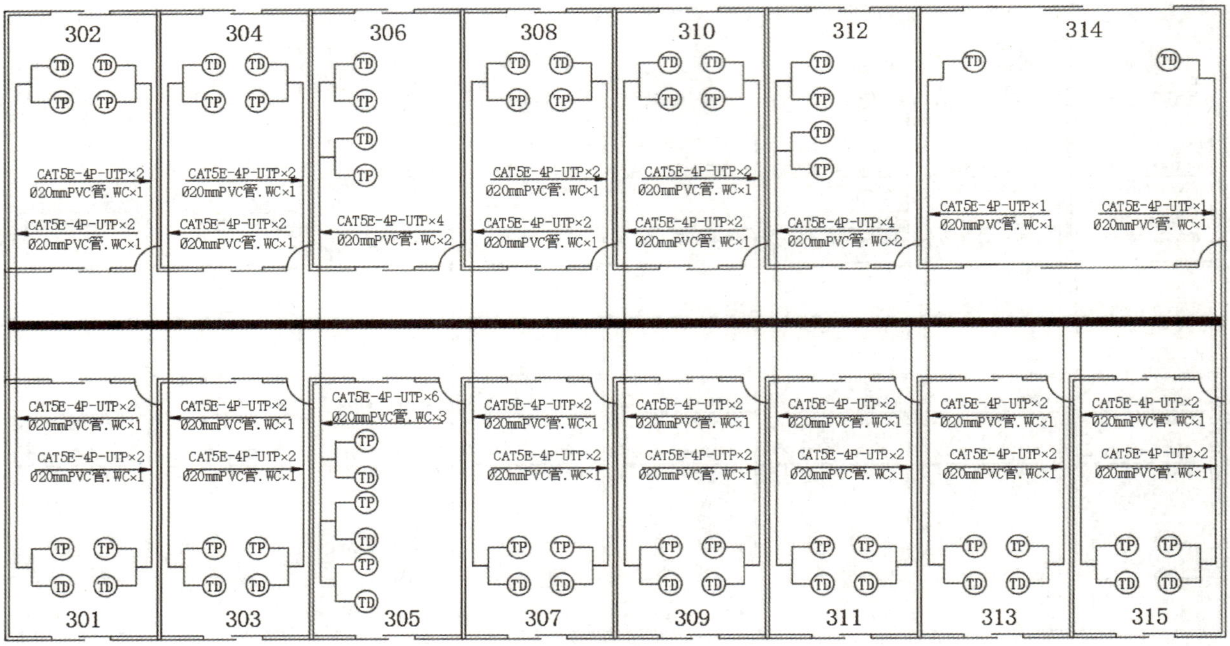

图 6-39　修改信息点与标注

（23）绘制管理间，在 307 房间分别绘制长 800、宽 1 600 和长 800、宽 500 的两个矩形，并使用 L 命令完成弱电电井和 32U 标准机柜的绘制，如图 6-40 所示。

（24）使用 PL 命令，连接标准机柜、弱电电井、水平桥架，如图 6-41 所示。

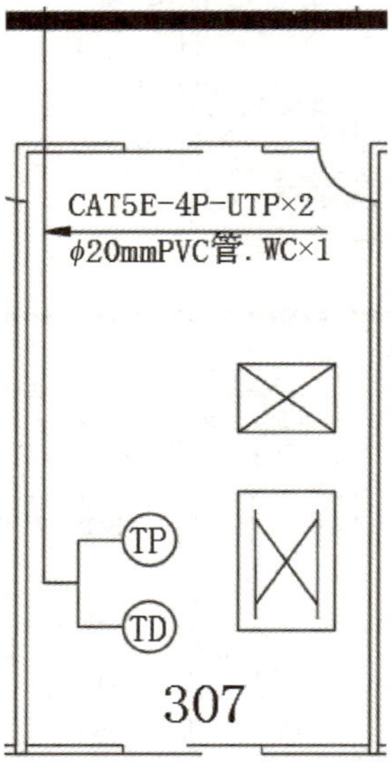

图 6-40　绘制弱电电井与 32U 标准机柜

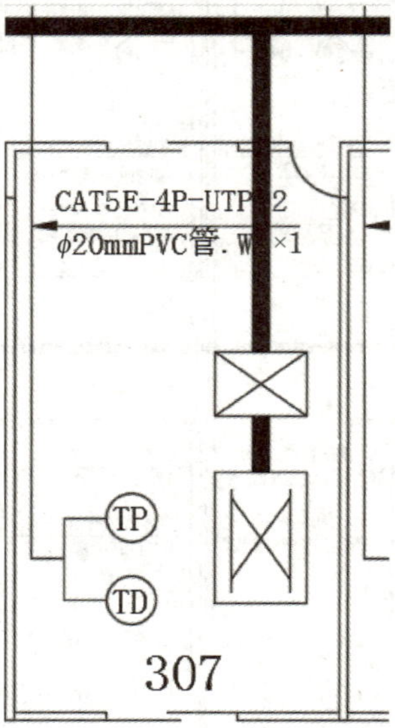

图 6-41　绘制垂直桥架

（25）在弱电竖井和标准机柜中间，输入 T 命令，输入文字“垂直桥架”，按 Enter 键，再次输入文字“200 mm×100 mm”，修改文字大小为 280，文字意思是垂直桥架的规格为 200 mm×100 mm。输入 MLD 命令，在两行文字右侧中间位置，完成引线与标注绘制，如图 6-42 所示。

（26）在走廊点 A 附近输入 L 命令，绘制十字图形。选中十字图形，输入 MI 命令，完成一个桥架支撑点的绘制，如图 6-43 所示。

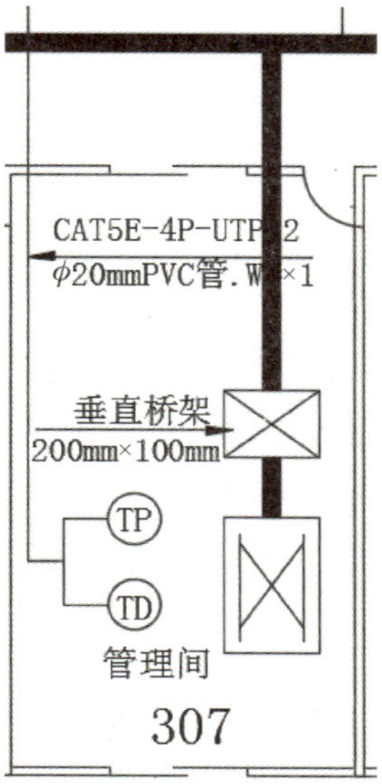

图 6-42　绘制弱电竖井和标准机柜标注引线

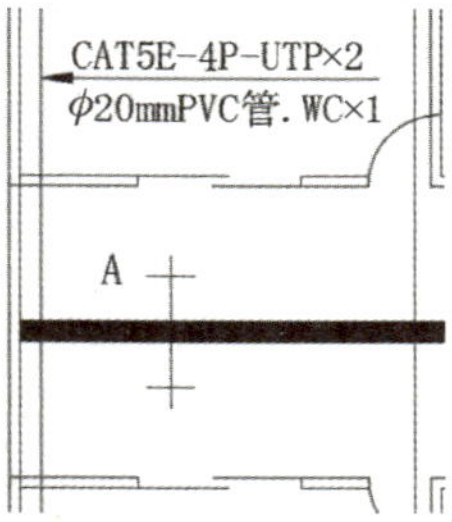

图 6-43　绘制桥架支撑点

（27）选中所绘制的桥架固定支撑点，输入 AR 命令，完成阵列；在“项目”选项卡中修改“介于”参数为 2 700，单击桥架固定支撑点，输入 EXPL 命令，完成分解，如图 6-44 所示。

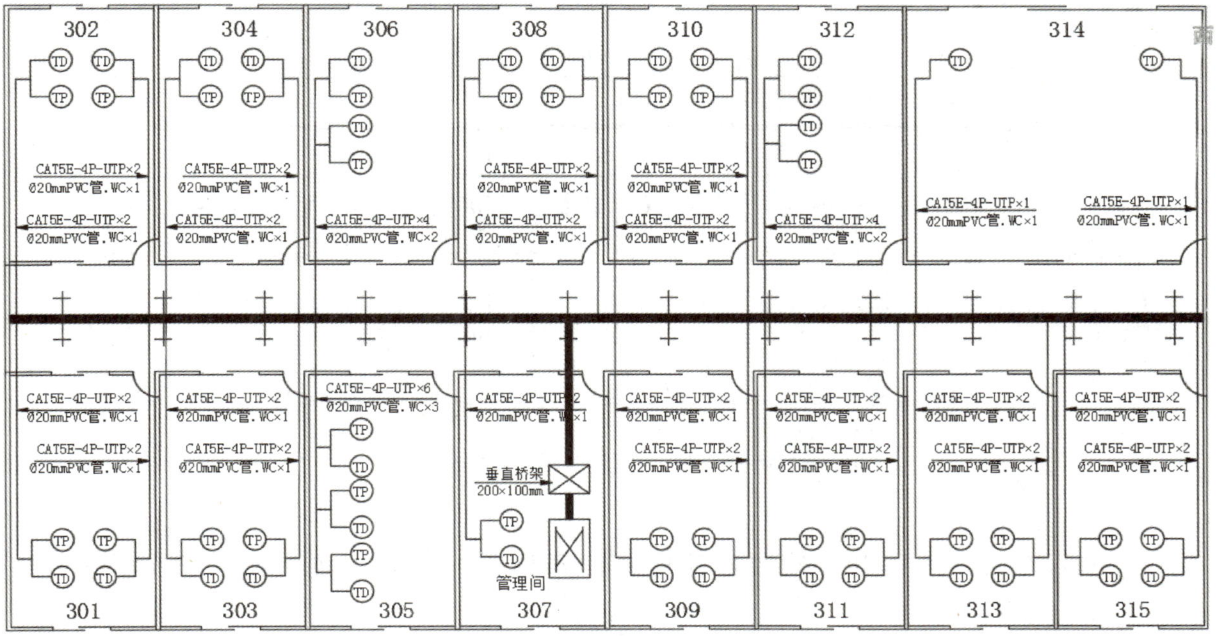

图 6-44　阵列桥架支撑点

（28）在走廊中输入 T 命令，输入文字“走廊”，并调整文字大小为 500。在桥架固定支撑点附近输入 T 命令，输入文字“桥架固定支撑点”，修改文字大小为 350。输入 MLD 命令，完成桥架固定支撑点标注引线绘制，如图 6-45 所示。

（29）使用 T 命令和 CO 命令在图左下方绘制图例说明，文字大小为 500，如图 6-46 所示。

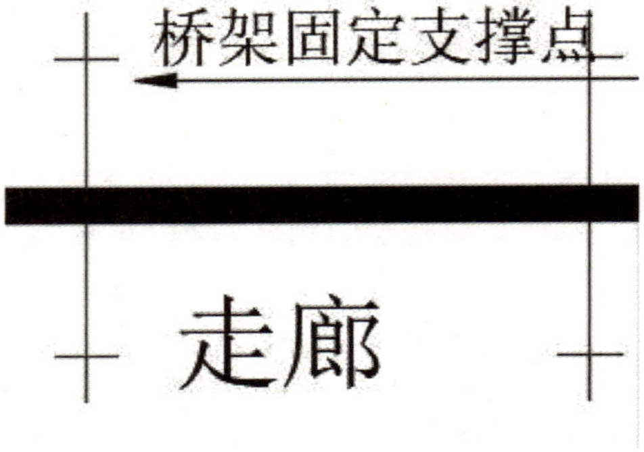

图 6-45　绘制桥梁固定支撑点标注引线

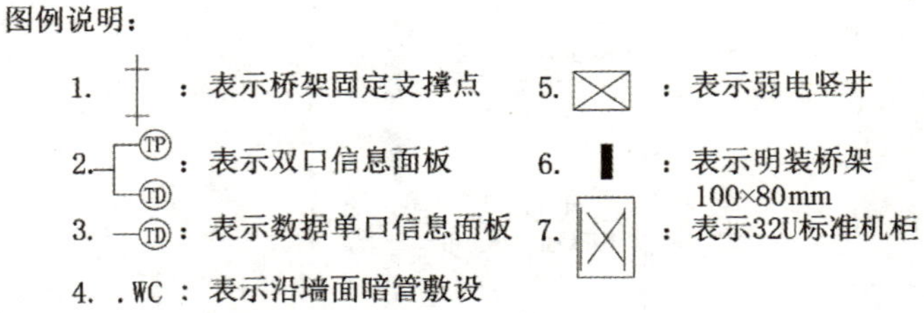

图 6-46　绘制图例说明

（30）选择标注图层，使用 L 命令在每个房间墙体中间绘制长 300 的竖线用于标注，如图 6-47 所示。

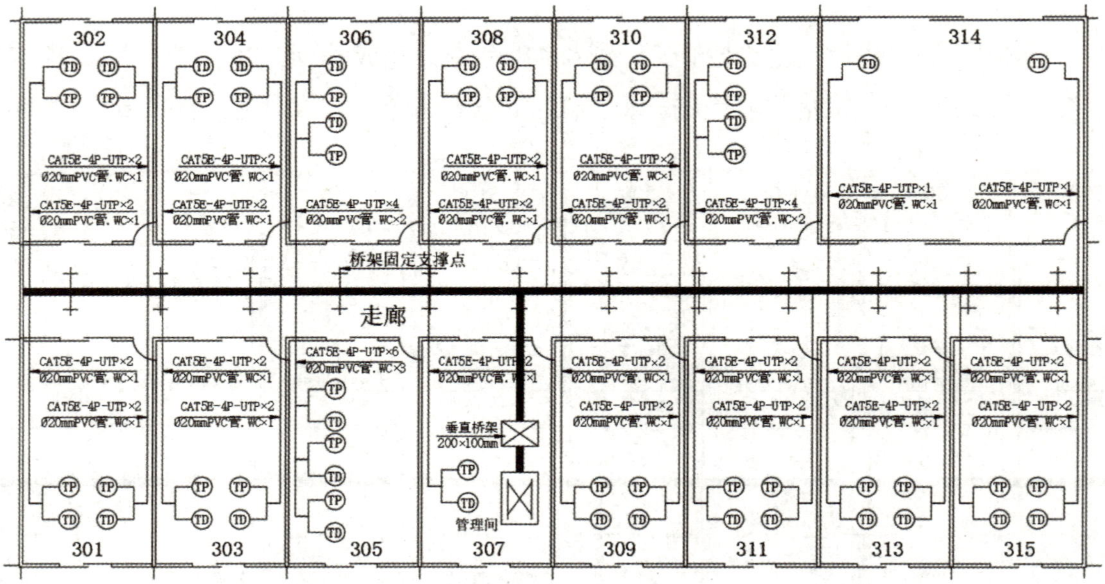

图 6-47　绘制房间墙体的标注线

（31）输入 D 命令，打开“修改标注样式”对话框，修改标注样式，修改箭头大小为 300，如图 6-48 所示。

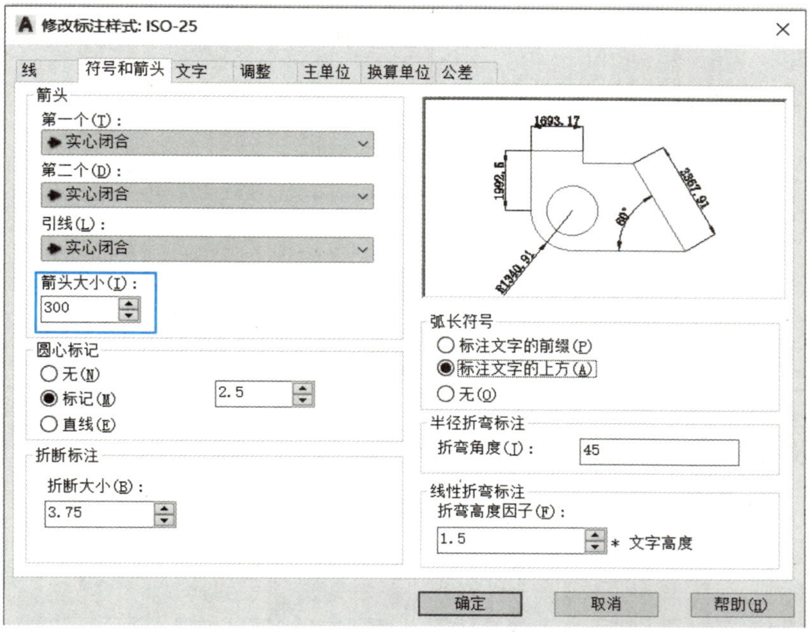

图 6-48　“修改标注样式”对话框

（32）选择标注图层进行标注，使用 DLI 命令，完成房间尺寸的标注，如图 6-49 所示。

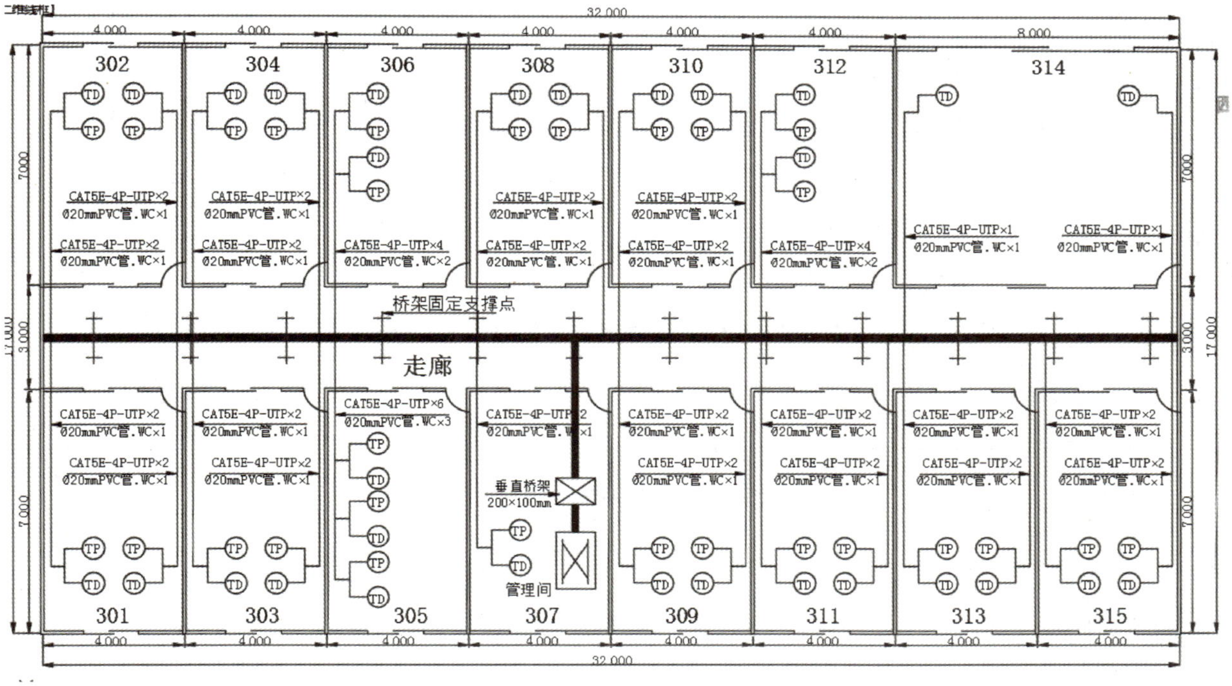

图 6-49　房间尺寸标注

（33）选择默认图层，绘制链路立面施工图，如图 6-50 所示。

（34）使用 M 命令将表格移动到适当位置；使用 REC 命令将图形框起来，在图上方使用 T 命令输入“三层平面施工图”，修改文字大小为 600，完成施工图绘制，如图 6-51 所示。

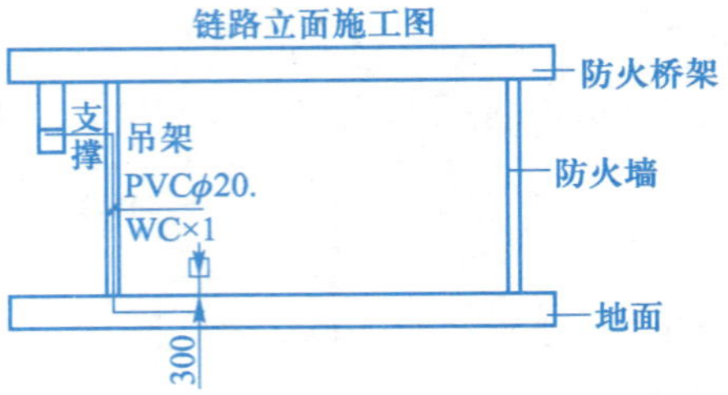

图 6–50　绘制链路立面施工图

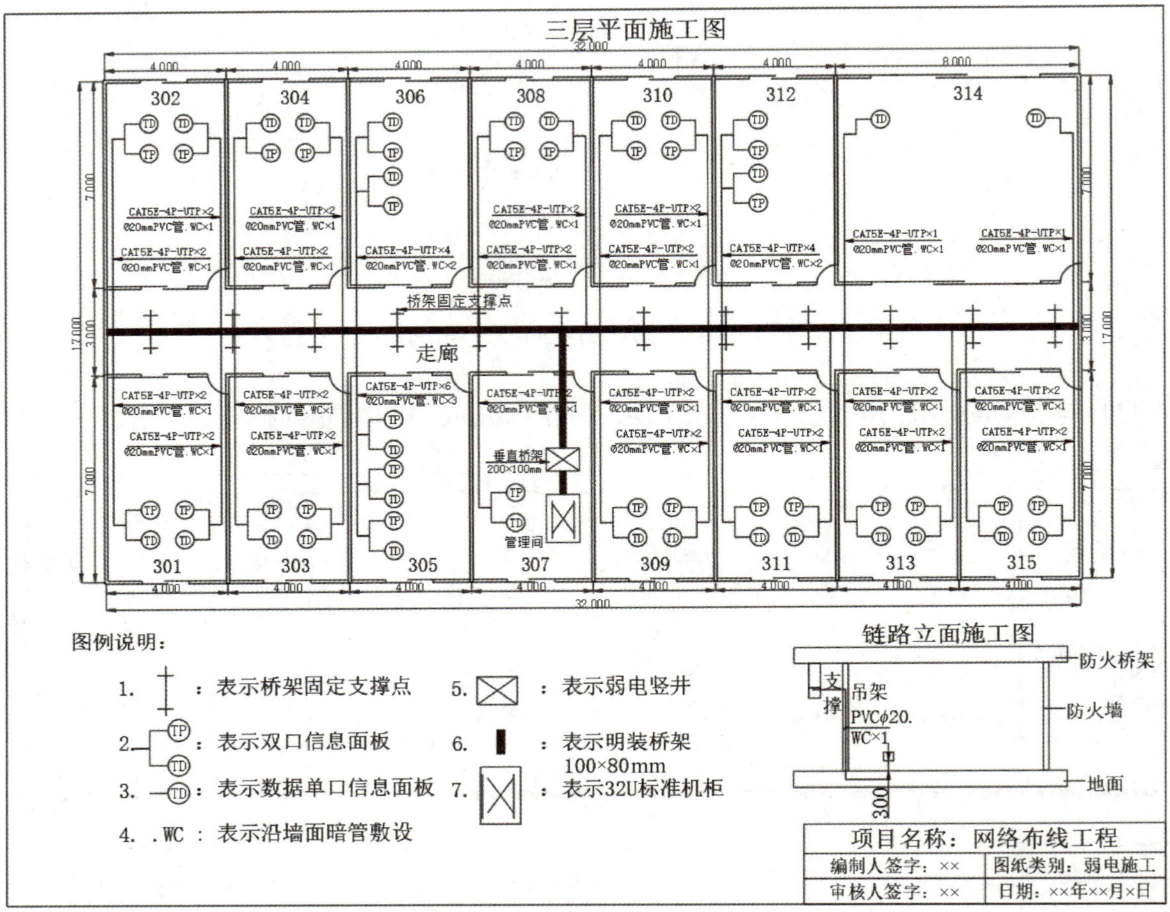

图 6–51　完成的办公楼网络施工图

背景知识

信息网络布线施工图在工程中起到很关键的作用，设计人员首先通过建筑物图纸了解和熟悉建筑物结构并设计信息布线施工图，施工人员根据设计图纸组织施工，验收阶段将相关技术图纸移交给建设方。图纸简单清晰能直观地反映网络和布线系统的结构、管线路由和信息点分布等情况。因此，识图、绘图能力是信息系统工程设计与施工组织人员必备的基本功。信息布线工程主要采用两种绘图软件：AutoCAD 和 Visio。

任务三　网络布线技能大赛墙体三层模拟布局图绘制

任务要点

（1）理解墙体三层模拟布局图的内容。

（2）掌握墙体三层模拟布局图的绘制步骤。

子任务　墙体三层模拟布局图

网络布线墙体三层模拟布局图如图 6–52 所示。

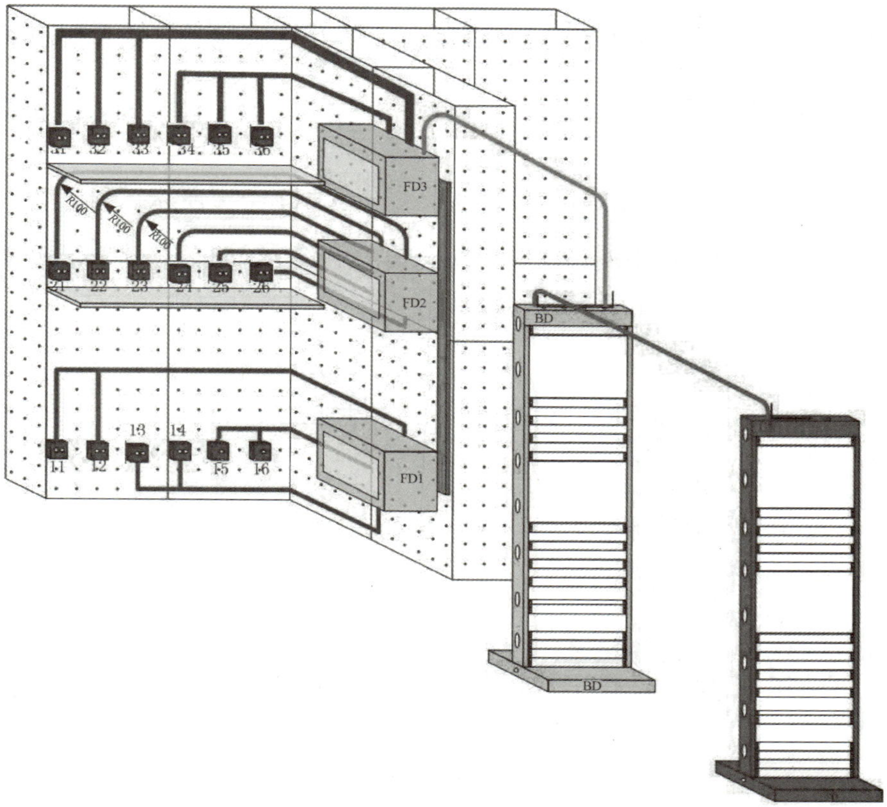

图 6–52　网络布线墙体三层模拟布局图

绘制说明：

图 6–53、图 6–54 所示为网络布线技能大赛墙体三层布局图，模拟一栋三层建筑内线

槽、线管的铺设与信息点的布局情况。

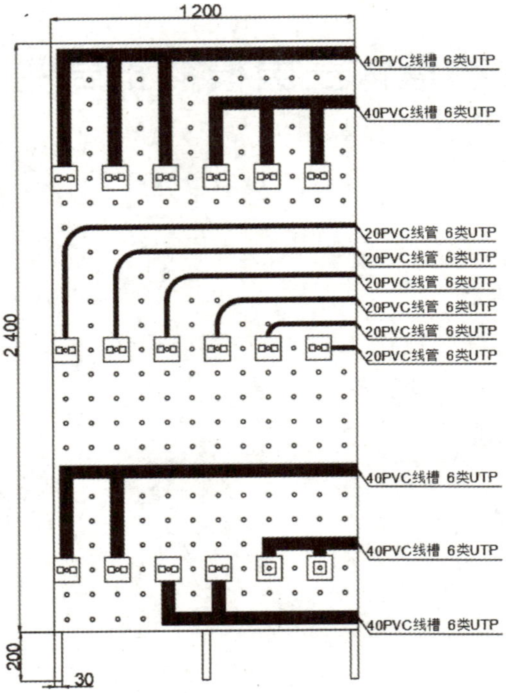

图 6-53　墙体三层模拟布局图-正面

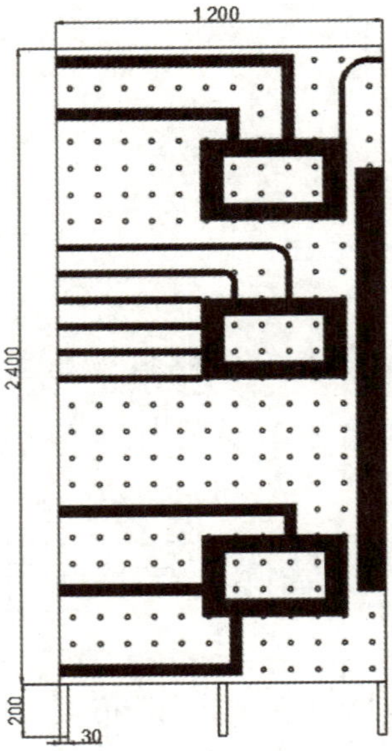

图 6-54　墙体三层模拟布局图-侧面

具体步骤如下：

（1）墙体绘制参考项目三任务三子任务 2，尺寸如图 6-55 所示。

（2）使用 REC 命令，绘制 100×100 的信息底盒和 25×25、50×50 的信息点面板插孔，如图 6-56 所示。

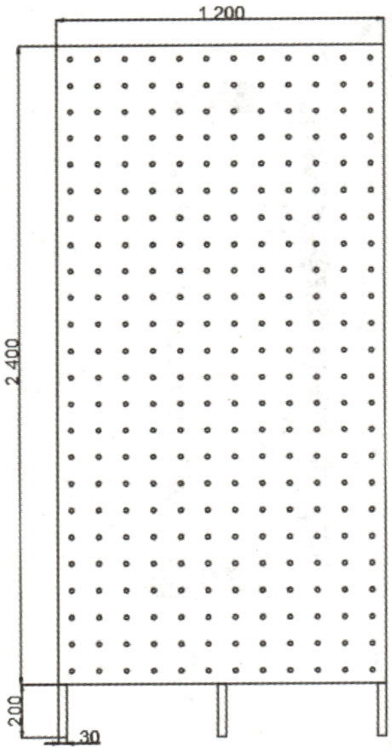

图 6-55　绘制墙体

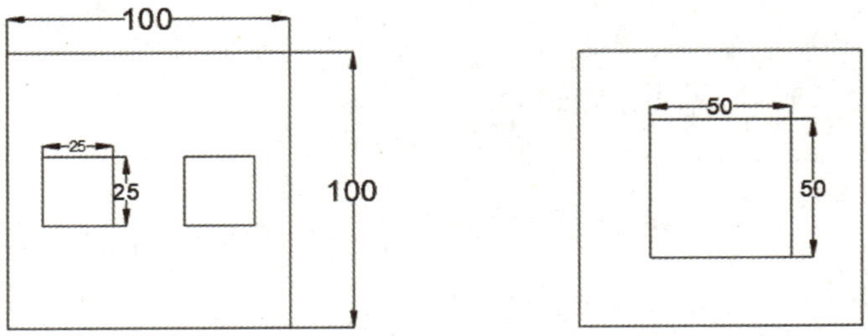

图 6-56　绘制信息底盒、面板

（3）使用 CO 命令将信息底盒放置在墙体上，如图 6-57 所示。

（4）使用 PL 命令绘制侧立面线槽、线管，40PVC 线槽宽度为 40，20PVC 线管宽度为 20，如图 6-58 所示。

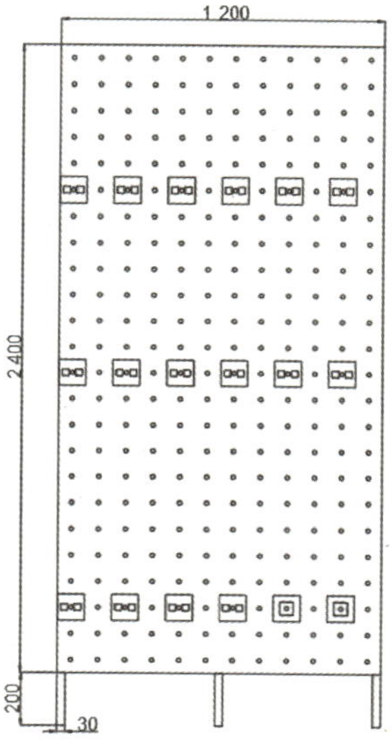

图 6-57　复制信息底盒

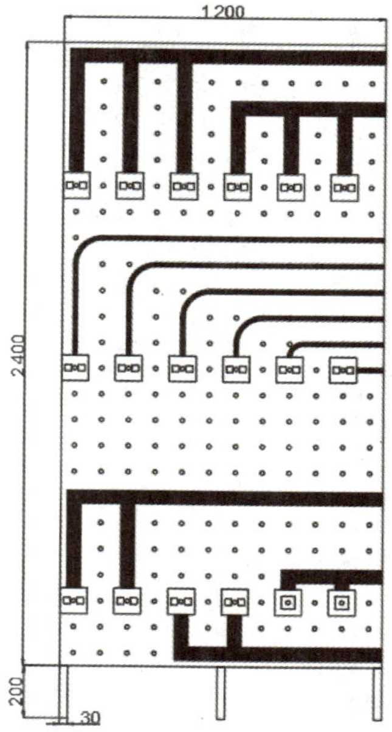

图 6-58　绘制侧立面线槽、线管

（5）使用 MLD 命令完成标注，如图 6-59 所示。

（6）使用 L 命令绘制 530×300 的网络机柜，使用 O 偏移命令上下向内偏移 60，左右向内偏移 80，填充为黑色，并定义为块，如图 6-60 所示。

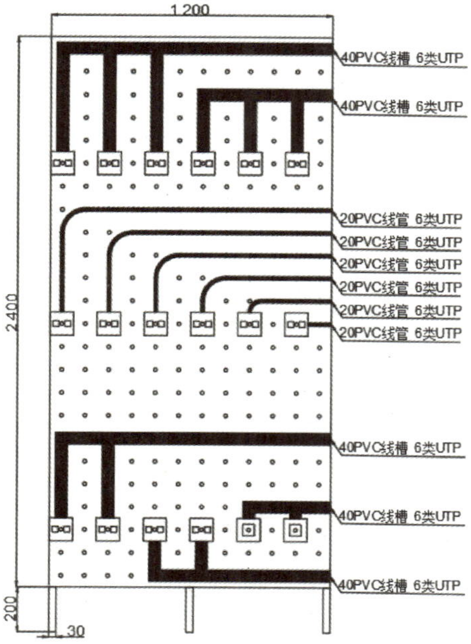

图 6-59　标注线槽和线管

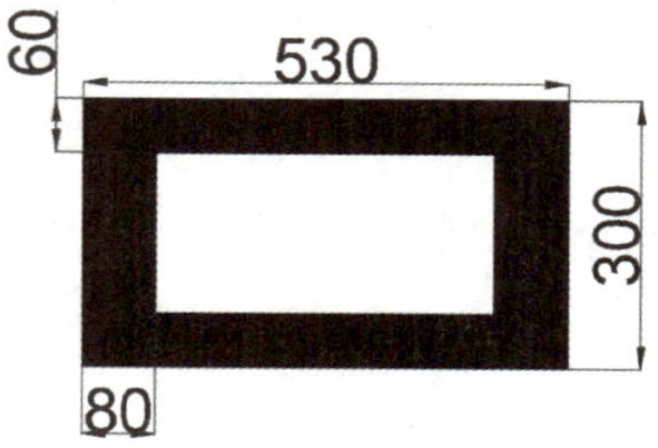

图 6-60　绘制网络机柜

（7）网络机柜摆放位置如图 6-61 所示。

（8）使用 PL 命令绘制网络机柜侧立面线槽、线管，40PVC 线槽宽度为 40，20PVC 线管宽度为 20，如图 6-62 所示。

（9）使用 PL 命令绘制侧立面竖井与到建筑物配线设备的线管，竖井宽度为 100，线管为 20PVC，如图 6-63 所示。

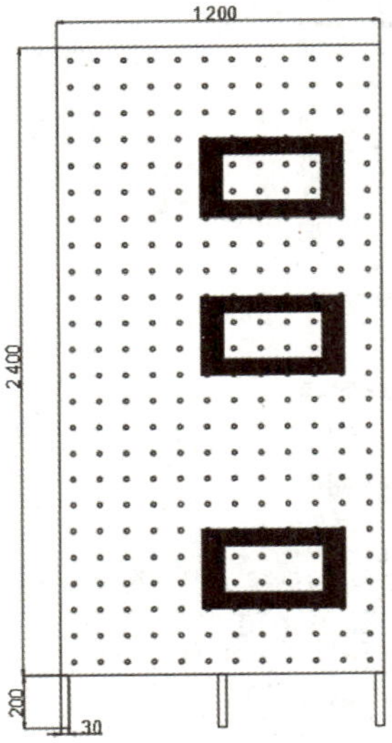

图 6-61　网络机柜摆放位置

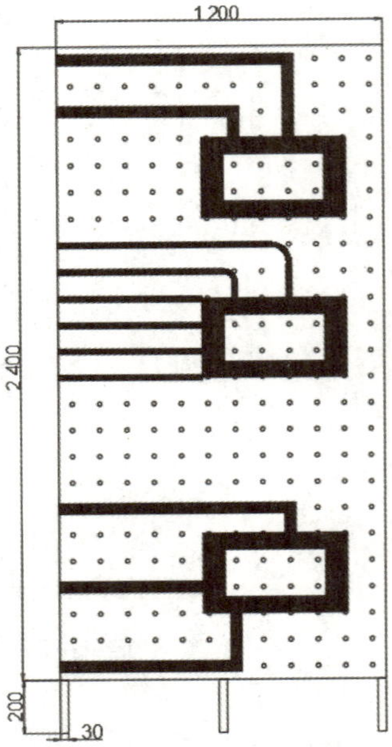

图 6-62　绘制网络机柜侧立面线槽、线管

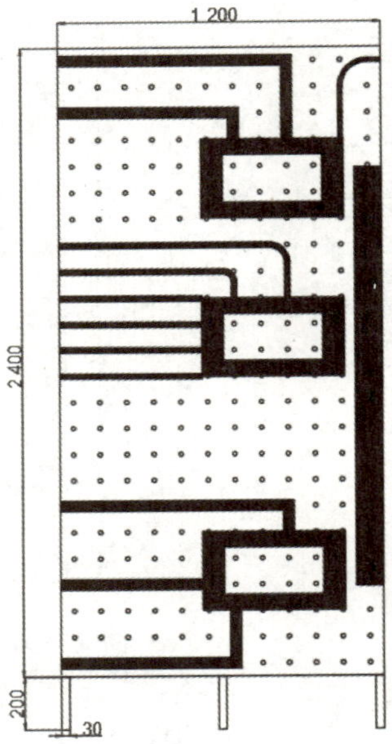

图 6-63　绘制侧立面竖井

背景知识

标注中 40PVC 线槽 6 类 UTP 是指采用 40PVC 材质线槽和 6 类非屏蔽网线；20PVC 线管 6 类 UTP 是指采用 20PVC 材质线管和 6 类非屏蔽网线。

信息底盒分为明装底盒与暗装底盒，明装底盒在墙面安装使用，暗装底盒在墙体内安装使用。

信息点面板分为双口面板与单口面板，双口面板有两个网络插孔，单口面板只有一个网络插孔。

网络机柜用于放置网络设备如网络 24 口配线架、网络交换机、网络跳线架等。

综合练习六

1. 根据图 6-64 所示，绘制网络布线墙体三层布局图。具体要求如下：

（1）线槽、线管绘制正确。

（2）使用引线标注，标注出线槽、线管尺寸。

（3）信息点位置正确。

（4）信息点数量正确。

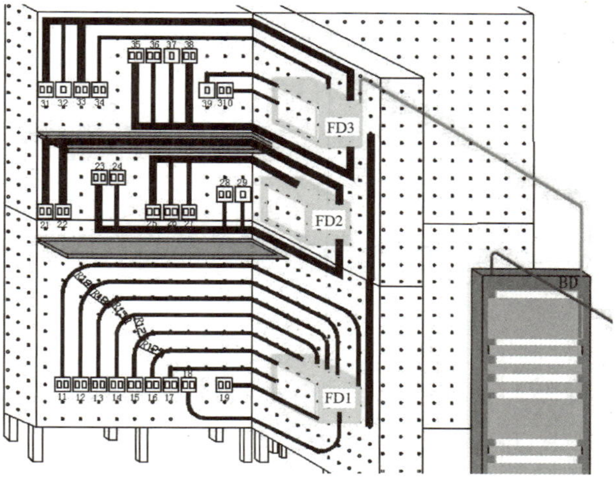

图 6-64　网络布线墙体三层布局图

2. 根据图 6-65 所示，模拟给定的综合布线系统工程项目，按照赛卷要求和 GB 50311—2016《综合布线系统工程设计规范》完成网络布线工程设计。具体要求如下：

（1）该建筑模型为模拟楼宇三个楼层网络布线系统工程项目。项目名称统一规定为“网络布线工程” +赛位号（赛位号取 2 位数字，不足 2 位前缀补 0）。

（2）该建筑模型三个楼层房间区域内卡通人物代表房间的用途。其中，1 个人表示领导办公室，按照 2 个语音、2 个数据信息点配置；2 至 4 个人表示集体办公室，按照每人 1 个语音、1 个数据信息点配置；6 个人表示会议室，按照 2 个数据信息点配置；8 个人表示教室，按照 2 个数据信息点配置；设备间和管理间按照每个房间 1 个语音、1 个数据信息点配置。

（3）该建筑模型三个楼层中会议室、教室为单口信息插座，每个单口信息插座 1 个数据信息点。其余房间均为双口信息插座，每个双口信息插座 1 个数据信息点、1 个语音信

图 6-65　建筑模型立体图

息点。

（4）针对双口信息插座统一规定：面对信息插座，左侧端口为数据信息点，右侧端口为语音信息点，数据信息点与语音信息点均使用数据模块端连接。

（5）该建筑模型 CD-BD 之间选用 1 根 4 芯单模室外光缆布线。BD-FD 之间分别选用 1 根 4 芯多模室内光缆和 1 根 50 对大对数电缆布线。FD-TO 之间选用超五类非屏蔽双绞线电缆布线。

（6）该建筑模型 CD-BD 为室外埋管布线。BD-FD1 为地下埋管布线，BD-FD2、BD-FD3 为沿墙体垂直桥架（200 mm×100 mm）布线。FD-TO 为明槽暗管布线，楼道为明装桥架（100 mm×80 mm），室内沿隔墙暗管（ϕ20 mmPVC 管）布线到 TO。设备间、管理间、领导办公室信息插座分布在房间的一边，集体办公室、会议室信息插座分布在房间的两边；教室信息插座分布在讲台的两边。

（7）图 6-65 中 101、102、103……315 为房间编号。

（8）该建筑模型楼层每层高度为 3.3 m，水平桥架距地面高度为 2.9 m，信息插座距地面高度为 0.3 m。1 至 3 人办公室、设备间、管理间面积为 28 m^2（4 m×7 m）；4 人办公室面积为 42 m^2（6 m×7 m，其中 314 房间除外），314 房间面积为 56 m^2（8 m×7 m）；会议室面积为 56 m^2（8 m×7 m）；教室面积为 84 m^2（12 m×7 m）。楼道宽度为 3 m。

（9）要求施工图中的文字、线条、尺寸、符号描述清晰完整。竞赛设计突出对链路路由、信息点、楼层管理间机柜设置等信息的描述，针对水平配线桥架仅需考虑桥架路由及合理的桥架固定支撑点标注。

① FD-TO 布线路由、敷设规格正确，安装方法和标注正确。

② 配线设备和信息插座位置、规格正确，安装方法和标注正确。

③ 缆线规格标注正确。

④ 图中布局合理、简洁，尺寸标注清楚正确。

⑤ 图形符号规范，说明正确和清楚。

⑥ 标题栏基本信息填写完整。

附录 A　网络布线系统工程设计图例

绘制说明：

附图 A-1、附图 A- 2 所示为国家建筑标准设计图集 20X101-3 综合布线系统工程设计施工绘制图形符号，图形符号以图形为主要特征传递视觉符号，便于识图和绘图。

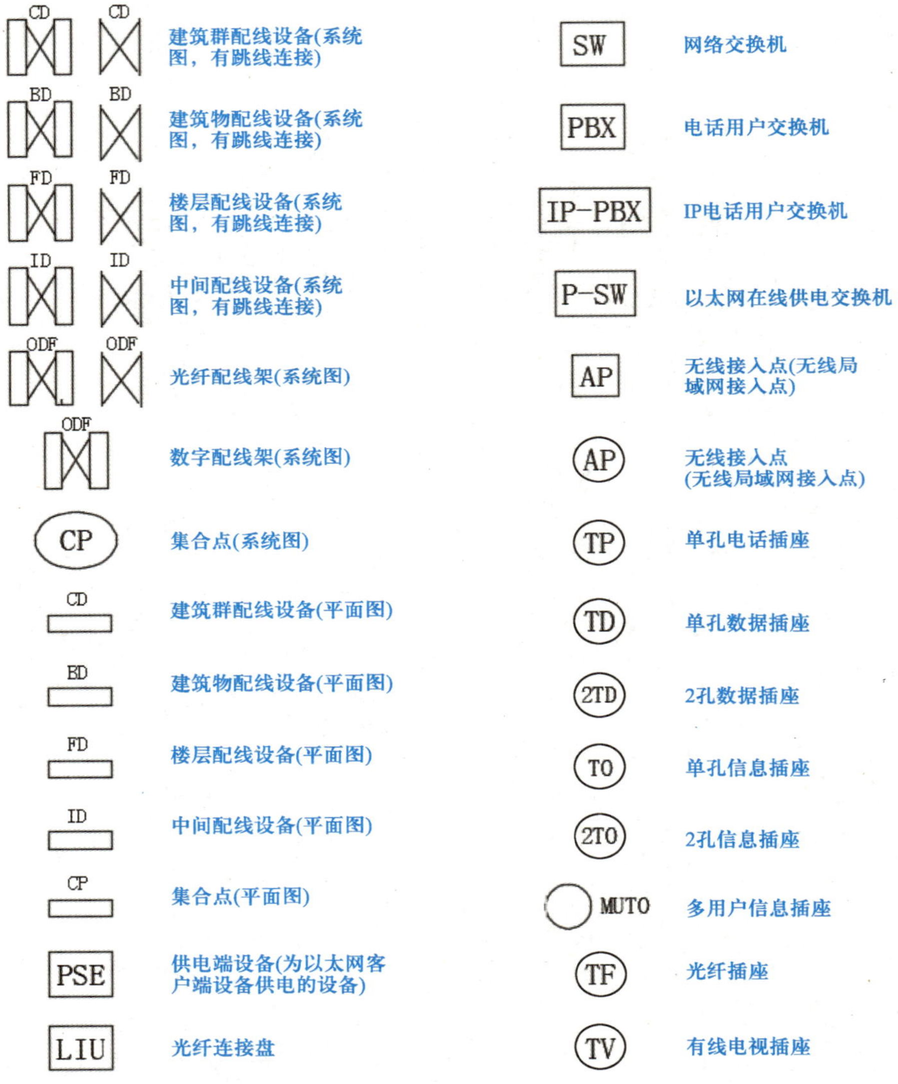

附图 A-1　网络布线系统工程设计图例 1

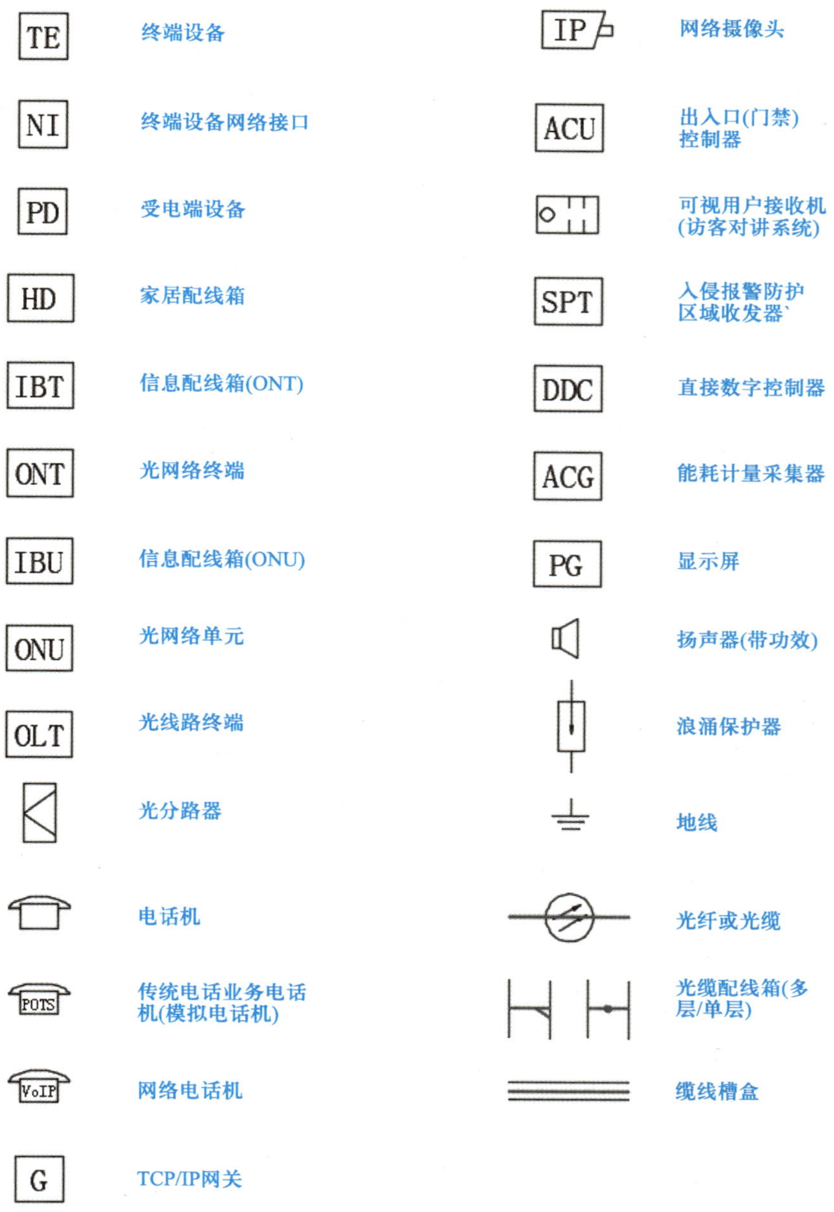

附图 A-2　网络布线系统工程设计图例 2

具体步骤如下：

（1）使用 REC 命令，绘制一个长 60、宽 20 的矩形，使用 L 命令绘制斜线；使用 MI 镜像命令完成建筑群配线设备第一种图例绘制，使用 L 命令绘制建筑群配线设备（系统图，有跳线连接）第二种图例，如附图 A-3 所示。

（2）参考建筑群配线设备图例绘制方法，完成建筑物配线设备（系统图，有跳线连接）图例绘制，如附图 A-4 所示。

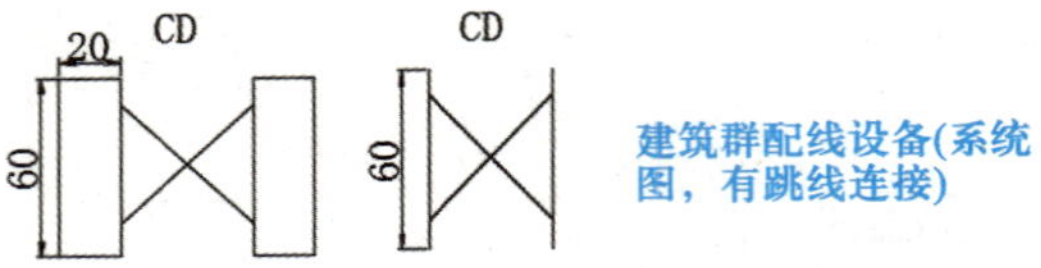

附图 A–3　建筑群配线设备（系统图，有跳线连接）

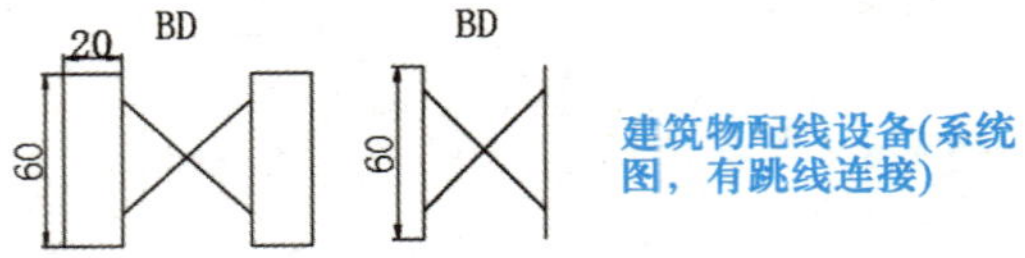

附图 A–4　建筑物配线设备（系统图，有跳线连接）

（3）参考建筑群配线设备图例绘制方法，完成楼层配线设备（系统图，有跳线连接）图例绘制，如附图 A–5 所示。

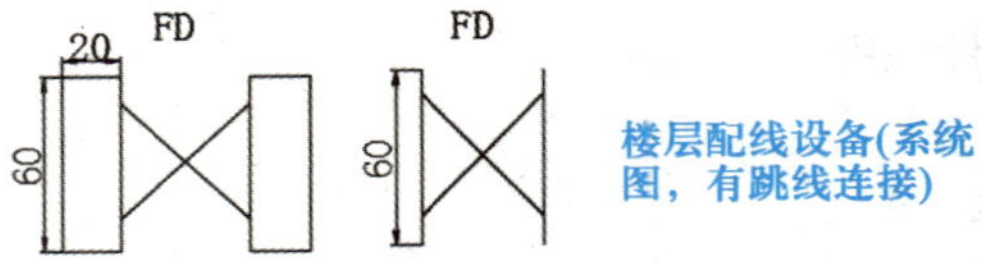

附图 A–5　楼层配线设备（系统图，有跳线连接）

（4）参考建筑群配线设备图例绘制方法，完成中间配线设备（系统图，有跳线连接）图例绘制，如附图 A–6 所示。

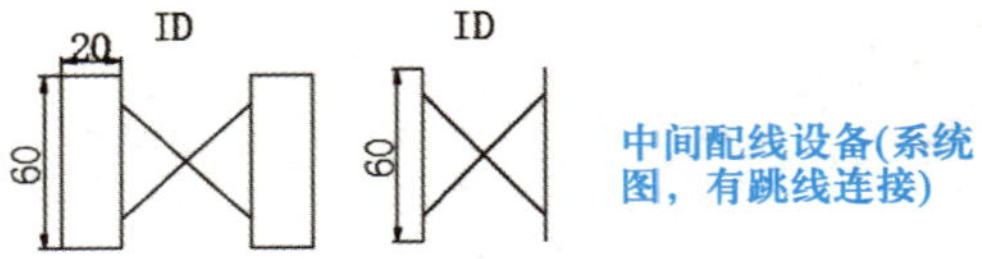

附图 A–6　中间配线设备（系统图，有跳线连接）

（5）参考建筑群配线设备图例绘制方法，完成光纤配线架（系统图）图例绘制，如附图 A–7 所示。

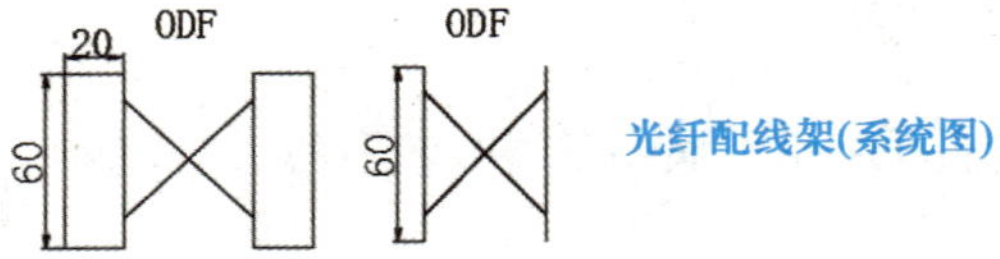

附图 A–7　光纤配线架（系统图）

（6）参考建筑群配线设备图例绘制方法，完成数字配线架（系统图）图例绘制，如附图 A–8 所示。

（7）使用 EL 命令，绘制一个椭圆形，完成集合点（系统图）图例绘制，如附图 A–9 所示。

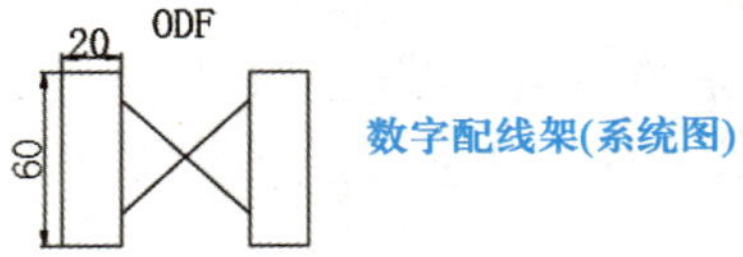

附图 A–8　数字配线架（系统图）

附图 A–9　集合点（系统图）

（8）使用 REC 命令，绘制一个长 20、宽 60 的矩形，完成建筑群配线设备（平面图）图例绘制，如附图 A-10 所示。

附图 A-10　建筑群配线设备（平面图）

（9）参考建筑群配线设备（平面图）图例绘制方法，完成建筑物配线设备（平面图）图例绘制，如附图 A-11 所示。

附图 A-11　建筑物配线设备（平面图）

（10）参考建筑群配线设备（平面图）图例绘制方法，完成楼层配线设备（平面图）图例绘制，如附图 A-12 所示。

附图 A-12　楼层配线设备（平面图）

（11）参考建筑群配线设备（平面图）图例绘制方法，完成中间配线设备（平面图）图例绘制，如附图 A-13 所示。

附图 A-13　中间配线设备（平面图）

（12）参考建筑群配线设备（平面图）图例绘制方法，完成集合点（平面图）图例绘制，如附图 A-14 所示。

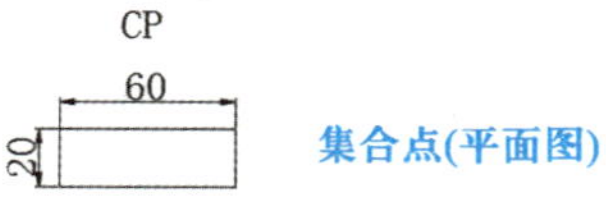

附图 A-14　集合点（平面图）

（13）使用 REC 命令，绘制一个长 40、宽 60 的矩形，完成供电端设备（为以太网客户端设备供电的设备）图例绘制，如附图 A-15 所示。

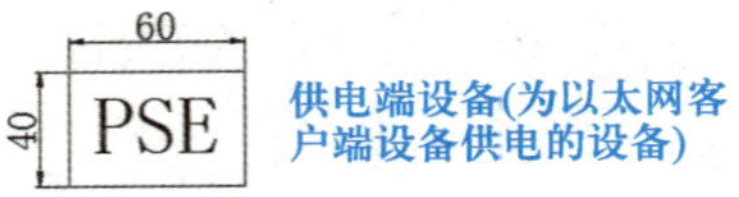

附图 A-15　供电端设备（为以太网客户端设备供电的设备）

（14）参考供电端设备图例绘制方法，完成光纤连接盘图例绘制，如附图 A-16 所示。

（15）参考供电端设备图例绘制方法，完成网络交换机图例绘制，如附图 A-17 所示。

附图 A-16　光纤连接盘

附图 A-17　网络交换机

（16）参考供电端设备图例绘制方法，完成电话用户交换机图例绘制，如附图 A-18 所示。

（17）使用 REC 命令，绘制一个长 40、宽 90 的矩形，完成 IP 电话用户交换机图例绘制，如附图 A-19 所示。

附图 A-18　电话用户交换机

附图 A-19　IP 电话用户交换机

（18）使用 REC 命令，绘制一个长 40、宽 70 的矩形，完成以太网在线供电交换机图例绘制，如附图 A-20 所示。

附图 A-20　以太网在线供电交换机

（19）使用 REC 命令，绘制一个长 40、宽 40 的矩形，完成无线接入点（无线局域网接入点）图例绘制，如附图 A-21 所示。

附图 A-21　无线接入点（无线局域网接入点）

（20）使用 C 命令，绘制一个半径为 30 的圆形，完成无线接入点（无线局域网接入点）图例绘制，如附图 A-22 所示。

附图 A-22　无线接入点（无线局域网接入点）

（21）参考无线接入点图例绘制方法，完成单孔电话插座图例绘制，如附图 A-23 所示。

（22）参考无线接入点图例绘制方法，完成单孔数据插座图例绘制，如附图 A-24 所示。

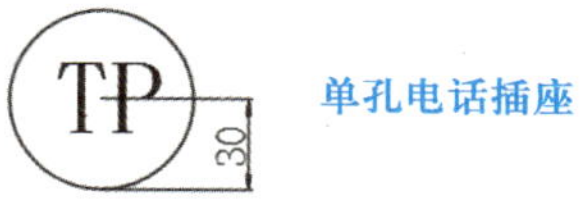

附图 A-23　单孔电话插座

附图 A-24　单孔数据插座

（23）参考无线接入点图例绘制方法，完成 2 孔数据插座图例绘制，如附图 A-25 所示。

（24）参考无线接入点图例绘制方法，完成单孔信息插座图例绘制，如附图 A-26 所示。

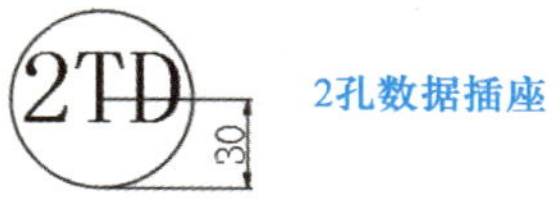

附图 A-25　2 孔数据插座

附图 A-26　单孔信息插座

（25）参考无线接入点图例绘制方法，完成 2 孔信息插座图例绘制，如附图 A-27 所示。

（26）参考无线接入点图例绘制方法，完成多用户信息插座图例绘制，如附图 A-28 所示。

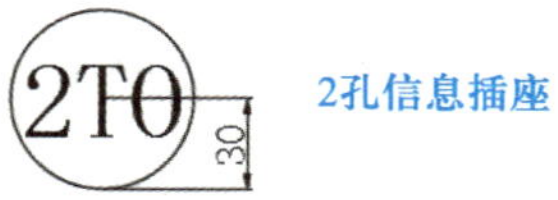

附图 A-27　2 孔信息插座

附图 A-28　多用户信息插座

（27）参考无线接入点图例绘制方法，完成光纤插座图例绘制，如附图 A-29 所示。

（28）参考无线接入点图例绘制方法，完成有线电视插座图例绘制，如附图 A-30 所示。

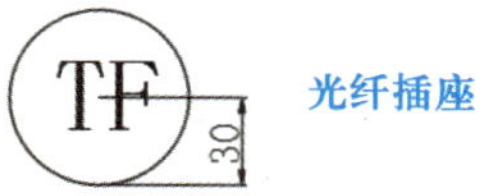

附图 A-29　光纤插座

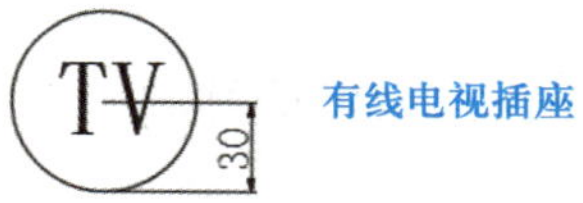

附图 A-30　有线电视插座

（29）使用 REC 命令，绘制一个长 40、宽 40 的矩形，完成终端设备图例绘制，如附图 A-31 所示。

（30）参考终端设备图例绘制方法，完成终端设备网络接口图例绘制，如附图 A-32 所示。

附图 A-31　终端设备

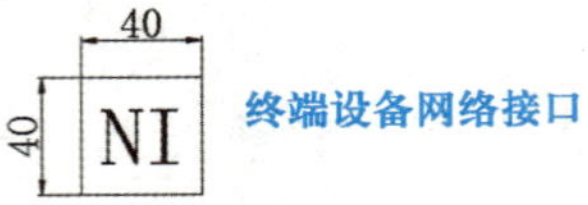

附图 A-32　终端设备网络接口

（31）参考终端设备图例绘制方法，完成受电端设备图例绘制，如附图 A-33 所示。

（32）使用 REC 命令，绘制一个长 40、宽 60 的矩形，完成家居配线箱图例绘制，如附图 A-34 所示。

附图 A-33　受电端设备

附图 A-34　家居配线箱

（33）参考家居配线箱图例绘制方法，完成信息配线箱（ONT）图例绘制，如附图 A-35 所示。

（34）参考家居配线箱图例绘制方法，完成光网络终端图例绘制，如附图 A-36 所示。

附图 A-35　信息配线箱（ONT）

附图 A-36　光网络终端

（35）参考家居配线箱图例绘制方法，完成信息配线箱（ONU）图例绘制，如附图 A-37 所示。

（36）参考家居配线箱图例绘制方法，完成光网络单元图例绘制，如附图 A-38 所示。

附图 A-37　信息配线箱（ONU）

附图 A-38　光网络单元

（37）参考家居配线箱图例绘制方法，完成光线路终端图例绘制，如附图 A-39 所示。

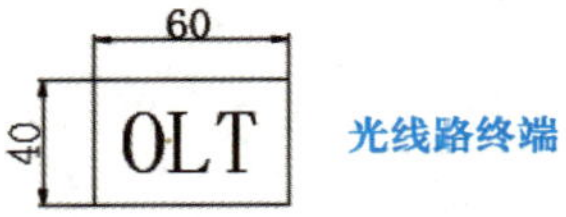

附图 A-39　光线路终端

（38）使用 REC 命令，绘制一个长 70、宽 30 的矩形，完成光分路器图例绘制，如附图 A-40 所示。

（39）使用 REC 命令，绘制一个长 20、宽 30 的矩形，使用 A 命令，完成电话机图例绘制，如附图 A-41 所示。

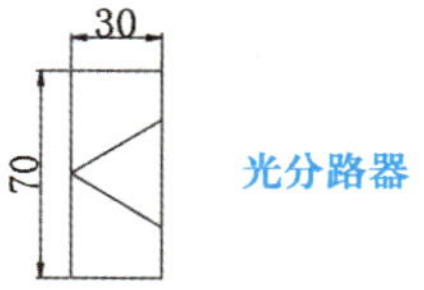

附图 A-40　光分路器

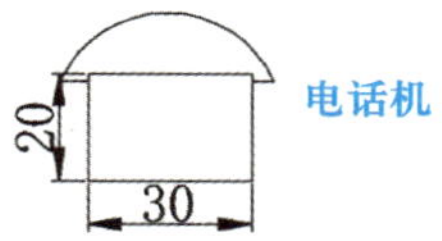

附图 A-41　电话机

（40）参考电话机图例绘制方法，完成传统电话业务电话机图例绘制，如附图 A-42 所示。

（41）参考电话机图例绘制方法，完成网络电话机图例绘制，如附图 A-43 所示。

附图 A-42　传统电话业务电话机（模拟电话机）

附图 A-43　网络电话机

（42）参考终端设备图例绘制方法，完成 TCP/IP 网关图例绘制，如附图 A-44 所示。

（43）使用 REC 命令，绘制一个长 40、宽 60 的矩形，使用 L 命令，完成网络摄像头图例绘制，如附图 A-45 所示。

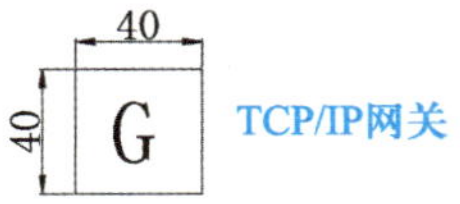

附图 A-44　TCP/IP 网关

附图 A-45　网络摄像头

（44）参考家居配线箱图例绘制方法，完成出入口（门禁）控制器图例绘制，如附图 A-46 所示。

（45）参考家居配线箱图例绘制方法，完成可视用户接收机（访客对讲系统）图例绘制，如附图 A-47 所示。

附图 A-46　出入口（门禁）控制器

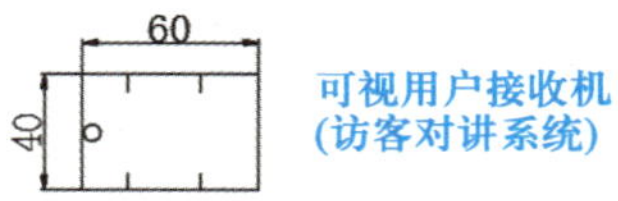

附图 A-47　可视用户接收机（访客对讲系统）

（46）参考家居配线箱图例绘制方法，完成入侵报警防护区域收发器图例绘制，如附图 A−48 所示。

（47）参考家居配线箱图例绘制方法，完成直线数字控制器图例绘制，如附图 A−49 所示。

附图 A−48　入侵报警防护区域收发器

附图 A−49　直线数字控制器

（48）参考家居配线箱图例绘制方法，完成能耗计量采集器图例绘制，如附图 A−50 所示。

（49）参考家居配线箱图例绘制方法，完成显示屏图例绘制，如附图 A−51 所示。

附图 A−50　能耗计量采集器

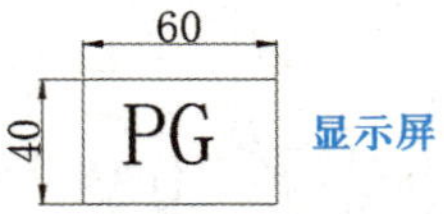

附图 A−51　显示屏

（50）使用 REC 命令，绘制一个长 90、宽 30 的矩形，使用 L 命令，完成扬声器（带功效）图例绘制，如附图 A−52 所示。

（51）使用 REC 命令，绘制一个长 70、宽 30 的矩形，使用 MLD 命令绘制箭头，使用 L 命令，完成浪涌保护器图例绘制，如附图 A−53 所示。

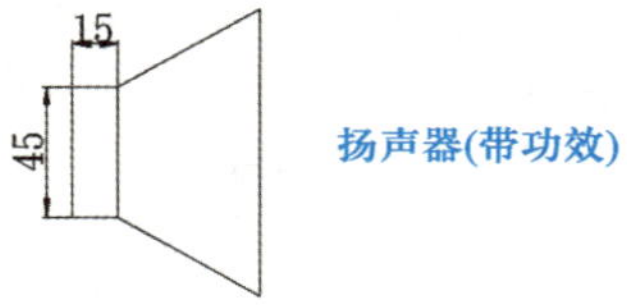

附图 A−52　扬声器（带功效）

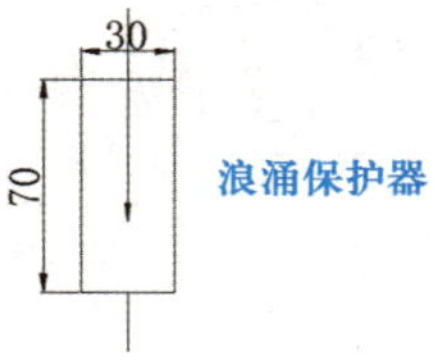

附图 A−53　浪涌保护器

（52）使用 L 命令，完成地线图例绘制，如附图 A−54 所示。

（53）使用 C 命令绘制一个半径为 30 的圆形，使用 MLD 命令绘制两个平行单箭头，使用 L 命令完成光纤或光缆图例绘制，如附图 A−55 所示。

附图 A−54　地线

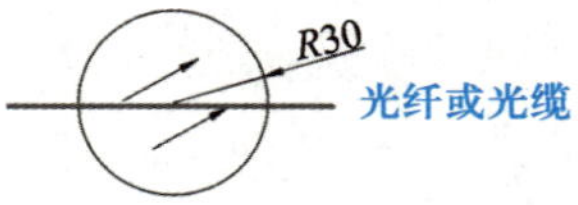

附图 A−55　光纤或光缆

（54）使用 L 命令完成光缆配线箱（多层/单层）图例绘制，如附图 A-56 所示。

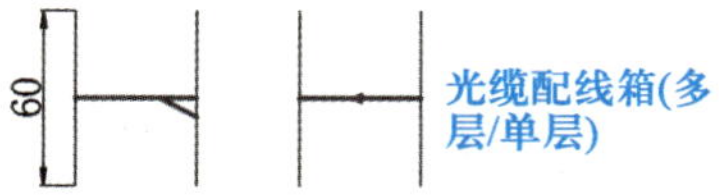

附图 A-56　光缆配线箱（多层/单层）

（55）使用 L 命令完成缆线槽盒图例绘制，如附图 A-57 所示。

附图 A-57　缆线槽盒

附录 B　CAD 常用命令

CAD 常用命令见附表 B-1。F1 至 F12 键的功能见附表 B-2。

附表 B-1　CAD 常用命令

序号	命　　令	缩　　写	说　　明
1	ARC	A	创建圆弧
2	ARRAY	AR	创建按指定方式排列多个对象副本
3	BLOCK	B	根据选定对象创建块定义
4	BREAK	BR	在两点之间分解/断开选定对象
5	CIRCLE	C	创建圆形
6	CHAMFER	CHA	给对象加倒角
7	COPY	CO	复制对象
8	DIMSTYLE	D	修改标注样式，比如字体的大小、颜色等
9	DIST	DI	测量两点之间的距离和角度
10	DIVIDE	DIV	将点对象或块沿对象的长度或周长等间隔排列
11	DIMLINEAR	DLI	创建线性标注
12	DIM	DIM	标注
13	DIMRADIUS	DRA	标注半径
14	DIMDIAMETER	DDI	标注直径
15	DIMANGULAR	DAN	标注两线或弧的角度
16	QDIM	QDIM	快速标注
17	DONUT	DO	绘制填充的圆和环
18	ERASE	E	从图形中删除对象
19	ELLIPSE	EL	创建椭圆或椭圆弧
20	EXTEND	EX	将对象延伸到另一对象
21	FILLET	F	给对象加圆角

续表

序号	命　　令	缩　　写	说　　明
22	JOIN	J	将多个对象合并为一个对象
23	HATCH	H	用无关联填充图案填充区域
24	INSERT	I	将图形或命名块放到当前图形中
25	LINE	L	创建直线段
26	LAYER	LA	管理图层和图层特性
27	QLEADER	LE	创建引线和引线注释
28	LWEIGHT	LW	设置当前线宽、线宽显示选项和线宽单位
29	MATCHPROOP	MA	将对象属性匹配到另一个对象
30	MOVE	M	在指定方向上按指定距离移动对象
31	MIRROR	MI	创建对象的镜像图像副本
32	MLINE	ML	创建多条平行线
33	MEASURE	ME	定距等分线段或圆等
34	OFFSET	O	创建同心圆、平行线和平行曲线
35	PAN	P	在当前视口中移动视图
36	PLINE	PL	创建二维多段线
37	POINT	PO	创建点对象
38	POLYGON	POL	创建多边形
39	RECTANG	REC	绘制矩形多段线
40	ROTATE	RO	绕基点移动对象
41	STRETCH	S	移动或拉伸对象
42	SCALE	SC	在 X、Y 和 Z 方向按比例放大或缩小对象
43	SPLINE	SPL	创建样条曲线
44	STYLE	ST	创建、修改或设置命名文字样式
45	TEXT	T	输入一行或多行文本
46	TRIM	TR	修剪对象
47	VIEW	V	保存和恢复命名视图
48	WBLOCK	W	定义“写块”
49	EXPLODE	X	将合成对象分解为其部件对象
50	XLINE	XL	绘制射线
51	ZOOM	Z	放大或缩小显示当前视口中对象的外观尺寸

附表 B-2　F1 至 F12 键的功能

序号	功　能　键	说　　明
1	F1	获取帮助
2	F2	实现作图窗和文本窗口的切换
3	F3	控制是否实现对象捕捉
4	F4	数字化仪控制
5	F5	等轴测平面切换
6	F6	控制状态行上坐标的显示方式
7	F7	栅格显示模式控制
8	F8	正交限制模式控制
9	F9	栅格捕捉模式控制
10	F10	极轴模式控制
11	F11	对象追踪式控制
12	F12	切换大小屏显示